◆应用型人才培养“十三五”规划教材

安装工程计量与计价

（附项目BIM模型）

陈宗丽　蒋月定　主编

化学工业出版社

·北京·

本书以《建设工程工程量清单计价规范》（GB 50500—2013）、《通用安装工程工程量计算规范》（GB 50856—2013）为依据，结合《江苏省安装工程计价定额》（2014 版）、《江苏省建设工程费用定额》（2014 版）编写。以工程造价职业资格考试为基础，结合工程实践，将安装工程理论知识与工程应用相结合，每个单元配有相应的案例，涉及工程量清单及招标控制价的编制，以使读者能对安装工程造价有完整的概念和理解，也满足了新形势下职业院校提高学生实践操作能力的需要。

本书还配套了项目的BIM模型，使读者能更直观更系统地了解所要完成的项目，并为计量计价提供参考。

本书可作为应用型本科院校、高职高专院校工程造价、工程管理与建筑设备类专业及相关专业的教学用书，也可作为成人教育以及其他人员培训和参考的教材，还可供从事建筑安装工程等技术工作的人员参考或自学使用。

图书在版编目（CIP）数据

安装工程计量与计价/陈宗丽，蒋月定主编. —北京：化学工业出版社，2017.8(2024.2 重印)
应用型人才培养“十三五”规划教材
ISBN 978-7-122-30142-0

Ⅰ.①安…　Ⅱ.①陈…②蒋…　Ⅲ.①建筑安装-工程造价-高等学校-教材　Ⅳ.①TU723.32

中国版本图书馆 CIP 数据核字（2017）第 195778 号

责任编辑：李仙华　　　　装帧设计：王晓宇
责任校对：王素芹

出版发行：化学工业出版社（北京市东城区青年湖南街 13 号　邮政编码 100011）
印　　装：涿州市般润文化传播有限公司
787mm×1092mm　1/16　印张 22　字数 592 千字　2024 年 2 月北京第 1 版第 8 次印刷

购书咨询：010-64518888　　　　售后服务：010-64518899
网　　址：http：//www.cip.com.cn
凡购买本书，如有缺损质量问题，本社销售中心负责调换。

定　　价：49.00 元

前言

工程造价是一门相关知识更新变化较快的学科，2013年中华人民共和国住房和城乡建设部发布了GB 50500—2013《建设工程工程量清单计价规范》，对GB 50500—2008《建设工程工程量清单计价规范》进行了较大的改动，为了保持与现行规范的同步，相应的教材也需要根据最新的工程量清单规范和行业新规范的要求编写。

“安装工程计量与计价”是工程造价专业的一门专业必修课程。本课程具有实践性、区域性及时间性强的特点，对培养学生的建筑工程安装计量与计价的职业能力具有举足轻重的作用。

本书以GB 50500—2013《建设工程工程量清单计价规范》为依据，结合《江苏省安装工程计价定额》（2014版）和《江苏省建设工程费用定额》（2014版）编写；以工程造价职业资格考试为基础，结合工程实践，将安装工程理论知识与工程应用相结合，每个单元配有相应的案例，涉及工程量清单及招标控制价的编制，以使读者能对安装工程造价有完整的概念和理解，也满足了新形势下职业院校提高学生实践操作能力的需要。

本书最后还附有项目的BIM模型，使读者能更直观更系统地了解所要完成的项目，并为计量计价提供参考。

本书由常州工程职业技术学院陈宗丽、蒋月定主编；常州工程职业技术学院潘书才、常州公诚建设咨询有限公司汪燕、苏文电能科技股份有限公司姜保光副主编；常州工程职业技术学院陈万鹏、郭晓冬、楼晓雯，江苏城乡建设职业学院吕艳玲参编。其中单元一由陈宗丽编写，单元二由蒋月定、潘书才、汪燕编写，单元三由蒋月定、姜保光、陈宗丽编写，单元四由郭晓冬、陈万鹏编写，单元五由楼晓雯、吕艳玲编写，全书由陈宗丽负责统稿。

南京工业大学申玲教授、常州工程职业技术学院徐秀维教授审阅了全书，并提出了许多宝贵的意见和建议，在此深表感谢！

本书开发了拓展知识和项目BIM模型动画，可扫描二维码查看。

同时，可登录www. cipedu. com. cn免费获取电子课件。

由于时间仓促，加之编者水平有限，书中难免存在不足之处，敬请广大读者批评指正。

编　者

2017年4月

目录

资源目录

安装工程工程量清单计价概述

单元任务

通过本单元的学习，了解工程量清单、工程量清单计价、招标控制价的基本概念和编制要求；掌握安装工程工程量清单计价的依据。

知识目标

了解工程量清单的概念；
工程量清单计价的特点；
招标控制价的概念及编制方法；
掌握建设工程费用定额；
掌握安装工程计价定额；
掌握“营改增”计价定额的调整内

能力目标

能理解工程量清单相关概念；
能正确查阅安装工程计价的相关文件资料

拓展目标

通过对基本知识概念的学习，培养有效获取信息的能力

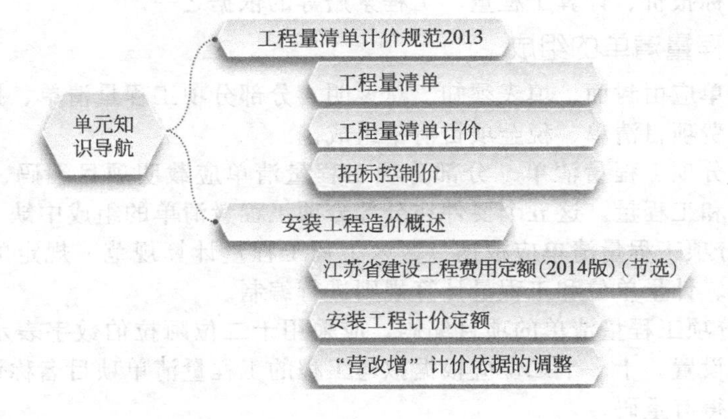

1.1 工程量清单计价规范 2013

1.1.1 工程量清单

1.1.1.1 工程量清单的定义、性质和作用

《建设工程工程量清单计价规范》（GB 50500—2013）对工程量清单的定义为“工程清单——载明建设工程分部分项工程项目、措施项目、其他项目的名称和相应数量以及规费、税金项目等内容的明细清单”。

其中“分部分项工程”是“分部工程”和“分项工程”的总称。“分部工程”是单项或单位工程的组成部分，系按通用安装工程专业及施工特点或施工任务将单位工程划分为若干分部的工程。例如，通用安装工程分为机械设备安装工程、热力设备安装工程、静置设备与工艺金属结构制作安装工程、电气设备安装工程、建筑智能化工程、自动化控制仪表安装工程、通风空调工程、工业管道工程、消防工程、给水排水工程、采暖工程、燃气工程、通信设备及线路工程、刷油工程、防腐蚀工程、绝热工程等分部工程。“分项工程”是分部工程的组成部分，是按不同施工方法、材料、工序等将分部工程划分为若干个分项或项目的工程。例如工业管道分为低压管道、中压管道、高压管道等分项工程。

“措施项目”是相对于工程实体的分部分项工程项目而言，对实际施工中必须发生的施工准备和施工过程中技术、生活、安全、环境保护等方面的非工程实体项目的总称。例如安全文明施工、脚手架、焦炉烘炉、热态工程等。

“招标工程量清单”是招标人依据国家标准、招标文件、设计文件以及施工现场实际情况编制的，随招标文件发布供投标报价的工程量清单。招标工程量清单必须作为招标文件的组成部分，其准确性和完整性由招标人负责。

“已标价工程量清单”是指构成合同组成部分的投标文件中已标明价格，经算术性错误修正且承包人已确认的工程量清单，包括其说明和表格。

“招标工程量清单”与“已标价工程量清单”是工程量清单计价的基础，应作为编制招标控制价、投标报价、计算工程量、工程索赔等的依据之一。

1.1.1.2 工程量清单的组成

工程量清单应由封面、填表须知、总说明、分部分项工程量清单、措施项目清单、其他项目清单、规费项目清单、税金项目清单组成。

（1）分部分项工程量清单　分部分项工程量清单应载明项目编码、项目名称、项目特征、计量单位和工程量。这五个要件在分部分项工程量清单的组成中缺一不可。

1）分部分项工程量清单应根据《××工程工程量计算规范》规定的项目编码、项目名称、项目特征、计量单位和工程量计算规则进行编制。

2）分部分项工程量清单的项目编码，应采用十二位阿拉伯数字表示，一～九位应按清单附录的规定设置，十～十二位应根据拟建工程的工程量清单项目名称设置，同一招标工程的项目编码不得有重码。

各位数字的含义是：一位、二位为相关工程国家计量规范代码（01——房屋建筑与装饰工程；02——仿古建筑工程；03——通用安装工程；04——市政工程；05——园林绿化工程；

06——矿山工程；07——构筑物工程；08——城市轨道交通工程；09——爆破工程。以后进入国家标准的专业工程代码以此类推）；三位、四位为专业工程顺序码；五位、六位为分部工程顺序码；七～九位为分项工程项目名称顺序码；十～十二位为清单项目名称顺序码。

当同一标段（或合同段）的一份工程量清单中含有多个单位工程且工程量清单是以单位工程为编制对象时，应特别注意对项目编码十～十二位的设置不得有重码的规定。例如一个标段（或合同段）的工程量清单中含有三个单位工程，每一单位工程中都有项目特征相同的电梯，在工程量清单中又需反映三个不同单位工程的电梯工程量时，则第一个单位工程交流电梯的项目编码应为030107001，第二个单位工程交流电梯的项目编码应为030107002，第三个单位工程交流电梯的项目编码应为030107003，并分别列出各单位工程交流电梯的工程量。

3）分部分项工程量清单的项目名称应按工程计量规范附录的项目名称结合拟建工程的实际情况确定。

4）分部分项工程量清单的项目特征应按工程计量规范附录中规定的项目特征，结合拟建工程项目的实际情况予以准确和全面地描述，因为项目特征不仅是区分清单项目的依据，更是确定综合单价与履行合同义务的前提。但有些项目特征用文字往往又难以准确和全面地描述清楚，因此，为达到规范、简洁、准确、全面描述项目特征的要求，在描述工程量清单项目特征时应按以下原则进行。

① 项目特征描述的内容应按工程计量规范附录中的规定，结合拟建工程的实际情况，满足确定综合单价的需要。

② 若采用标准图集或施工图样能够全部或部分满足项目特征描述的要求，项目特征描述可直接采用详见××图集或××图号的方式。对不能满足项目特征描述要求的部分，仍应用文字描述。

5）分部分项工程量清单中所列工程量应按工程计量规范附录中规定的工程量计算规则计算。

6）分部分项工程量清单的计量单位应按工程计量规范附录中规定的计量单位确定。

7）工程计量规范附录中有两个或两个以上计量单位的，应结合拟建工程项目的实际情况，选择其中一个确定，在同一个建设项目（或标段、合同段）中，有多个单位工程的相同项目计量单位必须保持一致。

8）工程计量时每一项目汇总的有效位数应遵守下列规定。

① 以“t”为单位，应保留小数点后三位数字，第四位小数四舍五入。

② 以“m、m^2、m^3、kg”为单位，应保留小数点后两位数字，第三位小数四舍五入。

③ 以“台、个、件、套、根、组、系统”为单位，应取整数。

9）编制工程量清单出现工程计量规范附录中未包括的项目，编制人应做补充，具体做法如下：补充项目的编码由专业的代码与B和三位阿拉伯数字组成，如通用安装工程可以从03B001起顺序编制，同一招标工程的项目不得重码。

在工程量清单中应附补充项目的项目名称、项目特征、计量单位、工程量计算规则和工作内容。编制的补充项目报省级或行业工程造价管理机构备案，省级或行业工程造价管理机构应汇总报住房和城乡建设部标准定额研究所。

（2）措施项目清单　措施项目清单应根据拟建工程的实际情况列项。

1）措施项目中列出了项目编码、项目名称、项目特征、计量单位、工程量计算规则的项目，编制工程量清单时，应按照分部分项工程的规定执行。

2）措施项目仅列出项目编码、项目名称，未列出项目特征、计量单位和工程量计算规则的项目，编制工程量清单时，应按工程计量规范附录中措施项目规定的项目编码、项目名称确定。

3）措施项目应根据拟建工程的实际情况列项，若出现工程计量规范未列的项目，可根据工程实际情况补充，编码规则同分部分项工程。

（3）其他项目清单　其他项目清单应按照下列内容列项。

1）暂列金额：应根据工程特点，按有关计价规定估算。

2）暂估价：包括材料暂估单价、工程设备暂估单价、专业工程暂估价。

暂估价中的材料、工程设备暂估价应根据工程造价信息或参照市场价格估算；专业工程暂估价应分不同专业，按有关计价规定估算，列出明细表。

3）计日工：应列出项目名称、计量单位和暂估数量。

4）总承包服务费：应列出服务项目及其内容等。

出现以上未列的项目，应根据工程实际情况补充。

（4）规费项目清单　规费项目清单应按照下列内容列项。

1）社会保障费：包括养老保险费、失业保险费、医疗保险费、工伤保险费、生育保险费。

2）住房公积金。

3）工程排污费。

出现以上未列的项目，应根据省级政府或省级有关部门的规定列项。

（5）税金项目清单　税金项目清单应包括下列内容。

1）营业税。

2）城市维护建设税。

3）教育费附加。

4）地方教育附加。

出现以上未列的项目，应根据税务部门的规定列项。

1.1.2　工程量清单计价

工程量清单计价是指投标人完成由招标人提供的工程量清单所需的全部费用，包括分部分项工程费、措施项目费、其他项目费和规费、税金。实行工程量清单计价，工程量清单造价文件必须做到统一项目编码、统一项目名称、统一工程量计算单位、统一工程量计算规则等四统一，达到清单项目工程量统一的目的。

在《建设工程工程量清单计价规范》（GB 50500—2013）中列出的工程量清单计价文件有招标控制价、投标报价、签约合同价、竣工结算价（合同价格）等形式，建设工程施工发承包造价由分部分项工程费、措施项目费、其他项目费、规费和税金组成，工程量清单计价时应按照《建设工程工程量清单计价规范》（GB 50500—2013）的格式统一。

工程量清单计价格式主要包括：封面（工程量清单、招标控制价、投标总价、竣工结算总价），工程计价总说明，工程计价汇总表（建设项目汇总表、单项工程费汇总表、单位工程费汇总表、建设项目竣工结算汇总表、单项工程竣工结算汇总表、单位工程竣工结算汇总表），分部分项工程量和措施项目计价定额（分部分项工程和单价措施项目清单与计价定额、综合单价分析表、综合单价调整表、总价措施项目清单与计价定额），其他项目计价定额[其他项目清单与计价汇总表、暂列金额明细表、材料（工程商务）暂估单价及汇总表、专业工程暂估价表及结算价表、计日工表、总包服务费计价定额、索赔与现场签证计价汇总表、费用索赔申请（核准）表、现场签证表]，规费、税金项目计价定额，以及工程计量申请（核准）表，合同价款支付申请（核准）表，主要材料、工程设备一览表等。

《建设工程工程量清单计价规范》中工程量清单综合单价是指完成规定计量单位项目所需的人工费、材料费、机械使用费、管理费、利润并考虑风险因素。

工程量清单计价的特点主要表现在以下几点。

（1）强制性　工程量清单计价规范作为国家标准包含了一部分必须严格执行的强制性条文，如：全部使用国有资金投资或国有投资资金为主的工程建设项目，必须采用工程量清单计价；采用工程量清单方式招标，工程量清单必须作为招标文件的组成部分，其准确性和完整性由招标人负责；分部分项工程量清单应根据附录规定的项目编码、项目名称、项目特征、计量单位和工程量计算规则进行编制；分部分项工程量清单应采用综合单价计价；招标文件中的工程量清单标明的工程量是投标人投标报价的共同基础，竣工结算的工程量按承发包双方在合同中的约定应予计量且按实际完成的工程量确定；措施项目清单中的安全文明施工费应按照国家或省级、行业建设主管部门的规定计价，不得作为竞争性费用；投标人应按招标人提供的工程量清单填报价格，填写的项目编码、项目名称、项目特征、计量单位和工程量必须与招标人提供的一致。

（2）实用性　计价规范附录中工程量清单项目及计算规则的项目名称表现的是工程实体项目，项目名称明确清晰，工程量计算规则简洁明了，特别还列有项目特征和工程内容，易于编制工程量清单时确定具体项目名称和投标报价。

（3）竞争性　一方面，表现在工程量清单计价规范中从政策性规定到一般内容的具体规定，充分体现了工程造价由市场竞争形成价格的原则。工程量清单计价规范中的措施项目，在工程量清单中只列“措施项目”一栏，具体采用什么措施由投标企业的施工组织设计，视具体情况报价。另一方面，工程量清单计价规范中人工、材料和施工机械没有具体的消耗量，投标企业可以依据企业定额、市场价格或参照建设主管部门发布的社会平均消耗量定额、信息指导价格进行报价，为企业报价提供了自主的空间。

（4）通用性　表现在我国工程量清单计价是与国际惯例接轨的，符合工程量计算方法标准化、工程量清单计算规则统一化、工程造价确定市场化的要求。

工程量清单计价的特点具体体现在以下几个方面。

“统一计价规则”——通过制定统一的建设工程工程量清单计价方法、统一的工程量计量规则、统一的工程量清单项目设置规则，达到规范计价行为的目的。这些规则和办法是强制性的，建设各方面都应该遵守，这是工程造价管理部门首次在文件中明确政府应管什么，不应管什么。

“有效控制消耗量”——通过由政府发布统一的社会平均消耗量指导标准，为企业提供一个社会平均尺度，避免企业盲目或随意大幅度减少或扩大消耗量，从而达到保证工程质量的目的。

“彻底放开价格”——将工程消耗量定额中的工、料、机价格和利润、管理费全面放开，由市场的供求关系自行确定价格。

“企业自主报价”——投标企业根据自身的技术专长、材料采购渠道和管理水平等，制定企业自己的报价定额，自主报价。企业尚无报价定额的，可参考使用造价管理部门颁布的《建设工程消耗量定额》。

“市场有序竞争形成价格”——通过建立与国际惯例接轨的工程量清单计价模式，引入充分竞争形成价格的机制，制定衡量投标报价合理性的基础标准，在投标过程中，有效引入竞争机制，淡化标底的作用，在保证质量、工期的前提下，按《中华人民共和国招标投标法》及有关条款规定，最终以“不低于成本”的合理低价者中标。

1.1.3　招标控制价

1.1.3.1　招标控制价的概念

招标控制价是2008年清单计价规范术语之一，之后在《建设工程工程量清单计价规范》

(GB 50500—2013) 中又做了修改，即“招标控制价是招标人根据国家或省级、行业建设主管部门颁发的有关计价依据和办法，以及拟定的招标文件和招标工程量清单，结合工程具体情况编制的招标工程的最高限价”。其实招标控制价也就是以前所说的“拦标价、最高报价值、预算控制价、最高限价”等，现在把这些名词进行了规范统一，称之为招标控制价。

招标控制价是为了严格区别于原先招标标底的概念而专门设立的一个新术语，要求招标人必须在招标文件中予以公布，投标人的投标价一旦超过此价，其投标应予以拒绝。对此，规范中还规定：招标控制价应在招标时公布，不应上调或下浮，招标人应将招标控制价及有关资料报送工程所在地工程造价管理机构备查。而原先的标底是必须严格保密的，在开标前泄露标底是违法的。二者间一个最重要的区别就是公开与保密，至于编制的基本要求还是一样的，都必须严格遵循国家或省级、行业建设主管部门颁发的有关计价依据和办法。

为了体现工程招标的公开、公平、公正原则，防止招标人有意抬高或压低工程造价，规范还对招标控制价文件的编制与复核、投诉与处理进行了相应的规定，体现了招标控制价的严肃性。同时规定，招标人在招标文件中不能只公布招标控制价的总价，还应公布招标控制价各个组成部分的详细内容。

1.1.3.2 招标控制价的编制依据

根据《建设工程工程量清单计价规范》(GB 50500—2013) 的规定，招标控制价应按照下列依据进行编制与复核。

①《建设工程工程量清单计价规范》(GB 50500—2013)。

② 国家或省级、行业建设主管部门颁发的计价定额和计价办法。

③ 建设工程设计文件及相关资料。

④ 拟定的招标文件及招标工程量清单。

⑤ 与建设项目相关的标准、规范、技术资料。

⑥ 施工现场情况、工程特点及常规施工方案。

⑦ 工程造价管理机构发布的工程造价信息；工程造价信息没有发布的，参照市场价。

⑧ 其他的相关资料。

对招标控制价的执行，各地在《建设工程工程量清单计价规范》(GB 50500—2008) 颁布时，就出台了相应的法规予以规范。江苏省在《江苏省关于明确招标控制价和招标价调整系数范围有关问题的通知》[苏建价站 (2009) 2 号、苏建招办 (2009) 6 号] 中就进行了相应的规定，如在第一条“招标控制价编制原则与依据”中规定：“招标控制价的编制应遵循客观、公正的原则，严格执行清单计价规范，合理反映拟建工程项目市场价格水平。在编制招标控制价时，消耗量水平、人工工资单价、有关费用标准按省级建设主管部门颁发的计价定额（定额）和计价办法执行；材料价格按工程所在地造价管理机构发布的市场指导价取定（市场指导价没有的按市场信息价或市场询价）；措施项目费用考虑工程所在地常用的施工技术和施工方案计取。”

而根据 GB 50500—2013 清单计价规范的规定，江苏省取消了建设工程招标价调整系数的相应规定与做法。

招标控制价编制的依据如下。

① 完整的施工图设计文件，建设单位提供的作为单位工程施工依据的全部施工图样，包括设计说明书，以及有关的通用图、标准图集或施工图册等。

② 施工组织设计和施工设计文件。

③ 现行预算定额或单位估价表，采用全国统一安装工程定额或者地区主管部门根据“统一定额”编制的单位估价表。

④ 现行的安装工程材料、设备预算价格。

⑤ 现行的费用定额和工程造价有关文件。

⑥ 预算手册、五金手册及有关标准图集。

⑦ 其他。

1.1.3.3 招标控制价的编制程序

(1) 熟悉图样，收集资料。

在接到工程施工图样后，应进行全面系统的阅读，有看不懂或有疑问的地方，随时记录，以便向建设单位或设计单位询问解决。熟悉施工组织设计或施工方案的有关内容。在编制前，对该项工程的施工组织设计或施工方案必须进行了解，根据设计文件及有关施工规范确定正常的施工工艺。

(2) 计算工程量，编制工程量清单。

熟悉《通用安装工程工程量计算规范》(GB 50856—2013) 中工程量清单项目的划分与工程量计算规则，对照图样认真列出具体项目并计算工程量，根据工程的具体特点，针对工程项目特征与相应的工作内容编制工程量清单。

(3) 根据编制完成的工程量清单，结合具体工程实际情况编制分部分项工程费用。

1) 清单项目分析：根据清单的特征与工作内容，具体分析清单项目。清单子目中的项目组成，一个清单中可能包含几个或多个工作项目，也可能由多个定额子目组成，因此必须认真分析，做到心中有数，防止漏项，以免造成计价的偏差。

其中，可能出现下列几种情况。

① 清单项目特征、工程内容与定额子目完全一致，直接套用定额子目。

② 清单项目特征、工程内容与定额子目不完全一致，但是可以通过定额换算组价，即换算后组价。

③ 清单项目的工程量计算规则与定额工程量计算规则不一致，按照定额工程量计算规则重新计算工程量，套用相应的定额。

④ 清单子目可能包括一个或多个定额子目，在编制招标控制价时还需要按照清单的实际项目组成与定额的工程量计算规则再次计算相应的工程量。此时计算工程量必须注意以下几点。

a. 计算口径应与预算（计价）定额相一致，即计算工程量时所列分项工程内容，必须同预算（计价）定额中相应项目的工程内容一致。

b，计量单位应与预算（计价）定额中的单位相一致，这样才能准确地套用预算（计价）定额或地区单位估价表。

c. 计算方法应与定额规定相一致。在进行计算时，应严格按照工程量计算规则来计算，而不应该自己想怎么算就怎么算，这一条往往是初学者容易混淆的问题。

2) 套用预算定额或计价定额，编制分部分项工程费用：正确选用定额子目进行套用组价，当实际项目内容与定额子目不一致或定额说明需要进行调整时，必须进行换算。当差别很大，无法套用时，也可以编制补充定额进行计价，需要有关部门批准的必须报相关部门批准后方可使用。

编制一个单位工程的招标控制价，除利用安装工程计价定额外，还可能使用建筑工程计价定额、市政工程计价定额等进行计价。而安装工程又会涉及设备、水、暖、电、卫、风等工程册的运用，因此在套用计价时，一定要按各册计价定额中规定的计算规则进行计算和套用。

在《江苏省安装工程计价定额》(2014 版) 中，每册均有各自的适用范围，如《第十册给排水、采暖、燃气工程》适用于生活用给水、排水、燃气、采暖热源管道以及附件配件安装、小型容器制作安装；对于工业管道、生产生活共用的管道、锅炉房和泵类配管以及高层建筑物内加压泵间的管道，应使用《第八册　工业管道工程》。有关刷油保温部分应使用《第十一册　刷油、防腐蚀、绝热工程》。

(4) 计算措施项目费及其他相关费用。

根据工程实际情况或常规施工组织与施工工艺，执行工程所在地的相关规定确定措施项目费、其他项目费、规费、税金等。

(5) 汇总单位工程费。

(6) 计算主要技术经济指标：每平方米造价＝工程总造价/建筑面积。

(7) 制作编制说明及封面。

编制说明主要是简明扼要地介绍编制依据（定额、价格、费用标准、调价系数）、编制范围等。

1.2 安装工程造价概述

安装工程造价所包含的内容非常多，其知识体系主要包括：安装专业技术知识、安装定额、工程量计算规则以及与安装造价相关各种知识。

(1) 安装专业技术知识。主要指电气、给排水、暖通等各个安装专业的工艺原理、施工技术及工程图纸，这类知识是安装造价的基础，但其涉及的内容很广很深，需要随着造价水平的提高而不断拓展、深化。

(2) 安装定额。包括计价定额及费用定额两种，概括地讲，计价定额是用来确定工程造价中最基础、最容易明确计算的那部分造价，即人工、材料、机械费用及相应的管理费和利润；费用定额是用来确定工程造价中不太容易进行量化的那部分造价，所以大部分是以费率的形式来表示。

(3) 工程量计算规则。从作用上来讲，工程量计算规则是用来连接安装专业技术知识与安装定额的桥梁，通过计算规则可以将各专业的图纸工程量转化为定额工程量，在这种转化过程中对很多内容进行了大量的综合和简化，所以在工程中实际工程量与定额工程量是存在一定差别的。

(4) 安装造价相关知识。这类知识包括的范围更多更广，且很分散，主要的包括：各种相关法律法规和规范标准、各级政府或行业主管部门发布的相关文件、建筑材料价格信息、五金手册，甚至包括经济、法律专业的部分相关知识。

本书以《建设工程工程量清单计价规范》(GB 50500—2013)、《江苏省安装工程计价定额》(2014 版)、《江苏省建设工程费用定额》(2014 版) 以及各省市工程造价管理机构发布的人工、材料、施工机械台班市场价格信息、价格指数为计价依据。

1.2.1 江苏省建设工程费用定额（2014版）（节选）

一、总则

(一) 为了规范建设工程计价行为，合理确定和有效控制工程造价，根据《建设工程工程量清单计价规范》(GB 50500—2013) 及其 9 本计算规范和《建筑安装工程费用项目组成》(建标［2013］44 号) 等有关规定，结合江苏省实际情况，江苏省住房和城乡建设厅组织编制了《江苏省建设工程费用定额》(2014 版)(以下简称“本定额”)。

(二) 本定额是建设工程编制设计概算、施工图预（结）算、最高投标限价（招标控制价）标底以及调解处理工程造价纠纷的依据；是确定投标价、工程结算审核的指导；也可作为企业内部核算和制订企业定额的参考。

(三) 本定额适用于在江苏省行政区域内新建、扩建和改建的建筑与装饰、安装、市政、仿古建筑及园林绿化、房屋修缮、城市轨道交通工程等，与江苏省现行的建筑与装饰、安装、市政、仿古建筑及园林绿化、房屋修缮、城市轨道交通工程计价表（定额）配套使用，原有关规定与本定额不一致的，按照本定额规定执行。

（四）本定额费用内容是由分部分项工程费、措施项目费、其他项目费、规费和税金组成。其中，安全文明施工措施费、规费和税金为不可竞争费，应按规定标准计取。

（五）包工包料、包工不包料和点工说明

(1) 包工包料：是施工企业承包工程用工、材料、机械的方式。

(2) 包工不包料：指只承包工程用工的方式。施工企业自带施工机械和周转材料的工程按包工包料标准执行。

(3) 点工：适用于在建设工程中由于各种因素所造成的损失、清理等不在定额范围内的用工。

(4) 包工不包料、点工的临时设施应由建设单位（发包人）提供。

（六）本定额由江苏省建设工程造价管理总站负责解释和管理。

二、建设工程费用的组成

建设工程费用由分部分项工程费、措施项目费、其他项目费、规费和税金组成。

（一）分部分项工程费

分部分项工程费是指各专业工程的分部分项工程应予列支的各项费用，由人工费、材料费、施工机具使用费、企业管理费和利润构成。

1. 人工费

是指按工资总额构成规定，支付给从事建筑安装工程施工的生产工人和附属生产单位工人的各项费用。内容如下：

(1) 计时工资或计件工资：是指按计时工资标准和工作时间或对已做工作按计件单价支付给个人的劳动报酬。

(2) 奖金：是指对超额劳动和增收节支支付给个人的劳动报酬。如节约奖、劳动竞赛奖等。

(3) 津贴补贴：是指为了补偿职工特殊或额外的劳动消耗和因其他特殊原因支付给个人的津贴，以及为了保证职工工资水平不受物价影响支付给个人的物价补贴。如流动施工津贴、特殊地区施工津贴、高温（寒）作业临时津贴、高空津贴等。

(4) 加班加点工资：是指按规定支付的在法定节假日工作的加班工资和在法定日工作时间外延时工作的加点工资。

(5) 特殊情况下支付的工资：是指根据国家法律、法规和政策规定，因病、工伤、产假、计划生育假、婚丧假、事假、探亲假、定期休假、停工学习、执行国家或社会义务等原因按计时工资标准或计时工资标准的一定比例支付的工资。

2. 材料费

是指施工过程中耗费的原材料、辅助材料、构配件、零件、半成品或成品、工程设备的费用。内容如下：

(1) 材料原价：是指材料、工程设备的出厂价格或商家供应价格。

(2) 运杂费：是指材料、工程设备自来源地运至工地仓库或指定堆放地点所发生的全部费用。

(3) 运输损耗费：是指材料在运输装卸过程中不可避免的损耗。

(4) 采购及保管费：是指为组织采购、供应和保管材料、工程设备的过程中所需要的各项费用。包括采购费、仓储费、工地保管费、仓储损耗。

工程设备是指房屋建筑及其配套的构成或计划构成永久工程一部分的机电设备、金属结构设备、仪器装置等建筑设备，包括附属工程中电气、采暖、通风空调、给排水、通信及建筑智能等为房屋功能服务的设备，不包括工艺设备。具体划分标准见《建设工程计价设备材料划分标准》（GB/T 50531—2009）。明确由建设单位提供的建筑设备，其设备费用不作为计取税金的基数。

3. 施工机具使用费

是指施工作业所发生的施工机械、仪器仪表使用费或其租赁费。包含以下内容：

（1）施工机械使用费：以施工机械台班耗用量乘以施工机械台班单价表示，施工机械台班单价应由下列七项费用组成：

① 折旧费：指施工机械在规定的使用年限内，陆续收回其原值的费用。

② 大修理费：指施工机械按规定的大修理间隔台班进行必要的大修理，以恢复其正常功能所需的费用。

③ 经常修理费：指施工机械除大修理以外的各级保养和临时故障排除所需的费用。包括为保障机械正常运转所需替换设备与随机配备工具附具的摊销和维护费用，机械运转中日常保养所需润滑与擦拭的材料费用及机械停滞期间的维护和保养费用等。

④ 安拆费及场外运费：安拆费指施工机械（大型机械除外）在现场进行安装与拆卸所需的人工、材料、机械和试运转费用以及机械辅助设施的折旧、搭设、拆除等费用；场外运费指施工机械整体或分体自停放地点运至施工现场或由一施工地点运至另一施工地点的运输、装卸、辅助材料及架线等费用。

⑤ 人工费：指机上司机（司炉）和其他操作人员的人工费。

⑥ 燃料动力费：指施工机械在运转作业中所消耗的各种燃料及水、电等。

⑦ 税费：指施工机械按照国家规定应缴纳的车船使用税、保险费及年检费等。

（2）仪器仪表使用费：是指工程施工所需使用的仪器仪表的摊销及维修费用。

4. 企业管理费

是指施工企业组织施工生产和经营管理所需的费用。内容如下：

（1）管理人员工资：是指按规定支付给管理人员的计时工资、奖金、津贴补贴、加班加点工资及特殊情况下支付的工资等。

（2）办公费：是指企业管理办公用的文具、纸张、账表、印刷、邮电、书报、办公软件、监控、会议、水电、燃气、采暖、降温等费用。

（3）差旅交通费：是指职工因公出差、调动工作的差旅费，住勤补助费，市内交通费和误餐补助费，职工探亲路费，劳动力招募费，职工退休、退职一次性路费，工伤人员就医路费，工地转移费以及管理部门使用的交通工具的油料、燃料等费用。

（4）固定资产使用费：指企业及其附属单位使用的属于固定资产的房屋、设备、仪器等的折旧、大修、维修或租赁费。

（5）工具用具使用费：是指企业施工生产和管理使用的不属于固定资产的工具、器具、家具、交通工具和检验、试验、测绘、消防用具等的购置、维修和摊销费，以及支付给工人自备工具的补贴费。

（6）劳动保险和职工福利费：是指由企业支付的职工退职金、按规定支付给离休干部的经费，集体福利费、夏季防暑降温、冬季取暖补贴、上下班交通补贴等。

（7）劳动保护费：是企业按规定发放的劳动保护用品的支出。如工作服、手套、防暑降温饮料、高危险工作工种施工作业防护补贴以及在有碍身体健康的环境中施工的保健费用等。

（8）工会经费：是指企业按《工会法》规定的全部职工工资总额比例计提的工会经费。

（9）职工教育经费：是指按职工工资总额的规定比例计提，企业为职工进行专业技术和职业技能培训，专业技术人员继续教育、职工职业技能鉴定、职业资格认定以及根据需要对职工进行各类文化教育所发生的费用。

(10) 财产保险费：指企业管理用财产、车辆的保险费用。

(11) 财务费：是指企业为施工生产筹集资金或提供预付款担保、履约担保、职工工资支付担保等所发生的各种费用。

(12) 税金：指企业按规定交纳的房产税、车船使用税、土地使用税、印花税等。

(13) 意外伤害保险费：企业为从事危险作业的建筑安装施工人员支付的意外伤害保险费。

(14) 工程定位复测费：是指工程施工过程中进行全部施工测量放线和复测工作的费用。建筑物沉降观测由建设单位直接委托有资质的检测机构完成，费用由建设单位承担，不包含在工程定位复测费中。

(15) 检验试验费：是施工企业按规定进行建筑材料、构配件等试样的制作、封样、送达和其他为保证工程质量进行的材料检验试验工作所发生的费用。不包括新结构、新材料的试验费，对构件（如幕墙、预制桩、门窗）做破坏性试验所发生的试样费用和根据国家标准和施工验收规范要求对材料、构配件和建筑物工程质量检测检验发生的第三方检测费用，对此类检测发生的费用，由建设单位承担，在工程建设其他费用中列支。但对施工企业提供的具有合格证明的材料进行检测不合格的，该检测费用由施工企业支付。

(16) 非建设单位所为四小时以内的临时停水停电费用。

(17) 企业技术研发费：建筑企业为转型升级、提高管理水平所进行的技术转让、科技研发、信息化建设等费用。

(18) 其他：业务招待费、远地施工增加费、劳务培训费、绿化费、广告费、公证费、法律顾问费、审计费、咨询费、投标费、保险费、联防费、施工现场生活用水电费等。

5. 利润

是指施工企业完成所承包工程获得的盈利。

(二) 措施项目费

措施项目费是指为完成建设工程施工，发生于该工程施工前和施工过程中的技术、生活、安全、环境保护等方面的费用。根据现行工程量清单计算规范，措施项目费分为单价措施项目与总价措施项目。

1. 单价措施项目

是指在现行工程量清单计算规范中有对应工程量计算规则，按人工费、材料费、施工机具使用费、管理费和利润形式组成综合单价的措施项目。单价措施项目根据专业不同，包括项目分别如下：

(1) 建筑与装饰工程：脚手架工程；混凝土模板及支架（撑）；垂直运输；超高施工增加；大型机械设备进出场及安拆；施工排水、降水。

(2) 安装工程：吊装加固；金属抱杆安装、拆除、移位；平台铺设、拆除；顶升、提升装置安装、拆除；大型设备专用机具安装、拆除；焊接工艺评定；胎（模）具制作、安装、拆除；防护棚制作安装拆除；特殊地区施工增加；安装与生产同时进行施工增加；在有害身体健康环境中施工增加；工程系统检测、检验；设备、管道施工的安全、防冻和焊接保护；焦炉烘炉、热态工程；管道安拆后的充气保护；隧道内施工的通风、供水、供气、供电、照明及通讯设施；脚手架搭拆；高层施工增加；其他措施（工业炉烘炉、设备负荷试运转、联合试运转、生产准备试运转及安装工程设备场外运输）；大型机械设备进出场及安拆。

(3) 市政工程：脚手架工程；混凝土模板及支架；围堰；便道及便桥；洞内临时设施；大型机械设备进出场及安拆；施工排水、降水；地下交叉管线处理、监测、监控。

(4) 仿古建筑工程：脚手架工程；混凝土模板及支架；垂直运输；超高施工增加；大型机械设备进出场及安拆；施工降水排水。

园林绿化工程：脚手架工程；模板工程；树木支撑架、草绳绕树干、搭设遮阴（防寒）棚工程；围堰、排水工程。

(5) 房屋修缮工程中土建、加固部分单价措施项目设置同建筑与装饰工程；安装部分单价措施项目设置同安装工程。

(6) 城市轨道交通工程：围堰及筑岛；便道及便桥；脚手架；支架；洞内临时设施；临时支撑；施工监测、监控；大型机械设备进出场及安拆；施工排水、降水；设施、处理、干扰及交通导行（混凝土模板及安拆费用包含在分部分项工程中的混凝土清单中）。单价措施项目中各措施项目的工程量清单项目设置、项目特征、计量单位、工程量计算规则及工作内容均按现行工程量清单计算规范执行。

2. 总价措施项目

是指在现行工程量清单计算规范中无工程量计算规则，以总价（或计算基础乘费率）计算的措施项目。其中各专业都可能发生的通用的总价措施项目如下：

(1) 安全文明施工：为满足施工安全、文明、绿色施工以及环境保护、职工健康生活所需要的各项费用。本项为不可竞争费用。

① 环境保护包含范围：现场施工机械设备降低噪音、防扰民措施费用；水泥和其他易飞扬细颗粒建筑材料密闭存放或采取覆盖措施等费用；工程防扬尘洒水费用；土石方、建渣外运车辆冲洗、防洒漏等费用；现场污染源的控制、生活垃圾清理外运、场地排水排污措施的费用；其他环境保护措施费用。

② 文明施工包含范围："五牌一图"的费用；现场围挡的墙面美化（包括内外粉刷、刷白、标语等）、压顶装饰费用；现场厕所便槽刷白、贴面砖，水泥砂浆地面或地砖费用，建筑物内临时便溺设施费用；其他施工现场临时设施的装饰装修、美化措施费用；现场生活卫生设施费用；符合卫生要求的饮水设备、淋浴、消毒等设施费用；生活用洁净燃料费用；防煤气中毒、防蚊虫叮咬等措施费用；施工现场操作场地的硬化费用；现场绿化费用、治安综合治理费用、现场电子监控设备费用；现场配备医药保健器材、物品费用和急救人员培训费用；用于现场工人的防暑降温费、电风扇、空调等设备及用电费用；其他文明施工措施费用。

③ 安全施工包含范围：安全资料、特殊作业专项方案的编制，安全施工标志的购置及安全宣传的费用；"三宝"（安全帽、安全带、安全网）、"四口"（楼梯口、电梯井口、通道口、预留洞口），"五临边"（阳台围边、楼板围边、屋面围边、槽坑围边、卸料平台两侧），水平防护架、垂直防护架、外架封闭等防护的费用；施工安全用电的费用，包括配电箱三级配电、两级保护装置要求、外电防护措施；起重机、塔吊等起重设备（含井架、门架）及外用电梯的安全防护措施（含警示标志）费用及卸料平台的临边防护、层间安全门、防护棚等设施费用；建筑工地起重机械的检验检测费用；施工机具防护棚及其围栏的安全保护设施费用；施工安全防护通道的费用；工人的安全防护用品、用具购置费用；消防设施与消防器材的配置费用；电气保护、安全照明设施费；其他安全防护措施费用。

④ 绿色施工包含范围：建筑垃圾分类收集及回收利用费用；夜间焊接作业及大型照明灯具的挡光措施费用；施工现场办公区、生活区使用节水器具及节能灯具增加费用；施工现场基坑降水储存使用、雨水收集系统、冲洗设备用水回收利用设施增加费用；施工现场生活区厕所化粪池、厨房隔油池设置及清理费用；从事有毒、有害、有刺激性气味和强光、噪音施工人员的防护器具；现场危险设备、地段、有毒物品存放地安全标识和防护措施；厕所、卫生设施、排水沟、阴暗潮湿地带定期消毒费用；保障现场施工人员劳动强度和工作时间符合国家标准《体力劳动强度等级要求》（GB 3869）的增加费用等。

（2）夜间施工：规范、规程要求正常作业而发生的夜班补助、夜间施工降效、夜间照明设施的安拆、摊销、照明用电以及夜间施工现场交通标志、安全标牌、警示灯安拆等费用。

（3）二次搬运：由于施工场地限制而发生的材料、成品、半成品等一次运输不能到达堆放地点，必须进行的二次或多次搬运费用。

（4）冬雨季施工：在冬雨季施工期间所增加的费用。包括冬季作业、临时取暖、建筑物门窗洞口封闭及防雨措施、排水、工效降低、防冻等费用。不包括设计要求混凝土内添加防冻剂的费用。

（5）地上、地下设施、建筑物的临时保护设施：在工程施工过程中，对已建成的地上、地下设施和建筑物进行的遮盖、封闭、隔离等必要保护措施。在园林绿化工程中，还包括对已有植物的保护。

（6）已完工程及设备保护费：对已完工程及设备采取的覆盖、包裹、封闭、隔离等必要保护措施所发生的费用。

（7）临时设施费：施工企业为进行工程施工所必需的生活和生产用的临时建筑物、构筑物和其他临时设施的搭设、使用、拆除等费用。

① 临时设施包括：临时宿舍、文化福利及公用事业房屋与构筑物、仓库、办公室、加工场等。

② 建筑、装饰、安装、修缮、古建园林工程规定范围内（建筑物沿边起50m以内，多幢建筑两幢间隔50m内）围墙、临时道路、水电、管线和轨道垫层等。

③ 市政工程施工现场在定额基本运距范围内的临时给水、排水、供电、供热线路（不包括变压器、锅炉等设备）、临时道路。不包括交通疏解分流通道、现场与公路（市政道路）的连接道路、道路工程的护栏（围挡），也不包括单独的管道工程或单独的驳岸工程施工需要的沿线简易道路。建设单位同意在施工就近地点临时修建混凝土构件预制场所发生的费用，应向建设单位结算。

（8）赶工措施费：施工合同工期比我省现行工期定额提前，施工企业为缩短工期所发生的费用。如施工过程中，发包人要求实际工期比合同工期提前时，由发承包双方另行约定。

（9）工程按质论价：施工合同约定质量标准超过国家规定，施工企业完成工程质量达到经有权部门鉴定或评定为优质工程所必须增加的施工成本费。

（10）特殊条件下施工增加费：地下不明障碍物、铁路、航空、航运等交通干扰而发生的施工降效费用。

总价措施项目中，除通用措施项目外，各专业措施项目如下：

（1）建筑与装饰工程

① 非夜间施工照明：为保证工程施工正常进行，在如地下室、地宫等特殊施工部位施工时所采用的照明设备的安拆、维护、摊销及照明用电等费用。

② 住宅工程分户验收：按《住宅工程质量分户验收规程》（DGJ 32/TJ 103—2010）的要求对住宅工程进行专门验收（包括蓄水、门窗淋水等）发生的费用。室内空气污染测试不包含在住宅工程分户验收费用中，由建设单位直接委托检测机构完成，由建设单位承担费用。

（2）安装工程

① 非夜间施工照明：为保证工程施工正常进行，在如地下（暗）室、设备及大口径管道内等特殊施工部位施工时所采用的照明设备的安拆、维护及照明用电、通风等；在地下（暗）室等施工引起的人工工效降低以及由于人工工效降低引起的机械降效。

② 住宅工程分户验收：按《住宅工程质量分户验收规程》（DGJ 32/TJ 103—2010）的要求对住宅工程安装项目进行专门验收发生的费用。

(3) 市政工程 行车、行人干扰：由于施工受行车、行人的干扰导致的人工、机械降效以及为了行车、行人安全而现场增设的维护交通与疏导人员费用。

(4) 仿古建筑及园林绿化工程

① 非夜间施工照明：为保证工程施工正常进行，仿古建筑工程在地下室、地宫等、园林绿化工程在假山石洞等特殊施工部位施工时所采用的照明设备的安拆、维护及照明用电等。

② 反季节栽植影响措施：因反季节栽植在增加材料、人工、防护、养护、管理等方面采取的种植措施以及保证成活率措施。

(三) 其他项目费

1. 暂列金额

建设单位在工程量清单中暂定并包括在工程合同价款中的一笔款项。用于施工合同签订时尚未确定或者不可预见的所需材料、工程设备、服务的采购，施工中可能发生的工程变更、合同约定调整因素出现时的工程价款调整以及发生的索赔、现场签证确认等的费用。由建设单位根据工程特点，按有关计价规定估算；施工过程中由建设单位掌握使用，扣除合同价款调整后如有余额，归建设单位。

2. 暂估价

建设单位在工程量清单中提供的用于支付必然发生但暂时不能确定价格的材料的单价以及专业工程的金额。包括材料暂估价和专业工程暂估价。材料暂估价在清单综合单价中考虑，不计入暂估价汇总。

3. 计日工

是指在施工过程中，施工企业完成建设单位提出的施工图纸以外的零星项目或工作所需的费用。

4. 总承包服务费

是指总承包人为配合、协调建设单位进行的专业工程发包，对建设单位自行采购的材料、工程设备等进行保管以及施工现场管理、竣工资料汇总整理等服务所需的费用。总包服务范围由建设单位在招标文件中明示，并且发承包双方在施工合同中约定。

(四) 规费

规费是指有关权力部门规定必须缴纳的费用。

1. 工程排污费

包括废气、污水、固体及危险废物和噪声排污费等内容。

2. 社会保险费

企业应为职工缴纳的养老保险、医疗保险、失业保险、工伤保险和生育保险等五项社会保障方面的费用。为确保施工企业各类从业人员社会保障权益落到实处，省、市有关部门可根据实际情况制定管理办法。

3. 住房公积金

企业应为职工缴纳的住房公积金。

(五) 税金

税金是指国家税法规定的应计入建筑安装工程造价内的营业税、城市维护建设税、教育费附加及地方教育附加。

1. 营业税

是指以产品销售或劳务取得的营业额为对象的税种。

2. 城市建设维护税

是为加强城市公共事业和公共设施的维护建设而开征的税，它以附加形式依附于营业税。

3. 教育费附加及地方教育附加

是为发展地方教育事业，扩大教育经费来源而征收的税种。它以营业税的税额为计征基数。

三、工程类别的划分

1. 安装工程类别划分及说明（表1-1）

表1-1　安装工程类别划分表

一类工程
(1)10kV变配电装置。 (2)10kV电缆敷设工程或实物量在5km以上的单独6kV(含6kV)电缆敷设分项工程。 (3)锅炉单炉蒸发量在10t/h(含10t/h)以上的锅炉安装及其相配套的设备、管道、电气工程。 (4)建筑物使用空调面积在15000m^{2}以上的单独中央空调分项安装工程。 (5)建筑物使用通风面积在15000m^{2}以上的通风工程。 (6)运行速度在1.75m/s以上的单独自动电梯分项安装工程。 (7)建筑面积在15000m^{2}以上的建筑智能化系统设备安装工程和消防工程。 (8)24层以上的水电安装工程。 (9)工业安装工程一类项目(见表1-2)。
二类工程
(1)除一类范围以外的变配电装置和10kV以内架空线路工程。 (2)除一类范围以外且在400V以上的电缆敷设工程。 (3)除一类范围以外的各类工业设备安装、车间工艺设备安装及其相配套的管道、电气工程。 (4)锅炉单炉蒸发量在10t/h以内的锅炉安装及其相配套的设备、管道、电气工程。 (5)建筑物使用空调面积在15000m^{2}以内,5000m^{2}以上的单独中央空调分项安装工程。 (6)建筑物使用通风面积在15000m^{2}以内,5000m^{2}以上的通风工程。 (7)除一类范围以外的单独自动扶梯、自动或半自动电梯分项安装工程。 (8)除一类范围以外的建筑智能化系统设备安装工程和消防工程。 (9)8层以上或建筑面积在10000m^{2}以上建筑的水电安装工程。
三类工程
除一、二类范围以外的其他各类安装工程。

2. 工业安装工程一类工程项目（表1-2）

表1-2　工业安装工程一类工程项目表

(1)洁净要求不小于一万级的单位工程。 (2)焊口有探伤要求的工艺管道、热力管道、煤气管道、供水(含循环水)管道等工程。 (3)易燃、易爆、有毒、有害介质管道工程(GB 5044《职工性接触毒物危害程度分级》)。 (4)防爆电气、仪表安装工程。 (5)各种类气罐、不锈钢及有色金属贮罐。碳钢贮罐容积单只≥1000m^3。 (6)压力容器制作安装。 (7)设备单重≥10t/台或设备本体高度≥10m。 (8)空分设备安装工程。 (9)起重运输设备 1)双梁桥式起重机:起重量≥50/10t或轨距≥21.5m或轨道高度≥15m。 2)龙门式起重机:起重量≥20t。

续表

3)皮带运输机:
①宽≥650mm,斜度≥10°;
②宽≥650mm,总长度≥50m;
③宽≥1000mm。
(10)锻压设备
①机械压力:压力≥250t;
②液压机:压力≥315t;
③自动锻压机:压力≥5t。
(11)塔类设备安装工程。
(12)炉窑类
①回转窑:直径≥1.5m;
②各类含有毒气体炉窑。
(13)总实物量超过 $50m^3$ 的炉窑砌筑工程。
(14)专业电气调试(电压等级在500V以上)与工业自动化仪表调试。
(15)公共安装工程中的煤气发生炉、液化站、制氧站及其配套的设备、管道、电气工程。

3. 安装工程类别划分说明

(1) 安装工程以分项工程确定工程类别。

(2) 在一个单位工程中有几种不同类别组成,应分别确定工程类别。

(3) 改建、装修工程中的安装工程参照相应标准确定工程类别。

(4) 多栋建筑物下有连通的地下室或单独地下室工程,地下室部分水电安装按二类标准取费,如地下室建筑面积≥10000m^2,则地下室部分水电安装按一类标准取费。

(5) 楼宇亮化、室外泛光照明工程按照安装工程三类取费。

(6) 表H中未包括的特殊工程,如影剧院、体育馆等,由当地工程造价管理机构根据工程实际情况予以核定,并报上级造价管理机构备案。

四、工程费用取费标准及有关规定

(一) 企业管理费、利润取费标准及规定

(1) 企业管理费、利润计算基础按本定额规定执行。

(2) 包工不包料、点工的管理费和利润包含在工资单价中。

企业管理费、利润标准见表1-3。

表1-3 安装工程企业管理费和利润取费标准表

序号	项目名称	计算基础	企业管理费率/%			利润率/%
			一类工程	二类工程	三类工程	
一	安装工程	人工费	47	43	39	14

(二) 措施项目取费标准及规定

(1) 单价措施项目以清单工程量乘以综合单价计算。综合单价按照各专业计价定额中的规定,依据设计图纸和经建设方认可的施工方案进行组价。

(2) 总价措施项目中部分以费率计算的措施项目费率标准见表1-4和表1-5,其计费基础为:分部分项工程费－工程设备费＋单价措施项目费;其他总价措施项目,按项计取,综合单价按实际或可能发生的费用进行计算。

表 1-4 措施项目费取费标准表

项目	计算基础	各专业工程费率/%							
		建筑工程	单独装饰	安装工程	市政工程	修缮土建（修缮安装）	仿古（园林）	城市轨道交通	
								土建轨道	安装
夜间施工	分部分项工程费＋单价措施项目费－工程设备费	0～0.1	0～01	0～0.1	0.05～0.15	0～0.1	0～0.1	0～0.15	
非夜间施工照明		0.2	0.2	0.3	—	0.2（0.3）	0.3	—	
冬雨季施工		0.05～0.2	0.05～0.1	0.05～0.1	0.1～0.3	0.05～0.2	0.05～0.2	0～0.1	
已完工程及设备保护		0～0.05	0～0.1	0～0.05	0～0.02	0～0.05	0～0.1	0～0.02	0～0.05
临时设施		1～2.2	0.3～1.2	0.6～1.5	1～2	1～2（0.6～1.5）	1.5～2.5（0.3～0.7）	0.5～1.5	
赶工措施		0.5～2	0.5～2	0.5～2	0.5～2	0.5～2	0.5～2	0.4～1.2	
按质论价		1～3	1～3	1～3	0.8～2.5	1～2	1～2.5	0.5～1.2	
住宅分户验收		0.4	0.1	0.1	—	—	—	—	

注：1. 在计取非夜间施工照明费时，建筑工程、仿古工程、修缮土建部分仅地下室（地宫）部分可计取；单独装饰、安装工程、园林绿化工程、修缮安装部分仅特殊施工部位内施工项目可计取。

2. 在计取住宅分户验收时，大型土石方工程、桩基工程和地下室部分不计入计费基础。

表 1-5 安全文明施工措施费取费标准表

序号	工程名称		计费基础	基本费率/%	省级标化增加费/%
一	建筑工程	建筑工程	分部分项工程费＋单价措施项目费－工程设备费	3.0	0.7
		单独构件吊装		1.4	—
		打预制桩/制作兼打桩		1.3/1.8	0.3/0.4
二	单独装饰工程			1.6	0.4
三	安装工程			1.4	0.3

注：对于开展市级建筑安全文明施工标准化示范工地创建活动的地区，市级标化增加费按照省级费率乘以 0.7 系数执行。

（三）其他项目取费标准及规定

（1）暂列金额、暂估价按发包人给定的标准计取。

（2）计日工：由发承包双方在合同中约定。

（3）总承包服务费：应根据招标文件列出的内容和向总承包人提出的要求，参照下列标准计算：

① 建设单位仅要求对分包的专业工程进行总承包管理和协调时，按分包的专业工程估算造价的 1%计算；

② 建设单位要求对分包的专业工程进行总承包管理和协调，并同时要求提供配合服务时，根据招标文件中列出的配合服务内容和提出的要求，按分包的专业工程估算造价的 2%～3%计算。

（四）规费取费标准及有关规定

（1）工程排污费：按工程所在地环境保护等部门规定的标准缴纳，按实计取列入。

（2）社会保险费及住房公积金按表 1-6 标准计取。

表 1-6 社会保险费及住房公积金取费标准表

序号	工程类别		计算基础	社会保险费率/%	公积金费率/%
一	建筑工程	建筑工程	分部分项工程费＋措施项目费＋其他项目费－工程设备费	3	0.5
		单独预制构件制作、单独构件吊装、打预制桩、制作兼打桩		1.2	0.22
		人工挖孔桩		2.8	0.5
二	单独装饰工程			2.2	0.38
三	安装工程			2.2	0.38

注：1. 社会保险费包括养老保险费、失业保险费、医疗保险费、工伤保险费、生育保险费。

2. 点工和包工不包料的社会保险费和公积金已经包含在人工工资单价中。

3. 社会保险费费率和公积金费率将随着社保部门要求和建设工程实际缴纳费率的提高，适时调整。

（五）税金计算标准及有关规定

税金包括营业税、城市建设维护税、教育费附加，按有关权力部门规定计取。

税金是指国家税法规定的应计入建筑安装工程造价内的营业税、城市维护建设税及教育费附加。税金为不可竞争费用，不得让利，也不得任意调整计算标准。

（1）营业税是施工企业按承包工程的营业收入和国家规定的税率所缴纳的税金。计征基数为完整的工程造价收入，税率为3%。

（2）城市维护建设税是为加强城市建设、扩大并稳定城市维护建设资金来源而设立的一种税。计征基数为营业税额。工程在市区的，税率为7%；在县城镇的，税率为5%；其他的，税率为1%。

（3）教育费附加费率按工程所在地政府规定执行。计征基数为营业税额。教育费附加费率为3%，地方教育费附加费率1%（现增加1%改为2%）（合计为5%）。

为简化计算程序，合并成综合税率，称为税金率。

税金额＝不含税造价×不含税造价的税金率

不含税造价的税金率＝含税造价的税率/(1－含税工程造价的税率)

工程在市区：

含税造价的税金率＝3%＋3%×7%＋3%×5%＝3.36%

不含税造价的税金率＝含税造价的税率/(1－含税工程造价的税率)

＝3.36%/(1－3.36%)＝3.477%

工程在县城、镇（城市维护建设税取5%，其他不变）：

不含税造价的税金率＝3.413%

工程不在市区、县城、镇（城市维护建设税取1%，其他不变）：

不含税造价的税金率＝3.284%

五、工程造价计算程序

（一）工程量清单法计算程序（包工包料）

见表1-7。

表 1-7 工程量清单法计算程序（包工包料）

序号	费用名称		计算公式
一	分部分项工程费		清单工程量×综合单价
	其中	1. 人工费	人工消耗量×人工单价
		2. 材料费	材料消耗量×材料单价
		3. 施工机具使用费	机械消耗量×机械单价
		4. 管理费	(1＋3)×费率或(1)×费率
		5. 利润	(1＋3)×费率或(1)×费率

续表

序号	费用名称		计算公式
二	措施项目费		
	其中	单价措施项目费	清单工程量×综合单价
		总价措施项目费	(分部分项工程费＋单价措施项目费－工程设备费)×费率或以项计费
三	其他项目费		
四	规费		(一＋二＋三－工程设备费)×费率
	其中	1. 工程排污费	
		2. 社会保险费	
		3. 住房公积金	
五	税金		(一＋二＋三＋四－工程设备金额)×费率
六	工程造价		一＋二＋三＋四＋五

(二) 工程量清单法计算程序（包工不包料）

见表 1-8。

表 1-8　工程量清单法计算程序（包工不包料）

序号	费用名称		计算公式
一	分部分项工程费中人工费		清单人工消耗量×人工单价
二	措施项目费中人工费		
	其中	单价措施项目中人工费	清单人工消耗量×人工单价
三	其他项目费		
四	规费		
	其中	工程排污费	(一＋二＋三)×费率
五	税金		(一＋二＋三＋四)×费率
六	工程造价		一＋二＋三＋四＋五

1.2.2 安装工程计价定额

《江苏省安装工程计价定额》(2014 版) 共分十一册，每一册的组成一般包括：本册说明、各章节说明、定额项目表和附注；在计价定额使用时应充分结合各册、章的说明、计价定额项目工程量计算规则以及定额项目表中的工作内容及表下的附注［除工程量计算规则外，其他内容详见《江苏省安装工程计价定额》(2014 版)］，下面以《第十册　给排水、采暖、燃气工程》为例介绍计价定额的使用。

《江苏省安装工程计价定额》(2014 版) 的总说明、册说明、章说明主要是对各自范围内所包括内容的共性问题所做出的规定性的说明，是计价定额各册、章所要共同遵循的一些规定性内容。

1.2.2.1　江苏省安装工程计价定额总说明

(1)《江苏省安装工程计价定额》(2014 版) 共分十一册，包括：

第一册　机械设备安装工程

第二册　热力设备安装工程

第三册　静置设备与工艺金属结构制作安装工程
第四册　电气设备安装工程
第五册　建筑智能化工程
第六册　自动化控制仪表安装工程
第七册　通风空调工程
第八册　工业管道工程
第九册　消防工程
第十册　给排水、采暖、燃气工程
第十一册　刷油、防腐蚀、绝热工程

(2)《江苏省安装工程计价定额》(2014版)(以下简称"计价定额")是完成规定计量单位分项工程计价所需的人工、材料、施工机械台班的消耗量标准，是安装工程预算工程量计算规则、项目划分、计量单位的依据；是编制设计概算、施工图预算、招标控制价(标底)、确定工程造价的依据；也是编制概算定额、概算指标、投资估算指标的基础；也可作为制订企业定额和投标报价的基础。计价定额计价单位为"元"，默认尺寸单位为"毫米"(mm)。

(3)计价定额是依据现行有关国家的产品标准、设计规范、计价规范、计算规范、施工及验收规范、技术操作规程、质量评定标准和安全操作规程编制的，也参考了行业、地方标准，以及有代表性的工程设计、施工资料和其他资料。

(4)计价定额是按目前国内大多数施工企业采用的施工方法、机械化装备程度、合理的工期、施工工艺和劳动组织条件制订的，除各章另有说明外，均不得因上述因素有差异而对定额进行调整或换算。

(5)计价定额是按下列正常的施工条件进行编制的。

① 设备、材料、成品、半成品、构件完整无损、符合质量标准和设计要求，附有合格证书和试验记录。

② 工程和土建工程之间的交叉作业正常。

③ 安装地点、建筑物、设备基础、预留孔洞等均符合安装要求。

④ 水、电供应均满足安装施工正常使用。

⑤ 正常的气候、地理条件和施工环境。

(6)计价定额的人工工日不分列工种和技术等级，一律以综合工日表示，内容包括基本用工、超运距用工和人工幅度差。一类工每工日77元，二类工每工日74元，三类工每工日69元。

(7)材料消耗量的确定。

① 计价定额中的材料消耗量包括直接消耗在安装工作内容中的主要材料、辅助材料和零星材料等，并计入相应损耗，其内容和范围包括：从工地仓库、现场集中堆放地点或现场加工地点到操作或安装地点的运输损耗、施工操作损耗、施工现场堆放损耗。

② 凡计价定额内未注明单价的材料均为主材，基价中不包括其价格，应根据"( )"内所列的用量，按相应的材料预算价格计算。

③ 用量很少，对基价影响很小的零星材料合并为其他材料费，计入材料费内。

④ 施工措施性消耗部分，周转性材料按不同施工方法、不同材质分别列出一次使用量和一次摊销量。

⑤ 材料单价采用南京市2013年下半年材料预算价格。

⑥ 主要材料损耗率见各册附录。

(8)施工机械台班消耗量的确定。

① 计价定额的机械台班消耗是按正常合理的机械配备和大多数施工企业的机械化装备程度综合取定的。

② 凡单位价值在2000元以内，使用年限在两年以内的不构成固定资产的工具、用具等，未进入定额，已在费用定额中考虑。

③ 计价定额的机械台班单价按《江苏省施工机械台班2007年单价表》取定，其中：人工工资单价82.00元/工日；汽油10.64元/kg；柴油9.03元/kg；煤1.1元/kg；电0.89元/(kW·h)；水4.70元/m^3。

(9) 施工仪器仪表台班消耗量的确定。

① 计价定额的施工仪器仪表消耗量是按大多数施工企业的现场校验仪器仪表配备情况综合取定的。

② 凡单位价值在2000元以内，使用年限在两年以内的不构成固定资产的施工仪器仪表等，未进入定额，已在管理费中考虑。

③ 施工仪器仪表台班单价，是按2000年原建设部颁发的《全国统一安装工程施工仪器仪表台班费用定额》计算的。

(10) 关于水平和垂直运输。

① 设备：包括自安装现场指定堆放地点运至安装地点的水平和垂直运输。

② 材料、成品、半成品：包括自施工单位现场仓库或现场指定堆放地点运至安装地点的水平和垂直运输。

③ 垂直运输基准面：室内以室内地平面为基准面，室外以安装现场地平面为基准面。

(11) 计价定额中注有"×××以内"或"×××以下"者均包括×××本身，"×××以外"或"×××以上"者，则不包括×××本身。

(12) 计价定额的计量单位、工程计量时每一项目汇总的有效位数应遵守《通用安装工程工程量计算规范》(GB 50856—2013)的规定。

(13) 本说明未尽事宜，详见各册和各章说明。

1.2.2.2　第十册　给排水、采暖、燃气工程（册说明）

(1)《第十册　给排水、采暖、燃气工程》(以下简称"本册计价定额")适用于新建、扩建项目中的生活用给水、排水、采暖热源管道以及附件配件安装，小型容器制作安装。

(2) 本册计价定额主要依据的标准、规范如下。

①《室外给水设计规范》(GB 50013—2006)；

②《建筑给水排水设计规范》(GB 50015—2003)；

③《建筑给水排水及采暖工程施工质量验收规范》(GB 50242—2002)；

④《城镇燃气设计规范》(GB 50028—2006)；

⑤《城镇燃气输配工程施工及验收规范》(CJJ 33—2005)；

⑥《建设工程工程量清单计价规范》(GB 50500—2013)；

⑦《通用安装工程工程量计算规范》(GB 50856—2013)；

⑧《全国统一施工机械台班费用编制规则》；

⑨《全国统一安装工程基础定额》(GJD 201—2006～GJD 209—2006)；

⑩《建设工程劳动定额 安装工程》(LD/T 74.1—4—2008)。

(3) 以下内容执行其他册相应定额。

① 工业管道、生产生活共用的管道、锅炉房和泵类配管以及高层建筑物内加压泵间的管道执行《第八册　工业管道工程》相应项目。

② 刷油、防腐蚀、绝热工程执行《第十一册　刷油、防腐蚀、绝热工程》相应项目。

(4) 安装（施工）的设计规格与定额子目规格不符时，使用接近规格的项目；规格居中时按大者套；超过本定额最大规格时可做补充定额。本条说明适用于第十册定额的其他各章节。

（5）关于下列各项费用的规定。

① 脚手架搭拆费按人工的5%计算，其中人工工资占25%。

② 高层建筑增加费（指高度在6层或20m以上的工业与民用建筑）按表1-9计算。

表1-9 高层建筑增加费表

层数	9层以下（30m）	12层以下（40m）	15层以下（50m）	18层以下（60m）	21层以下（70m）	24层以下（80m）	27层以下（90m）	30层以下（100m）	33层以下（110m）
按人工费的/%	12	17	22	27	31	35	40	44	48
其中人工工资占/%	17	18	18	22	26	29	33	36	40
机械费占/%	83	82	82	78	74	71	68	64	60
层数	36层以下（120m）	40层以下（130m）	42层以下（140m）	45层以下（150m）	48层以下（160m）	51层以下（170m）	54层以下（180m）	57层以下（190m）	60层以下（200m）
按人工费的/%	53	58	61	65	68	70	72	73	75
其中人工工资占/%	42	43	46	48	50	52	56	59	61
机械费占/%	58	57	54	52	50	48	44	41	39

③ 超高增加费：定额中操作高度均以3.6m为界线，超过3.6m时其超过部分（指3.6m至操作物高度）的定额人工费乘以表1-10所列系数。

表1-10 超高增加费系数表

标高（±）/m	3.6～8	3.6～12	3.6～16	3.6～20
超高系数	1.10	1.15	1.20	1.25

④ 采暖工程系统调整费按采暖工程人工费的15%计算，其中人工工资占20%。

⑤ 空调水工程系统调试，按空调水系统（扣除空调冷凝水系统）人工费的13%计算，其中人工工资占25%。

⑥ 设置于管道间、管廊内的管道、阀门、法兰、支架安装，人工乘以系数1.3。

⑦ 主体结构为现场浇注采用钢模施工的工程，内外浇注的人工乘以系数1.05，内浇外砌的人工乘以系数1.03。

1.2.2.3 第十册第一章 管道安装（章说明）

（1）本章适用于室内外生活用给水、排水、雨水、采暖热源管道、低压燃气管道、室外直埋式预制保温管道的安装。

（2）界线划分。

① 给水管道：室内外给水管道界线以建筑物外墙皮1.5m为界，入口处设阀门者以阀门为界；与市政管道界线以水表井为界，无水表井者以市政管道碰头点为界。

② 排水管道：室内外管道以出户第一个排水检查井为界；室外管道与市政管道界线以室外管道与市政管道碰头点为界。

③ 采暖热源管道：室内外管道以入口阀门或建筑物外墙皮1.5m为界；与工业管道界线以锅炉房或泵站外墙皮1.5m为界；工厂车间内采暖管道以采暖系统与工业管道碰头点为界；设在高层建筑内的加压泵间管道与本章项目的界线，以泵间外墙皮为界。

④ 燃气管道：室内外管道分界，地下引入室内的管道以室内第一个阀门为界，地上引

入室内的管道以墙外三通为界；室外管道与市政管道分界，以两者的碰头点为界。

（3）本章定额包括以下工作内容。

① 场内搬运，检查清扫。

② 管道及接头零件安装。

③ 水压试验或灌水试验；燃气管道的气压试验。

④ 室内 *DN*32 以内的钢管包括管卡及托钩制作安装。

⑤ 钢管包括弯管制作与安装（伸缩器除外），无论是现场煨制或成品弯管均不得换算。

⑥ 铸铁排水管、雨水管及塑料排水管均包括管卡及托吊支架、臭气帽、雨水漏斗制作与安装。

（4）本章定额不包括以下工作内容。

① 室内外管道沟土方及管道基础。

② 管道安装中不包括法兰、阀门及伸缩器的制作安装，按相应项目另行计算。

③ 室内外给水、雨水铸铁管包括接头零件所需的人工，但接头零件价格应另行计算。

④ *DN*32 以上的钢管支架安装按第十册第二章定额另行计算。

⑤ 燃气管道的室外管道所有带气碰头。

1.2.2.4　定额项目表

定额项目表：即某个定额的详细组成明细；同时还包括在项目表前的分项工程的工作内容说明、计量单位及表后附注。如表 1-1 所示。

（1）工作内容：详细说明了本定额项目所包括的工作范围，是本项目表所包含内容的依据，说明中所表述的所有工序内容所发生的费用都已包括在本定额子目中。

（2）计量单位：表示定额项目表的综合单价所对应的工程数量单位，是在定额套用过程中应特别注意的。

（3）定额项目表组成：主要包括人工费、材料费、机械费、管理费和利润。定额项目表是对综合单价的各个组成详细分析，其中的管理费和利润按三类工程列入，安装工程的定额项目表的材料费中将主要材料单列，作为未计价主材，以括号“（　）”形式单列，这是与建筑工程定额项目表有所区别的，即安装工程的主材料一般都不包括在定额项目表的综合单价中。

（4）表后附注：附注是对本定额项目表的补充说明，主要注明本项目表中未计入的一些主要材料，大部分定额项目表没有附注。

表 1-11　镀锌钢管（螺纹连接）

工作内容：切管、套丝、上零件、调直、管道安装、水压试验　　　　计量单位：10m

定额编号				10-2		10-3	
项目		单位	单价	公称直径(以内)			
				20mm		25mm	
				数量	合价	数量	合价
综合单价			元	82.27		84.78	
其中	人工费		元	50.32		50.32	
	材料费		元	5.29		7.25	
	机械费		元	—		0.55	
	管理费		元	19.62		19.62	
	利　润		元	7.04		7.04	

续表

定额编号					10-2		10-3	
项目			单位	单价	公称直径(以内)			
					20mm		25mm	
					数量	合价	数量	合价
二类工			工日	74.00	0.68	50.32	0.68	50.32
材料	14030315	热镀锌钢管 *DN*20	m		(10.15)			
	14030319	热镀锌钢管 *DN*25	m				(10.15)	
	15020322	室内镀锌钢管接头零件 *DN*20	个	1.71	1.92	3.28		
	15020323	室内镀锌钢管接头零件 *DN*25	个	2.60			1.92	4.99
	03652422	钢锯条	根	0.24	0.42	0.10	0.38	0.09
	03210408	尼龙砂轮片 ϕ400	片	10.10			0.01	0.10
	12050311	机油	kg	9.00	0.03	0.27	0.03	0.27
	11112524	厚漆	kg	10.00	0.02	0.20	0.02	0.20
	02290103	线麻	kg	12.00	0.002	0.02	0.002	0.02
	31150101	水	m^3	4.70	0.06	0.28	0.08	0.38
	0270131	破布	kg	7.00	0.12	0.84	0.12	0.84
	03570225	镀锌铁丝 13#～17#	kg	6.00	0.05	0.30	0.06	0.36
机械	99191705	管子切断机 直径 60mm	台班	16.38			0.01	0.16
	99193111	管子切断套丝机 直径 159mm	台班	19.29			0.02	0.39

1.2.3 “营改增”计价依据的调整

营业税改增值税，简称“营改增”，是指以前缴纳营业税的应税项目改成缴纳增值税，增值税只对产品或者服务的增值部分纳税，减少了重复纳税的环节，是党中央、国务院，根据经济社会发展新形势，从深化改革的总体部署出发做出的重要决策。2016 年 3 月 18 日召开的国务院常务会议决定，自 2016 年 5 月 1 日起，中国将全面推开“营改增”试点，将建筑业、房地产业、金融业、生活服务业全部纳入“营改增”试点。江苏省按照住房和城乡建设部办公厅《关于做好建筑业营改增建设工程计价依据调整准备工作的通知》（建办标[2016] 4 号）要求，按照“价税分离”的原则，就建筑业实施“营改增”后建设工程计价定额及费用定额做了相应的调整。

1.2.3.1 建设工程费用组成

(1) 一般计税方法

① 根据住房和城乡建设部办公厅《关于做好建筑业营改增建设工程计价依据调整准备工作的通知》（建办标［2016］4 号）规定的计价依据调整要求，营改增后，采用一般计税方法的建设工程费用组成中的分部分项工程费、措施项目费、其他项目费、规费中均不包含增值税可抵扣进项税额。

② 企业管理费组成内容中增加第（19）条附加税：国家税法规定的应计入建筑安装工程造价内的城市建设维护税、教育费附加及地方教育附加。

③ 甲供材料和甲供设备费用应在计取现场保管费后，在税前扣除。

④ 税金定义及包含内容调整为：税金是指根据建筑服务销售价格，按规定税率计算的

增值税销项税额。

（2）简易计税方法

① 营改增后，采用简易计税方式的建设工程费用组成中，分部分项工程费、措施项目费、其他项目费的组成，均与《江苏省建设工程费用定额》（2014 版）原规定一致，包含增值税可抵扣进项税额。

② 甲供材料和甲供设备费用应在计取现场保管费后，在税前扣除。

③ 税金定义及包含内容调整为：税金包含增值税应纳税额、城市建设维护税、教育费附加及地方教育附加。

1.2.3.2　取费标准调整

（1）一般计税方法

① 企业管理费和利润取费标准。见表 1-12。

表 1-12　安装工程企业管理费和利润取费标准表（“营改增”后）

序号	项目名称	计算基础	企业管理费率/%			利润率/%
			一类工程	二类工程	三类工程	
一	安装工程	人工费	48	44	40	14

② 措施项目费及安全文明施工措施费取费标准。见表 1-13、表 1-14。

表 1-13　措施项目费取费标准表（“营改增”后）

项目	计算基础	各专业工程费率/%				
		建筑工程	单独装饰	安装工程	市政工程	修缮土建（修缮安装）
临时设施	分部分项工程费＋单价措施项目费－除税工程设备费	1～2.3	0.3～1.3	0.6～1.6	1.1～2.2	1.1～2.1（0.6～1.6）
赶工措施		0.5～2.1	0.5～2.2	0.5～2.1	0.5～2.2	0.5～2.1
按质论价		1～3.1	1.1～3.2	1.1～3.2	0.9～2.7	1.1～2.1

注：本表中除临时设施、赶工措施、按质论价费率有调整外，其他费率不变。

表 1-14　安全文明施工措施费取费标准表（“营改增”后）

序号	工程名称		计费基础	基本费率/%	省级标化增加费/%
一	建筑工程	建筑工程	分部分项工程费＋单价措施项目费－除税工程设备费	3.1	0.7
		单独构件吊装		1.6	—
		打预制桩、制作兼打桩		1.5/1.8	0.3/0.4
二	单独装饰工程			1.7	0.4
三	安装工程			1.5	0.3

③ 其他项目取费标准。暂列金额、暂估价、总承包服务费中均不包括增值税可抵扣进项税额。

④ 规费取费标准。见表 1-15。

表 1-15 社会保险费及公积金取费标准表（“营改增”后）

序号	工程类别		计算基础	社会保险费率/%	公积金费率/%
一	建筑工程	建筑工程	分部分项工程费＋措施项目费＋其他项目费－除税工程设备费	3.2	0.53
		单独预制构件制作、单独构件吊装、打预制桩、制作兼打桩		1.3	0.24
		人工挖孔桩		3	0.53
二	单独装饰工程			2.4	0.42
三	安装工程			2.4	0.42

⑤ 税金计算标准及有关规定。税金以除税工程造价为计取基础，费率为11%。

(2) 简易计税方法

税金包括增值税应缴纳税额、城市建设维护税、教育费附加及地方教育附加。

① 增值税应纳税额＝包含增值税可抵扣进项税额的税前工程造价×适用税率，税率：3%；

② 城市建设维护税＝增值税应纳税额×适用税率，税率：市区7%、县镇5%、乡村1%；

③ 教育费附加＝增值税应纳税额×适用税率，税率：3%；

④ 地方教育附加＝增值税应纳税额×适用税率，税率：2%。

以上四项合计，以包含增值税可抵扣进项额的税前工程造价为计费基础，税金费率为：市区3.36%、县镇3.30%、乡村3.18%。如各市另有规定的，按各市规定计取。

1.2.3.3 计算程序

(1) 一般计税方法 见表1-16。

表 1-16 工程量清单法计算程序（包工包料，“营改增”后）

序号	费用名称		计算公式
一	分部分项工程费		清单工程量×除税综合单价
	其中	1. 人工费	人工消耗量×人工单价
		2. 材料费	材料消耗量×除税材料单价
		3. 施工机具使用费	机械消耗量×除税机械单价
		4. 管理费	(1＋3)×费率或(1)×费率
		5. 利润	(1＋3)×费率或(1)×费率
二	措施项目费		
	其中	单价措施项目费	清单工程量×除税综合单价
		总价措施项目费	(分部分项工程费＋单价措施项目费－除税工程设备费)×费率或以项计费
三	其他项目费		
四	规　费		(一＋二＋三－除税工程设备费)×费率
	其中	1. 工程排污费	
		2. 社会保险费	
		3. 住房公积金	
五	税　金		[一＋二＋三＋四－(除税甲供材料费＋除税甲供设备费)/1.01]×费率
六	工程造价		一＋二＋三＋四－(除税甲供材料费＋除税甲供设备费)/1.01＋五

（2）简易计税方法　包工不包料工程（清包工工程），可按简易计税法计税。原计费程序不变。

（3）工程量清单法计算程序（包工包料）　见表1-17。

表1-17　工程量清单法计算程序（包工包料）

序号	费用名称		计算公式
一	分部分项工程费		清单工程量×综合单价
	其中	1. 人工费	人工消耗量×人工单价
		2. 材料费	材料消耗量×材料单价
		3. 施工机具使用费	机械消耗量×机械单价
		4. 管理费	(1＋3)×费率或(1)×费率
		5. 利　润	(1＋3)×费率或(1)×费率
二	措施项目费		
	其中	单价措施项目费	清单工程量×综合单价
		总价措施项目费	(分部分项工程费＋单价措施项目费－工程设备费)×费率或以项计费
三	其他项目费		
四	规　费		(一＋二＋三－工程设备费)×费率
	其中	1. 工程排污费	
		2. 社会保险费	
		3. 住房公积金	
五	税　金		[一＋二＋三＋四－(甲供材料费＋甲供设备费)/1.01]×费率
六	工程造价		一＋二＋三＋四－(甲供材料费＋甲供设备费)/1.01＋五

1.2.3.4　“营改增”的简易理解

（1）营业税与增值税基本概念的理解

1）营业税为价内税，即营业税本身和以营业税为计费基数的城市维护建设税、教育费附加也是营业税的计费基数，以市区工程为例，相互之间关系如下。

① 不含税造价＝分部分项工程费＋措施费＋其他费＋规费

② 营业税＝（不含税造价＋营业税＋维护税＋教育费）×营业税税率（3%）

③ 城市维护建设税＝营业税×城市维护建设税税率（7%）

④ 教育费附加税＝营业税×教育费附加税税率（3%＋2%＝5%）

⑤ 营业税＝不含税造价×综合税率（即计价程序中的税金率）

综合税率＝3%×(1＋7%＋5%)/[1－3%×(1＋7%＋5%)]

＝3.36%/(1－3.36%)

＝3.477%

由此可以看出营业税的计费规则比较复杂，因此在计税过程中引入了综合税率的概念；综合税率即营业税＋维护税＋教育附加税的合并税率；其中营业税的计费基数当中包括了已交的税金。

2）增值税为价外税，增值税可以从以下几个方面进行理解。

① 计费基数为不含税价格（营业税的计费基数为含税价格）。如：某种材料购买价格为100元，增值税率为17%，则此材料的不含税价格为100/(1＋17%)＝85.47元，税金为

85.47×17%=14.53元，不含税价格+税金=材料购买价（或材料售价）。

② 增值税由最终（最后）的一个消费者承担，如果一个商品有几个中间加工环节，中间环节中产生的增值税是可以抵扣的，所以在税率不变的情况下，税金通过抵扣的形式最终由消费者承担。如：用角钢加工一副衣架，购买角钢（税率17%）117元（其中不含税价100元，税金17元），加工费20元，利润20元，则售价为(100不含税价+20+20)×(1+17%)=163.8元，其中不含税价140元，税金23.8元，加工厂开发票时需缴税金23.8元，但可以抵扣购买角钢时的所承担税金17元，实际缴税23.8−17=6.8元，这部分税金就是增值部分所产生的税金(加工费+利润)(20+20)×17%=6.8元。

从国家税收角度：第一次收税17元；第二次收税23.8元，再抵扣17元，实收6.8元；两次一共收税17+6.8=23.8元（国家收的税就是最后一个消费者应缴的税）。

从加工厂角度：买角钢花117元，加工成本20元，缴税6.8元，售价163.8元，实际利润163.8−117−20−6.8=20元。

从消费者角度：承担了不含税成本100+20+20=140元，以及全部的税金17+6.8=23.8元；虽然角钢不是他买的，但税金还得由他来承担。

③ 由于各种产品的税率是不一样的，因此当有几个中间加工环节时，会出现其中某个环节实际缴税为负的情况。如：上述衣架被施工方购买回来，安装在房屋内，然后交付给业主（相当于卖给业主，建筑税率为11%），即施工单位购买价163.8元，安装费5元，利润5元；则售价为（100+20+20+5+5）×（1+11%）=150×1.11=166.5元；其中不含税价格150元，税金16.5元；施工方凭发票抵扣23.8元，实际缴税−7.3元。

从国家税收角度：第一次收税17元；第二次收6.8元；第三次返回−7.3元；实收17+6.8−7.3=16.5元。

从中间环节的角度：卖角钢的开发票缴税17元；卖衣架的缴税6.8元，卖房子的赚了7.3元。

从买房的业主角度：承担了不含税成本100+20+20+5+5=150元，以及全部的税金150×11%=16.5元。

差距在于税率不一样，如果税率都一样为11%；则卖角钢的多缴了100×(17%−11%)=6元；卖衣架的多缴了40×6%=2.4元，前面两家多缴了6+2.4=8.4元；卖房子的需交税(5+5)×11%=1.1，所以卖房子的还可以赚8.4−1.1=7.3元。

因此，国家按最后一个环节的商品性质（税率）进行收税，此部分由消费者承担，中间环节在税率不一样的情况下，购买环节税率高，出售环节税率低，则可以赚税［从工程造价应用角度来讲，理解第一点（从国家税收角度）即可］。

(2) 一般计税与简易计税的区别

① 在工程领域采用增值税，主要是为了完善税收体制，保证在工程建设过程中的各种材料都要按规定开具发票，完善国家税收体系；只有每个环节都开具了发票，才可以进行抵扣，避免了逃税的现象，但由于工程的施工周期长，对于实施增值税时已开工的项目，前期工程材料无法开具增值税发票时，可以采用简易计税的方式。

② 简易计税的程序基本与原营业税计税相同，仅综合税率略有变化，其他都保持不变；即其税率不再按价内税的形式计取，以在市区的工程为例：营业税率为3%，城市维护建设税为7%，教育费附加及地方教育费附加为5%，则简易综合税率为，营业税3%，维护税3%×7%，教育费附加3%×5%；合计为3%×(1+7%+5%)=3.36%；其他地区以此类推。

③ 一般计税则完全按11%计取税金，城市维护建设税和教育费附加并入企业管理费，因此相应调整企业管理费率；同时人工、材料、机械的价格按不含税价进入计费程序。

(3) 营业税与增值税计价时价格取定的主要变化

① 从工程造价的构成上来讲，构成造价的最基本单元就是：人工费＋材料费＋机械费。

② 增值税的本质就是采用不含税价计人工程造价的计费程序，而营业税是以含税价计入。

③ 在这三个基本元素中，人工费不考虑含税不含税（或者理解为原营业税计价时人工也是按不含税价计入的），所以人工价格不需要调整；材料费必须要采用不含税价，机械费当中与人工有关的不要调整，与材料（如燃料、修理材料等）相关的需要考虑。

④ 绝大部分安装工程材料的税率都是17%，从理论上讲含税价与不含税价的换算就是：不含税价＝含税价/(1＋17%)，但由于在工程造价中材料价格是指材料出厂价至工地仓库的入库价格，其中包括采购保管费和运输费，这两项费用中包括了人工费用（为不含税价），因此实际的换算系数（按江苏省定额总站）不含税价＝含税价/(1＋16.61%)。

⑤ 机械费的组成更为复杂，因此换算的系数也各不一样，平均折算税率大约为11%～12%，因此不含税机械台班价格＝含税机械台班价格/(1＋11%)。

⑥ 详细的换算系数按各省定额总站发布的文件为准，对于安装工程来讲，辅材及机械台班的不含税价各种造价软件一般可以自动统一调整，主要材料（即未计价主材）按各地区的信息价中不含税价，或者按含税价（到施工现场合同价）/(1＋16.61%）计。

⑦ 各种施工材料的税率应查询相关资料，一般来讲各种原始材料（如砖、石子、黄砂等）为3%，其他绝大部分材料为17%，当材料税率为17%时，换算系数为16.61%；材料税率为3%时，换算系数为2.94%。

(4) 营业税与增值税计价时各项取费费率的变化

由于城市维护建设税和教育费附加并入企业管理费，且人、材、机计入分部分项工程费时采用不含税价（也就是说分部分项工程费比原先要低），因此要保证工程建设成本基本不变，原来的各项费率应该相应调高，主要调整的费率主要包括：企业管理费、临时设施费、赶工措施费、按质论价费、安全文明施工费、社会保险费、公积金等。具体变化以各地定额站文件为准，以江苏省安装工程为例，实行增值税前后主要变化的费率见表1-18。

表1-18　“营改增”前后费率变化对比

费用种类	“营改增”前	“营改增”后
管理费费率(一类工程)/%	47	48
管理费费率(二类工程)/%	43	44
管理费费率(三类工程)/%	39	40
临时设施费/%	0.6～1.5	0.6～1.6
赶工措施费/%	0.5～2	0.5～2.1
按质论价费/%	1～3	1～3.2
安全文明施工费基本费/%	1.4	1.5
社会保险费/%	2.2	2.4
公积金/%	0.38	0.42
税金/%	3.477	11

(5) 营业税与增值税计价测算示例

在安装工程中材料费占的比重较大，一般来讲材料（包括主材＋辅材）占基价（人工费＋机械费＋材料费）的70%，由于材料及机械要以不含税价计入分部分项工程费，因此总体来讲，安装工程采用增值税计价，实际扣税后结算造价要比按营业税略低一些。以人工费＋机械费＋材料费＝100为例，两种计价实际造价如下（表1-19、表1-20）。

表 1-19 单位工程费用汇总表（2014）——营业税（3%）

序号	汇总内容	计算基数	费率	金额/元	备注
1	分部分项工程费			118.55	—
1.1	其中：人工费			35.00	
1.2	材料费			60.00	
1.3	机械费			5.00	
1.4	主材费				
1.5	管理费	人工费[1.1]	39.00%	13.65	
1.6	利润	人工费[1.1]	14.00%	4.90	
2	措施项目				
2.1	单价措施项目费			1.98	—
2.1.1	高层建筑增加费	人工费[1.1](同时计取管理费和利润)	0.00%	0.00	
2.1.2	脚手架费	人工费[1.1](同时计取管理费和利润)	5.00%	1.98	其中人工费占25%
2.2	总价措施项目			3.62	—
2.2.1	安全文明施工费	分部分项工程费[1]+单价措施项目费[2.1]	1.40%	1.69	
2.2.2	夜间施工	分部分项工程费[1]+单价措施项目费[2.1]		0.00	
2.2.3	非夜间施工	分部分项工程费[1]+单价措施项目费[2.1]		0.00	
2.2.4	冬雨季施工	分部分项工程费[1]+单价措施项目费[2.1]		0.00	
2.2.5	已完工程及设备保护	分部分项工程费[1]+单价措施项目费[2.1]		0.00	
2.2.6	临时设施	分部分项工程费[1]+单价措施项目费[2.1]	1.50%	1.81	
2.2.7	赶工措施	分部分项工程费[1]+单价措施项目费[2.1]		0.00	
2.2.8	工程按质论价	分部分项工程费[1]+单价措施项目费[2.1]		0.00	
2.2.9	住宅分户验收	分部分项工程费[1]+单价措施项目费[2.1]	0.10%	0.12	
3	其他项目			0.00	
3.1	暂列金额				
3.2	专业工程暂估价				
3.3	计日工				
3.4	总承包服务费				
4	规费			3.20	—
4.1	工程排污费	[1]+[2.1]+[2.2]+[3]	0.00%	0.00	
4.2	社会保障费	[1]+[2.1]+[2.2]+[3]	2.20%	2.73	
4.3	住房公积金	[1]+[2.1]+[2.2]+[3]	0.38%	0.47	
5	税金	[1]+[2.1]+[2.2]+[3]+[4]	3.36%	4.28	—
6	工程总价	[1]+[2.1]+[2.2]+[3]+[4]+[5]		131.63	—
7	缴税后实际工程造价	[6]-[5]		127.35	

表 1-20 单位工程费用汇总表（2014）——增值税（11%）

序号	汇总内容	计算基数	费率	金额/元	备注
1	分部分项工程费			109.86	—
1.1	其中：人工费			35.00	
1.2	材料费	其中税金(60-51.45=8.55)		51.45	60/(1+16.61%)=51.45

续表

序号	汇总内容	计算基数	费率	金额/元	备注
1.3	机械费			4.50	
1.4	主材费				
1.5	管理费	人工费[1.1]	40.00%	14.00	
1.6	利润	人工费[1.1]	14.00%	4.90	
2	措施项目				
2.1	单价措施项目费			1.99	—
2.1.1	高层建筑增加费	人工费[1.1](同时计取管理费和利润)	0.00%	0.00	
2.1.2	脚手架费	人工费[1.1](同时计取管理费和利润)	5.00%	1.99	其中人工费占25%
2.2	总价措施项目			3.58	—
2.2.1	安全文明施工费	分部分项工程费[1]+单价措施项目费[2.1]	1.50%	1.68	
2.2.2	夜间施工	分部分项工程费[1]+单价措施项目费[2.1]		0.00	
2.2.3	非夜间施工	分部分项工程费[1]+单价措施项目费[2.1]		0.00	
2.2.4	冬雨季施工	分部分项工程费[1]+单价措施项目费[2.1]		0.00	
2.2.5	已完工程及设备保护	分部分项工程费[1]+单价措施项目费[2.1]		0.00	
2.2.6	临时设施	分部分项工程费[1]+单价措施项目费[2.1]	1.60%	1.79	
2.2.7	赶工措施	分部分项工程费[1]+单价措施项目费[2.1]		0.00	
2.2.8	工程按质论价	分部分项工程费[1]+单价措施项目费[2.1]		0.00	
2.2.9	住宅分户验收	分部分项工程费[1]+单价措施项目费[2.1]	0.10%	0.11	
3	其他项目			0.00	
3.1	暂列金额				
3.2	专业工程暂估价				
3.3	计日工				
3.4	总承包服务费				
4	规费			3.25	—
4.1	工程排污费	[1]+[2.1]+[2.2]+[3]	0.00%	0.00	
4.2	社会保障费	[1]+[2.1]+[2.2]+[3]	2.40%	2.77	
4.3	住房公积金	[1]+[2.1]+[2.2]+[3]	0.42%	0.48	
5	税金	[1]+[2.1]+[2.2]+[3]+[4]	11.00%	13.05	—
6	工程总价	[1]+[2.1]+[2.2]+[3]+[4]+[5]		131.73	—
7	缴税后实际工程造价	[6]-([5]-8.55)		127.23	8.55元为抵扣税

单元小结

工程量清单是载明建设工程分部分项工程项目、措施项目、其他项目的名称和相应数量以及规费、税金项目等内容的明细清单。在《建设工程工程量清单计价规范》(GB 50500—2013) 中列出的工程量清单计价文件大致有招标控制价、投标报价、签约合同价、竣工结算价（合同价格）等形式。

进行安装工程计量与计价，除了要掌握安装专业技术知识、安装工程量清单编制，还要根据工程项目所在地区确定安装定额、工程量计算规则、相关的费用定额及造价相关文件。

思考题

选择题

1. 2013版国家工程量计价规范规定，工程量清单的项目编码，应采用十二位阿拉伯数字表示，前九位应按附录的规定设置，另加三位顺序码，其中第五位、第六位数字的含义是（　　）。

A. 专业工程附录分类顺序码　　B. 分部工程顺序码

C. 专业工程代码　　D. 分项工程项目名称顺序码

2.（　　）是为完成工程项目施工，发生于该工程施工前和施工过程中技术、生活、安全等方面的非工程实体项目。

A. 措施项目　　B. 零星工作项目

C. 分部分项工程项目　　D. 其他项目

3. 分部分项工程量清单内容包括（　　）。

A. 工程量清单表和工程量清单说明

B. 项目编码、项目名称、项目特征、计量单位和工程数量

C. 工程量清单表、措施项目一览表和其他项目清单

D. 项目名称、项目特征、工程内容等

4. 不属于分部分项工程费的是（　　）。

A. 人工费　　B. 材料费　　C. 利润　　D. 规费

5. 计日工是指在施工过程中完成发包人提出的（　　）的零星项目或工作所需的费用。

A. 设计变更　　B. 现场签证

C. 暂估工程量　　D. 施工图纸以外

6. 建筑安装工程费中税金不包括（　　）。

A. 营业税　　B. 城市建设维护税

C. 教育费附加　　D. 企业所得税

7. 下列关于安装工程类别划分说法正确的是（　　）。

A. 一个单位工程如由几个分部分项工程组成，其工程类别必须一致

B. 如确定了工程类别为一类或二类工程，则必须对定额中的人工费和管理费调整

C. 一类工程中的人工费必须调整为一类工工资

D. 多栋建筑物下有连通的地下室面积为8000m^2，地下室部分水电安装可按二类标准取费

8. 下列关于工程费用取费标准说法正确的是（　　）。

A. 安全文明施工措施费分基本费、考评费和奖励费三个部分

B. 高层建筑增加费、超高费和脚手架搭拆费都属于单价措施项目费

C. 建设单位要求总包施工单位对分包的专业工程进行总承包管理和协调，但不要求总包施工单位提供配合服务时，总包施工单位按分包的专业工程估算造价的1%计算总承包服务费

D. 安装工程的社会保险费率和公积金费率分别为0.38%和2.2%

项目任务

1. 通过教材各章节的学习，完成附录 1 中××商铺安装工程的工程量清单编制，并进行工程量清单计价，编制招标控制价，包括给排水工程、电气工程及消防工程。

工程项目为××商铺工程。共两层，层高均为 3.6m；建筑面积 576m²，结构形式为框架结构，现浇混凝土楼板。

工程项目按三类工程取费，管理费率 39%；利润 14%；人工单价：一、二、三类工分别为 83 元/工日、80 元/工日、75 元/工日执行（其中挖土按土建人工单价：一、二、三类工分别为 90 元/工日、87 元/工日、82 元/工日）；措施项目费率（安全文明施工费仅取基本费 1.4%，省级标化增加费 0.3%，临时设施费 1.2%，其他费用不计取）；规费（工程排污费 0.1%，社会保障费 2.2%，住房公积金 0.38%）；税金 3.477%；主材价格按工程造价信息指导价执行；辅材价格不调整；机械台班单价按江苏省 2007 机械台班定额执行（台班费中人工调整为 87 元/工日，汽油 9.5 元/升，柴油 9.5 元/升，其他材料价格不调整）。

2. 给排水部分说明

（1）卫生洁具安装到位；

（2）污水管算至外墙皮 1.5m；

（3）给水室内冷水管采用 PPR 管 1.25MPa，污水管为普通 UPVC 排水管；

（4）消防管算至外墙皮 1.5m。

3. 电气部分说明

（1）总配电箱 AL1 只计进户管道预埋，进线电缆（电线）不计；只计从电箱的出线；

（2）强电灯具全部安装到位（图示灯具全部到位）；

（3）总电箱 AL1 的尺寸 800mm×800mm×180mm，户内配电箱 1AL1～4 尺寸 600mm×800mm×180mm；配电箱的出线皆按从下部出线。

4. 配电箱、灯具、卫生洁具等为暂定价，详见暂估价表（表 1-21）。

表 1-21　材料（工程设备）暂估价表

序号	材料(工程设备)名称	规格、型号	计量单位	数量	暂估单价/元
1	金属软管		个	8.04	15
2	角阀		个	8.08	18
3	洗面盆		套	4.04	380
4	连体坐便器		套	4.04	650
5	立式水嘴 *DN*15		个	4.04	120
6	洗脸盆下水口(铜)		个	4.04	35
7	坐便器桶盖		个	4.04	25
8	连体排水口配件		套	4.04	10
9	连体进水阀配件		套	4.04	12
10	灭火器;MF/ABC3	放置式	个	16	72.42
11	成套消火栓箱 1000×700×180;单栓;带软管卷盘		套	8	929.76
12	防水吸顶灯;18W		套	4.04	65
13	节能吸顶灯;18W		套	8.08	55

续表

序号	材料(工程设备)名称	规格、型号	计量单位	数量	暂估单价/元
14	双管荧光灯 T5;2×28W		套	32.32	120
15	单联单控开关;A86K11-10		只	12.24	5.8
16	双联单控开关;A86K21-10		只	8.16	9.77
17	单联双控开关;A86K12-10		只	8.16	7.43
18	不锈钢白面板		个	4.08	30
19	接线盒面板		个	16.32	1.5
20	单相五眼插座;A86Z223A10		套	44.88	9.52
21	单相五眼插座防溅型带开关;A86Z223FAK11-10		套	4.08	19.58
22	单相三眼插座防溅型带开关;A86Z13FAK11-10		套	4.08	15.69
23	A86Z13AK16;壁挂空调插座		套	8.16	10.69
24	分等电位箱 LEB		个	4.08	35
25	总等电位箱 MEB		个	1	60
26	总弱电箱 DT		个	1	300
27	弱电综合箱 DMT		个	4	220
28	配电箱 AL1	悬挂式嵌入式 1.0m	台	1	1500
29	配电箱 1AL1～4	悬挂式嵌入式 1.0m	台	4	1100
30	卫生间通风器		台	4	180

单元二 给排水工程工程量清单计价

单元任务

通过本单元的学习，了解给排水系统的组成，掌握给排水工程施工图的识读，完成项目××商铺楼给排水工程工程量计算、工程量清单的编制和招标控制价的编制。

知识目标

了解给排水系统中常用系统组成及常用材料设备；

掌握给排水工程图纸的识读方法；

掌握给排水工程工程量清单的计算规则；

掌握给排水工程定额计价的方法

能力目标

能完整正确的识读给排水工程施工图；

能准确计算给排水工程清单工程量；

能根据计价定额进行给排水工程工程量清单计价；

能够正确理解和编制一套完整的给排水工程的清单预算

拓展目标

通过平面图与系统图的对照识读，掌握给排水系统的构成基本原理，锻炼抽象思维能力；

能按照通用的格式正确计算工程量并写好工程量计算书，培养细致耐心的职业特点

单元知识导航

- 知识准备—基本知识
  - 给排水系统的组成与分类
  - 给排水安装工程施工技术
- 知识准备—工程量清单计价知识
  - 给排水安装工程工程量清单计价
  - 给排水安装工程量清单计价实例

知识准备——基本知识

2.1 给排水系统的组成与分类

2.1.1 给排水系统工程的基本概念

2.1.1.1 给排水工程基本概念

给排水工程是为了满足建筑物内部各种用水设备的水量并将废水收集和排放出去的工程，它可以分为室内、室外给水工程和室内、室外排水工程。

(1) 室内给水工程　室内给水工程是从室外供水管网引水，供室内各种用户用水的工程，按用途可分为以下四类。

生活给水系统：供生活、洗涤用水。

生产给水系统：供生产用水。

消防给水系统：供消防装置用水。

联合给水系统：一般为生活、消防合一装置。

(2) 室外给水工程　室外给水工程是指向民用和工业生产部门提供用水而建造的工程设施，主要指自来水厂设施及城乡自来水市政管网，包括取水、净水、泵站及输配水工程。

取水工程：主要解决从天然水源中取水的方法及取水构筑物的构造形式等问题。水源的种类决定着取水构筑物的构造形式及净水工程的组成。

净水工程：除去原水中的杂质及其他有害成分使净化后的水能满足生活饮用或生产需要。不同的净水工艺配置不同的净水构筑物。

泵站：分一级泵站和二级泵站。一级泵站是将水源水（原水）送到净水构筑物中，通常与取水构筑物合并建筑；二级泵站则是将净化后的水经升压通过管网送到用户。

输配水：输配水工程解决如何把净化后的水输送到用水地区并分配到各用水点的问题，包括输水管道、配水管网及调节构筑物等。

(3) 室内排水工程　室内排水工程是将建筑物内部的污（废）水通畅地排入室外管网的工程，按所排水性质的不同可分为生活排水管道、工业废水管道、雨水管道。

生活排水管道常分为生活污水管道（排除粪便水）和生活废水管道（洗涤池、淋浴排水等)。生活污水不得与室内雨水合流，生活污水须经污水处理厂处理达标后才能排放。

雨水管道是排除屋面水用的，在高层建筑和大面积工业厂房中，通常采用室内管道汇集屋面雨、雪水，然后排至室外排水管网。

(4) 室外排水工程　室外排水工程是指把室内由于生产或生活排出的污水、废水按一定系统组织起来，分别经过污水处理厂处理并达到排放标准后，再排入天然水体。屋面汇集的雨雪水如未经污染可不经处理排至室外排水管网。室外排水系统包括：窨井、排水管网、污水泵站、污水处理和污水排放口等，其流程为：窨井→排水管网→污水泵站→污水处理→污水排放口。

室外排水系统通常分为合流制和分流制两种。合流制是将各种污水汇流到一套管网中排放，其缺点是当雨季排水量大时，不可能全部处理。分流制是将各种污水分别排放，它的优点是有利于污水处理和利用，管道的水力条件较好，管道系统可分期修建。

2.1.1.2 室内给排水系统的组成

(1) 室内给水系统的组成　室内给水系统的供水方式按水平干管敷设位置和干管布置形

式可分为下行上分式、上行下给式、中分式和环状管网式。无论哪种供水方式，室内给水系统一般均由以下几个基本部分组成。

引入管：为穿过建筑物承重墙或基础，自室外给水管将水引入室内给水管网的管段。

水表节点：水表装设于引入管上，与其附近的闸门、放水口等构成水表节点。

给水管网：由水平干管、立管和支管等组成的管道系统。

用水设备：配水龙头、卫生器具和生产用水设备。

给水附件：给水管道上的闸阀、止回阀等。

此外，由于升压和贮水的需要，常附设水泵、水箱或气压给水装置及蓄水池等。如图 2-1 所示。

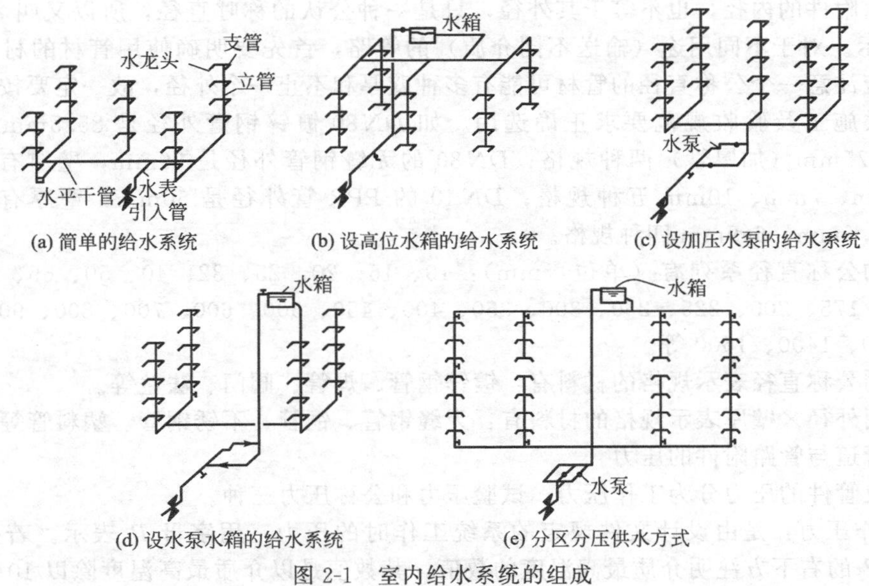

(a) 简单的给水系统　(b) 设高位水箱的给水系统　(c) 设加压水泵的给水系统

(d) 设水泵水箱的给水系统　(e) 分区分压供水方式

图 2-1　室内给水系统的组成

(2) 室内排水系统的组成　室内排水系统一般由以下几个基本部分组成。

卫生器具：卫生器具是收集污水、废水的设备，是室内排水管网的起点，经过存水弯和排水短管流入横支管、干管，最后排入室外排水管网。

横支管：其作用是将卫生器具排水管流来的污水排至立管。

立管：立管接受各横支管流来的污水，然后再排至排出管。为了保证污水畅通，立管管径不应小于任何一根接入的横支管的管径。

排出管：排出管是室内排水立管与室外排水检查井之间的连接管段，它接收一根或几根立管流来的污水并排至室外排水管网。

通气系统：通气系统的作用是使污水在室内外排水管道中产生的臭气及有毒害的气体排到大气中去，同时使管内在污水排放时的压力变化尽量稳定并接近大气压力。

对于层数不多的建筑，可将排水立管上部延伸出屋顶，排水立管上延部分即为通气管。对于层数较多的及高层建筑，由于立管较长且卫生器具设置数量较多，除了伸顶通气管外，还应设环形通气管或主通气立管等。

清通设备：室内排水系统一般需设置如下三种清通设备，即检查口、清扫口和检查井。检查口设在排水立管上及较长的水平管段上，清通时将盖板打开。清扫口设置在横管的起端，一般当污水横管上有二个及二个以上的坐便器或三个及三个以上的卫生器具时使用。对于生活污水排水管道，在建筑物内不设检查井；对于有些工业废水排水管道，在建筑物内可设检查井。

特殊设备：污水抽升设备和污水局部处理设备。当卫生器具的污水不能自流排至室外排水管道时，需设水泵和集水池等抽升设备。当污水不允许直接排入室外排水管道时，则需设置局部污水处理设备，使污水水质得到初步改善后再排入室外排水管道。

2.1.2 常用材料与设备

2.1.2.1 管材与管道附件的规格与压力

(1) 管材与管道附件的公称直径。

管材（管材、配件、管道附件）的规格一般用公称直径表示，公称直径既不等于管材、配件或管道附件的内径，也不等于其外径，只是一种公认的称呼直径，所以又叫名义直径，用 DN 表示。对于不同用途（输送不同介质）的管路，首先要明确使用管材的材质和公称直径，但应注意一个公称直径的管材可能有多种壁厚和不止一个外径，故一定要按照施工图设计或有关施工及验收规范要求正确选用。如 $DN80$ 镀锌钢管外径是 85.5mm，壁厚有 4mm 和 4.75mm（加厚管）两种规格；$DN80$ 的无缝钢管外径是 89mm，壁厚有 3.5mm、4mm、5mm、7mm、10mm 五种规格；$DN40$ 的 PPR 管外径是 50mm，壁厚有 3.7mm、4.6mm、5.6mm、6.9mm 四种规格。

标准的公称直径系列有（单位：mm）：10、15、20、25、32、40、50、65、80、100、125、150、175、200、225、250、300、350、400、450、500、600、700、800、900、1000、1100、1200、1400、1600 等。

通常用公称直径表示规格的材料有：镀锌钢管、焊管、阀门、法兰等。

通常用外径×壁厚表示规格的材料有：无缝钢管、铜管、不锈钢管、塑料管等。

(2) 管道与管路附件的压力。

管道及管件的压力分为工作压力、试验压力和公称压力三种。

① 工作压力：是由设计文件规定的系统工作时的压力，用字母 P 表示。若是高温介质，则在 P 的右下方注明介质最高温度的数值，其数值是以介质最高温度除以 10 表示。例如：介质最高温度为 250℃，工作压力 6.4MPa，则工作压力应写作 $P_{25}6.4$。

② 试验压力：是对管道进行水压或严密性试验而规定的压力，用字母 P_s表示，并注明压力的数值。例如：试验压力为 2.0MPa，写作 $P_s2.0$。试验压力又分为水压试验压力和气压试验压力。

水压试验：P_s＝设计工作压力×试验的安全系数（安全系数根据设计或有关规范确定）。

气压试验：P_s＝设计工作压力×试验的安全系数（安全系数根据设计或有关规范确定）。

例如，某管道安装工程设计工作压力为 1.0MPa，则其水压及气压试验数值应为：

水压试验：$P_s=1.0\times1.5=1.5$MPa（安全系数 1.5 根据设计或有关规范确定）。

气压试验：$P_s=1.0\times1.25=1.25$MPa（安全系数 1.25 根据设计或有关规范确定）。

③ 公称压力：用字母 PN 表示，并注明压力数值。如公称压力为 1.6MPa，应写作 $PN1.6$，压力单位为兆帕（MPa）。管道公称压力等级的划分如下。

低压管道：0MPa＜公称压力≤1.6MPa；

中压管道：1.6MPa＜公称压力≤10MPa；

高压管道：10MPa＜公称压力≤42MPa；

蒸汽管道：公称压力≥9MPa；工作温度≥500℃。

常用中低压阀门和法兰的公称压力有：0.25MPa、0.6MPa、1.0MPa、1.6MPa、2.5MPa、4.0MPa、6.4MPa 等。

一般情况下，对于同一系统的管路，工作压力＜试验压力＜公称压力。如某管道工程设计工作压力为1.0MPa，若根据设计或有关规范确定其水压试验压力为1.5MPa，则该管路选用的管材、管件等的承压能力应大于1.5MPa，选用的阀门、法兰等的公称压力应为1.6MPa。

高层建筑若分区设定工作压力，则应分区进行压力试验。

2.1.2.2　常用金属管材

给水排水、采暖、燃气工程常用管材种类很多。按制造材质的不同可分为碳素钢管、铸铁管和有色金属管，碳素钢管按制造方法的不同可分为无缝钢管和有缝钢管两种。

（1）无缝钢管　无缝钢管按材质分有很多种类，通常使用在需要承受较大压力的管道上。无缝钢管的规格以外径乘以壁厚表示。无缝钢管一般采用焊接和法兰连接。无缝钢管成品管件不多，有无缝冲压弯头（也称压制弯）和无缝异径管，材质应与相连接的无缝钢管材质相同，无缝钢管可根据需要制成不同弯曲半径的煨制弯。无缝钢管在给排水管道上很少使用，在民用安装工程中，无缝钢管一般用于采暖和煤气管道，但主要广泛应用于压力较高的工业管道工程。

（2）有缝钢管　有缝钢管又称为焊接钢管，有镀锌钢管（白铁管）和非镀锌钢管（黑铁管，也称焊接钢管）两种，规格通常以公称直径表示。镀锌钢管是在焊接钢管的内外表面均涂上一层锌，可以防止管道生锈腐蚀，延长其使用年限，常作室内给水管材。镀锌钢管和配件都是螺纹连接，*DN*100以上也常用卡箍连接。非镀锌钢管一般用螺纹连接（*DN*32以内），也可以焊接（*DN*32以上）。螺纹连接的连接配件有镀锌和非镀锌之分，有管箍、大小头、活接头、补芯、外螺钉、弯头、三通、异径三通、丝堵等。

加厚镀锌钢管常用于高层建筑的给水系统。

镀锌钢管还可制成内衬塑料和内衬不锈钢的复合管，螺纹连接时应采用镀锌的具有相同内衬材料的管件。

非镀锌钢管（黑铁管）常用于生产或消防给水管道或在给排水、采暖、煤气工程中用于制作各类套管的材料。

非镀锌钢管规格见表2-1。

表2-1　非镀锌钢管规格

公称直径		钢管外径/mm	普通钢管、加厚钢管				备注
mm	in		壁厚/mm	重量/(kg/m)	壁厚/mm	重量/(kg/m)	
15	1/2	21.25	2.75	1.25	3.25	1.44	1. 普通钢管公称压力为1.0MPa,加厚钢管公称压力为1.6MPa 2. 钢管长度:无螺纹的为4～12m,有螺纹的为4～9m一根 3. 镀锌钢管比非镀锌钢管重3%～6%
20	3/4	26.75	2.75	1.63	3.50	2.01	
25	1	33.50	3.25	2.42	4.00	2.91	
32	5/4	42.25	3.25	3.13	4.00	3.77	
40	3/2	48	3.50	3.84	4.25	4.58	
50	2	60	3.50	4.88	4.50	6.16	
65	5/2	75.5	3.75	6.64	4.50	6.88	
80	3	85.50	4.00	8.34	4.75	9.81	
100	4	114	4.00	10.85	5.00	13.44	
125	5	140	4.50	15.04	5.50	18.24	
150	6	165	4.50	17.81	5.50	21.63	

（3）铸铁管　铸铁管按其用途和压力可分为给水铸铁管和排水铸铁管，按其连接方式可分为承插式和法兰式两种。铸铁管承插接口填料根据要求有青铅、石棉水泥、膨胀水泥和水泥等。

国产的给水铸铁管，按其材质分为球墨铸铁管和普通灰口铸铁管。给水铸铁管具有耐腐蚀性强、使用期长、价格较低等优点，适宜作埋地管道。其缺点是性脆、长度小、重量大。

国产的给水铸铁直管有低压（0～1.5MPa）、普压（1.5～2.0MPa）和高压（≥2.0MPa）三种，室内给水管道一般采用普压给水铸铁管。

给水铸铁管一般管径为 75～1000mm，常用的管径（单位：mm）规格有：50、80、100、125、150、200、250、300 等，每根管子的长度随管径不同而变化。

给水铸铁管的配件有异径管、三承三通、三承四通、双承三通、双承弯头、单承弯头、套筒、短管等。

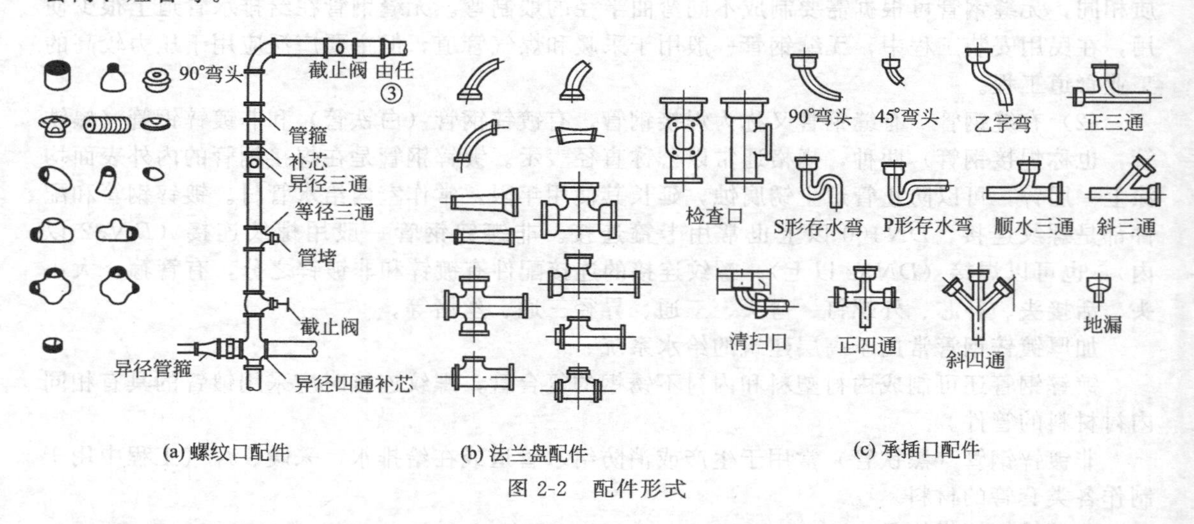

图 2-2　配件形式

国产的排水铸铁管是用灰口生铁浇筑而成，具有抗腐蚀性较好，使用耐久，价格较低等优点，常用作埋入地下的给排水管道。排水铸铁管常用的管径（单位：mm）规格有：50、80、100、125、150、200，每根管子的长度一般为 0.5～2.0m。

铸铁排水管的配件有三通、斜三通、异径三通、弯头、大小头、四通、P 弯、S 弯、检查口等，附件有清扫口、地漏等，配件形式可参见图 2-2。

（4）不锈钢管　不锈钢根据材质分有很多种，其中 304 不锈钢是一种通用性的不锈钢材料。304 是按照美国 ASTM 标准生产出来的不锈钢的一个牌号，相当于中国的 0Cr19Ni9（0Cr18Ni9）不锈钢。防锈性能比 200 系列的不锈钢材质要强；耐高温方面也比较好；304 不锈钢具有优良的不锈钢耐腐蚀性能和较好的抗晶间腐蚀性能，对氧化性酸，在浓度不大于 65％的沸腾温度以下的硝酸中，304 不锈钢具有很强的抗腐蚀性；对碱溶液及大部分有机酸和无机酸亦具有良好的耐腐蚀能力。

304 不锈钢管（表 2-2）常用作食品、医药行业的生产工艺管道和民用建筑的自来水供应、热水供应、净水供应等的管道。304 薄壁不锈钢水管属于高档水管，较其他材质（如 PPR，PE 等）总体价格偏高（但高得有限），略低于铜水管。薄壁不锈钢水管以其优越的卫生性、防腐蚀性、美观性、高档次、寿命长等各项指标，成为 21 世纪综合性能最好的管道之一。厚壁不锈钢管可采用焊接、法兰连接；薄壁不锈钢管可采用卡压连接。目前薄壁不锈钢管采用的卡压连接，是一种较为先进的管道连接安装工艺。

表 2-2　304 不锈钢管规格表　单位：mm

外径×壁厚	外径×壁厚	外径×壁厚	外径×壁厚
ϕ6×1	ϕ34×(2～8)	ϕ70×(3～10)	ϕ152×(3～20)
ϕ8×(1～2)	ϕ36×(2～8)	ϕ73×(3～10)	ϕ159×(3～25)
ϕ10×(1～2)	ϕ38×(2～8)	ϕ76×(2～16)	ϕ168×(3～30)
ϕ12×(1～3)	ϕ40×(2～8)	ϕ80×(2～16)	ϕ180×(3～30)
ϕ14×(1～4)	ϕ42×(2～8)	ϕ83×(2～16)	ϕ219×(4～35)
ϕ16×(1～4)	ϕ45×(2～8)	ϕ89×(2～16)	ϕ245×(5～35)
ϕ18×(1～4)	ϕ48×(2～8)	ϕ95×(2.5～16)	ϕ273×(5～40)
ϕ20×(1～5)	ϕ50×(2～8)	ϕ102×(2.5～18)	ϕ325×(5～40)
ϕ22×(1～5)	ϕ51×(2～8)	ϕ108×(2.5～18)	ϕ355×(7～40)
ϕ25×(1.5～5)	ϕ57×(2～10)	ϕ114×(2.5～18)	ϕ377×(8～45)
ϕ27×(2～5)	ϕ60×(2～10)	ϕ120×(3～18)	ϕ426×(8～50)
ϕ28×(2～5)	ϕ63×(2～10)	ϕ127×(3～18)	ϕ456×(8～50)
ϕ30×(2～8)	ϕ65×(3～10)	ϕ133×(3～18)	ϕ530×(8～50)
ϕ32×(2～8)	ϕ68×(3～10)	ϕ140×(3～20)	ϕ630×(10～40)

(5) 铜管　铜管按材质可分为紫铜管和黄铜管；按管材供应状态可分为硬、半硬、软三类铜管；按生产方法可分为拉制铜管和挤制铜管。建筑用铜管主要是拉制薄壁紫铜管。铜管的导热性能好，适用工作温度在 250℃以下。厚壁铜管可采用焊接、螺纹连接；薄壁铜管可采用胀接、卡压连接等。铜管常用于高档宾馆的给水系统、热水供应系统、净水供应系统和空调 VRV 系统。

2.1.2.3　常用非金属管材

(1) 硬聚氯乙烯塑料管（UPVC 管）　可分为给水用硬聚氯乙烯塑料管和排水用硬聚氯乙烯塑料管。给水用硬聚氯乙烯塑料管的管长一般为 4m、6m、10m、12m，也可由供需双方协商确定。管材形式有承插型管材和平头型管材。承插型管材采用弹性密封圈连接或溶剂黏结型连接。平头型管材采用弹性密封圈连接时应按规定将管口进行倒角，采用溶剂黏结的平头管材应除去管口部切割后锐利的外边缘。硬聚氯乙烯给水管与铸铁管及其他管材阀件等连接时一般采用法兰连接，并采用专用接头。硬聚氯乙烯给水管道上所采用的阀门及管件，其压力等级不应低于管道工作压力的 1.5 倍。

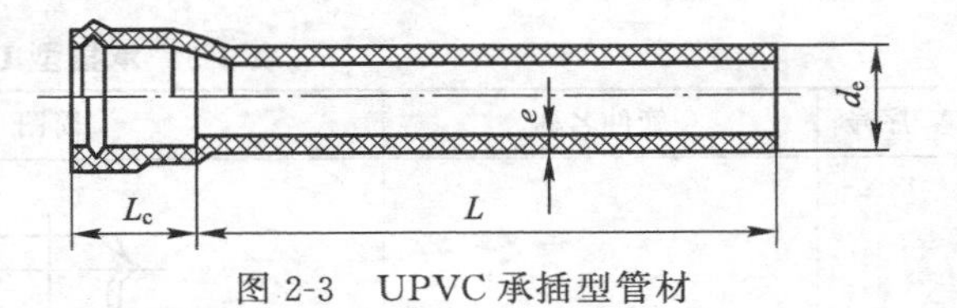

图 2-3　UPVC 承插型管材

图 2-3 所示为 UPVC 承插型管材，承口内的橡胶密封圈由生产厂家配套供应，管材分为 PN0.63 和 PN1.0 两个压力等级，详见表 2-3。

图 2-4 所示的 UPVC 直管，两端均无承口，可用于与带承口的各种相应管径的管件进行粘接。应采用管材生产厂家供应的对饮用水无毒性的粘接剂。直管的规格见表 2-4，其公称压力为 PN1.0MPa。

表 2-3 UPVC 采用橡胶密封圈的承插型管材尺寸 单位：mm

公称压力 $PN0.63$MPa				公称压力 $PN1.0$MPa			
公称直径 d_e	壁厚 e	承口长度 L_c	有效长度 L	公称直径 d_e	壁厚 e	承口长度 L_c	有效长度 L
63	2.0	64	4000	63	3.0	64	4000
75	2.2	67	4000	75	3.6	67	4000
90	2.7	70	4000	90	4.3	70	4000
110	3.2	75	4000	110	4.8	75	4000
160	4.7	86	4000	160	7.0	86	4000
200	5.9	94	6000	200	8.7	94	6000
250	7.3	105	6000	250	10.9	105	6000
315	9.2	118	6000	315	13.7	118	6000

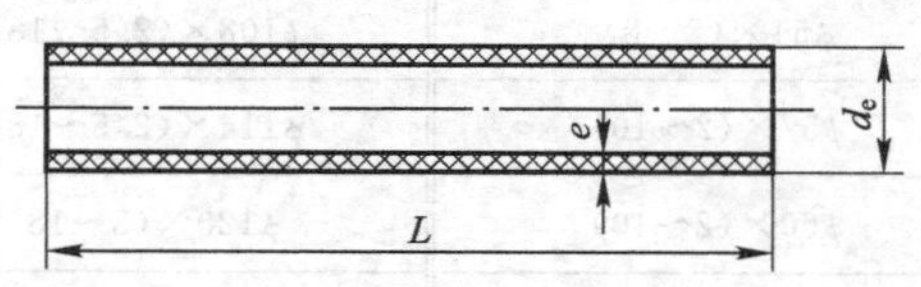

图 2-4 UPVC 直管

表 2-4 UPVC 无承口直管规格尺寸 单位：mm

公称直径 d_e	壁厚 e	长度 L
20	2.0	4000
25	2.0	4000
32	2.4	4000
40	3.0	4000
50	3.0	4000
63	3.0	4000
75	3.6	4000
90	4.3	4000
110	4.8	4000
160	7.0	4000

承插型 UPVC 给水管件的主要品种和规格见表 2-5。

表 2-5 承插型 UPVC 给水管件 单位：mm

序号	管件名称	简图	规格
1	三承等径正三通		63×63，75×75，90×90，110×110，160×160，200×200，250×250，315×315

续表

序号	管件名称	简图	规格
2	三承异径斜三通		160×63,160×90,160×110,200×63,200×90,200×110,200×160,250×63,250×110,250×160,250×200,315×110,315×160,315×200,315×250
3	双承90°、45°弯头		63,75,90,110,160,200,250,315
4	四承正等级四通		63,75,90,110,160,200,250,315
5	平承、平插接头		63,75,90,110,160,200,250,315
6	双承直接管		63×63,75×75,90×90,110×110,160×160,200×200,250×250,315×315
7	双承异径管		200×63,200×110,200×160,250×110,250×160,250×200,315×110,315×160,315×200,315×250

目前在建筑内使用的排水塑料管通常是硬聚乙烯塑料管（UPVC管）。它具有重量轻、耐腐蚀、不结垢、内壁光滑、水流阻力小、外表美观、容易切割、便于安装、节省投资和节能等优点，但也有缺点，如强度低、耐温性能差（使用温度在－5～50℃之间）、线性膨胀量大、立管产生噪声、易老化、防火性能差等。排水塑料管通常标注外径，其规格见表2-6。

表2-6 UPVC排水管材

单位：mm

外径	50	75	90	110	125	160	200	250	315
Ⅰ型壁厚	2.0	2.3	3.2	3.2	3.2	4.0	4.9	6.2	7.7
Ⅱ型壁厚					3.7	4.7	5.9	7.3	9.2
管长	4000～6000								

排水用硬聚氯乙烯塑料管的管长一般为4m或6m，带承插口。管材与管件应符合《建筑排水用硬聚氯乙烯管材》《建筑排水用硬聚氯乙烯管件》的规定，即管材的内外表面应平整光滑，不允许有裂口、气泡、明显的痕纹和凹陷；不允许有异向弯曲；管材、管件和胶黏剂应由统一生产厂配套供应。硬聚氯乙烯管由于环境温度变化而引起的伸缩量较大的，应设伸缩节。一般规定：当层高小于或等于4m时，污水立管和通气立管应每层设一伸缩节；当层高大于4m时，其伸缩节数应根据管道设计伸缩量和伸缩节允许伸缩量计算确定。

排水塑料管的管件较齐备，共有90°弯头、45°弯头、带检查口90°弯头、三通、立管检查口、带检查口存水弯、S形存水弯、P形存水弯、变径、伸缩节、管件粘接承口、套筒、通气帽等20多个品种、70多个规格，应用非常方便。

（2）聚乙烯塑料管材（PE） PE管内外壁光滑，介质在流动时阻力小，在管内外不会滋生藻类、细菌或真菌，不会结垢。广泛用于燃气输送、给水、排污、农业灌溉及油田、化工和邮电等领域，特别在燃气输送上普遍应用热熔连接，使用寿命可达50年。其规格见表2-7。

表2-7 PE管材规格

压力等级/MPa	*PN*1.6	*PN*1.25	*PN*1.0	*PN*0.8	*PN*0.6
外径/mm	壁厚/mm	壁厚/mm	壁厚/mm	壁厚/mm	壁厚/mm
20	2.3				
25	2.3				
32	3				
40	3.7				
50	4.6				
63	5.8	4.7			
75	6.8	5.6	4.5		
90	8.2	6.7	5.4	4.3	
110	10	8.1	6.6	5.3	4.2
125	11.4	9.2	7.4	6	4.8
140	12.7	10.3	8.3	6.7	5.4
160	14.6	11.8	9.5	7.7	6.2
180	16.4	13.3	10.7	8.6	6.9
200	18.2	14.7	11.9	9.6	7.7
250	22.7	18.4	14.8	11.9	9.6
280	25.4	20.6	16.6	13.4	10.7
315	28.6	23.2	18.7	15	12.1

续表

压力等级/MPa	PN1.6	PN1.25	PN1.0	PN0.8	PN0.6
外径/mm	壁厚/mm	壁厚/mm	壁厚/mm	壁厚/mm	壁厚/mm
355	32.2	26.1	21.1	16.9	13.6
400	36.3	29.4	23.7	19.1	15.3
450	40.9	33.1	26.7	21.5	17.2
500	45.4	36.8	29.7	23.9	19.1
560	50.8	41.2	33.2	26.7	21.4
630	57.2	46.3	37.4	30	24.1

PE管件从类型上有直通、异径直通、正三通、变径三通、90°弯头、丝口接头、堵头等，从熔接方法上分有热熔和电熔，选用时要根据PE管是给水用还是燃气用分别按照给水用聚乙烯（PE）管材GB/T 13663.2—2005或燃气用聚乙烯管件GB/T 15558.2—2005执行。

（3）聚丙烯塑料管（PP-R管）　除具有一般塑料管材质量轻、强度好、耐腐蚀等优点外，还具有无毒卫生、耐热保温、防冻裂、连接安装简单可靠、原料可回收等优点。在公共及民用建筑中用于输送冷热水，在工业建筑和设施中用于输送日常用水、油或腐蚀性液体。PP-R管道连接方式有热熔连接、电熔连接、丝扣连接与法兰连接。PP-R管与金属管件连接时，应采用带金属嵌件的聚丙烯管件作为过渡。此时管件与塑料管采用热熔连接，与金属管件或卫生洁具五金配件采用丝扣连接。PP-R管还有内衬铜材和不锈钢材质的复合管，其连接方法同上。PP-R管规格见表2-8。

表2-8　PP-R管规格

公称直径		外径/mm	壁厚/mm			
mm	in		PN1.0冷水用	PN1.25冷热水用	PN1.6冷热水用	PN2.0冷热水用
15	1/2	20	1.8	1.9	2.3	2.8
20	3/4	25	1.9	2.3	2.8	3.5
25	1	32	2.4	3	3.6	4.4
32	5/4	40	3	3.7	4.5	5.5
40	3/2	50	3.7	4.6	5.6	6.9
50	2	63	4.7	5.8	7.1	8.7
65	5/2	75	5.7	6.9	8.4	10.3
80	3	90	6.7	8.2	10.1	12.3
100	4	110	8.1	10	12.3	15.1

PP-R管件有90°弯头、45°弯头、异径弯头、法兰连接件、阀门、等径管套、异径管套、管帽、正三通、异径三通、内丝管套、外丝管套、内丝弯头、外丝弯头、内丝三通、外丝三通、丝堵、活接头、内丝油宁、外丝油宁、活套法兰圈、法兰密封圈等。

（4）铝塑复合管　一般由五层材料复合构成，由内向外依次为：高密度聚乙烯、黏结剂、铝、黏结剂、高密度聚乙烯或交联高密度聚乙烯。铝塑复合管的结构决定了这种管材兼有塑料管与金属管的特点，具有耐腐蚀、不回弹、阻隔性好、安装简单、耐高温、流阻小、美观、使用寿命长等优良性能。

根据铝塑复合管塑料层的种类不同，铝塑复合管可分为冷水型和温水型两种。冷水型铝塑复合管内外层塑料是由管材专用高密度聚乙烯加工而成。温水型铝塑复合管内外层塑料是由交联高密度聚乙烯加工而成，可耐95℃以上的介质温度。

根据铝塑复合管中间层铝管焊接方法的不同，铝塑复合管可分为搭接式焊接和对接式焊接两种。搭接式焊接铝塑复合管的铝管由于有重叠部分，铝管横截面不是一个完整的圆形，会影响管材的形状和壁厚均匀性。对接式铝塑复合管的铝管横截面为完整的圆形，所构成的复合管壁厚均匀，圆度高。

铝塑复合管的连接方式有螺纹连接和压力连接。铝塑复合管与镀锌钢管安装对比，由于复合管刚柔兼备，可任意弯曲，安装时省去了不少管件和人工。所以综合经济分析，复合管反而比镀锌钢管便宜。

(5) 塑料波纹管（如 HDPE 管） 在结构设计上采用特殊的“环形槽”式异性断面，突破了普通管材的“板式”传统结构，具有足够的抗压和抗冲击强度，又具有良好的柔韧性，根据其成形方法的不同可分为单壁波纹管和双壁波纹管。波纹管兼备优异的柔韧性，同时具有耐压、耐冲击的性能。如与陶瓷管、水泥管相比不仅质量轻，还有很大的压缩强度和良好的耐冲击性能。塑料波纹管通常用于市政排水管网的支管网。

(6) 聚丁烯塑料管（PB 管） 可用于建筑用各种热水管及供水管、输气管和大型管道。其卫生性能好，无毒无害，抗冻、耐热，施工安装简单，使用寿命长。

其他常用的非金属管材还有混凝土管、钢筋混凝土管、陶土管、石棉水泥管等，常用于室外排水管道。

2.1.2.4 法兰

法兰的种类很多，按材质分有铸铁法兰、铸钢法兰、碳钢法兰、耐酸钢法兰等；按连接方式分有焊接法兰、螺纹连接法兰等；按压力分有低压法兰、中压法兰、高压法兰三种。其中铸铁法兰一般采用螺纹连接；钢制法兰常用平焊连接。

法兰在管道安装中使用较广，特别是管道与法兰阀门连接，管道与设备连接，都是采用法兰。选用法兰通常有三个因素：直径、压力和材质，如 *DN*100 *Pg*1.6 平焊钢法兰。一般情况下，相同公称直径、相同公称压力的法兰（或法兰阀门）才可相互连接。

2.1.2.5 阀门

阀门是用以控制、调节各种管道及设备内气体、液体介质流动的一种机械产品，是一种能随时开启和关闭的活门。

(1) 阀门的分类 阀门按公称压力分为低压阀门、中压阀门、高压阀门三种。按输送介质可以分为水阀门、蒸汽阀门、空气阀门、耐酸阀门等。按材质分为铸铁阀门、铸钢阀门、不锈钢阀门等。按接口方式分为焊接阀门、螺纹阀门等。按驱动方式分为手动阀门、自动阀门和自控阀门等。如图 2-5 所示。

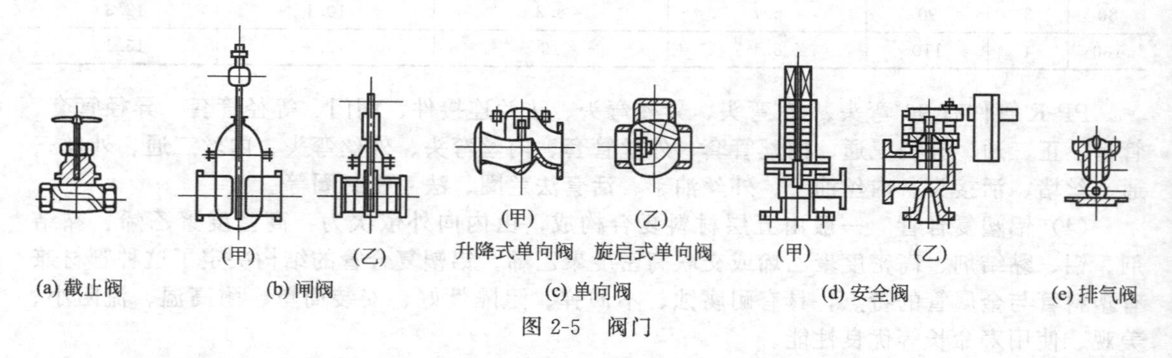

图 2-5 阀门

(2) 阀门产品型号的组成 阀门产品型号很多，如 J11T-10，Z44W-10K、Q44W-6K 等，这些在施工图材料表上可能注明，但型号意义代表什么，哪些阀门安装在哪种管道上才适合工艺要求，编制预算必须具备这方面的知识。阀门产品型号一般由七个单元组成，编号顺序为：

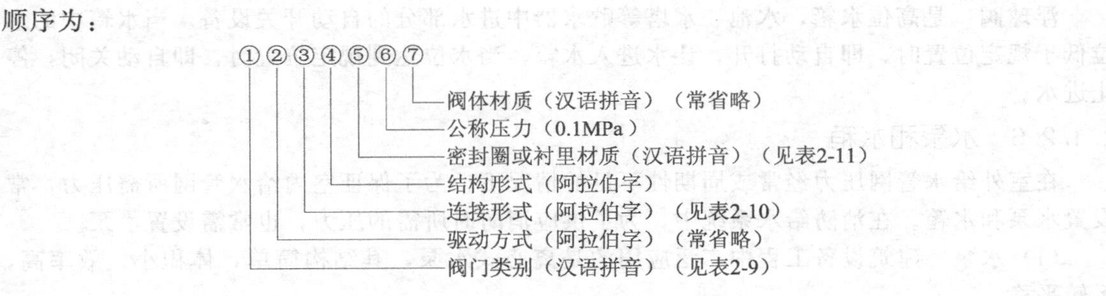

表 2-9　①单元“阀门类别”代号

阀门类型	闸阀	截止阀	节流阀	球阀	蝶阀	隔膜阀	旋塞阀	止回阀	疏水器	安全阀	减压阀
代号	Z	J	L	Q	D	G	X	H	S	A	Y

表 2-10　③单元“连接形式”代号

连接形式	内螺纹	外螺纹	法兰	法兰	法兰	焊接	对夹	卡箍	卡套
代号	1	2	3	4	5	6	7	8	9

注：1. 法兰连接代号 3 仅用于双弹簧安全阀。

2. 法兰连接代号 5 仅用于杠杆式安全阀。

3. 单弹簧安全阀及其他类阀门系法兰连接时，采用代号 4。

表 2-11　⑤单元“密封圈或衬里材质”代号

密封圈或衬里材质	铜合金	耐酸钢或不锈钢	渗氮钢	巴氏合金	硬质合金	铝合金	橡胶	硬橡胶	皮革	聚四氟乙烯	酚醛塑料	尼龙	塑料	衬胶	衬铅	搪瓷
代号	T	G	D	B	Y	L	X	J	P	SA	SD	NS	S	CI	CQ	TC

注：密封圈系由阀体上直接加工出来的，其代号为“W”。

例如阀门型号“J11T-10”：①单元：J 表示截止阀；②单元：省略（对于驱动方式的手轮、手柄、扳手或自动的阀门可省略不写）；③单元：1 表示连接形式为内螺纹，表示该阀为螺纹阀；④单元：1 表示结构形式为直通式；⑤单元：T 表示密封圈或衬里材质是铜合金；⑥单元：10 表示公称压力为 1.0MPa；⑦单元：省略（对于 *PN*1.6MPa 及以下的灰铸铁阀体和 *PN*2.5MPa 及以下的碳素钢阀体可省略）。阀门型号中的①单元、③单元和⑥单元是套用定额的主要依据。

（3）常用阀门用途及特点　常用的阀门有旋塞阀、截止阀、闸阀、止回阀、减压阀、浮球阀等，其作用与特点如下。

截止阀：一般用于气、水管道上，其主要作用是关断管道某一个部分。

闸阀：一般装于管路上作启闭管路及设备中介质用，其特点是介质通过时阻力很小。

止回阀：只允许介质流向一个方向，当介质流向相反时，阀门自动关闭。

排污阀：装于温度不低于 300℃，工作压力不高于 1.3MPa 的蒸汽锅炉上，其作用为排除锅炉内水的沉淀物和污垢。

旋塞阀：装于管路中，用来控制管路启闭的一种开关设备。

安全阀：当压力超过规定标准时，从安全门中自动排出多余的介质。

减压阀：用于将蒸汽压力降低，并能将此压力保证在一定的范围内不变。

疏水器：装于蒸汽管路、散热器等蒸汽设备上，以阻止蒸汽池漏水和自动排除冷凝水，是一种将蒸汽和冷却水自动分离的装置。

浮球阀：是高位水箱、水池、水塔等贮水器中进水部分的自动开关设备。当水箱中的水位低于规定位置时，即自动打开，让水进入水箱，当水位达到规定位置时，即自动关闭，停止进水。

2.1.2.6 水泵和水箱

在室外给水管网压力经常或周期性不足的情况下，为了保证室内给水管网所需压力，常设置水泵和水箱。在消防给水系统中，为了供应消防时所需的压力，也常需设置水泵。

（1）水泵　建筑设备工程中广泛应用的是离心式水泵，其结构简单，体积小，效率高，运转平稳。

在离心式水泵中，水靠离心力由径向甩出，从而得到很高的压力，将水输送到需要的地点。在水被甩走的同时，水泵进水口形成真空，由于大气压力的作用，吸水池中的水通过吸水管压向水泵进口，进而流入泵体。由于电动机带动叶轮连续回转，离心泵均匀地、连续地将水压送到用水点或高位水箱。

水泵型号一般用汉语拼音字头和数字组成。如BA表示单级单吸悬臂式离心泵；DA表示单吸多级分段式离心泵；Sh表示双吸单级离心泵等。数字表示缩小10倍的水泵的比转数。例如4DA-8，表示吸水口直径为100mm（4×25）的单吸多级分段式离心泵，比转数为80。

（2）高位水箱　在下列情况下，常设置高位水箱：室外给水管网中的压力周期性地小于室内给水管网所需的压力；在某些建筑物中，需储备事故备用水或消防储备水；室内给水系统中，需要保证有恒定的压力。水箱通常用钢板或钢筋混凝土建造，其外形有圆形及矩形两种。圆形水箱结构上较为经济，矩形水箱则便于布置。水箱上设有下列管道：进水管、出水管、溢流管、泄水管、水位信号装置、托盘排水管等。

2.1.3 给排水工程施工图识读

2.1.3.1 给排水工程施工图的内容

（1）图纸目录、设计说明　设计人员把一套施工图纸按照前后顺序编排好图纸目录，作为图纸前后排列和清点图纸的索引。设计说明的主要内容包括设计依据、设计标准、主要技术数据等。

（2）总平面图　指表示某一区域、小区、街道、村镇、几幢房屋等的室外管网平面布置的施工图。

（3）平面图　平面图是施工图中最常见的一种图样，主要表达建（构）筑物和设备的平面布置，管线的水平走向、排列和规格尺寸，以及管子的坡度和坡向、管径和标高等具体数据。

（4）剖面图　剖面图主要表达建（构）筑物和设备的立面布置，管线垂直方向的排列和走向，以及每根管线编号、管径和标高等具体数据。

（5）系统图　系统图是利用轴测图原理，在立体空间反映管路、设备及器具相互关系的系统全貌的图形，并标注管道、设备及器具的名称、型号、规格、尺寸、坡度、标高等内容。

（6）大样详图　对于施工图中的局部范围，通过放大比例、标明尺寸及做法而绘制的局部详图，如管道节点图、接口大样图等。

（7）标准图　标准图是一种具有通用性质的图样。标准图中标有成组管道、设备或部件的具体图形和详细尺寸。它一般不能作为单独进行施工的图纸，而只能作为某些施工图的一个组成部分。标准图由国家或有关部门出版标准图集，作为国家标准或部颁标准等。

(8) 非标准图 指具有特殊要求的装置、器具及附件，不能采用标准图，而独立设计的加工或安装图。这种图只限某工程一次性使用。

(9) 设备和材料表 指工程所需的各种设备和主要材料的名称、规格、型号、材质、数量等的明细表，作为建设单位设备订货和材料采购的清单。

设计者根据工程内容和规模，决定出图的内容和数量，全面清楚地表达设计意图。

2.1.3.2 施工图图例及符号

图例及符号是工程图纸上用来表达语言的字符。工程设计人员只有利用各种统一规范的图例及符号去发现、标注工程各部位的名称、内容和要求等，才能给出一套完整的施工图纸。工程技术人员只有熟悉和掌握各种图例及符号，才能理解图纸的内容和要求。

2.1.3.3 给排水工程施工图的识读

(1) 室内给水工程施工图 室内给水系统的一般组成为：外管→进户管→水表井→水平干管→立管→水平支管→用水设备。

识读给水施工图一般按如下顺序：首先阅读施工说明，了解设计意图；再由平面图对照系统图阅读，一般按供水流向，由底层至顶层逐层看图；弄清整个管路全貌后，再对管路中的设备、器具的数量、位置进行分析；最后要了解和熟悉给排水设计和验收规范中部分卫生器具的安装高度，以利于测量和计算管道工程量。

(2) 室内排水工程施工图 室内排水系统的一般组成为：卫生设备→水平支管→立管→水平干管→垂直干管→出户管→室外检查井。

室内排水工程施工图的内容与给水工程相同，主要包括平面图、系统图及详图等。阅读时将平面图和系统图结合起来，由用水设备起，沿排水的方向进行顺序阅读。

(3) 给排水工程施工图识读举例 图 2-6～图 2-8 所示为某学校男生宿舍给排水工程施工图。其中，图 2-6(a) 是室内给水工程平面图，图 2-6(b) 是室内排水工程平面图，图 2-7 是室内给水工程系统图，图 2-8 是室内排水工程系统图。

识读过程如下。

① 首先阅读施工说明，了解设计意图。

② 阅读给水平面图和系统图，可以了解到：给水管从①轴线－1.00m 处引入室内，在标高－0.30m 处分为两路，一路为 GL1 给水立管，另一路为沿着Ⓒ轴线水平敷设的供水干管，同时 GL2 和 GL3 两根立管引向二楼和三楼。

GL1 在标高 1.00m 处沿①轴线水平敷设支管，向卫生间内四个蹲式便器和五个水嘴供水。二层、三层分别在标高 4.20m 和 7.40m 处沿①轴线水平敷设，向便器和水嘴供水。GL2 在标高 2.40m 处沿②轴线向左接 $DN20$ 水平支管向多孔冲洗管供水。二层、三层布置同底层。

③ 由排水系统图可知：该工程室内排水由 PL1、PL2、PL3、PL4 四个系统组成。

PL1 由屋面至地面以下－1.20m 处。楼

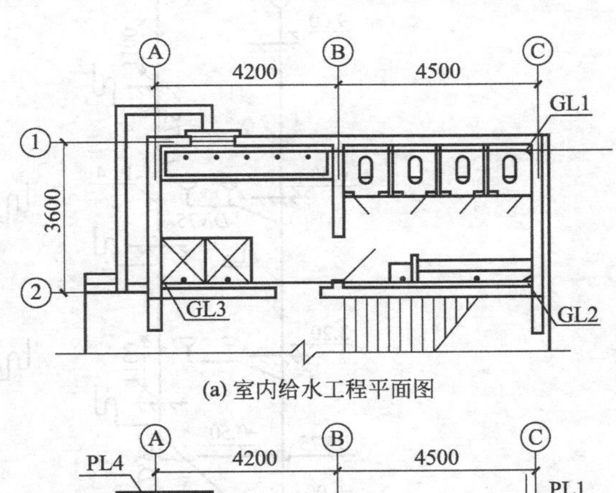

(a) 室内给水工程平面图

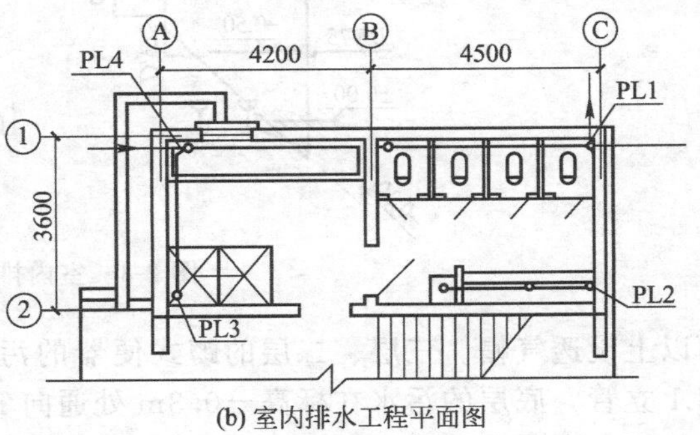

(b) 室内排水工程平面图

图 2-6 室内给排水工程平面图

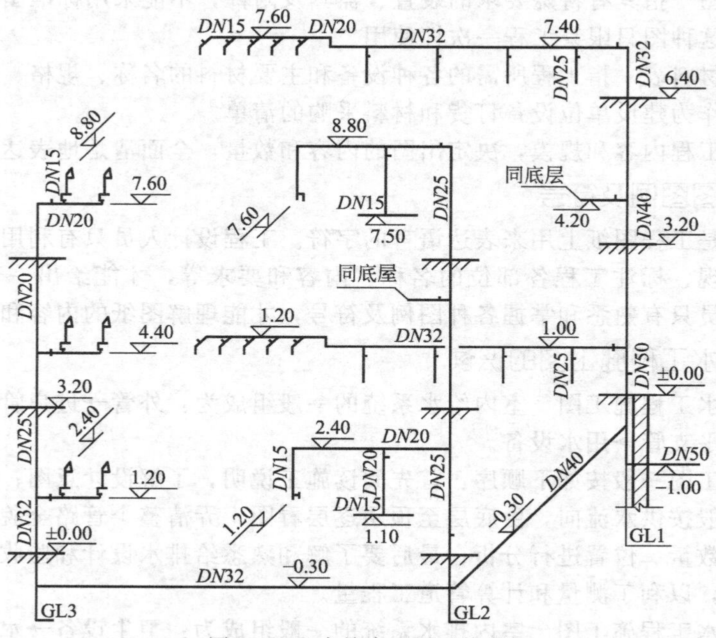

图 2-7 室内给水工程系统图

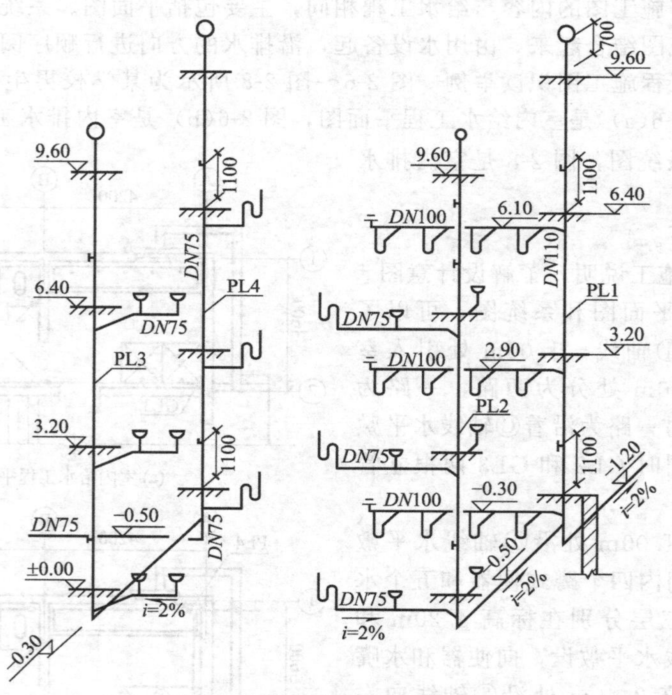

图 2-8 室内排水工程系统图

面以上设透气帽。三层、二层的蹲式便器的污水由水平支管在标高 6.10m、2.90m 处通向 PL1 立管，底层的污水在标高−0.3m 处通向 PL1 立管，再通向出户管。

PL2 由屋面至地面以下−0.50m 处，沿Ⓒ轴线与水平干管相连，再与出户管连接。三层、二层、一层的冲洗管和地漏的污水由水平支管分别在标高 6.10m、2.90m、−0.30m 处通向 PL2 立管。

PL3 由屋面至地面以下－0.30m 处，三层、二层、一层的地漏的污水由水平支管分别在标高 6.10m、2.90m、－0.30m 处通向 PL3 立管。再与沿Ⓐ轴线水平敷设的干管相连，接出户外。

PL4 同 PL3，在标高－0.50m 处接出户管。

2.2　给排水安装工程施工技术

2.2.1　给排水管道安装

2.2.1.1　室外给排水管道安装

（1）室外给排水管道的布置和敷设要求　小区内的给水管道一般平行于建筑物，相距 3～5m，进户前应设阀门。小区内的排水管道一般沿建筑物和道路平行敷设，尽量避免与其他管线交叉。给排水管道与其他管道和构筑物的最小埋设间距见表 2-12。

表 2-12　给排水管道与其他管道和构筑物的最小净距

顺序	名称		水平净距/m	垂直净距/m
1	给水管		1.0	0.15
2	排水管	*DN*200 及以下	1.5	0.4
		*DN*200 以上	3.0	0.4
3	煤气管		1.5	0.15
4	热力管		1.5	1.5
5	电缆		1.0	0.5
6	照明、通讯杆柱		1.0	—
7	建筑物基础外缘		3.0	—

当给水管与排水管交叉时，给水管应敷设在排水管上。如因条件限制，给水管要在排水管之下时，在交叉处应设套管保护。

给水管与供热管同沟敷设时，给水管在下，供热管在上。

除个别情况下采用管沟敷设外（如小管径的给水管随暖沟敷设，湿陷性黄土地区或震区某些给水排水管道在检漏沟内敷设等），大部分给水管道均采用直埋敷设。

室外给水排水管道埋设应考虑到冰冻深度、地面荷载、管材强度、管道交叉、闸阀高度等因素。北方地区给水管道埋深一般在冰冻线以下 0.2m，排水管道管顶埋深一般在冰冻线以下。

室外排水管道应严格按设计坡度安装，以确保水流通畅，其最小安装坡度应符合表 2-13 的要求。

表 2-13　室外排水管道的最小管径和最小设计坡度

管道类别	位置	最小管径/mm	最小设计坡度
生产污水管	在厂区内	150	0.007
生活污水管	在厂区内	150	0.007
	在街坊内	200	0.004
	在城市街道下	300	0.0025

(2) 常用管材及连接方式　室外给水排水管道常用管材见表 2-14。其中排水铸铁管的连接方式与给水铸铁管相似。

表 2-14　室外给水排水管道常用管材

管材	用途	连接方式
给水铸铁管	DN75 及以上生活给水管、室外消火栓管	石棉水泥接口 承接连接{膨胀水泥接口、青铅接口、胶圈接口} 法兰连接
排水铸铁管	生活污水管、雨水管、工业废水管(微酸性生产排水管)(DN200 及以下)	承插连接
HDPE 管	各类排水	热熔对接，热熔承插，电熔连接
PE 管	给水、燃气	热熔对接，热熔承插，电熔连接
有缝钢管	DN75 以下生活给水管、室外消火栓管	焊接钢管焊接，镀锌钢管螺纹连接
钢筋混凝土管、石棉水泥管	生活给水、生活污水	承插连接 套箍连接
陶土管	生活污水	承插连接

(3) 安装程序及方法　直接埋设的室外给水排水管道的安装程序大致是：测量放线→管沟开挖→沟底找坡→沟基处理→下管→管道安装→试压→回填。

给排水铸铁管道的安装程序为：对口→打麻、填料、打口→养护→水压试验（灌水试验）→防腐→回填土。

1) 安装前应对管子的外观进行检查：查看有无裂纹、毛刺等，不合格的不能用；管身沥青涂层是否完好，必要时应补涂。

2) 插口插入承口前应将承口内部和插口外部清理干净。用气焊或喷灯烘烤清除承口内侧及插口外侧的沥青涂层，并用钢丝刷和抹布擦干净，以保证接口的严密度和强度。若采用橡胶圈接口，应先将胶卷套在管子的插口上，插口插入承口后调整好管子的中心位置。

3) 管道对好后进行打口。

① 石棉水泥接口。石棉水泥接口是承插铸铁管最常用的一种连接方法。它以石棉绒、水泥为原料。水泥强度等级不应低于 32.5 级，石棉宜用 4 级或 5 级。石棉水泥的配合比一般为：石棉∶水泥∶水＝3∶7∶1 或 2∶8∶2。接口时应先将已拧好的麻股塞入接口，然后将拌和的石棉水泥分层填入接口，并分层用专用工具打实，打完口后应做好灰口的湿养护。

② 膨胀水泥接口。膨胀水泥或称自应力水泥接口，是以膨胀水泥∶中砂∶水＝1∶1∶0.3 的比例拌和成水泥砂浆，接口时也应将麻股塞入接口内，然后将膨胀水泥砂浆填塞接口内捣实，并将灰口表面抹平，接好口后同样应做好湿养护。

③ 青铅接口。青铅接口是将熔化好的青铅灌入接口内，待冷却凝固后打实的一种连接方法，接口用铅的纯度应在 99%以上。在操作时必须注意安全，热铅接口时，熔铅应严禁遇水，否则将出现爆炸（俗称放炮）事故，因此热铅接口不宜在雨雪天露天作业。青铅接口价格昂贵，优点是高弹性、抗震动、接口严密、施工方便，因此除穿越铁路、公路或震动大的地区外，一般不用。

④ 胶圈接口。先将胶圈套在管子插口上，把管子对正找平后，使插口和胶圈一起被推

进承口中，然后用麻捻凿把胶圈均匀地打上插口小台。安装过程中不得使胶圈产生扭曲倒纹等现象，更不得使胶圈滚过插口小台，而从承口处落入管内。胶圈接口的特点是速度快、省人工、可带水作业。

4）室外铸铁管道的安装处理。管口安装妥当后，应立即在管身上覆土，并将接口处留出做试压检查，防止烈日照射引起管道伸缩而影响接口强度及严密度。较长管段安装时应分段安装、试压、验收及隐蔽回填，以避免管沟长期敞露。

5）管沟的回填土。填土应从管子两侧开始，边回填边仔细夯实，回填至管顶后，应继续回填至管顶上 0.5m 时方可进行夯实，以后再回填 0.2～0.3m 时应夯实一次，直至地面。

2.2.1.2　室内给水管道安装

（1）室内给水管道的给水方式　根据用户的要求，室内的给水系统按使用目的一般分为三种系统，即生活给水系统、消防给水系统和生产给水系统。在实际工程中这三种系统根据具体情况，还可把其中的两种或全部合并使用，如生活-消防系统、生产-消防系统或生活-消防-生产系统。但在系统合并时，应充分注意生产给水系统是否对生活给水系统造成污染。

（2）室内给水管道的敷设　无论是哪一种给水方式，其基本组成都大致相同，其中给水管道系统的布置和敷设要求如下。

① 引入管。又称进户管，是室外和室内给水系统的连接管。引入管一般采用直接埋地方式，也可从采暖地沟中进入室内，但应布置在热水或蒸汽管道下方，引入管与其他管道要保持一定距离：与污水排出管的水平距离不得小于 1m，与煤气管道引入管的水平距离不得小于 0.75m。引入管应有不小于 0.003 的坡度，坡向室外管网。引入管的管材随其直径的不同而异，一般埋地敷设时，*DN*80 以上者采用给水铸铁管，*DN*80 及以下者采用镀锌钢管；架空敷设时，*DN*80 以上者采用非镀锌钢管或给水铸铁钢管，*DN*80 及以下者采用镀锌钢管。

引入管的位置及埋深应满足设计要求。引入管穿越承重墙或基础时应预留孔洞，孔洞大小为管径加 200mm，敷设时应保证管顶上部距洞壁净空不得小于建筑物的最大沉降量，且不小于 100mm。引入管与孔洞之间的空隙用黏土填实。引入管穿越地下室或地下构筑物外墙时，应采取防水措施，一般可用刚性防水套管，对于有严格防水要求或可能出现沉降时，应用柔性防水套管。引入管的敷设应有不小于 0.003 的坡度，坡向室外给水管网或阀门井、水表井，以便检修时排放存水，井内应设管道泄水龙头。

② 配水管网。是由水平干管、立管和支管所组成的管道系统。根据建筑对卫生、美观方面的要求，管道敷设一般可分为明装和暗装两种方式。明装管道就是在建筑物内部沿墙、梁、柱、天花板下、地板上等明露敷设。暗装管道就是把管道敷设在管井、管槽、管沟中或墙内、板内、吊顶内等隐蔽地方。

建筑物内部给水管道的管材选用同引入管。给水管道的安装位置、高程应符合设计要求，管道变径要在分支管后进行，距分支管要有一定距离，其值不应小于大管的直径且不应小于 100mm。

管道安装时若遇到多种管道交叉，应按照小管道让大管道，压力流管道让重力流管道，冷水管让热水管，生活用水管道让工业、消防用水管道，气管让水管，阀件少的管道让阀件多的管道，压力流管道让电缆等原则进行避让。镀锌钢管连接时，对破坏的镀锌层表面及管螺纹露出部分应做防腐处理。

给水管道不宜穿过伸缩缝、沉降缝和抗震缝，若必须穿过，应使管道不受拉伸与挤压。穿过伸缩缝、沉降缝和抗震缝的管道可用伸缩接头、可曲挠橡胶接头、金属波纹管等来补偿管道变形。管道穿过墙、梁、板时应加套管，并应在土建施工时预留管或孔洞。

(3) 常用管材及连接方式　室内给水管道常用管材及连接方式见表 2-15。

表 2-15　室内给水管道常用管材及连接方式

管材	用途	连接方式
镀锌钢管	生活给水管消防给水管	管径 DN100 及以下丝扣连接；管径 DN100 卡箍连接
非镀锌焊接钢管	生产或消防给水管道，套管	DN32 及以下丝扣连接；管径 DN32 以上焊接
给水铸铁管	生活给水管道、生产和消防给水管道	承插连接或法兰连接
UPVC 管	给水排水工程管道	承插粘接
铜管	生活热水管道	厚壁铜管可采用焊接、螺纹连接；薄壁铜管可采用卡压连接
PP-R 管及 PE 管	生产或生活给水管道，燃气管道	热熔对接，热熔承插，电熔连接
不锈钢管	食品医药管道，给水净水管道	厚壁不锈钢管可采用焊接、法兰连接；薄壁不锈钢管可采用卡压连接

(4) 安装程序及方法　室内给水管道的安装，一般按接引入管→水平干管→立管→横支管→支管的顺序施工。

1) 室内给水管道安装的基本技术要求。管道穿越建筑物基础、墙、楼板的孔洞和暗装时管道的墙槽，应配合土建预留。如孔洞尺寸设计未注明时，可按表 2-16 采用。

表 2-16　预留孔洞尺寸

项次	管道名称		留孔尺寸(长×宽)/(mm×mm)	墙槽尺寸(长×宽)/(mm×mm)
1	采暖或给水立管	管径≤25mm	100×100	130×130
		管径 32～50mm	150×150	150×150
		管径 70～100mm	200×200	200×200
2	一根排水立管	管径≤50mm	150×150	200×130
		管径 70～100mm	200×200	250×200
3	二根采暖或给水立管	管径≤32mm	150×150	200×130
4	一根给水立管和一根排水立管在一起	管径≤50mm	200×150	200×130
		管径 70～100mm	250×200	250×200
5	二根给水立管和一根排水立管在一起	管径≤50mm	200×150	250×130
		管径 70～100mm	350×200	380×200
6	给水支管或散热器支管	管径≤25mm	100×100	60×60
		管径 32～40mm	150×130	150×100
7	排水支管	管径≤80mm	250×200	
		管径 100mm	300×250	
8	采暖或排水主干管	管径≤80mm	300×250	—
		管径 100mm	350×300	

续表

项次	管道名称		留孔尺寸(长×宽)/(mm×mm)	墙槽尺寸(长×宽)/(mm×mm)
9	给水引入管	管径≤100mm	300×200	—
10	排水排出管穿基础	管径≤80mm	300×300	—
		管径 100～150mm	(管径+300)×(管径+20)	

注：1. 给水引入管，管顶上部净空一般不得小于 100mm。

2. 排水排出管，管顶上部净空一般不得小于 150mm。

3. 钢管穿楼板应做钢套管，套管直径比管径大 2 号，套管顶部高出地面 20mm，套管底部与楼板底面相平，套管与管道间应用石棉绳或沥青油封填。

4. 生活热水管、生活给水管、消防管应根据需要及设计要求进行保温处理，以防止热量损失及结露。

5. 镀锌钢管在套丝操作以后，被损坏的镀锌层表面，主要是螺纹连接的外露部分，为避免发生锈蚀，需及时涂上红丹防锈漆。

6. 室内给水管道，特别是暗装管道，是在管道与卫生设备连接前进行压力试验，即卫生设备上的各种水龙头、阀门以及填料连接短管都不参与压力试验，在压力试验前都应用丝堵堵好。

7. 室内给水管道的安装允许偏差应符合有关规定。

2）引入管的安装。挖管沟时，管沟深度根据城市给水管网埋深来确定，施工方法与室外管沟类似。

注意引入管穿过基础时的施工措施。基础施工时，应按设计要求预留孔洞，并按要求进行构造处理。管道装妥后，洞口空隙内应用黏土填实，外抹防水水泥砂浆，以防止室外雨水渗入。引入管穿过地下室或构筑物墙壁时，应采取防水措施。引入管底部应用三通管件连接，三通底部装泄水阀或管堵，以利管道系统试验及冲洗时排水。

管道铺设完毕后，在高出地面的接口处做盲板或管堵，进行试水打压，经打压合格后将打压水排空即可进行回填。

3）干管的安装。根据干管的位置，可将给水系统分为在地下室楼板下、地沟或沿一层地面下安装的下分式系统和明装于顶层楼板下或暗装于屋顶内、吊顶内或技术层内的上分式系统。

干管安装一般在支架安装完毕后进行。先定干管的标高、位置、坡度、管径等，正确按尺寸埋好支架，支架有钩钉、管卡、吊环、托架等，较小管径多用竹卡或钩钉，大管径用吊环或托架。支架、吊架间距见表 2-17。

表 2-17　钢管支架的最大距离

公称直径(*DN*)		15	20	25	32	40	50	65	80	100	125	150
支架的最大间距/m	保温管	1.5	2	2	2.5	3	3	4	4	4.5	5	6
	非保温管	2.5	3	3.5	4	4.5	5	6	6	6.5	7	8

管子和管件可先在地面组装，长度以方便吊装为宜。起吊后，轻轻滚落在支架上，并用事先准备好的 U 形卡将管子固定，以防滚落伤人。

预制好的管子要小心保护好螺纹，上管时不得碰撞，可用加装临时管件的方法加以保护。地下干管在上管前，应将各分支口堵好，防止泥砂进入管内。

干管安装后，要进行拨正调直，再用水平尺在每段上复核，防止局部管段出现“塌腰”或“拱起”的现象。

4）立管的安装。给水立管可分为明装或安装于管道竖井内或墙槽内的暗装。

给水立管应集中预制，并在立管预制及安装前，打通各楼层孔洞，自顶层向底层吊线坠，用“粉囊”在墙面上弹画出立管安装的垂直中心线，作为预制量尺及现场安装中的基准线。

根据立管卡的高度在垂直线上确定出立管卡的位置，并画好横线，再根据横线和垂线的交点打洞栽卡。立管卡子的安装原则如下。

① 当层高小于或等于5m时，每层须安装一个；当层高大于5m时，每层不得少于两个；

② 管卡应距地面1.5～1.8m，2个以上的管卡应均匀安装；

③ 成排管道或同一房间的管卡和阀门等的安装高度保持一致。

预制和组装好的立管，应在检查和调直后方可进行安装。立管在安装时还应注意以下几个方面。

① 给水立管与排水立管并行时，置于排水立管外侧；与热水立管（蒸汽立管）并行时，置于热水立管右侧；

② 立管穿过楼板时，应加装套管，并高出地面10～20mm，楼板内不应设立管接口；

③ 多层及高层建筑，每隔一层要在立管上安装一个活接头。

5）支管的安装：在墙面上弹出支管位置线，但是必须在所接的设备安装定位后才可以连接。

连接多个卫生器具的给水横支管是由数个管段连接而成的，根据标准图确定各管段的长度后，可用比量法进行下料、预制，连接成整体横支管后，应根据具体情况进行调直。

给水支管的安装一般先做到卫生器具的进水阀处，而与卫生器具的连接，应在卫生器具安装后方可进行。

支管应以不小于0.002的坡度坡向立管，以便修理时放水。

支管安装好后，应最后检查支架和管头，清除残丝及污物，并应随即用堵头或管帽将各管口堵好，以防污物进入并为充水试压做好准备。

2.2.1.3 室内排水管道安装

（1）室内排水系统的种类

根据所排污水的性质，室内排水系统可分为以下几种。

粪便污水排水系统：排出大、小便器及用途与此相似的卫生设备等污水的管道系统。

生活废水排水系统：排出盥洗、沐浴、洗涤等废水的管道系统。

生活污水排水系统：生活废水与粪便污水合流的排水管道系统。

工业废水排水系统：可分为排出在工业生产中受污染而改变性质且需要经过工艺处理后方可排放的生产污水排水管道系统，以及排出只受轻度污染、只需经过简单处理就可循环使用或复用的生产废水排水管道系统。

屋面雨水排水系统：排出降落在屋面的雨水、雪水的管道系统。

（2）室内排水管道系统的组成

以上几种排水系统可设单独的管道系统排除，即分流制；也可根据需要在同一排水管道系统中输送和排放两种或两种以上污水，即合流制。无论哪一种系统，其基本组成都大致相同，一般有以下几部分。

污（废）水收集器：用来收集污（废）水的器具，如室内的各种卫生器具、生产污（废）水的排水设备以及雨水斗等。

排水管道：由器具排水管、排水横支管、排水立管和排出管等组成。

通气管的作用是将管道内产生的有害气体排到大气中去，使排水管道系统内空气流通，压力稳定，避免因管内压力波动使有害气体进入室内，并防止水封受到破坏。

清通设备：是安装在管道上作为疏通排水管道的设置，有检查口、清扫口、检查井等。

抽升设备：用于某些建筑物内部地坪低于室外地坪的情况，如抽水泵等。

（3）室内排水管道的敷设

排水管道系统的布置和敷设要求如下。

1）器具排水管。只连接一个卫生器具的排水管。器具排水管上应设有水封装置，以防止排水管道中的有害气体进入室内，水封有S形、P形存水弯及水封盒等。

器具排水管与排水横支管连接时，宜采用45°三通或90°斜三通。

2）排水横支管。连接两个或两个以上器具排水支管的水平排水管。

排水横支管可沿墙敷设在天花（地）板上，也可用间距为1～1.5m的吊环悬吊在天花（地）板上，底层的横支管宜埋地敷设。

排水横支管不宜穿过沉降缝、伸缩缝、烟道和风道。

排水管道容易渗漏和产生凝结水，故悬吊横支管不得布置在不能遇水的设备的上方、卧室内和炉灶上方以及库房、通风室及配电室天棚上。

排水横支管不宜过长，以防因管道过长而造成虹吸作用对卫生器具水封的破坏。

排水横支管应以一定的坡度坡向立管，并要尽量少拐弯，尤其是连接大便器的横支管，宜直线地与立管连接，以减少阻塞及清扫口的数量。

排水横支管与立管连接处应采用45°三通或90°斜三通。

3）排水立管。连接排水横支管的垂直排水管的部分。

排水立管一般在墙角处明装，高级建筑的排水立管可暗装在管槽或管井中。

排水立管宜靠近杂质多、水量大的排水点。民用建筑一般靠近大便器，以减少管道堵塞的机会。

排水立管一般不允许转弯，当上下层位置错开时，宜用乙字弯或两个45°弯头连接。

排水立管穿过实心楼板时应预留孔洞，预留洞时注意使排水立管中心与墙面有一定的操作距离。排水立管中心与墙面距离及楼板留洞尺寸见表2-18。

表2-18 排水立管中心与墙面距离及留洞尺寸

管径/mm	50	75	100	125～150
管中心与墙面距离/mm	100	110	130	150
楼板留洞尺寸/(mm×mm)	100×100	200×200	200×200	300×300

立管的固定常采用管卡，管卡间距不得超过3m。但每层至少应设置一个，托在承口的下面。

4）排水干管和排出管。排水干管是连接两个或两个以上排水立管的总横管，排水干管一般埋地下与排出管连接，排出管即室内污水出户管。

为保持水流通畅，排水干管应尽量少拐弯。

排水干管与排出管在穿越建筑物承重墙或基础时，要预留洞，管顶上部的净空高度不得小于沉降量，且不小于0.15m。

排出管管顶距室外地面不应小于0.7m，生活污水和与生活污水水温相同的其他污水的排出管的管底可在冰冻线上0.15m。

排水横管、干管的排出管必须按规定的坡度敷设，以达到自清流速，其标准坡度和最小坡度见表2-19。

表2-19 排水管道标准坡度和最小坡度

管径/mm	生产废水	生产污水	生活污水	
	最小坡度	最小坡度	标准坡度	最小坡度
50	0.020	0.030	0.035	0.025
75	0.015	0.020	0.025	0.015

续表

管径/mm	生产废水	生产污水	生活污水	
	最小坡度	最小坡度	标准坡度	最小坡度
100	0.008	0.010	0.015	0.010
125	0.006	0.010	0.015	0.010
150	0.005	0.006	0.010	0.007
200	0.004	0.004	0.008	0.005
250	0.0035	0.0035	—	—
300	0.003	0.003	—	—

5）通气管。是排水立管上部不过水的部分，又称透气管。根据建筑物要求不同，通气管设置方式如下。

对于低层建筑的生活污水系统，在卫生器具不多、横支管不长的情况下，可将排水立管向上延伸出屋面的部分作为通气管。

对于卫生器具在 4 个以上，且距立管大于 12m 或同一根支管连接 6 个及 6 个以上大便器时，应设辅助通气管。辅助通气管是为平衡排水管内的空气压力而由排水横管上接出的管段。

如建筑物内设有卫生器具的层数在 10 层及 10 层以上时，可设专用通气管，它是专为平衡排水立管的空气压力而设置的，其中间部分每隔两层与排水立管连接。通气管在设置时有如下要求。

① 通气管高出屋面不得小于 0.3m，并大于最大积雪厚度。对经常有人活动的屋面，通气管则应高出屋面 2m，并应考虑设防雷装置。

② 通气管出口不宜设在檐口、阳台和雨篷等挑出部分的下面，出口应装网罩或风帽，以防杂物落入。

（4）常用管材及连接方式

室内排水管道常用管材及其连接方式见表 2-20。

表 2-20 室内排水管道常用管材及连接方式

系统类别	管材		连接方式
生活污水	1.	*DN*40 及以下镀锌钢管	螺纹连接
		*DN*50 及以上排水铸铁管	承插水泥接口或柔性胶圈接口
	2. 硬聚氯乙烯管 UPVC 管		承插粘接
雨 水	1. 给水铸铁管 2. 稀土排水铸铁管		
	3. 无缝钢管或焊接钢管		焊接
	4. 硬聚氯乙烯管 UPVC 管		承插粘接
工业废水	由工艺要求确定		

二维码1

管道安装施工

（5）安装程序及方法

室内排水管道的安装应按：底层埋地排水横管→底层器具排水支管→隐蔽排水管灌水试验及验收→排水立管→各楼层排水横管→器具排水支管的程序进行。

高层建筑排水管道安装。在一般层数不太多的建筑排水系统中，多设伸顶通气管，以排除污浊气体，并向管里补气。但随着建筑物层数的增加，单靠这些通气管，不足以克服由于立管中出现的气压变化而带来的诸如水封被破坏等弊病。因此，目前的高层建筑中，通常采用在原有排水系统中增加辅助通气系统的方法。辅助通气系统通常包括专用通气立管、主要立管、副通气立管、环形通气立管、器具通气管、共轭通气管以及它们之间相互结合等多种形式。辅助通气系统的通气效果虽然较好，但构造复杂，施工麻烦，而且使用管材较多，造价较高。近年来，随着建筑技术的发展进步，出现了很多管道接头配件，简化了排水系统，苏维托部件就是其中的代表。苏维托部件由各楼层的气水混合器和最底层的气水分离器两个部分组成，如图 2-9～图 2-11 所示。

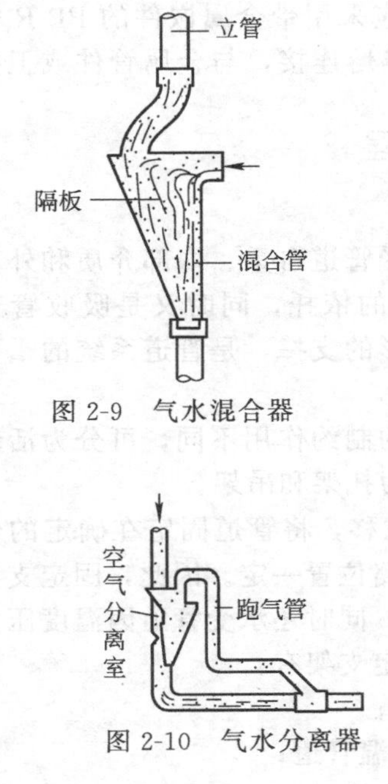

图 2-9　气水混合器

图 2-10　气水分离器

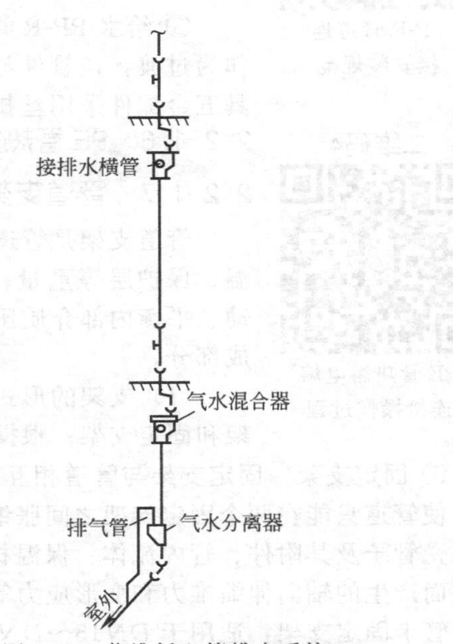

图 2-11　苏维托立管排水系统

此外，高层建筑排水管道安装时，还应注意以下几个方面的技术要求。

在排水立管的选材上，应采用加厚排水铸铁管或塑料管，以提高管道强度。

在 7 级以上地震区，承插连接应采用橡胶圈接口或油麻青铅接口。

立管最底部须设 C15 混凝土支墩以支持其重量，同时整个立管段上均按设计装置管卡。

对设有专用通气管的系统，共轭管上端与主通气管连接处应高于卫生器具上缘 0.15m 以上，共轭管下端则应接于污水管以下。

二维码2

不锈钢管卡压连接步骤与方法

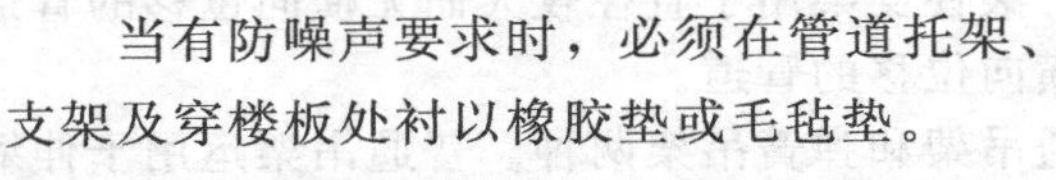

当有防噪声要求时，必须在管道托架、支架及穿楼板处衬以橡胶垫或毛毡垫。

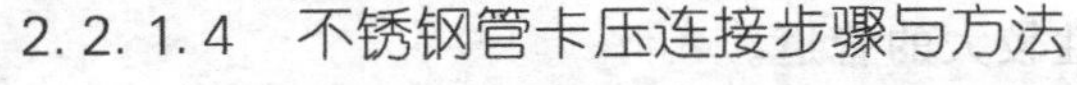

2.2.1.4　不锈钢管卡压连接步骤与方法

图 2-12　卡压式连接

卡压式管件以其安装可靠、快捷、适合嵌入墙体安装等优点被广大用户接受。卡压式的定义：以带有特种密封圈封口管件连接管口，用专用工具压紧管口而起密封和紧固作用的一种连接方式称作卡压式连接，是利用金属材料自身的有效刚性，用卡具进行压接（或称封口）的管材连接方式（图 2-12）。按卡压式外观形式分为有“单 R 式”和“双 R 式”；按密封圈摆放形式分有“外露式”和“内嵌式”；按承接插口形式分有“延伸式”和“非延伸式”。

2.2.1.5 PP-R 管道连接安装规范

二维码3

PP-R 管道连接安装规范

① 给水 PP-R 管道连接方式有热熔和电熔连接两种，采用何种方式连接由设计人员决定。

② 同种材质的给水 PP-R 管及配件之间，应优先采用热熔连接，热熔连接方式包括承插热熔和端面热熔两种，安装应使用专用热熔工具，暗敷墙体、地坪面层内的管道不得采用丝扣或法兰连接。

③ 给水 PP-R 管与金属管件连接，应采用带金属嵌件的 PP-R 管件作为过渡，该管件与给水 PP-R 管采用热熔连接，与金属管件或卫生洁具五金配件采用丝扣连接。

2.2.1.6 PE 管热熔电熔连接操作过程

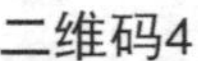

PE 管热熔电熔连接操作过程

2.2.1.7 管道支架的制作安装

管道支架是管道的支承结构，它承受管道自重、内部介质和外部保温、保护层等重量，使其保持正确位置的依托，同时又是吸收管道振动、平衡内部介质压力和约束管道热变形的支撑，是管道系统的重要组成部分。

(1) 支架的形式　根据支架对管道的制约作用不同，可分为活动支架和固定支架；根据其结构形式，可分为托架和吊架。

① 固定支架：固定支架与管道相互之间不能产生相对位移，将管道固定在确定的位置上，使管道只能在两个固定支架之间胀缩，以保证各分支管路位置一定。因此，固定支架不仅承受管子及其附件、管内流体、保温材料等的重量静荷载，同时还承受管道因温度压力的影响而产生的轴向伸缩推力和变形应力等动荷载。常用的固定支架有：

管卡固定支架，适用于 $DN15$～$DN150$ 室内不保温管道；

焊接角钢固定支架，适用于 $DN25$～$DN400$ 的室外不保温管道；

曲面槽钢固定支架，适用于室外 $DN150$～$DN700$ 的保温管道。

② 活动支架：活动支架是允许管道有位移的支架，包括滑动支架、导向支架、滚动支架、吊架以及用于给水管道上的管卡等。

滑动支架是能使管子与支架结构间自由滑动的支架，可分为适用于室内外保温管道上的高位滑动支架和适用于不保温管道上的低位滑动支架。

导向支架是为了使管子在支架上滑动时不致偏移管子轴线而设置的，它一般设置在补偿器、铸铁阀门两侧或其他只允许管道做轴向移动的地方。

滚动支架分为滚柱支架和滚珠支架两种，是以滚动摩擦代替滑动摩擦以减少管道热伸缩时的摩擦力的支架。滚柱支架用于直径较大而无横向位移的管道；滚珠支架用于介质温度较高、管径较大而无横向位移的管道。

管道吊架分普通吊架和弹簧吊架两种。普通吊架运用于伸缩性较小的管道；弹簧吊架运用于伸缩性和振动性较大的管道。

(2) 支架的制作和安装　目前支架的标准化、商品化生产已逐步推广。但在实际施工中，现场制作支架的情况也很普遍。

支架安装前，应对所要安装的支架进行外观检查。外形尺寸应符合设计要求，不得有漏焊，管道与托架焊接时，不得有咬口烧穿等现象。

在安装前应按图纸给定的设计标高及管道的坡度进行测量，在一系列支架中选择首末两点放线，按照支架的间距，在墙上或柱上画出每个支架的位置。支架的间距若设计无要求，可按表 2-21 确定。伸缩器两侧应安装 1～2 个导向支架，以限制管道不偏移中心线。

表 2-21 钢管水平管道支架最大间距

基本直径/mm		15	20	25	32	40	50	65	80	100	125	150	200	250	300
支架最大间距/m	保温管	1.5	2	2	2.5	3	3	4	4	4.5	5	6	7	8	8.5
	不保温管	2.5	3	3.5	4	4.5	5	6	6	6.5	7	8	9.5	11	12

2.2.1.8 补偿器的制作安装

二维码5

支架的制作和安装要求

由于输送介质温度的高低或周围环境的影响，管道在安装与工作时温度相差很大，必将引起管道长度和直径相应的变化。如果管道的伸缩受到约束，就会在管壁上产生由温度引起的热应力，这种热应力有时会使管道或支架受到破坏。因此必须在管路上安装一定的装置来使管子有伸缩的余地，这就是为管子热胀或冷缩用的补偿器。

(1) 自然补偿器的安装

管道系统设置补偿器时，首先应考虑利用管道本身结构上弯曲部分的补偿作用，称为自然补偿，然后再考虑使用专门的补偿器。常见的自然补偿有 L 形与 Z 形，是用有一定长度的弯管或两个邻近的弯管形成的来回弯。自然补偿器的安装主要是确定起补偿作用的各种弯管的臂长，即确定固定支架的位置，以控制管子变形时所产生的热应力不超过允许应力。L 形补偿器长臂的长度一般控制在 20～25m 范围内，且避免长臂与短臂的长度相等。因为它们的长度越接近，其补偿能力越差，弯头处的应力也越大。Z 形补偿器的垂直臂长通常根据现场实际确定，很少根据管道自然补偿的需要设计。当垂直臂长确定时，两个平行臂长的总长一般控制在 45m 以内。

(2) 人工补偿器的安装

常用的人工补偿器有方形补偿器、套筒式补偿器和波形补偿器等。

1) 方形补偿器的制作安装。

方形补偿器是由几个弯管组成的弯管组，俗称方形胀力，它依靠弯管的变形来补偿管道的热伸缩。它的特点是结构和安装简单，工作的可靠性强，不需要维修，可以在现场制作。但占地面积大、材料消耗多、介质的流动阻力也大，管道采用地沟敷设时，需将地沟局部加宽；管道空架敷设时，需设置专门的管架。

方形补偿器的类型和尺寸由设计确定，制作时最好选用质量好的无缝钢管，整个补偿器最好用一根管子煨制而成（图 2-13）。如补偿器的尺寸较大，一根管子长度不够时，也可以用两根或三根管子焊接而成。但焊口不得留在顶部宽边即平行臂上，只能在垂直臂中点设置焊缝，因方形补偿器在变形时，这里所受的弯矩最小。焊接时，当基本直径小于 200mm 时，焊缝与垂直臂轴线垂直；当基本直径大于 200mm 时，焊缝与垂直臂轴线成 45°角。基本直径不大于 150mm 的方形补偿器用冷弯法弯制；基本直径大于 150mm 的用热弯法弯制。

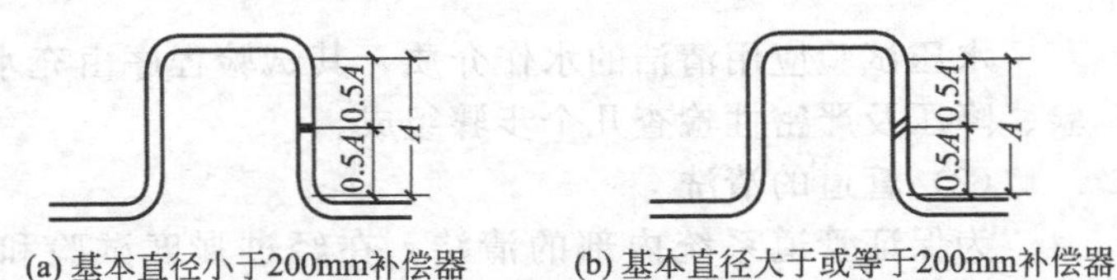

图 2-13 方形补偿器的焊缝位置

补偿器两垂直臂的长度必须相等，允许偏差为±10mm，平行臂长度允许偏差为±20mm，四个角都必须是 90°，并要处于一个平面内，其扭曲误差应不大于 3mm/m，且总偏差不得大于 10mm。

固定支架间距的确定：在直管段中设置补偿器的最大间距即固定支架的间距应按设计规定。若设计无规定，可按表 2-22 执行。

表 2-22　补偿器最大间距

基本直径/mm		25	30	40	50	65	80	100	125	150	200	250	300	350	400
最大间距/m	架空与地沟敷设	30	35	45	50	55	60	65	70	80	90	100	115	130	145
	无沟敷设	—	—	45	50	55	60	65	70	70	90	90	110	110	110

注：补偿器的安装，应在固定支架固定牢靠，阀件和法兰上螺栓全部拧紧，滑动支架全部装好后进行。

2）套筒式补偿器的安装。

套筒式补偿器也称填料函式补偿器，它是以插管和套筒的相对运动来补偿管道的热伸缩，插管和套管之间以压紧的填料函实现密封。套筒式补偿器分单向式、双向式两种；按制造材料的不同，又分为铸铁和铸钢两种。套筒式补偿器的优点是结构尺寸小，占据空间小，安装简便，补偿能力大（一般可达 250～400mm），热媒流动阻力小等。但只能用于不发生横向位移的直线管段上，且易泄漏，需经常维修。如管段发生横向位移，填料圈卡住，会造成芯管不能自由伸缩。

二维码6

补偿器安装注意点

3）波形补偿器的安装。

波形补偿器是一种以金属薄板压制并拼焊起来的伸缩装置，其内套筒与波壁的厚度为3～4mm，若厚度增加则其补偿能力降低。波形补偿器的波数一般为 1～4 个，因为波数过多，故波节边缘比中间部分的变形大，且中间部分将沿轴线向外弯曲，会破坏每个波带的对称变形，产生径向弯曲，甚至会使其损坏。波形补偿器的特点是结构紧凑，不需经常检修。但其补偿能力小，工作压力低，制作较为复杂。因此，这种补偿器只运用于大直径、低压力的煤气、空气等介质的管道上。

2.2.1.9　管道的试压与清洗

（1）管道的试压

水暖管道安装完毕投入使用前，应按设计规定或规范要求对系统进行压力试验，简称试压。压力试验按其试验目的，可分为检查管道及其附件机械性能的强度试验和检查其连接状况的严密性试验，以检验系统所用管材和附件的承压能力以及系统连接部位的严密性。对于非压力管道（如排水管）则只进行灌水试验、渗水量试验或通水试验等严密性试验。

水暖工程管道的压力试验，一般采用水压试验。如因设计、结构或气候因素而影响水压试验确有困难时，或工艺要求必须采用气压试验时，必须采取有效的安全措施、并报请主管部门批准后方可进行。

二维码7

管道试压与冲洗

水压试验应用清洁的水作介质，其试验程序由充水、升压、强度试验、降压及严密性检查几个步骤组成。

（2）管道的清洗

为保证管道系统内部的清洁，在经过强度试验和严密性试验合格后，投入运行前，应对系统进行吹扫和清洗，合称吹洗，以清除管道内的铁屑、铁锈、焊渣、尘土及其他污物。管道系统的吹洗常使用水、压缩空气或蒸汽等介质。

2.2.2 阀门、仪表的安装

2.2.2.1 阀门安装

阀门是用来启闭管道，使被输送的介质行止或改变流向，调节被输送介质的流向、压力或间接调节温度，以达到控制介质流动，满足使用要求的重要管道部件。水暖工程中常用的阀门有闸阀、截止阀、旋塞、止回阀、减压阀、疏水阀、安全阀、节流阀、电磁阀等。其中减压阀、疏水阀多为成组附件，当与各类管件组对成组后，分别作为减压器、疏水器。

2.2.2.2 减压阀的安装

减压阀是靠阀孔的启闭对通过介质进行节流达到减压的。它应能使阀后压力维持在要求的范围内，工作时无振动，完全关闭后不漏气，是水暖工程中常用的减压设备。减压阀的安装形式如图 2-14 所示。

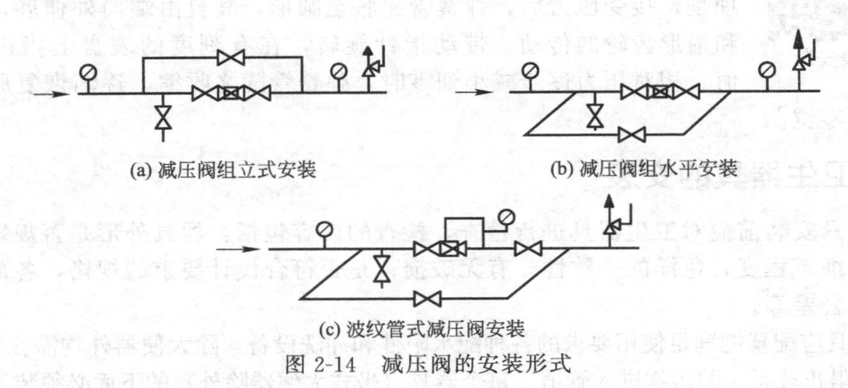

图 2-14　减压阀的安装形式

2.2.2.3 疏水器的安装

在以蒸汽为介质的供暖系统中，设置疏水器可以自动而迅速有效地排除用汽设备和管道中的凝结水，阻止蒸汽漏失和排除空气等非凝性气体，对保证系统正常工作，防止凝结水对设备的腐蚀，汽水混合物在系统中的水击、振动、结冻胀裂管道，都有着重要的作用。

疏水器与减压器相类似，它是由疏水阀和阀前后的控制阀、旁通装置、冲洗和检查装置等组成的阀组的合称。常用的疏水阀有机械型、热动力型、恒温型等几种，它们分别组成的疏水器的安装方式有带旁通管和不带旁通管两类，图 2-15 所示的是几种不同的安装形式。

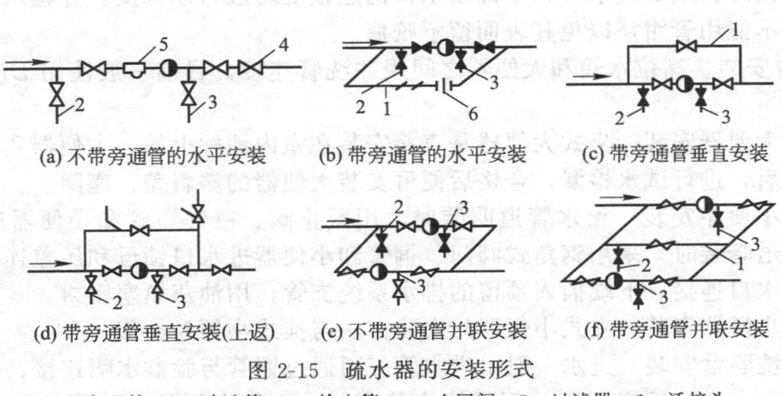

图 2-15　疏水器的安装形式

1—旁通管；2—冲洗管；3—检查管；4—止回阀；5—过滤器；6—活接头

2.2.2.4 仪表安装

(1) 水表安装

水表是一种计量建筑物或设备用水量的仪表，室内给水系统中广泛使用流速式水表。流速式水表是根据管径一定时，通过水表的水流速度与流量成正比的原理来测量的。流速式水表按叶轮构造不同，分旋翼式（又称叶轮式）和螺翼式两种。旋翼式的叶轮转轴与水流方向垂直，阻力较大，启动流量和计量范围较小，多为小口径水表，用以测量较小流量。螺翼式水表叶轮转轴与水流方向平行，阻力较小，启动流量和计量范围比旋翼式水表大，适用流量较大的给水系统。

二维码8

阀门仪表安装

(2) 压力表安装

水暖工程中最常用的压力表是弹簧管压力表。这种压力表主要由表壳、表盘、弹簧管、连杆、扇形齿轮、指针、轴心架等组成。其工作原理是，接受压力后，弹簧管膨胀至圆形，其自由端向外伸展，通过连杆和扇形齿轮的传动，带动指针旋转，在有刻度的表盘上指出受压的数值。相对压力逐步减小到零时，弹簧管随之收缩，逐渐恢复原形，指针也被带回到零位。

2.2.3 卫生器具的安装

卫生器具安装前应对卫生器具进行检查，检查的内容包括：器具外形是否规矩平整，瓷质的粗糙与细腻程度，色泽的一致性，有无破损；是否符合设计要求的规格，各部位尺寸是否超过允许公差等。

卫生器具应配置能满足使用要求的各种配水附件和冲洗设备，除大便器外均需在其排水口设排水栓，以阻止较粗大的污物进入管道。每个器具（坐式大便器除外）的下面必须装设存水弯。

二维码9

卫生器具的安装

卫生器具的安装，应该在土建装修工程基本完工，室内排水管道敷设完毕后进行，以免因交叉施工碰坏卫生器具。

(1) 蹲式大便器安装

① 大便器安装。高水箱蹲式大便器安装在砖砌坑台中，安装时装存水弯。铸铁存水弯采用S形或P形。铸铁S形存水弯装在底层埋于地坪内，P形存水弯装在楼层。大便器的安装应在排水管横管和支管上面的存水弯装好之后进行。

② 高位水箱安装。高位水箱安装前，应先将水箱的冲洗洁具在水箱内接好，连接时，上部进水口和下部出水口的连接处均应衬以橡皮，并盛水试漏。安装时应用活扳子，不能用管钳，以免其表面留下咬痕。

③ 冲洗管安装。高位水箱和大便器之间用冲洗管连接，目前一般使用 $DN32$ 的硬聚氯乙烯塑料管。

(2) 坐式大便器安装　坐式大便器是直接安装在室内地坪上的，大便器和低位水箱及冲洗管安装完毕后，进行试水检漏，合格后便可安装大便器的塑料盖、座圈。

(3) 挂式小便斗安装　给水管道明装时，用截止阀、镀锌短管和小便器进水口压盖连接；当给水管道暗装时，采用钢角式阀门、铜管和小便器进水口锁母和压盖连接。存水弯上端与小便斗排水口连接，下端插入预留的排水系统支管，用油灰填塞密封。

(4) 立式小便器安装　立式小便器的安装方法与挂式小便斗类似。

(5) 方形洗脸盆安装　进水一般由进水管三通通过铜管与脸盆水嘴连接；排水用的下水口通过短管接存水弯，短管与脸盆间用橡皮垫密封，它们之间的空隙用锁母锁紧，使之密封；存水弯插入已做好管道的预留口，其间隙用油灰填入密封。

(6) 立式洗脸盆安装 用P形或瓶形存水弯，置于空心立柱内，通过侧孔和排水短管暗装。控制排水栓启闭的控制杆也通过侧孔与脸盆上的控制件连接。给水管的连接与方形洗脸盆类似。

(7) 浴盆安装 浴盆按质地可分为铸铁搪瓷、陶瓷、玻璃钢、聚丙烯塑料等多种产品；按外形尺寸又有大号、小号之分，规格不尽相同；按安装形式又可分为铸铁盆脚支撑和砖砌体（外贴瓷砖或马赛克）支撑；按使用情况又分不带淋浴器、带固定淋浴器和带活动淋浴器等几种形式。

浴盆一般置于墙角处，定位找平后即可连接给、排水管道。所用配件多为配套产品。浴盆排水包括盆侧上方的溢水管和盆底部的排水管。连接时，溢水口处及三通结合处均应加橡胶垫圈，用锁母紧固。排水管端部缠石棉绳抹油灰后插入排水短管。

给水管可明设或暗设。暗设时在配水件上先加套压盖，以丝接与墙上管箍连接，用油灰把压盖紧贴在墙面上。浴盆淋浴喷头和混合器连接为锁母连接，应垫以石棉绳。固定喷头立管须设一立管卡固定；活动喷头用的喷头架紧固在预埋件上。

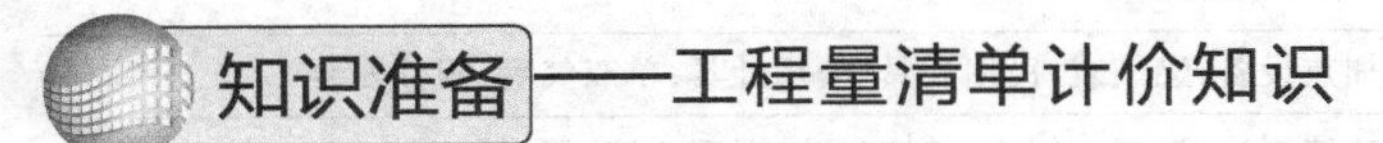

2.3 给排水安装工程工程量清单计价

2.3.1 给排水、采暖、燃气工程计价定额概述

2.3.1.1 本册计价定额适用范围

《通用安装工程工程量计算规范》(GB 50856—2013)（以下简称“计算规范”）附录K内容为给排水、采暖、燃气工程，《江苏省安装工程计价定额》(2014版)（以下简称“计价定额”）中的《第十册 给排水、采暖、燃气工程》，其主要内容适用于包括新建、扩建项目中的生活用给水、排水、燃气、采暖热源管道及附件配件安装，小型容器制作安装工程。

2.3.1.2 本册计价定额主要依据的标准规范

(1)《室外给水设计规范》(GB 50013—2006)。
(2)《建筑给水排水设计规范》(GB 50015—2003)。
(3)《建筑给水排水及采暖工程施工质量验收规范》(GB 50242—2002)。
(4)《城镇燃气设计规范》(GB 50028—2006)。
(5)《城镇燃气输配工程施工及验收规范》(CJJ 33—2005)。
(6)《建设工程工程量清单计价规范》(GB 50500—2013)。
(7)《通用安装工程工程量计算规范》(GB 50856—2013)。
(8)《全国统一施工机械台班费用编制规则》。
(9)《全国统一安装工程基础定额》(GJD 201～GJD 209—2006)。
(10)《建设工程劳动定额-安装工程》(LD/T 74.1—4—2008)。

2.3.1.3 本册计价定额的主要内容

《江苏省安装工程计价定额》(2014版)中的《第十册 给排水、采暖、燃气工程》作为给排水、采暖、燃气工程分部分项工程量综合单价组价依据之一，主要内容见表2-23。

表 2-23 《第十册 给排水、采暖、燃气工程》中的分部分项工程名称

序号	分部工程	分项工程名称
1	管道安装	室内外给排水、采暖管道；室内外燃气管道；管道消毒、冲洗；管道压力试验
2	支架及其他	管道、设备支架；套管；排水管阻火圈；弹簧减震器
3	管道附件	阀门安装；减压器、疏水器组成安装；伸缩器制作安装；法兰安装；水表组成安装；浮标液面计、水塔及水池浮漂水位尺制作安装
4	卫生器具	各种卫生器具的安装；淋浴器组成安装；冲洗水箱制安；水龙头安装；排水栓安装；地漏安装；地面扫除口安装；毛发集散器安装；浴盆、洗脸盆、蹲便器预留；容积式热交换安装；蒸汽、冷热水混合器安装；隔油器安装
5	供暖器具	铸铁散热器组成安装；光排管散热器制安；钢制散热器的安装；暖风机安装；热空气幕安装
6	采暖、给排水设备	太阳能热水器安装；开水炉安装；电热水器安装；消毒器、消毒锅、饮水器安装；矩形圆形水箱制安
7	燃气器具及其他	燃气加热设备；燃气表；民用灶具；公用灶具；单双气嘴；附件安装
8	其他零星工程	配管砖墙刨沟、混凝土刨沟；砖墙打孔；混凝土墙、楼板打孔

2.3.1.4 本册计价定额与其他各册计价定额的关系

本册计价定额只适用于生活用给水、排水、燃气、采暖热源管道及附件配件安装、小型容器制作安装。未列入的项目，可使用其他有关计价定额项目，具体如下。

① 工业管道、生产与生活共用管道、锅炉房和泵类配管以及高层建筑内加压泵间的管道套用计价定额《第八册 工业管道工程》有关项目。

② 刷油、防腐、绝热工程使用计价定额《第十一册 刷油、防腐蚀、绝热工程》有关项目。

③ 埋地管道的土石方及砌筑工程执行地区建筑工程定额，如水表井、检查井、阀门井、化粪池、水泥管等，均执行建筑工程计价定额。

④ 各类泵、风机等传动设备安装执行计价定额《第一册 机械设备安装工程》的有关章节。

⑤ 锅炉安装执行计价定额《第二册 热力设备安装工程》有关项目。

⑥ 压力表、温度计等执行计价定额《第六册 自动化控制仪表安装工程》有关章节。

⑦ 集气罐、分气筒制作安装可执行计价定额《第八册 工业管道工程》的相应项目。

⑧ 铜管、不锈钢管焊接套用计价定额《第八册 工业管道工程》的相应项目。

2.3.1.5 计价定额中用系数计算的费用

《江苏省安装工程计价定额》（2014 版）中的《第十册 给排水、采暖、燃气工程》采用“系数法”将一些不便单列定额子目进行计算的工程费用，通过规定调整系数的计算方法来进行计算。这些费用包括超高增高费、高层建筑增加费、脚手架搭拆费等。这些费用的计算方法不完全相同，同时由于工程量清单计价包括分部分项工程量清单计价、措施项目清单计价、其他项目清单计价等，因此各种用系数计算的费用根据其性质分别属于不同的计价类别。

（1）超高增加费

在编制《江苏省安装工程计价定额》（2014 版）时，施工操作对象的高度有具体的规定，当操作物高度超过规定的值时，应计取超高费。

操作物高度规定：有楼层的按楼地面至操作物的距离，无楼层的按操作地点至操作物的距离。

本册计价定额中工作物操作高度以 3.6m 为界线，如超过 3.6m 时其超高部分（指由 3.6m 至操作物高度）的定额人工费应乘以超高系数计取超高费。超高系数值见表 2-24。

表 2-24　（第十册）超高系数

标高(±)/m	3.6～8	3.6～12	3.6～16	3.6～20
超高系数	1.10	1.15	1.20	1.25

超高增加费＝超高部分定额人工费×超高系数

超高增加费可计入相应的分部分项工程综合单价中，而且属于综合单价中的人工费的增加费用。

(2) 高层建筑增加费

高层建筑是指层数在 6 层以上或高度在 20m 以上（不含 6 层、20m）的工业与民用建筑。高层建筑增加费是指高层建筑施工应增加的费用。

高层建筑的高度或层数以室外设计±0.00 至檐口（不包括屋顶水箱间、电梯间等）高度计算，不包括地下室的高度和层数，半地下室也不计算层数。其计算公式为：

高层建筑增加费＝人工费×高层建筑增加费率

注意：这里的人工费是包括 6 层或 20m 以下的全部人工费（应扣除地下室、半地下室工作量的人工费），并且包括各章、节中所规定的应按系数调整的子目中人工调整部分的费用。

《第十册 给排水、采暖、燃气工程》高层建筑增加费费率按表 2-25 计取。

表 2-25　（第十册）高层建筑增加费费率表

层数	9 层以下(30m)	12 层以下(40m)	15 层以下(50m)	18 层以下(60m)	21 层以下(70m)	24 层以下(80m)	27 层以下(90m)	30 层以下(100m)	33 层以下(110m)
按人工费的/%	12	17	22	27	31	35	40	44	48
其中人工工资占/%	17	18	18	22	26	29	33	36	40
机械费占/%	83	82	82	78	74	71	68	64	60
层数	36 层以下(120m)	40 层以下(130m)	42 层以下(140m)	45 层以下(150m)	48 层以下(160m)	51 层以下(170m)	54 层以下(180m)	57 层以下(190m)	60 层以下(200m)
按人工费的/%	53	58	61	65	68	70	72	73	75
其中人工工资占/%	42	43	46	48	50	52	56	59	61
机械费占/%	58	57	54	52	50	48	44	41	39

高层建筑增加费应计入相应的分部分项工程综合单价中，而且属于综合单价中的人工费和机械费的相应费用增加。

(3) 设置于管道间、管廊内的管道、阀门、法兰、支架安装，人工乘以系数 1.3

这是指一些高级建筑、宾馆、饭店等安装的暖气、给排水管道，阀门、法兰、支架等进入管道间的工程部分。这部分费用属于分部分项工程综合单价的增加。

(4) 脚手架搭拆费

《第十册 给排水、采暖、燃气工程》脚手架搭拆费按人工费的5%计取，其中人工工资占25%，材料占75%。

各册定额在测算脚手架搭拆系数时均已考虑各专业工种交叉作业、互相利用脚手架的因素。因此，无论工程实际是否搭拆或搭拆数量多少，均按定额规定系数计算脚手架搭拆费，由企业包干使用。

脚手架搭拆费不属于工程实体内容，应属于措施项目费用，可计入措施项目清单，属竞争费用。

(5) 采暖工程系统调整费

采暖工程系统调整内容应包括在室外温度和热源进口温度按设计规定条件下，将室内温度调整到设计要求的温度的全部工作。

采暖工程系统调整费按采暖工程（不包括锅炉房管道及外部供热管网工程）人工费的15%计算，其中人工工资占20%。

空调水工程系统调试，按空调水系统（扣除空调冷凝水系统）人工费的13%计算，其中人工工资占25%，计算空调水工程系统调试费时，需扣除空调水工程系统中的空调冷凝水的工程量。

采暖、空调水工程系统调整不构成工程实体，也不属于措施项目，但在工程实施过程中，按施工验收规范或操作规程的要求，是必须进行的。因此，在工程量清单计价中，采暖、空调水工程系统调试费应单独编制清单项目综合单价。采暖、空调水工程系统调整清单设置可参见《通用安装工程工程量计算规范》(GB 50586—2013) 附录K.9，见表2-26。

表2-26 采暖、空调水工程系统调试（编码：031009）

项目编码	项目名称	项目特征	计量单位	工程量计算规则	工程内容
031009001	采暖工程系统调试	1. 系统形成 2. 采暖(空调水)管道工程量	系统	按采暖工程系统计算	系统调整
031009002	空调水工程系统调试			按空调水工程系统计算	

注：1. 由采暖管道、阀门及供暖器具组成采暖工程系统。
2. 由空调水管道、阀门及冷水机组组成空调水工程系统。
3. 当采暖工程系统、空调水工程系统中管道工程量发生变化时，系统调试费用应做相应调整。

(6) 安装与生产同时进行增加的费用

该费用计取的条件是安装与生产同时进行，指改扩建工程或在生产地点施工时，因生产操作或生产条件限制，干扰了安装工程的正常进行而增加的降效费用。该费用不包括为保证安全生产和施工所采取的措施费用。

安装与生产同时进行增加费用的计算方法为按单位工程全部人工费的10%计取，其中人工工资占100%。安装与生产同时进行增加费应计入相应的分部分项工程综合单价中，而且属于综合单价中的人工费增加。

(7) 在有害身体健康的环境中施工增加的费用

在有害身体健康的环境中施工增加的费用是指在《中华人民共和国民法通则》有关规定允许的前提下，由于车间、装置范围内有害气体或高分贝的噪音超过国家标准以致影响身体健康而增加的费用。

在有害身体健康的环境中施工增加的费用计算方法为按单位工程全部人工费的10%计取，其中人工工资占100%。安装与生产同时进行增加费应计入相应的分部分项工程综合单价中，而且属于综合单价中的人工费增加。

此外，在使用本册计价定额时，安装（施工）的设计规格与定额子目规格不符时，套用接近规格的定额；规格居中时按大者套；超过本计价定额最大规格可做补充定额。

2.3.2 给排水、采暖、燃气工程计价定额套用的有关说明及工程量计算规则

2.3.2.1 给排水、采暖、燃气管道安装

（1）定额工作内容（详见计价定额有关规定）

（2）定额套用的有关说明

1）适用范围。适用于室内外生活用给水、排水、雨水、采暖热源管道、低压燃气管道、室外直埋式预制保温管道的安装。

2）界线划分

① 给水管道：室内外界线以建筑物外墙皮1.5m为界，入口处设阀门者以阀门为界；与市政管道界线以水表井为界，无水表井者，以市政管道碰头点为界。

② 排水管道：室内外以出户第一个排水检查井为界。室外管道与市政管道界线以与市政管道碰头点为界。

③ 采暖热源管道：室内外以入口阀门或建筑物外墙皮1.5m为界；与工业管道界线以锅炉房或泵站外墙皮1.5m为界；工厂车间内采暖管道以采暖系统与工业管道碰头点为界；设在高层建筑内的加压泵间管道与本章项目的界线，以泵间外墙皮为界。

④ 燃气管道：室内外管道分界，地下引入室内的管道以室内第一个阀门为界，地上引入室内的管道以墙外三通为界；室外管道与市政管道分界，以两者的碰头点为界。

3）定额包括以下工作内容

① 场内搬运，检查清扫。

② 管道及接头零件安装。

③ 水压试验或灌水试验；燃气管道的气压试验。

④ 室内 *DN*32 以内钢管包括管卡及托钩制作安装。

⑤ 钢管包括弯管制作与安装（伸缩器除外），无论是现场煨制或成品弯管均不得换算。

⑥ 铸铁排水管、雨水管及塑料排水管均包括管卡及托吊支架、臭气帽、雨水漏斗制作与安装。

4）定额不包括以下工作内容

① 室内外管道沟土方及管道基础。

② 管道安装中不包括法兰、阀门及伸缩器的制作安装，按相应项目另行计算。

③ 室内外给水、雨水铸铁管包括接头零件所需的人工，但接头零件的价格应另行计算。

④ *DN*32 以上的管道支架按《第十册　给排水、采暖、燃气工程》第二章定额另行计算。

⑤ 燃气管道的室外管道所有带气碰头。

5）燃气管道

① 承插煤气铸铁管（柔性机械接口）安装，定额内未包括接头零件，可按设计数量另行计算，但人工、机械不变。

② 承插煤气铸铁管以N1型和X型接口形式编制的。如果采用N型和SMJ型接口时，其人工乘以系数1.05，当安装X型、ϕ400mm铸铁管接口时，每个口增加螺栓2.06套，人工乘以系数1.08。

③ 燃气输送压力（表压）分级详见表2-27。燃气输送压力大于0.2MPa时，承插煤气铸铁管安装定额中人工乘以系数1.3。

表 2-27 燃气输送压力（表压）分级

名称	低压燃气管道	中压燃气管道		高压燃气管道	
		B	A	B	A
压力/MPa	$P \leqslant 0.005$	$0.005 < P \leqslant 0.2$	$0.2 < P \leqslant 0.4$	$0.4 < P \leqslant 0.8$	$0.8 < P \leqslant 1.6$

6）直埋式预制保温管道及管件

① 直埋式预制保温管安装由管道安装、外套管碳钢哈夫连接、管件安装三部分组成。

② 预制保温管的外套管管径按芯管管径乘以 2 进行测算，定额套用时，只按芯管管径大小套用相应的定额，外套管的实际管径无论大小均不做调整。

③ 定额编制时，芯管为氩电联焊，外套管为电弧焊，实际施工时，焊接方式不同，定额不做调整。

④ 本计价定额的工作内容中不含路面开挖、沟槽开挖、垫层施工、沟槽土方回填、路面修复等工作内容，发生时，套用《江苏省建筑与装饰工程计价定额》或《江苏省市政工程计价定额》。

⑤ 管道安装定额的工作内容中不含芯管的水压试验，芯管连接部位的焊缝探伤、防腐及保温材料的填充，发生时，套用《江苏省安装工程计价定额》（2014 版）中的《第八册 工业管道工程》及《第十一册 刷油、防腐蚀、绝热工程》的相应定额。

⑥ 外套管碳钢哈夫连接定额的工作内容中不含焊缝探伤、焊缝防腐，发生时，套用《江苏省安装工程计价定额》（2014 版）中的《第八册 工业管道工程》及《第十一册 刷油、防腐蚀、绝热工程》的相应定额。

⑦ 管件安装中若涉及焊缝探伤、保温材料的填充、焊缝防腐等工作内容，另套《江苏省安装工程计价定额》（2014 版）中的《第八册 工业管道工程》及《第十一册 刷油、防腐蚀、绝热工程》的相应定额。

7）本章计价定额的其他说明

① 与本章管道安装工程相配套的室内外管道沟的挖土、回填、夯实、管道基础等，执行《江苏省建筑与装饰工程计价定额》相应子目。

② 室外、室内塑料给水管（粘接连接、热熔连接）定额已含零件施工费用，但不含接头零件材料费用，接头零件材料费用的确定方式（数量及单价）需在招标文件或合同中明确。

③ PP-R 管内衬铜材和不锈钢材质复合管的连接，因与普通 PP-R 管采用相同的热熔连接，故其套用定额方法同上。

④ 承插塑料空调凝结水管、雨水管（零件粘接），参照相关资料，经综合测算后进行编制。该条子目适用于室内外塑料雨水管道敷设；室内、外空调凝结水管的敷设。

（3）工程量计算规则

① 各种管道，均以施工图所示中心长度，以“m”为计量单位，不扣除阀门、管件（包括减压器、疏水器、水表、伸缩器等组成安装）所占的长度。

② 管道安装工程量计算中，应扣除暖气片所占的长度。

③ 钢管焊接挖眼接管工作，均在定额中综合取定，不得另行计算。

④ 直埋式预制保温管道及管件安装适用于预制式成品保温管道及管件安装。管道按“延长米”计算，需扣除管件所占长度。

⑤ 直埋式预制保温管安装定额按管芯的公称直径大小设置定额步距，套用该定额时，按管芯直径套用相应的定额。

⑥ 直埋式预制保温管管件安装主要指弯头、补偿器、疏水器等，管件尺寸应按照芯管

的公称直径，以“个”为计量单位，套用相应的定额。

⑦ 燃气管道中的承插煤气铸铁管（柔性机械接口）安装定额中未列出接头零件，其本身价值应按设计用量另行计算，其余不变。

⑧ 管道支架制作安装，室内管道公称直径32mm以下的安装工程已包括在内，不得另行计算。公称直径32mm以上的可另行计算。

⑨ 铸铁排水管、雨水管、塑料排水管安装，均包含管卡、托吊支架、臭气帽、雨水漏斗的制作安装，但未包括雨水漏斗本身价格，雨水漏斗及雨水管件按设计量另计主材费。

⑩ 管道消毒、冲洗、压力试验，均按管道长度以“m”为计量单位，不扣除阀门、管件所占的长度。

⑪ 本计价定额已综合考虑了配合土建施工的留洞留槽、修补洞槽的材料和人工，列在其他材料费内。

⑫ 室外管道碰头，套用《江苏省市政工程计价定额》相应子目。

2.3.2.2　管道支架及其他

(1) 定额工作内容（详见计价定额有关规定）

(2) 定额套用有关说明

1) 单件支架质量100kg以上的管道支架，执行设备支架制作、安装。

2) 成品支架安装执行相应管道支架或设备支架安装项目，不再计取制作费。

3) 套管制作安装，适用于穿基础、墙、楼板等部位的防水套管、填料套管、无填料套管及防火套管等，分别套用相应的定额。

4) 本章中的刚性防水套管制作安装，适用于一般工业及民用建筑中有防水要求的套管制作安装；工业管道、构筑物等有防水要求的套管，执行《第八册　工业管道工程》的相应定额。

5) 弹簧减震器定额适用于各类减震器安装。

6) 其他有关说明。

① 修编的“刚性防水套管制作安装”、“过墙过楼板刚套管制作安装”、“过墙过楼板塑料套管制作安装”，定额中作为辅材的套管管材，其规格与安装的套管规格是一致的。因此，在使用上述定额时，套用的套管定额需大于相应敷设的主管道两个规格。

② 弹簧减震子目适用于各类减震器安装。

(3) 工程量计算规则

① 室内管道*DN*32以上的，按支架钢材图示几何尺寸以“kg”为计量单位计算，不扣除切肢开孔重量，不包括电焊条和螺栓、螺母、垫片的重量。若使用标准图集，可按图集所列支架钢材明细表计算。

② 管道支架按材质、管架形式，按设计图示质量计算。

③ 套管制作安装定额按照设计图示及施工验收相关规范，以“个”为计量单位。

④ 在套用套管制作、安装定额时，套管的规格应按实际套管的直径选用定额（一般应比穿过的管道大两号）。

2.3.2.3　管道附件

(1) 定额工作内容（详见计价定额有关规定）

(2) 定额套用有关说明

1) 螺纹阀门安装适用于各种内外螺纹连接的阀门安装。

2) 法兰阀门安装适用于各种法兰阀门的安装，如仅为一侧法兰连接时，定额中的法兰、带帽螺栓及钢垫圈数量减半。

3）各种法兰连接用垫片均按石棉橡胶计算。若用其他材料，不做调整。

4）减压器、疏水器组成与安装是按《采暖通风国家标准图集》（N108）编制的，若实际组成与此不同，阀门和压力表数量可按实际调整，其余不变。

5）低压法兰式水表安装定额包含一副平焊法兰安装，不包括阀门安装。

6）浮标液面计 FQ-Ⅱ型安装是按《采暖通风国家标准图集》（N102-3）编制的。

7）水塔、水池浮漂水位标尺制作安装是按《全国通用给水排水标准图集》（S318）编制的。

8）其他说明。

① 法兰安装分铸铁螺纹法兰和钢制焊接法兰，工程量按图示以“副”为计量单位计算。计价定额中已包括了垫片的制作，制作垫片的材料是按石棉板考虑的，若采用其他材料，不做调整。铸铁法兰（螺纹连接）定额已包括了带帽螺栓的安装人工和材料，若主材价不包括带帽螺栓者，其价格另计。碳钢法兰（焊接）定额基价中已包括螺栓、螺帽，不得另行计算。

② 焊接法兰式套筒伸缩器定额中已包括法兰螺栓、螺帽、垫片，不应另行计算，方形伸缩器制作安装中的主材费已包括在管道延长米中，不另行计算。

③ 遥控浮球阀安装已包含了电气检查接线、电气单体测试、电气调试等工作内容。

（3）工程量计算规则

① 各种阀门安装均以“个”为计量单位。法兰阀门安装，若仅为一侧法兰连接，定额所列法兰、带帽螺栓及垫圈数量减半，其余不变。

② 法兰阀（带短管甲乙）安装，均以“套”为计量单位，接口材料不同时可做调整。

③ 自动排气阀门均以“个”为计量单位，已包括了支架制作安装，不得另行计算。

④ 浮球阀安装均以“个”为计量单位，已包括了联杆及浮球的安装，不得另行计算。

⑤ 安全阀安装，按阀门安装相应定额项目乘以系数 2.0 计算。

⑥ 塑料阀门套用《第八册　工业管道安装》相应定额。

⑦ 倒流防止器根据安装方式，套用相应同规格的阀门定额，人工乘以系数 1.3。

⑧ 热量表根据安装方式套用相应同规格的水表定额，人工乘以系数 1.3。

⑨ 减压器、疏水器组成安装以“组”为计量单位。如设计组成与定额不同，阀门和压力表数量可按设计用量进行调整，其余不变。

⑩ 减压器安装按高压侧的直径计算。

⑪ 各种伸缩器制作安装，均以“个”为计量单位。方形伸缩器的两臂按臂长的 2 倍合并在管道长度内计算。

⑫ 各种法兰连接用垫片均按石棉橡胶板计算，如用其他材料，不得调整。

⑬ 法兰水表安装是按《全国通用给水排水标准图集》（S145）编制的，以“组”为计量单位，包含旁通管及止回阀等。若单独安装法兰水表，则以“个”为计量单位，套用本章“低压法兰式水表安装”计价定额。

⑭ 住宅嵌墙水表箱按水表箱半周长尺寸，以“个”为计量单位。

⑮ 浮标液面计、水位标尺是按国标编制的，如设计与国标不符时，可做调整。

⑯ 塑料排水管消声器，其安装费已包含在相应的管道和管件安装定额中，相应的管道按延长米计算。

2.3.2.4　卫生器具

（1）定额工作内容（详见计价定额有关规定）

（2）定额套用有关说明

1）本章所有卫生器具安装项目，均参照《全国通用给水排水标准图集》中有关标准图集计算，除以下说明者外，设计无特殊要求均不做调整。

2）成组安装的卫生器具，定额均已按标准图集计算了与给水、排水管道连接的人工和材料。

3）浴盆安装适用于各种型号的浴盆，但浴盆支座和浴盆周边的砌砖、瓷砖粘贴应另行计算。

4）淋浴房安装定额包含了相应的龙头安装。

5）洗脸盆、洗手盆、洗涤盆适用于各种型号。

6）不锈钢洗槽为单槽，若为双槽，按单槽定额的人工乘以系数1.20计算。本子目也适用于瓷洗槽。

7）台式洗脸盆定额不含台面安装，发生时套用相应定额。已含支撑台面所需的金属支架制作安装，若设计用量超过定额含量的，可另行增加金属支架的制作安装。

8）化验盆安装中的鹅颈水嘴、化验单嘴、双嘴适用于成品件安装。

9）洗脸盆肘式开关安装，不分单双把，均执行同一项目。

10）脚踏开关安装包括弯管和喷头的安装人工和材料。

11）高（无）水箱蹲式大便器、低水箱坐式大便器安装，适用于各种型号。

12）小便槽冲洗管制作安装定额中，不包括阀门安装，可按相应项目另行计算。

13）小便器带感应器定额适用于挂式、立式等各种安装形式。

14）淋浴器铜制品安装适用于各种成品淋浴器安装。

15）大、小便槽水箱托架安装已按标准图集计算在定额内，不得另行计算。

16）冷热水带喷头淋浴龙头适用于仅单独安装淋浴龙头。

17）感应龙头不分规格，均套用感应龙头安装定额。

18）容积式水加热器安装，定额内已按标准图集计算了其中的附件，但不包括安全阀安装、本体保温、刷油和基础砌筑。

19）蒸汽-水加热器安装项目中，包括了莲蓬头安装，但不包括支架制作安装、阀门和疏水器安装，可按相应项目另行计算。

20）冷热水混合器安装项目中包括了温度计安装，但不包括支架制作安装，可按相应项目另行计算。

21）其他有关说明：卫生器具制作安装项目较多，应按材质、组装形式、型号、规格、开关等不同特征编制清单项目。

① 浴盆安装。适用于搪瓷浴盆、玻璃钢浴盆、塑料浴盆三种类型的各种型号的浴盆安装，分冷水、冷热水、冷热水带喷头等几种形式，以“组”为单位计算。

浴盆安装范围分界点：给水（冷、热）水平管与支管交接处；排水管垂直方向计算到地面。如图2-16所示。

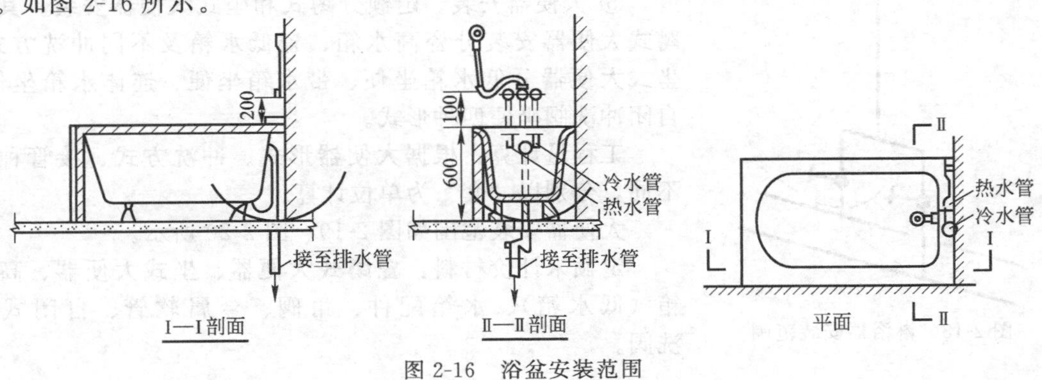

图2-16 浴盆安装范围

浴盆定额未计价材料包括：浴盆、冷热水嘴或冷热水嘴带喷头、排水配件。

浴盆的支架及四周侧面砌砖、粘贴的瓷砖，应按土建定额计算。

② 洗脸盆、洗手盆安装。定额分钢管组成式洗脸盆、铜管冷热水洗脸盆及立式冷热水、肘式开关、脚踏开关等洗脸盆安装。

安装范围分界点：给水水平管与支管交接处；排水管垂直方向计算地面。如图 2-17 所示。

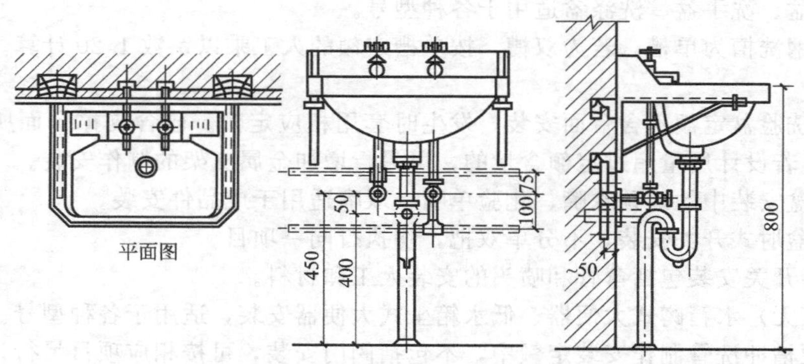

图 2-17 洗脸（手）盆安装范围

综合单价中已包括存水弯、角阀、截止阀、洗脸盆下水口、托架钢管等材料价格，若设计材料品种不同，可以换算。

定额未计价材料包括：洗脸盆（或洗手盆）、水嘴、角阀、金属软管。

③ 洗涤盆、化验盆安装。洗涤盆定额分单嘴、双嘴、肘式开关、脚踏开关、回转龙头、回转混合龙头等项目。化验盆定额分单联、双联、三联、脚踏开关、鹅颈水嘴五个项目。洗涤盆、化验盆均以“组”为单位计算。

安装范围分界点同洗脸盆安装。

定额未计价材料：洗涤盆（或化验盆）、水嘴或回转龙头、水嘴或脚踏式开关、排水栓。

④ 淋浴器组成、安装。淋浴器组成安装分钢管组成（分冷水、冷热水）及铜管制品（冷水、冷热水）安装子目。铜管制品定额适用于各种成品淋浴器的安装，分别以“组”为单位套用定额。

淋浴器安装范围划分点为支管与水平管交接处。如图 2-18 所示。

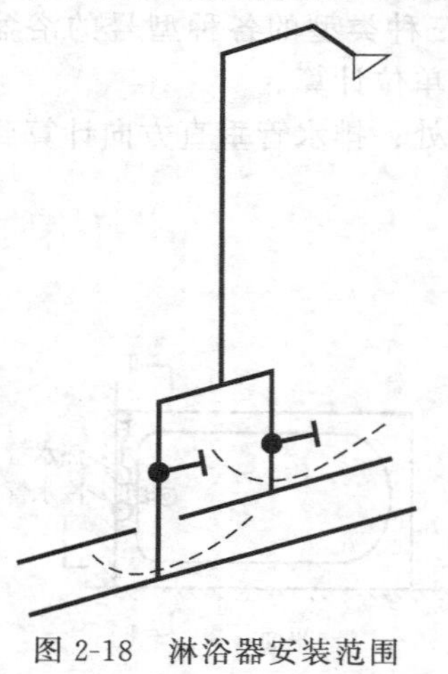
图 2-18 淋浴器安装范围

淋浴器组成安装定额中已包括截止阀、接头零件、给水管的安装，不得重复列项计算。

定额未计价材料为莲蓬喷头和成品淋浴器。

⑤ 大便器安装。定额分蹲式和坐式大便器安装，其中蹲式大便器安装分瓷高水箱、瓷低水箱及不同冲洗方式；坐式大便器分低水箱坐便、带水箱坐便、连体水箱坐便、自闭冲洗阀坐便四种形式。

工程量计算：根据大便器形式、冲洗方式、接管种类不同，分别以“套”为单位计算。

大便器安装范围如图 2-19、图 2-20 所示。

定额未计价材料：瓷蹲式大便器、坐式大便器、高水箱（低水箱）、水箱配件、角阀、金属软管、自闭式冲洗阀。

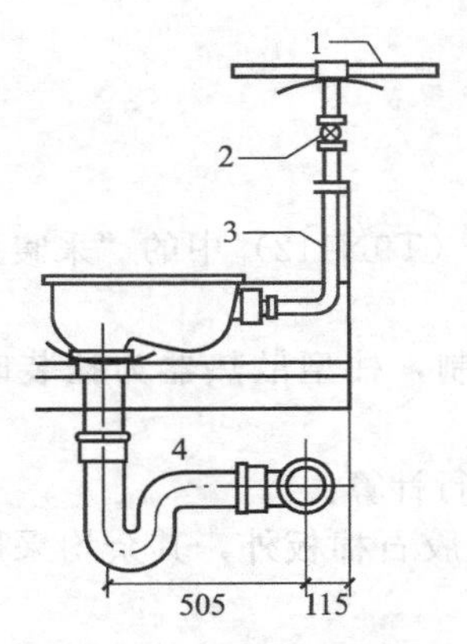

图 2-19　蹲式大便器安装范围

1—水平管；2—普通冲洗阀；3—冲洗管；4—存水弯

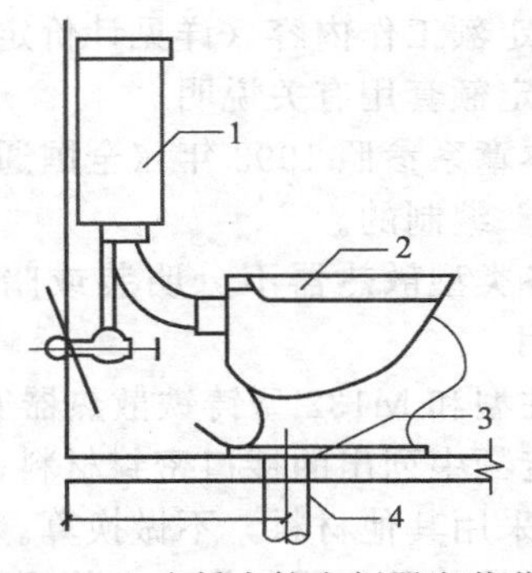

图 2-20　坐式低水箱大便器安装范围

1—水箱；2—坐式便器；3—油灰；4—铸铁管

⑥ 按摩浴盆安装，淋浴房组成、安装，均已包含了水嘴安装工作内容。冷热水带喷头淋浴龙头仅适用于单独安装的淋浴龙头，如公共浴室等。

⑦ 编制不锈钢洗槽定额时，按单槽进行测算并编制。若为双槽，按单槽定额的人工乘以系数 1.20 套用。本子目也适用于瓷洗槽等其他材质的洗槽。

⑧ 台式洗脸盆安装不含台面安装，包含了支撑台面所需的金属支架制作安装。若设计用量超过定额含量时，可另行增加金属支架的制作安装。

⑨ 感应龙头安装不分规格，套用同一定额。感应龙头安装已包含了电气检查接线、电气测试等工作内容。

⑩ 带感应器的大便器、小便器安装，已包含了电气检查接线、电气测试等工作内容。带感应器的小便器安装，适用于各种安装形式的小便器。

(3) 工程量计算规则

① 卫生器具组成安装以“组”为计量单位，已按标准图综合了卫生器具与给水管、排水管连接的人工与材料用量，不得另行计算。

② 浴盆安装不包括支座和四周侧面的砌砖及瓷砖粘贴。

③ 按摩浴盆安装以“组”为计量单位，包含了相应的水嘴安装。

④ 淋浴房组成、安装以“套”为计量单位，包含了相应的水嘴安装。

⑤ 蹲式大便器安装；已包括了固定大便器的垫砖，但不包括大便器蹲台砌筑。

⑥ 大便槽、小便槽自动冲洗水箱安装以“套”为计量单位，已包括了水箱托架的制作安装，不得另行计算。

⑦ 台式洗脸盆安装，不包括台面安装，台面安装需另计。

⑧ 小便槽冲洗管制作与安装以“m”为计量单位，不包括阀门安装，其工程量可按相应定额另行计算。

⑨ 脚踏开关安装，已包括了弯管与喷头的安装，不得另行计算。

⑩ 冷热水混合器安装以“套”为计量单位，不包括支架制作安装及阀门安装，其工程量可按相应定额另行计算。

⑪ 蒸汽-水加热器安装以“台”为计量单位，包括莲蓬头安装，不包括支架制作安装及阀门、疏水器安装，其工程量可按相应定额另行计算。

⑫ 容积式水加热器安装以“台”为计量单位，不包括安全阀安装、保温与基础砌筑可按相应定额另行计算。

⑬ 烘手器安装套用《第四册　电气设备安装工程》相应定额。

2.3.2.5 供暖器具

(1) 定额工作内容（详见计价定额有关规定）

(2) 定额套用有关说明

1) 本章系参照 1993 年《全国通用暖通空调标准图集》(T9N112) 中的“采暖系统及散热器安装”编制的。

2) 各类型散热器不分明装或暗装，均按类型分别编制，柱型散热器为挂装时可执行 M132 项目。

3) 柱型和 M132 型铸铁散热器安装用拉条时，拉条另行计算。

4) 定额中列出的接口密封材料，除圆翼气泡垫采用橡胶石棉板外，其余均采用成品汽包垫，若采用其他材料，不做换算。

5) 光排管散热器制作、安装项目，单位每 10m 系指光排管长度，联管作为材料已列入定额，不得重复计算。

6) 板式、壁板式散热器，已计算了托钩的安装人工和材料，闭式散热器，若主材价不包括托钩，托钩价格另行计算。

7) 采暖工程暖气片安装定额中未包含其两端的阀门，可以按其规格另套用阀门安装定额相应子目。

8) 其他说明。

① 铸铁散热器有翼型、M132 型、柱型等几种型号。翼型散热器分长翼型和圆翼型两种。柱型散热器可以单片拆装。柱型散热器为挂装时，可套用 M132 型安装定额。

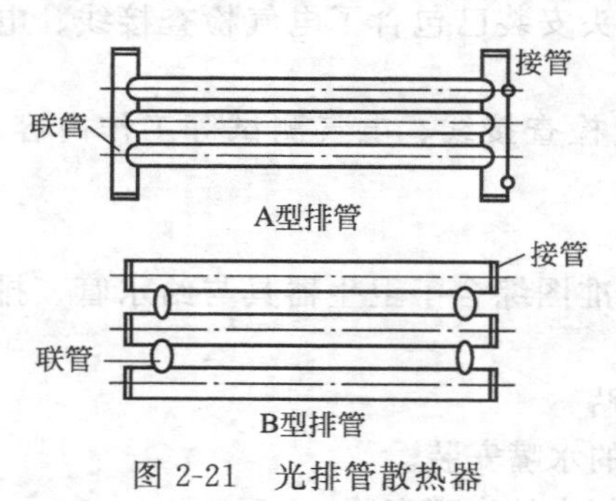

图 2-21 光排管散热器

② 光排管散热器是用普通钢管制作的，按结构连接和输送介质的不同，分为 A 型和 B 型，如图 2-21 所示。

光排管散热器制作安装，应区别不同的公称直径以“m”为单位计算并套用相应定额。定额单位每 10m 是指光排管的长度，联管作为材料已列入定额，不得重复计算。

③ 钢制闭式、板式、柱式散热器：钢制闭式散热器以“片”为单位计算工程量，并按不同型号套用相应定额。定额中散热器型号标注是高度乘以长度，对于宽度尺寸未做要求。

钢制壁、板式散热器以“组”为单位计算工程量并套用定额。

④ 暖风机、空气幕：暖风机、空气幕根据重量的不同以“台”为单位计算工程量，套用相应的定额。其中，钢支架的制作安装以“t”为单位另套定额；与暖风机、空气幕相连的钢管、阀门、疏水器应另列项计算。

注意：各种类型散热器不分明装或暗装，均按类型分别套用定额。

(3) 工程量计算规则

① 热空气幕安装以“台”为计量单位，其支架制作安装可按相应定额另行计算。

② 长翼、柱型铸铁散热器组成安装以“片”为计量单位，其汽包垫不得换算；圆翼型铸铁散热器组成安装以“节”为计量单位。

③ 光排管散热器制作安装以“m”为计量单位，已包括联管长度，不得另行计算。

2.3.2.6 采暖、给排水设备

(1) 定额工作内容（详见计价定额有关规定）

(2) 定额套用有关说明

1) 本章系参照《全国通用给水排水标准图集》(S151、S342) 及《全国通用采暖通风图集》(T905、T906) 编制，适用于给排水、采暖系统中一般低压碳钢容器的制作和安装。

2) 电热水器、电开水炉安装定额内只考虑了本体安装，连接管、连接件等可按相应项目另行计算。

3) 饮水器安装中阀门和脚踏开关的安装，可按相应项目另行计算。

4) 各种水箱连接管，均未包括在定额内，可执行室内管道安装的相应项目。

5) 各类水箱均未包括支架制作安装，如为型钢支架，套用本册第二章相应定额；若为混凝土或砖支座，套用《江苏省建筑与装饰工程计价定额》。

6) 水箱制作包括水箱本身及人孔重量。水位计、内外人梯均未包括在定额内，发生时可另行计算。

7) 其他有关说明。

① 水箱制作不包括除锈与油漆，必须另列项计算，按《第十一册　刷油、防腐蚀、绝热工程》执行。

② 太阳能热水器安装，已综合考虑了吊装费用和支架制作安装费用。若支架的设计用量超过定额含量，可另行增加金属支架的制作安装，但吊装费用不得调整。

(3) 工程量计算规则

① 太阳能热水器安装以“台”为计量单位，包含了吊装费用，不再另计。

② 电热水器、电开水炉安装以“台”为计量单位，只考虑本体安装，连接管、连接件等工程量可按相应定额另行计算。

③ 饮水器安装以“台”为计量单位，阀门和脚踏开关工程量可按相应定额另行计算。

④ 钢板水箱制作，按施工图所示尺寸，不扣除人孔、手孔重量，以“kg”为计量单位，法兰和短管水位计可按相应定额另行计算。

⑤ 钢板水箱安装，按国家标准图集水箱容量“m^3”执行相应定额，均以“个”为计量单位。

2.3.2.7　燃气器具及其他

(1) 定额工作内容（详见计价定额有关规定）

(2) 定额套用有关说明

① 本章包括燃气加热设备、燃气表、民用灶具、公用炊事灶具、燃气嘴、燃气附件的安装。

② 沸水器、消毒器适用于容积式沸水器、自动沸水器、燃气消毒器等。

③ 燃气计量表安装，不包括表托、支架、表底基础。

④ 燃气加热器具只包括器具与燃气管终端阀门连接，其他执行相应定额。

⑤ 燃气灶具适用于人工煤气灶具、液化石油气灶具、天然气燃气灶具等，用途应描述民用或公用，类型应描述所采用气源。

(3) 工程量计算规则

① 燃气表安装按不同规格、型号分别以“块”为计量单位，不包括表托、支架、表底垫层基础，其工程量可根据设计要求另行计算。

② 燃气加热设备、灶具等按不同用途规定型号，分别以“台”为计量单位。

③ 气嘴安装按规格、型号、连接方式，分别以“个”为计量单位。

④ 调长器及调长器与阀门连接，包括一副法兰安装，螺栓规格和数量以压力为 0.6MPa 的法兰装配，如压力不同可按设计要求的数量、规格进行调整，其他不变。

⑤ 引入口砌筑套用《江苏省建筑与装饰工程计价定额》相应子目。

2.3.2.8 其他零星工程

(1) 定额组成（详见计价定额有关规定）

(2) 定额套用有关说明

① 本章内容主要为配管砖墙刨沟、配管混凝土刨沟、砖墙打孔、混凝土墙及楼板打孔等。

② 本计价定额已综合考虑了配合土建施工的留洞留槽、修补洞槽的材料和人工，列在相应定额的其他材料费内。二次施工中发生的配管砖墙刨沟、配管混凝土刨沟、砖墙打孔、混凝土墙及楼板打孔，适用本章计价定额的相应内容。

③ 砖墙打孔，混凝土墙、楼板打孔，适用于机械打孔。若为人工打孔，执行修缮定额。

④ 管道沟挖、填土执行《江苏省建筑与装饰工程计价定额》。

(3) 工程量计算规则

① 配管砖墙（混凝土）刨沟，以“m”为计量单位。

② 砖墙、混凝土墙、楼板打孔为机械打孔，以“个”为计量单位。

2.3.3 工程量清单项目设置

给排水、采暖、燃气工程工程量清单项目设置可参见《通用安装工程工程量计算规范》(GB 50856—2013) 中附录 K。附录 K 中需要说明的几个问题如下。

(1) 附录 K 给排水、采暖、燃气工程是指生活用给排水工程、采暖工程、生活用燃气工程安装，及其管道、附件、配件安装和小型容器制作等。

附录 K 共 101 个项目，其中包括暖、卫、燃气的管道安装，管道附件安装，管支架制作安装，暖、卫、燃气器具安装，采暖工程系统调整等项目。

附录 K 适用于采用工程量清单计价的新建、扩建的生活用给排水、采暖、燃气工程。

(2) 关于项目特征。项目特征是工程量清单计价的关键依据之一，项目特征不同，其计价的结果也相应产生差异。因此招标人在编制工程量清单时，应在可能的情况下明确描述该工程量清单项目的特征。投标人按招标人提出的特征要求计价。

(3) 关于计量单位。工程量的计量单位均采用基本单位计量，它与定额的计算单位不一样，编制清单或报价时一定要以表中规定的计量单位计算。因此计算过程中要将定额单位进行换算。

(4) 关于工程内容。安装工程的实体往往是由多个分项工程综合而成的，因此对各清单可能发生的工程项目均做了提示并列在“工程内容”一栏内，供清单编制人员对项目描述时参考。

(5) 关于工程量清单计算规则。

① 工程量清单计价的工程项目必须依据工程量计算规则的要求编制。

② 有的工程项目，由于特殊情况不属于工程实体，但在工程量清单计算规则中列有清单项目，也可以编制工程量清单，如附录 K 中的采暖空调水工程系统调整项目就属于此种情况。

(6) 以下费用可根据需要情况由投标人选择是否计入综合单价。

① 安装物安装高度超高施工增加费；

② 设置在管道间、管廊内管道施工增加费；

③ 现场浇筑的主体结构配合施工增加费。

(7) 关于措施项目清单。措施项目清单为工程量清单的组成部分，措施项目可按《建设工程工程量清单计价规范》(GB 50500—2013) 中表 F.4 所列项目，根据工程需要情况选择列项。在本附录工程中可能发生的措施项目有：临时设施、安全文明施工、二次搬运、已完工程及设备保护费、脚手架搭拆费。措施项目清单应单独编制，并应按措施项目清单编制要求计价。

(8) 编制本附录清单项目如涉及管沟的土石方、垫层、基础、砌筑抹灰、地沟盖板、土石方回填、土石方运输等工程内容时，按《房屋建筑与装饰工程工程量计算规范》规定的相关项目编制工程量清单。路面开挖及修复、管道支墩、井砌筑等工程内容，按市政工程工程量计算规范规定的有关项目编制工程量清单。

（9）本附录项目如涉及管道油漆、除锈、支架的除锈、油漆，管道的绝热、防腐等工程量清单项目，可参照计价定额《十一册　刷油、防腐蚀、绝热工程》中的工、料、机用量计价。

2.3.3.1　给排水、采暖管道安装

给排水、采暖、燃气管道工程量清单项目设置、项目特征描述的内容、计量单位及工程量计算规则，应按表 2-28 的规定执行。

表 2-28　给排水、采暖、燃气管道（编码：031001）
（GB 50856 中的表 K.1）

项目编码	项目名称	项目特征	计量单位	工程量计算规则	工作内容
031001001	镀锌钢管	1. 安装部位 2. 介质 3. 规格、压力等级 4. 连接形式 5. 压力试验及吹、洗设计要求 6. 警示带形式	m	按设计图示管道中心线以长度计算	1. 管道安装 2. 管件制作、安装 3. 压力试验 4. 吹扫、冲洗 5. 警示带铺设
031001002	钢管				
031001003	不锈钢管				
031001004	铜管				
031001005	铸铁管	1. 安装部位 2. 介质 3. 材质、规格 4. 连接形式 5. 接口材料 6. 压力试验及吹、洗设计要求 7. 警示带形式			1. 管道安装 2. 管件安装 3. 压力试验 4. 吹扫、冲洗 5. 警示带铺设
031001006	塑料管	1. 安装部位 2. 介质 3. 材质、规格 4. 连接形式 5. 阻火圈设计要求 6. 压力试验及吹、洗设计要求 7. 警示带形式			1. 管道安装 2. 管件安装 3. 塑料卡固定 4. 阻火圈安装 5. 压力试验 6. 吹扫、冲洗 7. 警示带铺设
031001007	复合管	1. 安装部位 2. 介质 3. 材质、压力等级 4. 连接形式 5. 压力试验及吹、洗设计要求 6. 警示带形式			1. 管道安装 2. 管件安装 3. 塑料卡固定 4. 压力试验 5. 吹扫、冲洗 6. 警示带铺设
031001008	直埋式预制保温管	1. 埋设深度 2. 介质 3. 管道材质、规格 4. 连接形式 5. 接口保温材料 6. 压力试验及吹、洗设计要求 7. 警示带形式			1. 管道安装 2. 管件安装 3. 接口保温 4. 压力试验 5. 吹扫、冲洗 6. 警示带铺设
031001009	承插缸瓦管	1. 埋设深度 2. 规格 3. 接口方式及材料 4. 压力试验及吹、洗设计要求 5. 警示带形式			1. 管道安装 2. 管件安装 3. 压力试验 4. 吹扫、冲洗 5. 警示带铺设
031001010	承插水泥管				

续表

项目编码	项目名称	项目特征	计量单位	工程量计算规则	工作内容
031001011	室外管道碰头	1. 介质 2. 碰头形式 3. 材质、规格 4. 连接形式 5. 防腐、绝热设计要求	处	按设计图示以处计算	1. 挖填工作坑或暖气沟拆除及修复 2. 碰头 3. 接口处防腐 4. 接口处绝热及保护层

注：1. 安装部位，指管道安装在室内、室外。

2. 输送介质包括给水、排水、中水、雨水、热媒体、燃气、空调水等。

3. 方形补偿器制作安装应含在管道安装综合单价中。

4. 铸铁管安装适用于承插铸铁管、球墨铸铁管、柔性抗震铸铁管等。

5. 塑料管安装适用于 UPVC、PVC、PPC、PPR、PE、PB 管等塑料管材。

6. 复合管安装适用于钢塑复合管、铝塑复合管、钢骨架复合管等复合型管道安装。

7. 直埋保温管包括直埋保温管件安装及接口保温。

8. 排水管道安装包括立管检查口、透气帽。

9. 室外管道碰头

(1) 适用于新建或扩建工程热源、水源、气源管道与原（旧）有管道碰头；

(2) 室外管道碰头包括挖工作坑、土方回填或暖气沟局部拆除及修复；

(3) 带介质管道碰头包括开关闸、临时放水管线铺设等费用；

(4) 热源管道碰头每处包括供、回水两个接口；

(5) 碰头形式指带介质碰头、不带介质碰头。

10. 管道工程量计算不扣除阀门、管件（包括减压器、疏水器、水表、伸缩器等组成安装）及附属构筑物所占长度；方形补偿器以其所占长度列入管道安装工程量。

11. 压力试验按设计要求描述试验方法，如水压试验、气压试验、泄漏性试验、闭水试验、通球试验、真空试验等。

12. 吹、洗按设计要求描述吹扫、冲洗方法，如水冲洗、消毒冲洗、空气吹扫等。

(1) 给排水、采暖、燃气管道安装，是按安装部位、介质、规格压力等级、连接形式、压力试验及吹、洗设计要求、警示带形式等不同特征设置的清单项目。编制工程量清单时，应明确描述各项特征，以便计价。具体应描述以下各项特征。

① 材质应按焊接钢管（镀锌、不镀锌）、无缝钢管、铸铁管（一般铸铁、球墨铸铁）、铜管（T1、T2、T3、H59～H96）、不锈钢管（1Cr18Ni9、1Cr18Ni9Ti、304）、非金属管（PVC、UPVC、PPC、PPR、PE、铝塑复合、水泥、陶土、缸瓦管）等不同特征分别编制清单项目。

② 连接方式应按接口形式不同，如螺纹连接、焊接（电弧焊、氧乙炔焊）、承插、卡接、热熔、粘接等不同特征分别列项。

(2) 招标人或投标人如采用建设行政主管部门颁布的有关规定为工料计价依据时，应注意以下事项。

① 在计价定额《第十册　给排水、采暖、燃气工程》的管道安装定额中，*DN*32 以下的螺纹连接钢管安装均包括了管卡及托钩的制作安装，该管道若需安装支架，应做相应调整。

② 计价定额《第十册　给排水、采暖、燃气工程》中凡用法兰连接的阀门、暖、卫、燃气器具均已包括法兰、螺栓的安装，不再单独编制清单项目。

③ 室内铸铁排水管、铸铁雨水管、承插塑料排水管、螺纹连接的燃气管，定额已包括管道支架的制作安装内容，不能再单独编制支架的制作安装清单项目。

④ 计价定额《第十册　给排水、采暖、燃气工程》中的所有管道安装定额除给水承插铸铁管和燃气铸铁管外，均包括管件的制作安装（焊接连接的为制作管件，螺纹连接和承插连接的为成品管件）工作内容。给水承插铸铁管和燃气承插铸铁管已包含管件安装，管件本身的材料价按图纸需用量另计。除不锈钢管、铜管应列管件安装项目外，其他所有管件安装不编制工程量清单。

⑤ 管道若安装过墙（楼板）钢套管时，按《通用安装工程工程量清单计算规范》（GB 50856—2013）中表 K.2 的规定执行。

⑥ 本节所列不锈钢管、铜管焊接及其管件安装可参照计价定额《第八册 工业管道工程》的相应项目计价。

2.3.3.2 支架及其他制作安装

支架及其他工程量清单项目设置、项目特征描述的内容、计量单位及工程量计算规则，应按表 2-29 的规定执行。

表 2-29 支架及其他（编码：031002）

（GB 50856 中的表 K.2）

项目编码	项目名称	项目特征	计量单位	工程量计算规则	工作内容
031002001	管道支架	1. 材质 2. 管架形式	1. kg 2. 套	1. 以"kg"计量，按设计图示质量计算 2. 以"套"计量，按设计图示数量计算	1. 制作 2. 安装
031002002	设备支架	1. 材质 2. 形式			
031002003	套管	1. 名称、类型 2. 材质 3. 规格 4. 填料材质	个	按设计图示数量计算	1. 制作 2. 安装 3. 除锈、刷油

注：1. 单件支架质量 100kg 以上的管道支吊架执行设备支吊架制作安装。

2. 成品支架安装执行相应管道支架或设备支架项目，不再计取制作费，支架本身价值含在综合单价中。

3. 套管制作安装，适用于穿基础、墙、楼板等部位的防水套管、填料套管、无填料套管及防火套管等，应分别列项。

2.3.3.3 管道附件制作安装

管道附件工程量清单项目设置、项目特征描述的内容、计量单位及工程量计算规则，应按表 2-30 的规定执行。

表 2-30 管道附件（编码：031003）

（GB 50856 中的表 K.3）

项目编码	项目名称	项目特征	计量单位	工程量计算规则	工作内容
031003001	螺纹阀门	1. 类型 2. 材质 3. 规格、压力等级 4. 连接形式 5. 焊接方法	个	按设计图示数量计算	1. 安装 2. 电气接线 3. 调试
031003002	螺纹法兰阀门				
031003003	焊接法兰阀门				
031003004	带短管甲乙阀门	1. 材质 2. 规格、压力等级 3. 连接形式 4. 接口方式及材质			
031003005	塑料阀门	1. 规格 2. 连接形式			1. 安装 2. 调试
031003006	减压器	1. 材质 2. 规格、压力等级 3. 连接形式 4. 附件配置	组		组装
031003007	疏水器				
031003008	除污器(过滤器)	1. 材质 2. 规格、压力等级 3. 连接形式			安装

续表

项目编码	项目名称	项目特征	计量单位	工程量计算规则	工作内容
031003009	补偿器	1. 类型 2. 材质 3. 规格、压力等级 4. 连接形式	个		安装
0310030010	软接头(软管)	1. 材质 2. 规格 3. 连接形式	个(组)		
031003011	法兰	1. 材质 2. 规格、压力等级 3. 连接形式	副(片)		安装
031003012	倒流防止器	1. 材质 2. 型号、规格 3. 连接形式	套	按设计图示数量计算	
031003013	水表	1. 安装部位(室内外) 2. 型号、规格 3. 连接形式 4. 附件配置	组(个)		组装
031003014	热量表	1. 类型 2. 型号、规格 3. 连接形式	块		
031003015	塑料排水管消声器	1. 规格 2. 连接形式	个		安装
031003016	浮标液面计		组		
031003017	浮漂水位标尺	1. 用途 2. 规格	套		

注：1. 法兰阀门安装包括法兰连接，不得另计。阀门安装如仅为一侧法兰连接时，应在项目特征中描述。

2. 塑料阀门连接形式需注明热熔连接、粘接、热风焊接等方式。

3. 减压器规格按高压侧管道规格描述。

4. 减压器、疏水器、倒流防止器等项目包括组成与安装工作内容，项目特征应根据设计要求描述附件配置情况，或根据××图集或××施工图做法描述。

2.3.3.4 卫生器具制作安装

卫生器具工程量清单项目设置、项目特征描述的内容、计量单位及工程量计算规则，应按表 2-31 的规定执行。

表 2-31 卫生器具（编码：031004）

（GB 50856 中的表 K.4）

项目编码	项目名称	项目特征	计量单位	工程量计算规则	工作内容
031004001	浴缸	1. 材质 2. 规格、类型 3. 组装形式 4. 附件名称、数量	组	按设计图示数量计算	1. 器具安装 2. 附件安装
031004002	净身盆				
031004003	洗脸盆				
031004004	洗涤盆				

续表

项目编码	项目名称	项目特征	计量单位	工程量计算规则	工作内容
031004005	化验盆				
031004006	大便器	1. 材质 2. 规格、类型 3. 组装形式 4. 附件名称、数量	组		1. 器具安装 2. 附件安装
031004007	小便器				
031004008	其他成品卫生器具				
031004009	烘手器	1. 材质 2. 型号、规格	个		安装
031004010	淋浴器	1. 材质、规格 2. 组装形式 3. 附件名称、数量	套	按设计图示数量计算	1. 器具安装 2. 附件安装
031004011	淋浴间				
031004012	桑拿浴房				
031004013	大、小便槽自动冲洗水箱	1. 材质、类型 2. 规格 3. 水箱配件 4. 支架形式及做法 5. 器具及支架除锈、刷油设计要求			1. 制作 2. 安装 3. 支架制作、安装 4. 除锈、刷油
031004014	给、排水附(配)件	1. 材质 2. 型号、规格 3. 安装方式	个(组)		安装
031004015	小便槽冲洗管	1. 材质 2. 规格	m	按设计图示长度计算	1. 制作 2. 安装
031004016	蒸汽-水加热器	1. 类型 2. 型号、规格 3. 安装方式	套	按设计图示数量计算	
031004017	冷热水混合器				
031004018	饮水器				
031004019	隔油器	1. 类型 2. 型号、规格 3. 安装部位			安装

注：1. 成品卫生器具项目中的附件安装，主要指给水附件包括水嘴、阀门、喷头等，排水配件包括存水弯、排水栓、下水口等以及配备的连接管。

2. 浴缸支座和浴缸周边的砌砖、瓷砖粘贴，应按现行国家标准《房屋建筑与装饰工程工程量计算规范》(GB 50854—2013) 相关项目编码列项；功能性浴缸不含电机接线和调试，应按本规范附录D电气设备安装工程相关项目编码列项。

3. 洗脸盆适用于洗脸盆、洗发盆、洗手盆安装。

4. 器具安装中若采用混凝土或砖基础，应按现行国家标准《房屋建筑与装饰工程工程量计算规范》(GB 50854—2013) 相关项目编码列项。

5. 给、排水附（配）件是指独立安装的水嘴、地漏、地面扫出口等。

2.3.3.5 供暖器具安装

供暖器具工程量清单项目设置、项目特征描述的内容、计量单位及工程量计算规则，应按表 2-32 的规定执行。

表 2-32 供暖器具（编码：031005）
(GB 50856 中的表 K. 5)

项目编码	项目名称	项目特征	计量单位	工程量计算规则	工作内容
031005001	铸铁散热器	1. 型号、规格 2. 安装方式 3. 托架形式 4. 器具、托架除锈、刷油设计要求	片(组)	按设计图示数量计算	1. 组对、安装 2. 水压试验 3. 托架制作、安装 4. 除锈、刷油
031005002	钢制散热器	1. 结构形式 2. 型号、规格 3. 安装方式 4. 托架刷油设计要求	组(片)		1. 安装 2. 托架安装 3. 托架刷油
031005003	其他成品散热器	1. 材质、类型 2. 型号、规格 3. 托架刷油设计要求			
031005004	光排管散热器	1. 材质、类型 2. 型号、规格 3. 托架形式及做法 4. 器具、托架除锈、刷油设计要求	m	按设计图示排管长度计算	1. 制作、安装 2. 水压试验 3. 除锈、刷油
031005005	暖风机	1. 质量 2. 型号、规格 3. 安装方式	台	按设计图示数量计算	安装
031005006	地板辐射采暖	1. 保温层材质、厚度 2. 钢丝网设计要求 3. 管道材质、规格 4. 压力试验及吹扫设计要求	1. m^2 2. m	1. 以“m^2”计量，按设计图示采暖房间净面积计算 2. 以“m”计量，按设计图示管道长度计算	1. 保温层及钢丝网铺设 2. 管道排布、绑扎、固定 3. 与分集水器连接 4. 水压试验、冲洗 5. 配合地面浇注
031005007	热媒集配装置	1. 材质 2. 规格 3. 附件名称、规格、数量	台	按设计图示数量计算	1. 制作 2. 安装 3. 附件安装
031005008	集气罐	1. 材质 2. 规格	个		1. 制作 2. 安装

注：1. 铸铁散热器，包括拉条制作安装。

2. 钢制散热器结构形式，包括钢制闭式、板式、壁板式、扁管式及柱式散热器等，应分别列项计算。

3. 光排管散热器，包括联管制作安装。

4. 地板辐射采暖，包括与分集水器连接和配合地面浇注用工。

2.3.3.6 采暖、给排水设备

采暖、给排水设备工程量清单项目设置、项目特征描述的内容、计量单位及工程量计算规则，应按表 2-33 的规定执行。

表 2-33 采暖、给排水设备（编码：031006）

（GB 50856 中的表 K. 6）

项目编码	项目名称	项目特征	计量单位	工程量计算规则	工作内容
031006001	变频给水设备	1. 设备名称 2. 型号、规格 3. 水泵主要技术参数 4. 附件名称、规格、数量 5. 减震装置形式	套	按设计图示数量计算	1. 设备安装 2. 附件安装 3. 调试 4. 减震装置制作、安装
031006002	稳压给水设备				
031006003	无负压给水设备				
031006004	气压罐	1. 型号、规格 2. 安装方式	台		1. 安装 2. 调试
031006005	太阳能集热装置	1. 型号、规格 2. 安装方式 3. 附件名称、规格、数量	套		1. 安装 2. 附件安装
031006006	地源（水源、气源）热泵机组	1. 型号、规格 2. 安装方式 3. 减震装置形式	组		1. 安装 2. 减震装置制作、安装
031006007	除砂器	1. 型号、规格 2. 安装方式	台		安装
031006008	水处理器	1. 类型 2. 型号、规格			
031006009	超声波灭藻设备				
031006010	水质净化器				
031006011	紫外线杀菌设备	1. 名称 2. 规格			
031006012	热水器、开水炉	1. 能源种类 2. 型号、容积 3. 安装方式			1. 安装 2. 附件安装
031006013	消毒器、消毒锅	1. 类型 2. 型号、规格			安装
031006014	直饮水设备	1. 名称 2. 规格	套		
031006015	水箱	1. 材质、类型 2. 型号、规格	台		1. 制作 2. 安装

注：1. 变频给水设备、稳压给水设备、无负压给水设备安装，说明：

（1）压力容器包括气压罐、稳压罐、无负压罐；

（2）水泵包括主泵及备用泵，应注明数量；

（3）附件包括给水装置中配备的阀门、仪表、软接头，应注明数量，含设备、附件之间管路连接；

（4）泵组底座安装，不包括基础砌（浇）筑，应按现行国家标准《房屋建筑与装饰工程工程量计算规范》（GB 50854—2013）相关项目编码列项；

（5）控制柜安装及电气接线、调试应按本规范附录 D 电气设备安装工程相关项目编码列项。

2. 地源热泵机组，接管以及接管上的阀门、软接头、减震装置和基础另行计算，应按相关项目编码列项。

2.3.3.7 燃气器具及其他

燃气器具及其他工程量清单项目设置、项目特征描述的内容、计量单位及工程量计算规则，应按表 2-34 的规定执行。

表 2-34 燃气器具及其他（编码：031007）
（GB 50856 中的表 K.7）

项目编码	项目名称	项目特征	计量单位	工程量计算规则	工作内容
031007001	燃气开水炉	1. 型号、容量 2. 安装方式 3. 附件型号、规格	台	按设计图示数量计算	1. 安装 2. 附件安装
031007002	燃气采暖炉				
031007003	燃气沸水器、消毒器	1. 类型 2. 型号、容量 3. 安装方式 4. 附件型号、规格			
031007004	燃气热水器				
031007005	燃气表	1. 类型 2. 型号、规格 3. 连接方式 4. 托架设计要求	块(台)		1. 安装 2. 托架制作、安装
031007006	燃气灶具	1. 用途 2. 类型 3. 型号、规格 4. 安装方式 5. 附件型号、规格	台		1. 安装 2. 附件安装
031007007	气嘴	1. 单嘴、双嘴 2. 材质 3. 型号、规格 4. 连接形式	个		安装
031007008	调压器	1. 类型 2. 型号、规格 3. 安装方式	台		
031007009	燃气抽水缸	1. 材质 2. 规格 3. 连接形式	个		
031007010	燃气管道调长器	1. 规格 2. 压力等级 3. 连接形式	个		安装
031007011	调压箱、调压装置	1. 类型 2. 型号、规格 3. 安装部位	台		

续表

项目编码	项目名称	项目特征	计量单位	工程量计算规则	工作内容
031007012	引入口砌筑	1. 砌筑形式、材质 2. 保温、保护材料设计要求	处	按设计图示数量计算	1. 保温(保护)台砌筑 2. 填充保温(保护)材料

注：1. 沸水器、消毒器适用于容积式沸水器、自动沸水器、燃气消毒器等。

2. 燃气灶具适用于人工煤气灶具、液化石油气灶具、天然气燃气灶具等，用途应描述民用或公用，类型应描述所采用气源。

3. 调压箱、调压装置安装部位应区分室内、室外。

4. 引入口砌筑形式，应注明地上、地下。

2.3.3.8　医疗气体设备及附件

医疗气体设备及附件工程量清单项目设置、项目特征描述的内容、计量单位及工程量计算规则，应按表 2-35 的规定执行。

表 2-35　医疗气体设备及附件（编码：031008）
（GB 50856 中的表 K.8）

项目编码	项目名称	项目特征	计量单位	工程量计算规则	工作内容
031008001	制氧机	1. 型号、规格 2. 安装方式	台	按设计图示数量计算	1. 安装 2. 调试
031008002	液氧罐				
031008003	二级稳压箱				
031008004	气体汇流排		组		
031008005	集污罐		个		安装
031008006	刷手池	1. 材质、规格 2. 附件材质、规格	组		1. 器具安装 2. 附件安装
031008007	医用真空罐	1. 型号、规格 2. 安装方式 3. 附件材质、规格	台		1. 本体安装 2. 附件安装 3. 调试
031008008	气水分离器	1. 规格 2. 型号			安装
031008009	干燥机	1. 规格 2. 安装方式			1. 安装 2. 调试
031008010	储气罐				
031008011	空气过滤器		个		
031008012	集水器		台		
031008013	医疗设备带	1. 材质 2. 规格	m	按设计图示长度计算	
031008014	气体终端	1. 名称 2. 气体种类	个	按设计图示数量计算	

注：1. 气体汇流排适用于氧气、二氧化碳、氮气、笑气、氩气、压缩空气等医用气体汇流排安装。

2. 空气过滤器适用于医用气体预过滤器、精过滤器、超精过滤器等安装。

2.3.3.9　采暖、空调水工程系统调试

采暖、空调水工程系统调试工程量清单项目设置、项目特征描述的内容、计量单位及工

程量计算规则，应按表2-36的规定执行。

表2-36 采暖、空调水工程系统调试（编码：031009）
（GB 50856中的表K.9）

项目编码	项目名称	项目特征	计量单位	工程量计算规则	工程内容
031009001	采暖工程系统调试	1. 系统形式 2. 采暖(空调水)管道工程量	系统	按采暖工程系统计算	系统调试
031009002	空调水工程系统调试			按空调水工程系统计算	

注：1. 由采暖管道、阀门及供暖器具组成采暖工程系统。
2. 由空调水管道、阀门及冷水机组组成空调水工程系统。
3. 当采暖工程系统、空调水工程系统中管道工程量发生变化时，系统调试费用应做相应调整。

2.3.3.10 相关问题及说明

（1）管道界限的划分

① 给水管道室内外界限划分：以建筑物外墙皮1.5m为界，入口处设阀门者以阀门为界；

② 排水管道室内外界限划分：以出户第一个排水检查井为界；

③ 采暖管道室内外界限划分：以建筑物外墙皮1.5m为界，入口处设阀门者以阀门为界；

④ 燃气管道室内外界限划分：地下引入室内的管道以室内第一个阀门为界，地下引入室内的管道以墙外三通为界。

（2）管道热处理、无损探伤，应按《通用安装工程工程量计算规范》（GB 50856—2013）附录H工业管道工程相关项目编码列项。

（3）医疗气体管道及附件，应按《通用安装工程工程量计算规范》（GB 50856—2013）附录H工业管道工程相关项目编码列项。

（4）管道、设备及支架除锈、刷油、保温除注明者外，应按《通用安装工程工程量计算规范》（GB 50856—2013）附录M刷油、防腐蚀、绝热工程相关项目编码列项。

（5）凿槽（沟）、打洞项目，应按《通用安装工程工程量计算规范》（GB 50856—2013）附录D电气设备安装工程相关项目编码列项。

2.3.3.11 需要说明的问题

（1）卫生、供暖、燃气器具、给排水设备安装工程中，卫生器具包括浴盆、净身盆、洗脸盆、洗涤盆、化验盆、淋浴器、大便器、小便器、排水栓、扫除口、地漏等；给排水设备包括各种热水器、消毒器、饮水器等；供暖器具包括各种类型散热器、光排管、暖风机、空气幕等；燃气器具包括燃气开水器、燃气采暖炉、燃气热水器、燃气灶具、气嘴等项目。按材质及组装形式、型号、规格、开关种类、连接方式等不同特征编制清单项目。

（2）下列各种特征必须在工程量清单中明确描述，以便计价。

① 卫生器具中浴盆的材质（搪瓷、玻璃钢、塑料）、规格（1400、1650、1800）、组装形式（冷水、冷热水、冷热水带喷头），洗脸盆的型号（立式、台式、普通）、规格、组装形式（冷水、冷热水）、开关种类（肘式、脚踏式），淋浴器的组成形式（钢管组成、铜管组成），大便器规格型号（蹲式、坐式、低水箱、高水箱）、开关及冲洗形式（普通冲洗阀冲洗、手压冲洗、脚踏冲洗、自闭式冲洗），小便器规格、型号（挂斗式、立式），水箱的形状（圆形、方形）、重量；

② 供暖器具中铸铁散热器的型号及规格（长翼、圆翼、M132、柱型），光排管散热器

的型号（A型、B型）、长度；

③ 燃气器具如开水炉的型号、采暖炉的型号、沸水器的型号、快速热水器的型号（直排、烟排、平衡）、灶具的型号（煤气、天然气、民用灶具、公用灶具，单眼、双眼、三眼）；

④ 光排管散热管制作安装，工程量按长度以“m”为单位计算。在计算工程量长度时，每组光排管之间的连接管长度不能计入光排管制作安装工程量。

2.4 给排水安装工程量清单计价实例

请根据给定的给排水工程施工图（图2-22～图2-24），按照《建设工程工程量清单计价规范》（GB 50500—2013）及《通用安装工程工程量计算规范》（GB 50856—2013）的规定，计算工程量、编制分部分项工程量清单及计算工程造价。

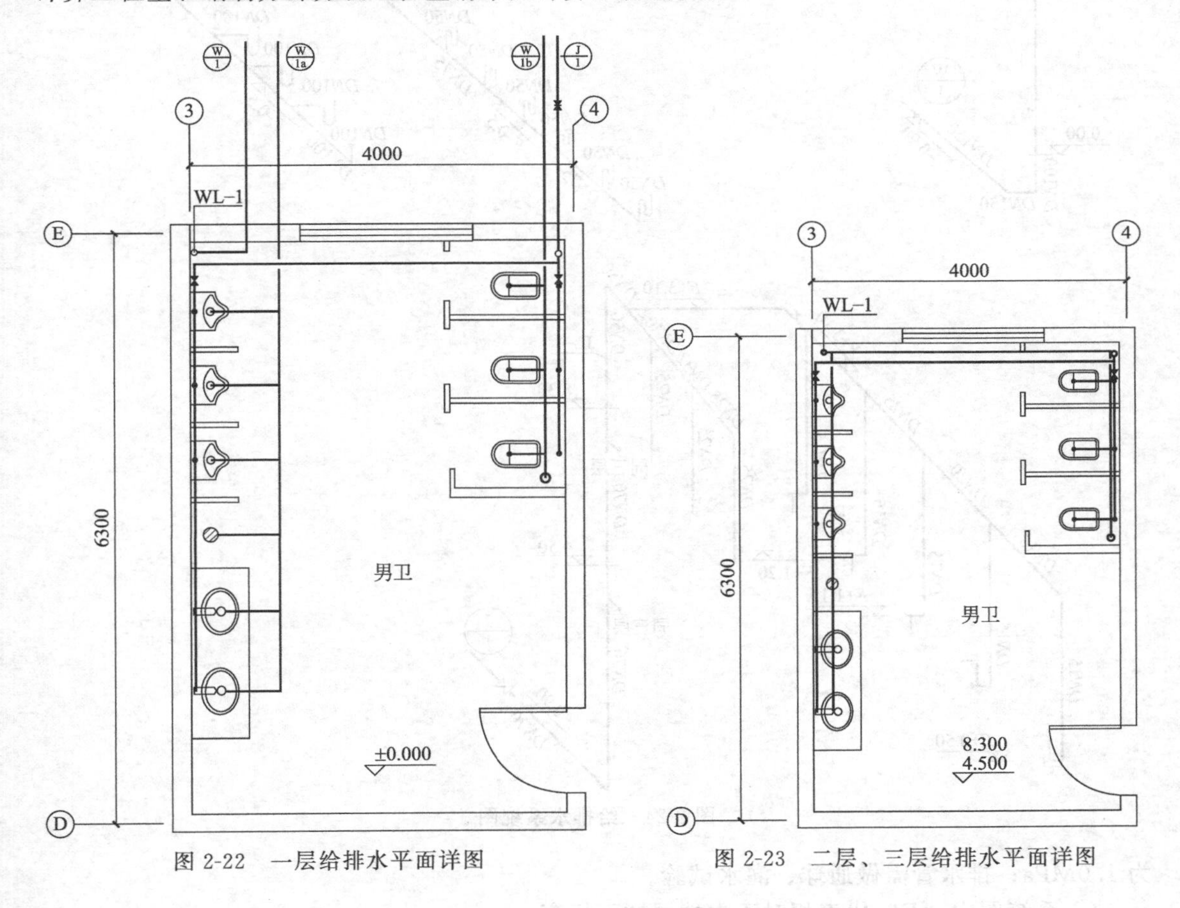

图2-22　一层给排水平面详图　　图2-23　二层、三层给排水平面详图

2.4.1 设计说明

① 图中标高和管长以“m”计，其余都以“mm”计。

② 给水管采用衬塑镀锌钢管，螺纹连接；排水管采用UPVC塑料排水管，胶水粘接。

③ 给水管穿楼板应设钢套管（排水管不考虑），套管公称直径比给水管公称直径大两号，套管长度每处按250mm计。

④ 室内给排水管道安装完毕且在隐蔽前，给水管需消毒冲洗并做水压试验，试验压力

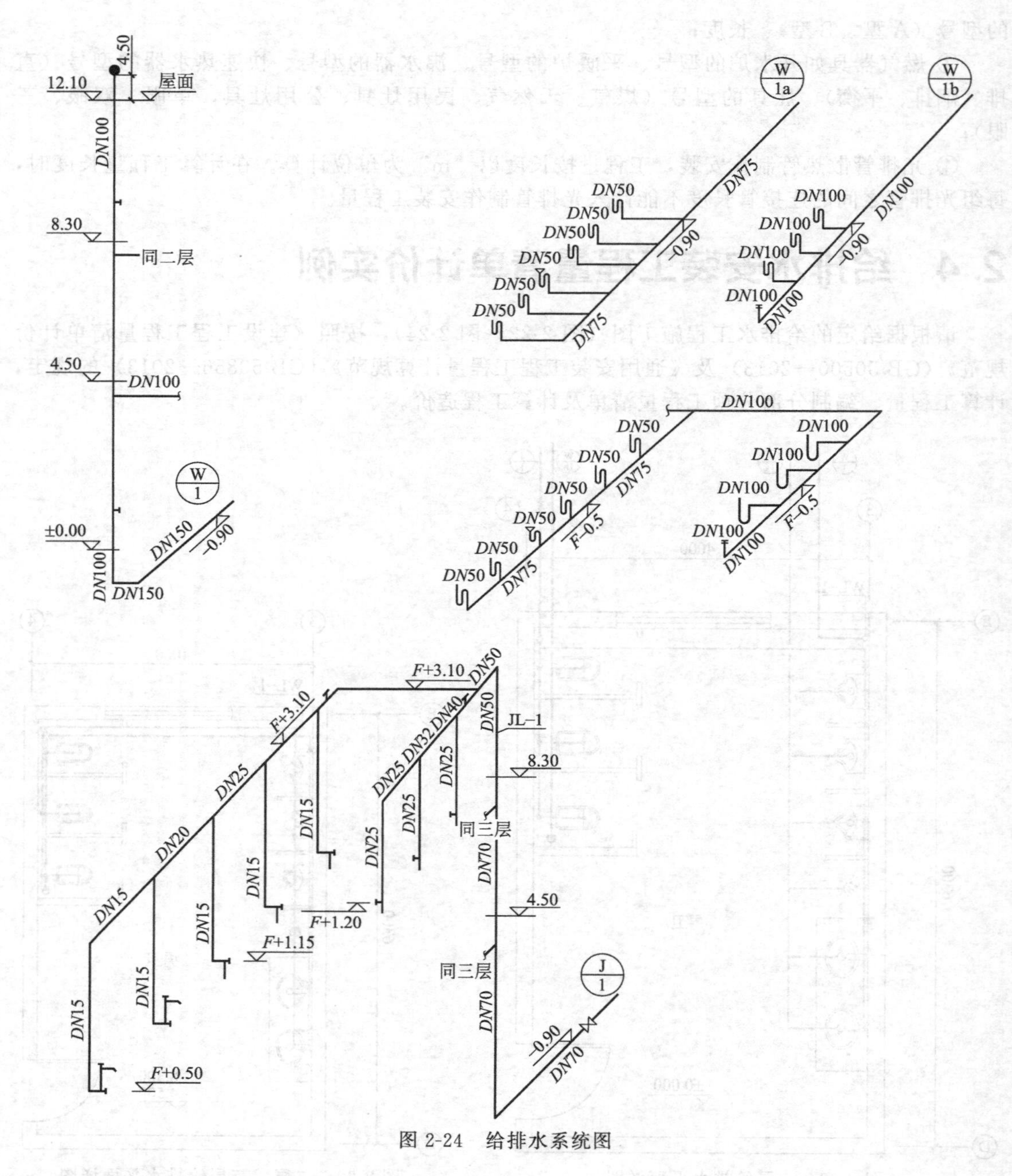

图 2-24 给排水系统图

为 1.0MPa；排水管需做通球、灌水试验。

⑤ 系统图中“F”代表相对于本楼层楼面标高。

2.4.2 答题要求

① 仅计算室内管道部分，室内排水管道算至出外墙皮 2.0m，尺寸在图纸中按比例量取。

② 楼板厚度按 100mm 考虑。

③ 计算不包括的内容：管道挖填土、管道支架、管道开墙槽、给水管穿墙套管。

④ 其他设备排水按表 2-37 的规格确定。

表 2-37 其他给排水设备

序号	名称	规格	单位
1	自闭式冲洗阀蹲式大便器		套
2	挂式小便器		套
3	台式洗脸盆		套
4	阀门	按图	只
5	地漏	*DN*50	个
6	清扫口	*DN*100	个

2.4.3 编制依据

① 给排水施工图。

②《建设工程工程量清单计价规范》(GB 50500—2013)。

③《通用安装工程工程量计算规范》(GB 50856—2013)。

④《江苏省安装工程计价定额》(2014 版)。

⑤《江苏省建设工程费用定额》(2014 版)。

⑥ 为了便于理解并对照计价表数据，本工程人工单价、机械台班单价、管理费、利润均按计价定额数据执行。

⑦ 措施项目费率、规费根据《江苏省建设工程费用定额》(2014 版)及相关规定，费率为区间的按上限取定。

⑧ 主材单价按主材价格表取定(表 2-38)。

表 2-38 主材价格表

序号	材料设备名称	规格型号	单位	单价/元	备注
1	承插塑料排水管	*dn*50	m	6.00	
2	承插塑料排水管	*dn*75	m	11.00	
3	承插塑料排水管	*dn*110	m	21.00	
4	承插塑料排水管	*dn*160	m	35.00	
5	钢塑复合管	*DN*15	m	17.00	
6	钢塑复合管	*DN*20	m	23.00	
7	钢塑复合管	*DN*25	m	30.00	
8	钢塑复合管	*DN*32	m	41.00	
9	钢塑复合管	*DN*40	m	48.00	
10	钢塑复合管	*DN*50	m	62.00	
11	钢塑复合管	*DN*65	m	86.00	
12	金属软管	*DN*15	个	15.00	
13	承插塑料排水管件	*dn*50	个	3.00	
14	承插塑料排水管件	*dn*75	个	5.50	
15	承插塑料排水管件	*dn*110	个	10.50	
16	承插塑料排水管件	*dn*160	个	17.00	

续表

序号	材料设备名称	规格型号	单位	单价/元	备注
17	铜螺纹截止阀	DN25	个	35.00	
18	铜螺纹截止阀	DN40	个	50.00	
19	螺纹闸阀	DN65	个	80.00	
20	角阀	DN15	个	25.00	
21	延时自闭器	DN15	个	120.00	
22	洗面盆		套	300.00	
23	蹲式陶瓷大便器		套	260.00	
24	普通型陶瓷小便器挂式		套	400.00	
25	扳把式脸盆水嘴		套	180.00	
26	普通地漏	DN50	个	5.00	
27	扫除口	DN100	个	8.00	
28	洗脸盆下水口(铜)		个	30.00	
29	自闭式冲洗阀	DN25	套	120.00	

2.4.4 编制内容

本书提供的工程量清单及招标控制价文件为参考表格，部分空表已省略，具体表格可参见《建设工程工程量清单计价规范》(GB 50500—2013) 相应内容。

(1) 工程量计算书 (表 2-39)

表 2-39 工程量计算书

序号	计算部位	项目名称	计算式	计量单位	工程量
1	J-1	衬塑镀锌钢管 DN70	1.61+(0.9+4.5+3.1)	m	10.11
2		衬塑镀锌钢管 DN50	12.1−8.3	m	3.8
3		螺纹闸阀 DN70	1	个	1
4	支管	衬塑镀锌钢管 DN50	0.1×3[层]	m	0.3
5		衬塑镀锌钢管 DN40	0.25×3[层]	m	0.75
6		衬塑镀锌钢管 DN32	0.9×3[层]	m	2.7
7		衬塑镀锌钢管 DN25	[0.9+(3.1−1.2)×3+3.8+2.1]×3[层]	m	37.5
8		衬塑镀锌钢管 DN20	1.6×3[层]	m	4.8
9		衬塑镀锌钢管 DN15	[0.9+(3.1−0.5)×2+(3.1−1.15)×3]×3[层]	m	35.85
10		螺纹截止阀 DN40	(1)×3[层]	个	3
11		螺纹截止阀 DN25	(1)×3[层]	个	3
12	W1	UPVC 排水管 DN150	2+0.32+0.55	m	2.87
13		UPVC 排水管 DN100	12.1+0.9+0.45	m	13.45
14		刚性防水套管 DN150	1	个	1
15		钢套管 DN150	2	个	2
16	支管	UPVC 排水管 DN100	{3.65+2.43+0.5[登高]+(0.47+0.6)[登高]×3}×2[层]	m	19.58

续表

序号	计算部位	项目名称	计算式	计量单位	工程量
17		UPVC 排水管 *DN*75	4.68×2[层]	m	9.36
18		UPVC 排水管 *DN*50	(0.5[登高]×6)×2[层]	m	6
19		清扫口 *DN*100	(1)×2[层]	个	2
20		地漏 *DN*50	(1)×2[层]	个	2
21	W1a	UPVC 排水管 *DN*75	7	m	7.0
22		UPVC 排水管 *DN*50	0.716×3+0.714+0.615×2+0.9[登高]×6	m	9.49
23		地漏 *DN*50	1	个	1
24	W1b	UPVC 排水管 *DN*100	4.75+0.9+(0.37+1.0[登高])×3	m	9.76
25		清扫口 *DN*100	1	个	1
26		蹲便器(自闭冲洗)	3×3	个	9
27		挂斗式小便器(自闭冲洗)	3×3	个	9
28		台式洗面盆	2×3	个	6

（2）工程量汇总表

对表 2-39 数据进行分类汇总，汇总结果见表 2-40。

表 2-40　工程量汇总表

序号	项目名称	计算式	计量单位	工程量
1	UPVC 排水管 *DN*50	6.0+9.49	m	15.49
2	UPVC 排水管 *DN*75	9.36+7.0	m	16.36
3	UPVC 排水管 *DN*100	13.45+19.58+9.76	m	42.79
4	UPVC 排水管 *DN*150	2.87	m	2.87
5	衬塑镀锌钢管 *DN*15	35.85	m	35.85
6	衬塑镀锌钢管 *DN*20	4.80	m	4.80
7	衬塑镀锌钢管 *DN*25	37.50	m	37.50
8	衬塑镀锌钢管 *DN*32	2.70	m	2.70
9	衬塑镀锌钢管 *DN*40	0.75	m	0.75
10	衬塑镀锌钢管 *DN*50	3.8+0.3	m	4.10
11	衬塑镀锌钢管 *DN*70	10.11	m	10.11
12	刚性防水套管 *DN*150	1	个	1
13	钢套管 *DN*150	2	个	2
14	螺纹截止阀 *DN*25	3	个	3
15	螺纹截止阀 *DN*40	3	个	3
16	螺纹闸阀 *DN*70	1	个	1
17	台式洗面盆	6	个	6
18	蹲便器(自闭冲洗)	9	个	9
19	挂斗式小便器(自闭冲洗)	9	个	9

续表

序号	项目名称	计算式	计量单位	工程量
20	地漏 $DN50$	3	个	3
21	清扫口 $DN100$	3	个	3

（3）工程量清单编制（表 2-41～表 2-52）

表 2-41 封面

××给排水____工程

招标工程量清单

招 标 人：________
（单位盖章）

造价咨询人：________
（单位盖章）

年 月 日

表 2-42　总　说　明

工程名称：××给排水工程　　　　第　页　共　页

1. 工程概况：建设规模(m^2)、建筑层数(层)、计划工期、施工现场实际情况、交通运输情况、自然地理条件、环境保护要求等。
2. 工程招标范围。
3. 工程量清单编制依据。
4. 其他需说明的问题。

表 2-43　分部分项工程和单价措施项目清单与计价表

工程名称：××给排水工程　　　　标段：　　　　第　页　共　页

序号	项目编码	项目名称	项目特征	计量单位	工程量	金额/元		
						综合单价	合价	其中 暂估价
1	031001006001	塑料管	1. 安装部位:室内 2. 介质:污水 3. 材质、规格:UPVC *DN*50 4. 连接形式:胶水粘接	m	15.49			
2	031001006002	塑料管	1. 安装部位:室内 2. 介质:污水 3. 材质、规格:UPVC *DN*75 4. 连接形式:胶水粘接	m	16.36			
3	031001006003	塑料管	1. 安装部位:室内 2. 介质:污水 3. 材质、规格:UPVC *DN*100 4. 连接形式:胶水粘接	m	42.79			
4	031001006004	塑料管	1. 安装部位:室内 2. 介质:污水 3. 材质、规格:UPVC *DN*150 4. 连接形式:胶水粘接	m	2.87			
5	031001007001	复合管	1. 安装部位:室内 2. 介质:给水 3. 材质、规格:衬塑镀锌钢管 *DN*15 4. 连接形式:螺纹连接 5. 压力试验及吹洗设计要求:水冲洗	m	35.85			
6	031001007002	复合管	1. 安装部位:室内 2. 介质:给水 3. 材质、规格:衬塑镀锌钢管 *DN*20 4. 连接形式:螺纹连接 5. 压力试验及吹洗设计要求:水冲洗	m	4.80			
7	031001007003	复合管	1. 安装部位:室内 2. 介质:给水 3. 材质、规格:衬塑镀锌钢管 *DN*25 4. 连接形式:螺纹连接 5. 压力试验及吹洗设计要求:水冲洗	m	37.50			

续表

序号	项目编码	项目名称	项目特征	计量单位	工程量	金额/元		
						综合单价	合价	其中 暂估价
8	031001007004	复合管	1. 安装部位:室内 2. 介质:给水 3. 材质、规格:衬塑镀锌钢管 DN32 4. 连接形式:螺纹连接 5. 压力试验及吹洗设计要求:水冲洗	m	2.70			
9	031001007005	复合管	1. 安装部位:室内 2. 介质:给水 3. 材质、规格:衬塑镀锌钢管 DN40 4. 连接形式:螺纹连接 5. 压力试验及吹洗设计要求:水冲洗	m	0.75			
10	031001007006	复合管	1. 安装部位:室内 2. 介质:给水 3. 材质、规格:衬塑镀锌钢管 DN50 4. 连接形式:螺纹连接 5. 压力试验及吹洗设计要求:水冲洗	m	4.10			
11	031001007007	复合管	1. 安装部位:室内 2. 介质:给水 3. 材质、规格:衬塑镀锌钢管 DN70 4. 连接形式:螺纹连接 5. 压力试验及吹洗设计要求:水冲洗	m	10.11			
12	031002003001	套管	1. 名称、类型:刚性防水套管 2. 规格:DN150	个	1			
13	031002003002	套管	1. 名称、类型:钢套管 2. 规格:DN150	个	2			
14	031003001001	螺纹阀门	1. 类型:螺纹截止阀 2. 材质:铜 3. 规格、压力等级:DN25 4. 连接形式:螺纹	个	3			
15	031003001002	螺纹阀门	1. 类型:螺纹截止阀 2. 材质:铜 3. 规格、压力等级:DN40 4. 连接形式:螺纹	个	3			
16	031003001003	螺纹阀门	1. 类型:螺纹闸阀 2. 材质:铸铁 3. 规格、压力等级:DN70 4. 连接形式:螺纹	个	1			
17	031004003001	洗脸盆	1. 规格、类型:台式洗面盆 2. 组装形式:单冷水	组	6			

续表

序号	项目编码	项目名称	项目特征	计量单位	工程量	金额/元		
						综合单价	合价	其中 暂估价
18	031004006001	大便器	1. 规格、类型：蹲便器 2. 组装形式：延时自闭阀冲洗 $DN25$	组	9			
19	031004007001	小便器	1. 规格、类型：挂斗式小便器（自闭冲洗） 2. 组装形式：延时自闭阀冲洗	组	9			
20	031004014001	给、排水附（配）件	1. 材质：地漏 2. 型号、规格：$DN50$	个	3			
21	031004014002	给、排水附（配）件	1. 材质：清扫口 2. 型号、规格：$DN100$	个	3			
分部分项合计								
22	031301017001	脚手架搭拆		项	1			
单价措施合计								
合计								

表 2-44　总价措施项目清单与计价表

工程名称：××给排水工程　　标段：　　第　页　共　页

序号	项目编码	项目名称	计算基础	费率/%	金额/元	调整费率/%	调整后金额/元	备注
1	031302001001	安全文明施工基本费						
2	031302001002	安全文明施工省级标化增加费						
3	031302002001	夜间施工						
4	031302002001	非夜间施工照明						
5	031302005001	冬雨季施工						
6	031302006001	已完工程及设备保护						
7	031302008001	临时设施						
8	031302009001	赶工措施						
9	031302010001	工程按质论价						
10	031302011001	住宅分户验收						
合　计								

表 2-45　其他项目清单与计价汇总表

工程名称：××给排水工程　　标段：　　第　页　共　页

序号	项目名称	金额/元	结算金额/元	备注
1	暂列金额			
2	暂估价			
2.1	材料（工程设备）暂估价	—		
2.2	专业工程暂估价			
3	计日工			
4	总承包服务费			
合　计				—

表 2-46 暂列金额明细表

工程名称：××给排水工程　　标段：　　第 页 共 页

序号	项目名称	计量单位	暂估金额/元	备注
合 计				—

表 2-47 材料（工程设备）暂估单价及调整表

工程名称：××给排水工程　　标段：　　第 页 共 页

序号	材料编码	材料(工程设备)名称、规格、型号	计量单位	数量		暂估价/元		确认价/元		差价(±)/元		备注
				投标	确认	单价	合价	单价	合价	单价	合价	
合 计												—

表 2-48 专业工程暂估价及结算价表

工程名称：××给排水工程　　标段：　　第 页 共 页

序号	工程名称	工程内容	暂估金额/元	结算金额/元	差额(±)/元	备注
合 计						—

表 2-49 计日工表

工程名称：××给排水工程　　标段：　　第 页 共 页

编号	项目名称	单位	暂定数量	综合单价	合价
一	人工				
人工小计					
二	材料				
材料小计					
三	机械				
施工机械小计					
四	企业管理费和利润				
总 计					

表 2-50 总承包服务费计价表

工程名称：××给排水工程　　标段：　　第 页 共 页

序号	项目名称	项目价值/元	服务内容	计算基础	费率/%	金额/元
合 计						—

表 2-51 规费、税金项目计价表

工程名称：××给排水工程　　标段：　　第 页 共 页

序号	项目名称	计算基础	计算基数/元	计算费率/%	金额/元
1	规费				
1.1	工程排污费	分部分项工程费＋措施项目费＋其他项目费－工程设备费		0.1	
1.2	社会保险费			2.2	
1.3	住房公积金			0.38	
2	税金	分部分项工程费＋措施项目费＋其他项目费＋规费－按规定不计税的工程设备金额		3.48	
合计					

表 2-52 发包人提供材料和工程设备一览表

工程名称：××给排水工程　　标段：　　第 页 共 页

序号	材料编码	材料(工程设备)名称、规格、型号	单位	数量	单价/元	合价/元	交货方式	送达地点	备注

(4) 招标控制价编制（表 2-53～表 2-69）

表 2-53 封面

××给排水 工程

招标控制价

招标控制价(小写)：27639.23 元

(大写)：贰万柒仟陆佰叁拾玖元贰角叁分

招 标 人：________（单位盖章）

造价咨询人：________（单位资质专用章）

法定代表人或其授权人：________（签字或盖章）

法定代表人或其授权人：________（签字或盖章）

编 制 人：________（造价人员签字盖专用章）

复 核 人：________（造价工程师签字盖专用章）

编制时间： 年 月 日

复核时间： 年 月 日

表 2-54 总说明

工程名称：××给排水工程　　　　第　页 共　页

1. 工程概况：建设规模(m^2)、建筑层数(层)、计划工期、施工现场实际情况、交通运输情况、自然地理条件、环境保护要求等。
2. 工程招标范围。
3. 工程量清单编制依据。
4. 其他需说明的问题。

表 2-55 建设项目招标控制价汇总表

工程名称：××给排水工程　　　　第　页 共　页

序号	单项工程名称	金额/元	其中		
			暂估价/元	安全文明施工费/元	规费/元
1	××给排水工程	27639.23		426.23	697.14
合计		27639.23		426.23	697.14

表 2-56 单项工程招标控制价汇总表

工程名称：××给排水工程　　　　第　页 共　页

序号	单项工程名称	金额/元	其中		
			暂估价/元	安全文明施工费/元	规费/元
1	××给排水工程	27639.23		426.23	697.14
合计		27639.23		426.23	697.14

表 2-57 单位工程招标控制价汇总表

工程名称：××给排水工程　　标段：　　第　页 共　页

序号	汇总内容	金额/元	其中：暂估价/元
1	分部分项工程	24840.20	
1.1	人工费	4100.01	
1.2	材料费	18522.68	
1.3	施工机具使用费	44.48	
1.4	企业管理费	1599.02	
1.5	利润	574.06	
2	措施项目	1172.39	—
2.1	单价措施项目费	232.17	—
2.2	总价措施项目费	940.22	
2.2.1	其中：安全文明施工措施费	426.23	
3	其他项目		—
3.1	其中：暂列金额		—
3.2	其中：专业工程暂估价		—
3.3	其中：计日工		—
3.4	其中：总承包服务费		—

续表

序号	汇总内容	金额/元	其中:暂估价/元
4	规费	697.14	—
4.1	工程排污费	26.01	—
4.2	社会保险费	572.28	—
4.3	住房公积金	98.85	—
5	税金	929.50	—
招标控制价合计＝1＋2＋3＋4＋5		27639.23	

表 2-58　分部分项工程和单价措施项目清单与计价表

工程名称：××给排水工程　　标段：　　第　页　共　页

序号	项目编码	项目名称	项目特征	计量单位	工程量	金额/元		
						综合单价	合价	其中 暂估价
1	031001006001	塑料管	1. 安装部位:室内 2. 介质:污水 3. 材质、规格:UPVC *DN*50 4. 连接形式:胶水粘接	m	15.49	27.36	423.81	
2	031001006002	塑料管	1. 安装部位:室内 2. 介质:污水 3. 材质、规格:UPVC *DN*75 4. 连接形式:胶水粘接	m	16.36	41.99	686.96	
3	031001006003	塑料管	1. 安装部位:室内 2. 介质:污水 3. 材质、规格:UPVC *DN*100 4. 连接形式:胶水粘接	m	42.79	58.85	2518.19	
4	031001006004	塑料管	1. 安装部位:室内 2. 介质:污水 3. 材质、规格:UPVC *DN*150 4. 连接形式:胶水粘接	m	2.87	84.05	241.22	
5	031001007001	复合管	1. 安装部位:室内 2. 介质:给水 3. 材质、规格:衬塑镀锌钢管 *DN*15 4. 连接形式:螺纹连接 5. 压力试验及吹洗设计要求:水冲洗	m	35.85	46.16	1654.84	
6	031001007002	复合管	1. 安装部位:室内 2. 介质:给水 3. 材质、规格:衬塑镀锌钢管 *DN*20 4. 连接形式:螺纹连接 5. 压力试验及吹洗设计要求:水冲洗	m	4.80	51.09	245.23	
7	031001007003	复合管	1. 安装部位:室内 2. 介质:给水 3. 材质、规格:衬塑镀锌钢管 *DN*25 4. 连接形式:螺纹连接 5. 压力试验及吹洗设计要求:水冲洗	m	37.50	64.39	2414.63	
8	031001007004	复合管	1. 安装部位:室内 2. 介质:给水 3. 材质、规格:衬塑镀锌钢管 *DN*32 4. 连接形式:螺纹连接 5. 压力试验及吹洗设计要求:水冲洗	m	2.70	76.49	206.52	

续表

序号	项目编码	项目名称	项目特征	计量单位	工程量	金额/元		
						综合单价	合价	其中 暂估价
9	031001007005	复合管	1. 安装部位:室内 2. 介质:给水 3. 材质、规格:衬塑镀锌钢管 *DN*40 4. 连接形式:螺纹连接 5. 压力试验及吹洗设计要求:水冲洗	m	0.75	89.07	66.80	
10	031001007006	复合管	1. 安装部位:室内 2. 介质:给水 3. 材质、规格:衬塑镀锌钢管 *DN*50 4. 连接形式:螺纹连接 5. 压力试验及吹洗设计要求:水冲洗	m	4.10	86.09	352.97	
11	031001007007	复合管	1. 安装部位:室内 2. 介质:给水 3. 材质、规格:衬塑镀锌钢管 *DN*70 4. 连接形式:螺纹连接 5. 压力试验及吹洗设计要求:水冲洗	m	10.11	134.57	1360.50	
12	031002003001	套管	1. 名称、类型:刚性防水套管 2. 规格:*DN*150	个	1	91.44	91.44	
13	031002003002	套管	1. 名称、类型:钢套管 2. 规格:*DN*150	个	2	70.15	140.30	
14	031003001001	螺纹阀门	1. 类型:螺纹截止阀 2. 材质:铜 3. 规格、压力等级:*DN*25 4. 连接形式:螺纹	个	3	57.12	171.36	
15	031003001002	螺纹阀门	1. 类型:螺纹截止阀 2. 材质:铜 3. 规格、压力等级:*DN*40 4. 连接形式:螺纹	个	3	92.78	278.34	
16	031003001003	螺纹阀门	1. 类型:螺纹闸阀 2. 材质:铸铁 3. 规格、压力等级:*DN*70 4. 连接形式:螺纹	个	1	156.25	156.25	
17	031004003001	洗脸盆	1. 规格、类型:台式洗面盆 2. 组装形式:单冷水	组	6	704.25	4225.50	
18	031004006001	大便器	1. 规格、类型:蹲便器 2. 组装形式:延时自闭阀冲洗 *DN*25	组	9	485.24	4367.16	
19	031004007001	小便器	1. 规格、类型:挂斗式小便器(自闭冲洗) 2. 组装形式:延时自闭阀冲洗	组	9	567.55	5107.95	
20	031004014001	给、排水附(配)件	1. 材质:地漏 2. 型号、规格:*DN*50	个	3	24.84	74.52	
21	031004014002	给、排水附(配)件	1. 材质:清扫口 2. 型号、规格:*DN*100	个	3	18.57	55.71	
			分部分项合计				24840.2	
22	031301017001	脚手架搭拆		项	1	232.17	232.17	
			单价措施合计				232.17	
			合计				25072.37	

表 2-59　综合单价分析表

工程名称：××给排水工程　　　　标段：　　　　第　页　共　页

项目编码	031001006001	项目名称	塑料管	计量单位	m	工程量	15.49

清单综合单价组成明细

定额编号	定额项目名称	定额单位	数量	单价/元					合价/元				
				人工费	材料费	机械费	管理费	利润	人工费	材料费	机械费	管理费	利润
10-309	室内承插塑料排水管（零件粘接）DN50	10m	0.1	107.3	23.19	1.12	41.85	15.02	10.73	2.32	0.11	4.19	1.5
综合人工工日		小计							10.73	2.32	0.11	4.19	1.5
0.145 工日		未计价材料费							8.51				
清单项目综合单价									27.36				

材料费明细	主要材料名称、型号、规格	单位	数量	单价/元	合价/元	暂估单价/元	暂估合价/元
	承插塑料排水管　DN50	m	0.967	6	5.80		
	承插塑料排水管件　DN50	个	0.902	3	2.71		
	聚氯乙烯热熔密封胶	kg	0.011	12.5	0.14		
	丙酮	kg	0.017	6	0.10		
	钢锯条	根	0.051	0.24	0.01		
	透气帽(铅丝球)　DN50	个	0.026	1.93	0.05		
	铁砂布　2#	张	0.07	1	0.07		
	棉纱头	kg	0.021	6.5	0.14		
	膨胀螺栓　M12×200	套	0.274	3.5	0.96		
	精致带母镀锌螺栓　M6～12×12～50	套	0.52	0.38	0.20		
	扁钢<—59	kg	0.06	4.25	0.26		
	水	m^3	0.016	4.7	0.08		
	电焊条　J422　ϕ3.2	kg	0.002	4.4	0.01		
	镀锌铁丝　13#～17#	kg	0.005	6	0.03		
	电	kW·h	0.15	0.89	0.13		
	其他材料费	元	0.15	1	0.15		
	其他材料费			—		—	
	材料费小计			—	10.83	—	

表 2-60 分部分项工程量清单综合单价分析表

工程名称：给排水案例　　　　标段：新标段

注：1.清单序号 10，定额 C10-175 换，人工含量由 2.8 改成 0.9；
2.清单序号 17，定额 C10-680，金属软管含量由 20.2 改成 10.1。

序号	项目编码	项目名称	计量单位	工程数量	综合单价/元							项目合价/元
					人工费	材料费	机械费	主材费	管理费	利润	小计	
1	031001006001	塑料管【室内;污水;UPVC *DN*50;胶水连接】	m	15.49	10.73	2.32	0.11	8.51	4.19	1.5	27.36	423.81
	C10-309	室内承插塑料排水管(零件粘接)*DN*50 以内	10m	0.1	107.3	23.19	1.12	85.08	41.85	15.02	273.56	27.36
2	031001006002	塑料管【室内;污水;UPVC *DN*75;胶水连接】	m	16.36	14.65	2.95	0.11	16.51	5.71	2.05	41.98	686.79
	C10-310	室内承插塑料排水管(零件粘接)*DN*75 以内	10m	0.1	146.52	29.5	1.12	165.11	57.14	20.51	419.9	41.99
3	031001006003	塑料管【室内;污水;UPVC *DN*100;胶水连接】	m	42.79	16.28	3.99	0.11	29.84	6.35	2.28	58.85	2518.19
	C10-311	室内承插塑料排水管(零件粘接)*DN*110 以内	10m	0.1	162.8	39.88	1.12	298.41	63.49	22.79	588.49	58.85
4	031001006004	塑料管【室内;污水;UPVC *DN*150;胶水连接】	m	2.87	23.01	3.71	0.11	45.01	8.98	3.22	84.04	241.19
	C10-312	室内承插塑料排水管(零件粘接)*DN*160 以内	10m	0.1	230.14	37.1	1.12	450.11	89.75	32.22	840.44	84.04
5	031001007001	复合管【室内;给水;衬塑镀锌钢管 *DN*15;螺纹连接;水冲洗】	m	35.85	14.49	6.5	0.15	17.34	5.65	2.03	46.16	1654.84
	C10-170	室内镀锌钢塑复合管(螺纹连接)*DN*15 以内	10m	0.1	141.34	62.58	1.46	173.4	55.12	19.79	453.69	45.37
	C10-371	管道消毒、冲洗 *DN*50 以内	100m	0.01	36.26	23.86	0	0	14.14	5.08	79.34	0.79
6	031001007002	复合管【室内;给水;衬塑镀锌钢管 *DN*20;螺纹连接;水冲洗】	m	4.8	14.49	5.31	0.15	23.46	5.65	2.03	51.09	245.23
	C10-171	室内镀锌钢塑复合管(螺纹连接)*DN*20 以内	10m	0.1	141.34	50.66	1.46	234.6	55.12	19.79	502.97	50.3
	C10-371	管道消毒、冲洗 *DN*50 以内	100m	0.01	36.26	23.86	0	0	14.14	5.08	79.34	0.79
7	031001007003	复合管【室内;给水;衬塑镀锌钢管 *DN*25;螺纹连接;水冲洗】	m	37.5	17.38	6.96	0.24	30.6	6.78	2.43	64.39	2414.63
	C10-172	室内镀锌钢塑复合管(螺纹连接)*DN*25 以内	10m	0.1	170.2	67.19	2.37	306	66.38	23.83	635.97	63.6
	C10-371	管道消毒、冲洗 *DN*50 以内	100m	0.01	36.26	23.86	0	0	14.14	5.08	79.34	0.79

续表

序号	项目编码	项目名称	计量单位	工程数量	综合单价/元							项目合价/元
					人工费	材料费	机械费	主材费	管理费	利润	小计	
8	031001007004	复合管【室内；给水；衬塑镀锌钢管 DN32；螺纹连接；水冲洗】	m	2.7	17.38	7.62	0.45	41.82	6.78	2.43	76.48	206.5
	C10-173	室内镀锌钢塑复合管(螺纹连接)DN32以内	10m	0.1	170.2	73.81	4.49	418.2	66.38	23.83	756.91	75.69
	C10-371	管道消毒、冲洗 DN50以内	100m	0.01	36.26	23.86	0	0	14.14	5.08	79.34	0.79
9	031001007005	复合管【室内；给水；衬塑镀锌钢管 DN40；螺纹连接；水冲洗】	m	0.75	20.64	7.97	0.55	48.96	8.05	2.89	89.06	66.8
	C10-174	室内镀锌钢塑复合管(螺纹连接)DN40以内	10m	0.1	202.76	77.33	5.46	489.6	79.08	28.39	882.62	88.26
	C10-371	管道消毒、冲洗 DN50以内	100m	0.01	36.26	23.86	0	0	14.14	5.08	79.34	0.79
10	031001007006	复合管【室内；给水；衬塑镀锌钢管 DN50；螺纹连接；水冲洗】	m	4.1	7.02	11.44	0.68	63.24	2.74	0.98	86.1	353.01
	C10-175换	室内镀锌钢塑复合管(螺纹连接)DN50以内	10m	0.1	66.6	111.97	6.75	632.4	25.97	9.32	853.01	85.3
	C10-371	管道消毒、冲洗 DN50以内	100m	0.01	36.26	23.86	0	0	14.14	5.08	79.34	0.79
11	031001007007	复合管【室内；给水；衬塑镀锌钢管 DN70；螺纹连接；水冲洗】	m	10.11	21.64	12.69	1.05	87.72	8.44	3.03	134.57	1360.5
	C10-176	室内镀锌钢塑复合管(螺纹连接)DN65以内	10m	0.1	211.64	123.06	10.48	877.2	82.54	29.63	1334.55	133.46
	C10-372	管道消毒、冲洗 DN100以内	100m	0.01	48.1	38.16	0	0	18.76	6.73	111.75	1.12
12	031002003001	套管【刚性防水套管；DN150】	个	1	35.89	34.53	2	0	14	5.03	91.45	91.45
	C10-391	刚性防水套管制作、安装 DN150以内	10个	0.1	358.9	345.3	20	0	139.97	50.25	914.42	91.44
13	031002003002	套管【钢套管；DN150】	个	2	25.31	29.43	2	0	9.87	3.54	70.15	140.3
	C10-400	过墙过楼板钢套管制作、安装 DN150以内	10个	0.1	253.08	294.27	20	0	98.7	35.43	701.48	70.15
14	031003001001	螺纹阀门【螺纹截止阀；铜；DN25；螺纹】	个	3	8.14	9.32	0	35.35	3.17	1.14	57.12	171.36
	C10-420	螺纹阀 DN25	个	1	8.14	9.32	0	35.35	3.17	1.14	57.12	57.12

续表

序号	项目编码	项目名称	计量单位	工程数量	综合单价/元							项目合价/元
					人工费	材料费	机械费	主材费	管理费	利润	小计	
15	031003001002	螺纹阀门【螺纹截止阀;铜;DN40;螺纹】	个	3	17.76	15.1	0	50.5	6.93	2.49	92.78	278.34
	C10-422	螺纹阀 DN40	个	1	17.76	15.1	0	50.5	6.93	2.49	92.78	92.78
16	031003001003	螺纹阀门【螺纹闸阀;铸铁;DN70;螺纹】	个	1	25.9	35.82	0	80.8	10.1	3.63	156.25	156.25
	C10-424	螺纹阀 DN65	个	1	25.9	35.82	0	80.8	10.1	3.63	156.25	156.25
17	031004003001	洗脸盆【台式洗面盆;单冷水】	组	6	89.54	11.75	0	555.5	34.92	12.54	704.25	4225.5
	C10-680	台式洗脸盆安装 台上盆	10组	0.1	895.4	117.49	0	5555	349.21	125.36	7042.46	704.25
18	031004006001	大便器【蹲便器;延时自闭阀冲洗 DN25】	组	9	45.36	32.03	0	383.8	17.69	6.35	485.23	4367.07
	C10-700	蹲式大便器安装自闭式冲洗 DN25	10套	0.1	453.62	320.34	0	3838	176.91	63.51	4852.38	485.24
19	031004007001	小便器【挂斗式小便器(自闭冲洗);延时自闭阀冲洗】	组	9	21.16	9.97	0	525.2	8.25	2.96	567.54	5107.86
	C10-707	挂斗式普通小便器安装	10套	0.1	211.64	99.72	0	5252	82.54	29.63	5675.53	567.55
20	031004014001	给、排水附(配)件【地漏;DN50】	个	3	11.25	2.63	0	5	4.39	1.58	24.85	74.55
	C10-749	地漏安装 DN50 以内	10个	0.1	112.48	26.34	0	50	43.87	15.75	248.44	24.84
21	031004014002	给、排水附(配)件【清扫口;DN100】	个	3	6.81	0.16	0	8	2.66	0.95	18.58	55.74
	C10-755	地面扫除口安装 DN100 以内	10个	0.1	68.08	1.55	0	80	26.55	9.53	185.71	18.57
合计			24839.91									

表 2-61　总价措施项目清单与计价表

工程名称：××给排水工程　　　　标段：　　　　　　　　　　　　　　　　　第　页　共　页

序号	项目编码	项目名称	计算基础	费率/%	金额/元	调整费率/%	调整后金额/元	备注
1	031302001001	安全文明施工基本费	分部分项工程费＋单价措施项目费－工程设备费	1.4	351.01			
2	31302001002	安全文明施工省级标化增加费	分部分项工程费＋单价措施项目费－工程设备费	0.3	75.22			
3	031302002001	夜间施工	分部分项工程费＋单价措施项目费－工程设备费	0.1	25.07			
4	031302003001	非夜间施工照明	分部分项工程费＋单价措施项目费－工程设备费	0.3	75.22			
5	031302005001	冬雨季施工	分部分项工程费＋单价措施项目费－工程设备费	0.1	25.07			
6	031302006001	已完工程及设备保护	分部分项工程费＋单价措施项目费－工程设备费	0.05	12.54			
7	031302008001	临时设施	分部分项工程费＋单价措施项目费－工程设备费	1.5	376.09			
8	031302009001	赶工措施						
9	031302010001	工程按质论价						
10	031302011001	住宅分户验收						
合计					940.22			

表 2-62 其他项目清单与计价汇总表

工程名称：××给排水工程 标段： 第 页 共 页

序号	项目名称	金额/元	结算金额/元	备注
1	暂列金额			
2	暂估价			
2.1	材料(工程设备)暂估价	—		
2.2	专业工程暂估价			
3	计日工			
4	总承包服务费			
合计				—

表 2-63 暂列金额明细表

工程名称：××给排水工程 标段： 第 页 共 页

序号	项目名称	计量单位	暂估金额/元	备注
合计				—

表 2-64 材料（工程设备）暂估单价及调整表

工程名称：××给排水工程 标段： 第 页 共 页

序号	材料编码	材料(工程设备)名称、规格、型号	计量单位	数量		暂估价/元		确认价/元		差价(±)/元		备注
				投标	确认	单价	合价	单价	合价	单价	合价	
合计												—

表 2-65 专业工程暂估价及结算价表

工程名称：××给排水工程 标段： 第 页 共 页

序号	工程名称	工程内容	暂估金额/元	结算金额/元	差额(±)/元	备注
合计						—

表 2-66 计日工表

工程名称：××给排水工程 标段： 第 页 共 页

编号	项目名称	单位	暂定数量	综合单价/元	合价/元
一	人工				
人工小计					

续表

编号	项目名称	单位	暂定数量	综合单价/元	合价/元
二	材料				
	材料小计				
三	机械				
	施工机械小计				
四	企业管理费和利润				
	总计				

表 2-67 总承包服务费计价表

工程名称：××给排水工程　　　　标段：　　　　第　页　共　页

序号	项目名称	计量单位	暂定金额/元	备注
合计			—	

表 2-68 规费、税金项目计价表

工程名称：××给排水工程　　　　标段：　　　　第　页　共　页

序号	项目名称	计算基础	计算基数/元	计算费率/%	金额/元
1	规费	分部分项工程费＋措施项目费＋其他项目费工程－工程设备费			697.14
1.1	工程排污费		26012.59	0.1	26.01
1.2	社会保险费		26012.59	2.2	572.28
1.3	住房公积金		26012.59	0.38	98.85
2	税金	分部分项工程费＋措施项目费＋其他项目费＋规费－按规定不计税的工程设备金额	26709.73	3.48	929.50
	合计				1626.64

表 2-69 发包人提供材料和工程设备一览表

工程名称：××给排水工程　　　　标段：　　　　第　页　共　页

序号	材料编码	材料（工程设备）名称、规格、型号	单位	数量	单价/元	合价/元	交货方式	送达地点	备注
1									

承包人提供主要材料和工程设备一览表（略）。

单元小结

室内给水系统一般由引入管、水表节点、给水管网、用水设备、给水附件等组成。室内排水系统一般由卫生器具、横支管、立管、排出管、通气系统、清通设备、特殊设备等组成。识读给排水施工图，注意识读顺序，将平面图和系统图对照识读。

在编制给排水、采暖、燃气工程工程量清单时，应依据《通用安装工程工程量计算规范》(GB 50856—2013) 附录 K 计算分部分项工程量并列出项目特征。各种管道项目计量时通常分为室内和室外两部分，分别列项计算。在进行分部分项工程量清单计价时，要依据计价定额计算规则及计价定额综合单价来完成。

思考题

一、选择题

1. 下列哪些不属于计价定额《第十册　给排水、采暖、燃气工程》工程量计算规范中钢管清单子目的工作内容（　　）。

A. 压力试验　　　　B. 警示带铺设

C. 管道接口保温　　D. 管件制作、安装

2. 关于第十册界线划分表述正确的是（　　）。

A. 给水管道室内外界线以建筑物外墙皮 1.5m 为界

B. 排水管道室内外以出户第一个排水检查井为界

C. 采暖热源管道与工业管道界线以锅炉房或泵站外墙 1.5m 为界

D. 排水管道的室外管道与市政管道界线以与市政管道碰头点为界

3. 第十册管道安装工程包含以下工作内容（　　）。

A. 管道及接头零件安装

B. 水冲洗、水压试验或灌水试验

C. 室内 *DN*32 以内钢管包括管卡及拖钩制作安装

D. 穿墙及过楼板铁皮套管安装人工

4. 以下关于卫生器具安装的说法不正确的是（　　）。

A. 小便槽冲洗管制作安装定额中，包含阀门安装的工作

B. 饮水器设备安装中已经包含阀门和脚踏开关的安装

C. 普通冷水嘴洗脸盆安装定额中不包含水嘴和铜截止阀的安装内容

D. 浴盆安装定额中不包含浴盆周边砌砖和瓷砖粘贴工作

5. 下列关于《江苏省安装工程计价定额》(2014 版) 中说法不正确的为（　　）。

A. 塑料给水管安装中，包含了热熔管件的安装费，不含热熔管件的材料费

B. 承插塑料排水管安装中，包含了塑料排水管件的安装费，不含塑料排水管件的材料费

C. 镀锌钢管（螺纹连接）安装中，包含了镀锌钢管管件的安装费，不含镀锌钢管管件的材料费

D. 承插煤气铸铁管安装中，包含了铸铁管管件的安装费，不含铸铁管管件的材料费

6. 下列关于计价定额《第十册　给排水、采暖、燃气工程》计价定额中说法不正确的是（　　）。

A. 单件支架质量 100kg 以上的管道支架，执行设备支架制作、安装

B. 钢管焊接挖眼接管工作，均在定额中综合取定，不得另行计算

C. 民用住宅中管道的刚性防水套管安装应执行计价定额《第十册 给排水、采暖、燃气工程》相应定额

D. 坐式大便器安装定额中，包含了角阀的安装费，不包含角阀的材料费

二、案例题

请根据给定的给排水工程施工图（图 2-25～图 2-28），按照《建设工程工程量清单计价规范》（GB 50500—2013）、《通用安装工程工程量计算规范》（GB 50856—2013），计算工程量并编制分部分项工程量清单。

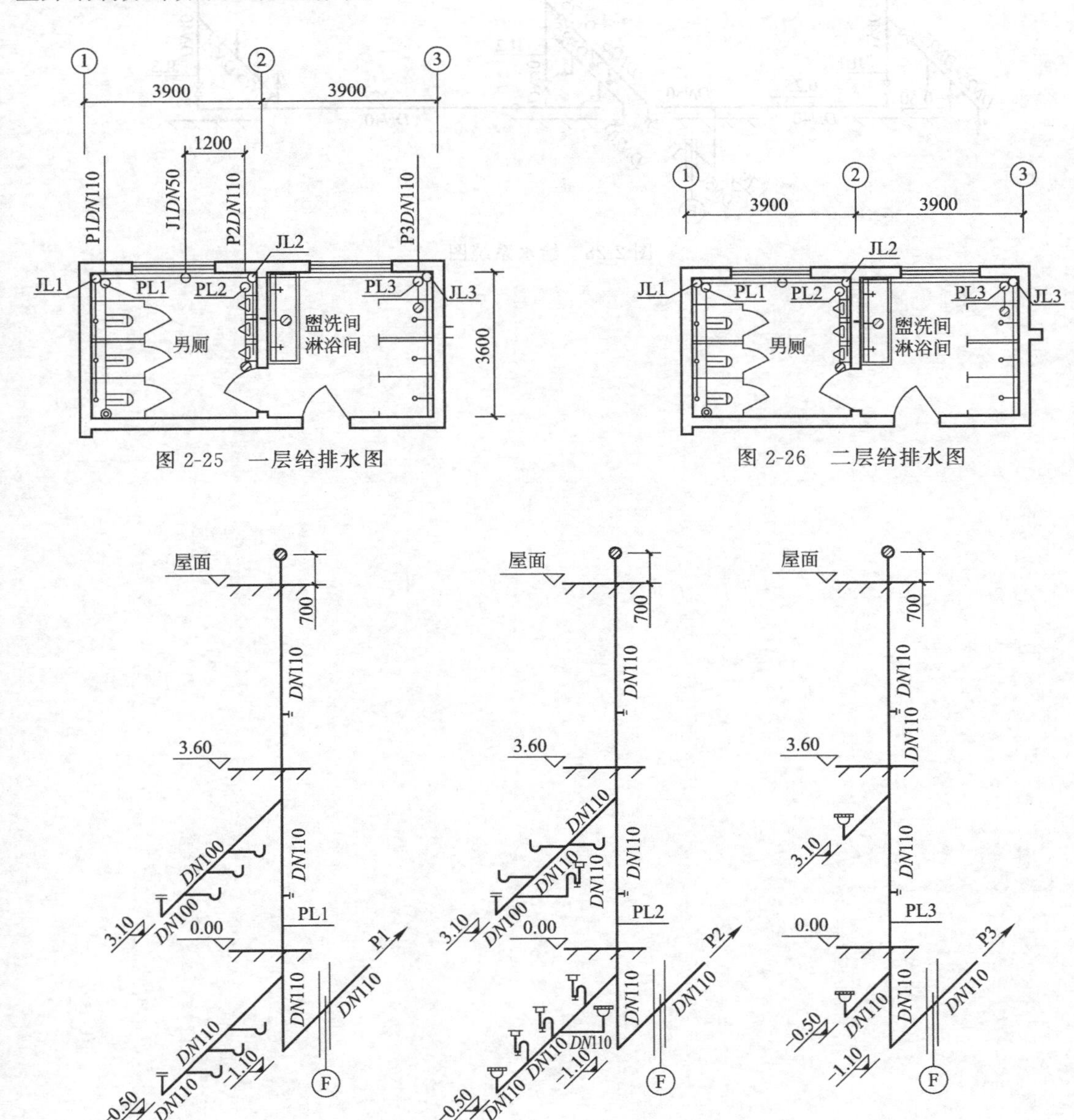

图 2-25 一层给排水图

图 2-26 二层给排水图

图 2-27 排水系统图

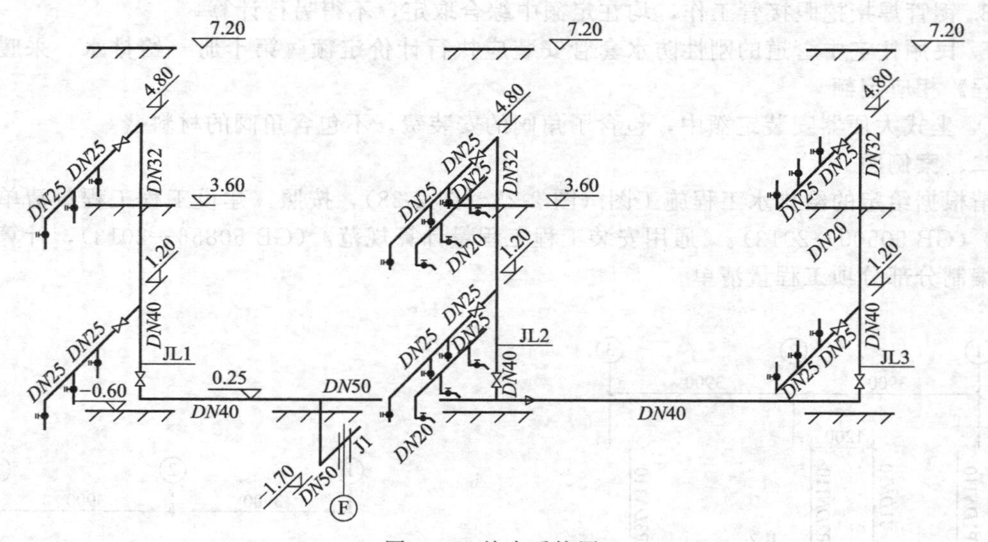
7.20
4.80
DN25
DN32
3.60
1.20
DN40
JL1
−0.60
0.25
DN40
DN50
−1.70
DN50
J1
F
DN20
JL2
JL3

图 2-28 给水系统图

单元三

电气工程工程量清单计价

单元任务

通过本单元的学习，了解民用建筑室内强弱电系统，掌握电气工程施工图的识读，完成项目××商铺楼电气工程工程量计算、工程量清单的编制和招标控制价的编制。

知识目标

了解民用建筑室内强弱电系统；

掌握电气工程图纸的识读方法；

掌握电气工程工程量清单的计算规则；

掌握电气工程定额计价的方法

能力目标

能完整正确的识读电气工程施工图；

能准确计算电气工程清单工程量；

能根据计价定额进行电气工程工程量清单计价；

能够正确理解和编制一套完整的电气工程的清单预算

拓展目标

通过工程量计算、汇总训练，培养耐心细致的作风；

通过分析电气工程各册定额的区别与联系，培养分析问题的能力；

通过案例学习，培养分析问题解决问题的能力

单元知识导航

- 知识准备—基本知识
  - 电气工程系统的组成与分类
  - 电气安装工程施工技术
  - 电气安装工程施工图识读
- 知识准备—工程量清单计价知识
  - 电气安装工程工程量清单计价
  - 电气安装工程工程清单计价实例

知识准备——基本知识

3.1 电气工程系统的组成与分类

3.1.1 电力系统的基本概念

由各种电压的电力线路将发电厂、变电所和电力用户联系起来的一个发电、输电、变电、配电和用电的整体，叫做电力系统。如图 3-1 所示。

发电厂→国家电网→区域电网→城市电网→小区（工厂）→小区变电所→各栋住宅→住户→各用电电器。

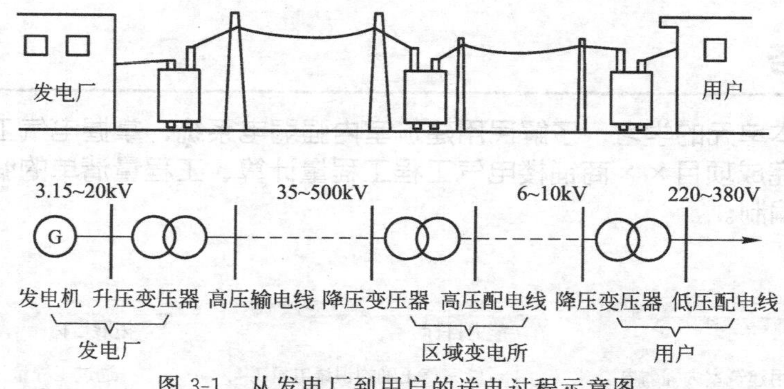

图 3-1 从发电厂到用户的送电过程示意图

（1）发电厂　产生电能的方式：摩擦起电和线圈在磁场运动，目前发电主要是利用线圈在磁场里运动产生电流的原理。

（2）电力网　电力网是输送、变换和分配电能的设备，由变配电所和输配电线路组成。变配电所用于接收电能、变换电压和分配电能；输配电线路是输送电能的通道。一般把 35kV 及以上电压的输配电线路称为送电线路，把 10kV 及以下线路称为配电线路。高压输配电可以减小线路的断面，从而节省造价，线径越大，电阻越小，电能的损耗越小。

（3）电力用户（电力负荷）　电力用户是一切消耗电能的用电设备，将电能转换为其他形式的能量。电力用电设备，如电动机等，将电能转换为机械能；电热用电设备，如电炉等，将电能转换为热能；照明用电设备，如电灯，将电能转换为光能。

3.1.2 民用建筑的供配电系统

一般情况下将高压输电线路至小区变电所之间的线路称为高压供电系统；小区变电所至各建筑物之间的线路称为低压供电系统；建筑物内主供电线路称为低压配电系统。

（1）高压供电系统　一般情况下，当变压器总容量在 500kV·A 以下时，可以在低压侧计量电度，称为“高供低计”。当变压器的总容量在 500kV·A 以上时，必须在高压侧计量电度，称为“高供高计”。

（2）低压供电系统　低压供电系统分为照明供电和动力供电两种系统，照明电源一般采用单相电源供电，而动力电源一般采用三相电源；同时也分为单电源和双电源的供电方式。

（3）低压配电系统　低压配电系统由配电装置（配电盘）及配电线路（干线及分支线）组成。方式有放射式、树干式、链式、环形及混合式等数种。大多数情况采用树干式和放射式的混合配电方式。

3.1.3　电气照明基本概念

（1）电光源　利用电能发电的光源称为电光源，俗称“灯泡”。电光源按其发光原理分为热辐射电光源（如白炽灯、卤钨灯等）和气体放电电光源（如荧光灯、高压汞灯、高压钠灯、金属卤化物灯和氙灯等）以及 LED 光源（即发光二极管）三大类。

二维码10

电光源

（2）照明器

① 控照器。俗称灯罩，其主要作用是固定光源，将光源的光线按照需要的方向进行分布、保护光源不受外力损伤、限制光源的眩光作用，以及和光源配合起装饰作用。

控照器和电光源一起称为照明器。

② 照明器分类。按照明器结构可分为：开启型（光源与外界空间直接接触，无罩包合）、闭合型（具有闭合的透光罩，内外能自由通气）、封闭型（透光灯罩固定处加以一般封闭，内外空气可有限流通）、密闭型（灯罩固定处紧密封闭，内外不能通气）和防爆型（灯罩及固定处可承受要求的压力）。

（3）照明方式及种类

① 照明方式：照明方式是按照明器的布置特点来区分的，它分为一般照明、局部照明、混合照明。

② 照明种类：照明种类是按照明的功能来划分的，它分为正常照明、事故照明（应急照明）、值班照明、警卫照明和障碍照明等。

事故照明（应急照明）一般需要采用双电源；双电源有两种形式：一种是自带双电源（蓄电池）；另一种就是由配电箱提供双电源。

3.1.4　建筑物防雷系统

3.1.4.1　建筑物防雷分类

建筑物应根据其重要性、使用性质、发生雷电事故的可能性和后果，按防雷要求分为三类。

（1）第一类防雷建筑物　指制造、使用或储存炸药、火药、起爆药、军工用品等大量爆炸物质的建筑物，因电火花而引起爆炸，会造成巨大破坏和人身伤亡的建筑物等。

（2）第二类防雷建筑物　指国家级重点文物保护的建筑物、国家级办公建筑物、大型展览和博览建筑物、大型火车站、国宾馆、国家级档案馆、大型城市的重要给水水泵房等特别重要的建筑物及对国民经济有重要意义且装有大量电子设备的建筑物等。

（3）第三类防雷建筑物　指省级重点文物保护的建筑物及省级档案馆、预计雷击次数较大的工业建筑物、住宅、办公楼等一般性民用建筑物。

3.1.4.2　防雷系统安装方法及要求

属于防雷系统的有避雷网、避雷针、独立避雷针、避雷针引下线等。

（1）避雷网安装　分为沿混凝土块敷设和沿支架敷设。

沿混凝土块敷设：混凝土块为一梯形棱台，在土建做屋面层之前按照图纸及规定的时间把混凝土块做好（混凝土块为预制），待土建施工完毕，混凝土块已基本牢固，然后将避雷带用焊接或用卡子固定于混凝土块的支架上。在屋脊上水平敷设时，要求支座间距为 1m，转弯处为 0.5m。

沿支架敷设：根据建筑物结构、形状的不同分为沿天沟敷设、沿女儿墙敷设。所有防雷装置的各种金属件必须镀锌。水平敷设时要求支架间距为1m，转弯处间距为0.5m。

（2）避雷针安装　分为在烟囱上安装、在建筑物上安装、在金属容器上安装。

在烟囱上安装：根据烟囱的不同高度，一般安装1～3根避雷针，要求在引下线离地面1.8m处加断接卡子，并用角钢加以保护，避雷针应热镀锌。

在建筑物上安装：避雷针在屋顶上及侧墙上安装应参照有关标准进行施工。避雷针安装应包括底板、肋板、螺栓等。避雷针由安装施工单位根据图纸自行制作。

（3）独立避雷针安装　独立避雷针安装分为钢筋混凝土环形杆独立避雷针和钢筋结构独立避雷针两种。

（4）引下线安装　引下线可采用扁钢和圆钢敷设，也可利用建筑物内的金属体（如结构柱内钢筋）。单独敷设时，必须采用镀锌制品，且其规格必须不小于下列规定：扁钢截面积为48mm^2，厚度为4mm；圆钢直径为12mm。

3.1.4.3　接地系统安装方法及要求

接地系统包括接地极、户外接地母线、户内接地母线、接地跨接线、构架接地、防静电等。接地系统常用的材料有等边角钢、圆钢、扁钢、镀锌等边角钢、镀锌圆钢、镀锌扁钢、铜板、裸铜线、钢管等。

（1）接地极制作、安装　分为钢管接地极、角钢接地极、圆钢接地极、扁钢接地极、铜板接地极等。常用的为钢管接地极和角钢接地极。

接地极垂直敷设：根据图纸中的位置开沟，一般沟深为0.8m，下口宽为0.4m，上口宽为0.5m。再将角钢或钢管接地极的一端削尖，将有尖的一头立放在已挖好的沟底上，垂直打入沟内2m深，在沟底上部余留50mm。将图纸规定的数量敷设完，再用扁钢将角钢接地极连接起来，即将扁钢牢固地焊接在预留沟底上（50mm）的角钢接地极上（一般接地极长为2.5m，垂直接地极的间距不宜小于其长度的2倍，通常为5m），焊接处应涂沥青，最后回填土。

接地极水平敷设：在土壤条件极差的山石地区采用接地极水平敷设。首先在山石地段开挖地沟（采用爆破方法），一般沟长为15m，宽为0.8m，深为1.5m，沟内全部回填黄黏土并夯实。从底部分层夯实至0.5m标高时，将接地扁钢按图纸的要求水平排列3根，间距为160mm，长度为15m，再用40mm×4mm×700mm的扁钢，在垂直方向与上述3根水平排列的扁钢用焊接连接起来，每隔1.5m的间距焊接一根，要求接地装置全部采用镀锌扁钢，所有焊接点处均刷沥青。接地电阻应小于4Ω，超过时，应补增接地装置的长度。

高土壤电阻率地区降低接地电阻的措施：可采取换土；对土壤进行处理，常用的材料有炉渣、木炭、电石渣、石灰、食盐等；利用长效降阻剂；深埋接地体，岩石以下5m；污水引入；深井埋地20m。

（2）户外接地母线敷设　户外接地母线大部分采用埋地敷设。接地线的连接采用搭接焊，其搭接长度是：扁钢厚度的2倍；圆钢为直径的6倍；圆钢与扁钢连接时，其长度为圆钢直径的6倍；扁钢与钢管或角钢焊接时，为了连接可靠，除应在其接触部位两侧进行焊接外，还应焊上由钢带弯成的弧形卡子，或直接用钢带弯成弧形（或直角形）与钢管或角钢焊接。回填时，不应夹有石块、建筑材料或垃圾等。

（3）户内接地母线敷设　户内接地母线大多是明设，分支线与设备连接的部分大多数为埋设。

3.1.5 电话系统

（1）电话的通信方式　模拟通信和数字通信（都是双向通信）。

模拟通信：模拟通信方式指通信信号是以模拟声波的电信号传输的；电话机中有发话器和受话器，甲地讲话的声波由发话器转换为相应的模拟电信号，经传输线路、交换设备等环节，传至乙地的受话器后还原成声波为乙方收听。

数字通信：是将发话器输出的模拟电信号，经“模-数转换器（A-D）”变为一系列的“0”和“1”组成的数字信号再传送，最后经“数-模转换器（D-A）”将数字信号转换为模拟电信号，由受话器还原成声波。

（2）电话通信系统的组成　数字通信只是模拟通信的扩展形式，固定电话在用户端还是以模拟形式进行通信的。

电话通信在原理上都是点对点的通信，通信内容是各自独立的。

① 电话站：电话站是系统的枢纽，是安装用户电话交换机及其附属设备的场所；

电话程控交换机：可以节省线路资源，也可以作为信号处理的“主机”；

② 交接箱：即电话接线箱，也称为分线箱，是将大对数电缆分接至各个用户的连接箱；

③ 分线箱（盒）：用于建筑物内部电话通信电缆转换为电话配线的交接；

④ 话机出线插座：即电话插座；

⑤ 电话机：主要有拨盘式、按键式和多功能式。现常用双音多频按键式电话机。

3.1.6 有线电视系统

有线电视从最初的共用天线电视接收系统（MATV），到有小前端的共用天线电视系统（CATV），由于它以有线闭路形式传送电视信号，不向外界辐射电磁波，所以也被人们称之为闭路电视（CCTV）。为了区别于无线电视，人们仍称上述传输分配系统为“有线电视”。

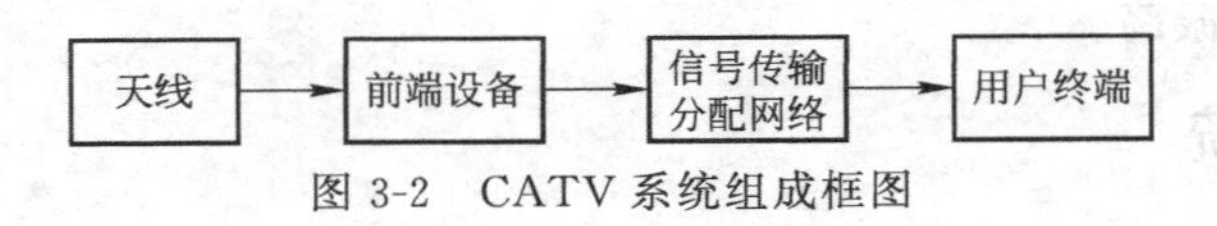

图 3-2　CATV 系统组成框图

有线电视系统的基本组成，如图 3-2 所示。该系统包括：天线及前端设备、信号传输分配网络和用户终端（或用户输出端）。

① 天线是接收空间电视信号的元件。

② 前端设备主要包括天线放大器、混合器、主干放大器等，它是 CATV 系统中最重要的组成部分。前端设备的主要任务是进行电视信号接收后的处理，这种处理包括信号放大、混合、频率变换、电平调整，以及干扰信号成分的滤波等。

③ 信号传输分配网络指的是信号电平的有线分配网络。分配网络分为有源及无源两类。无源分配网络只有分配器、分支器和传输线等无源器件，可连接的用户少；有源分配网络增加了线路放大器，因而所连接的用户数可以增多。

④ 用户终端包括电视插座、机顶盒及电视机，机顶盒的作用主要是对电视信号传输时叠加的加密信息进行解密，每只机顶盒只能输出一个频道的电视信号。

有线电视线路在用户分配网络部分，多采用 SYKV-75 型同轴电缆，在信号传播上，由于电视信号是统一的，因此任何用户端都可以串在一起，所以有线电视的线路要比电话简单。

3.1.7 广播及音响系统

广播系统相当于简化的电视系统，仅用来传播声音信号，且广播系统一般不存在收费问题，其线路布置及前端和终端设备都比电视系统更为简单；广播系统分为一般性广播系统和火灾事故广播系统。

为了适应不同性质的广播用户在不同时间内播送不同内容的要求，控制室一般采用多路输出，而在每一分路上连接性质相同的用户，多路输出时，各路的开闭控制在控制室内进行。系统具有紧急广播优先的功能，即一旦火警等紧急信号发出后，不论各路输出是否处于切除或正在传送背景音乐，都将自动转入紧急广播状态，并自动接通各个预定消防分区的广播支路，做全音量播送。

广播系统主要设备如下。

(1) 信号接收和发生设备

① 天线：其主要作用是接收空间调频调幅广播的无线电波，向转播机、收音机等提供广播电信号。

② 转播接收机：用来转播中央或地方广播电台的广播节目。目前大部分转播机均有调频、调幅接收功能。

③ 录放音机：通常兼有录、放、收音等多种功能，可进行节目制作、编辑、混合，是有线广播系统中的重要设备之一。按信号的记录方式，录放音机分为磁带式、针式唱片式、激光唱片式、多功能式等。

④ 话筒：又称为微音器、传声器或麦克风。它是一种将声能转换为电能的器件，是最直接的信号发生设备。常用的话筒有动圈式和电容式等。

(2) 放大设备　节目源的信号通常是很弱的，必须由放大设备放大后才能驱动发声设备(扬声器等)。放大设备又称为扩音机，它是有线广播系统中的重要设备之一。

(3) 扬声器　俗称喇叭，它是有线广播系统的终端设备，是向用户直接传播音响信息的基本设备。其基本原理是：驱动系统把电能转换为机械能，驱动音膜（或纸盆）振动，激励其周围的空气做声音振荡。

3.1.8 保安系统

3.1.8.1 防盗系统的种类

常用的防盗系统有玻璃破碎报警防盗系统、超声波报警防盗系统、微波报警防盗系统和红外报警防盗系统等。

3.1.8.2 保安系统

(1) 对讲机-电锁门保安系统　高层住宅常采用对讲机-电锁门保安系统。在住宅楼宇入口，设有电磁门锁，门平时总是关闭的，在门外墙上设有对讲总控制箱。来访者需按下与被探访对象门牌号相对应的按钮，则被探访对象家中的对讲机铃响，主人通过对讲机与门外来访客人讲话，客人可取用总控箱内另一对讲机进行对话。当主人问明来意与身份并同意探访时，即可按下附设在话筒上的按钮，使电锁门的电磁铁通电将门打开，客人即可进入，否则，探访者将被拒之门外。

(2) 可视-对讲-电锁门保安系统　可视-对讲-电锁门保安系统由门口机、可视室内机/对讲分机、楼层解锁码器/解码器＋视频分配隔离器、不间断电源/可视电源、电控锁五个部分组成。

门口机是安装在每一栋楼的大门上，可以完成呼叫房号、密码开锁、摄入图像、两方通话等功能的设备。

室内机是指安装在户内，可以完成监视、遥控开锁、两方通话等功能的设备。

(3) 闭路电视系统（监控系统）　闭路电视系统是指除广播电视以外，在其他所有领域中的电视应用系统，简称 CCTV 系统。

民用建筑中以监视为主要目的的 CCTV 系统一般由摄像、传输和显示三个主要部分组成。大型系统为了对整体进行控制，还需增加一个控制部分，如图 3-3 所示。

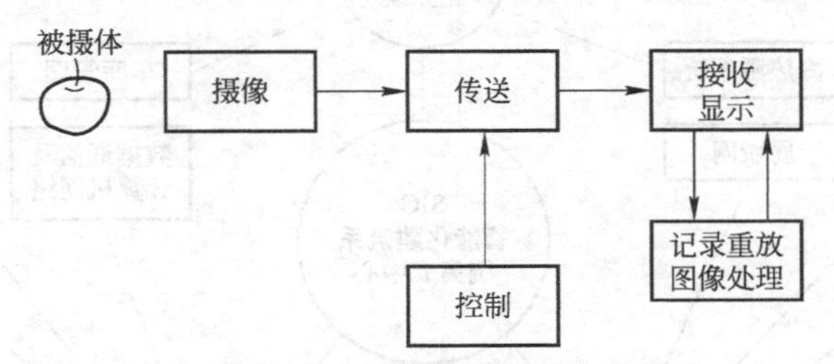

图 3-3　闭路应用电视系统的基本构成

3.1.9　建筑物智能化系统

3.1.9.1　智能化建筑的概念

智能化建筑的发展历史较短，目前尚无统一的概念。美国智能化建筑学会（American Intelligent Building Institute，缩写 AIBI）定义“智能化建筑”是将结构、系统、服务、运营及其相互联系全面综合，达到最佳组合，获得高效率、高功能与高舒适性的大楼，该定义的特点是较概括与抽象。

智能化建筑结构示意图如图 3-4 所示。

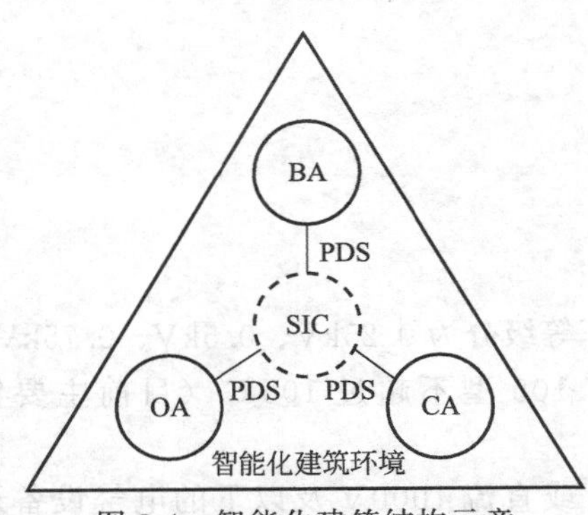

图 3-4　智能化建筑结构示意

由图 3-4 可知：智能化建筑是由智能化建筑环境内系统集成中心（System Integrated Center，缩写 SIC），利用综合布线系统（Premises Distribution System，缩写 PDS）连接和控制 3A 即建筑设备自动化（Building Automation，缩写 BA）、通信自动化（Communication Automation，缩写 CA）和办公自动化（Office Automation，缩写 OA）系统组成的。

建筑环境是智能化建筑赖以存在的基础，它必须满足智能化建筑特殊功能的要求。前面已经谈到，智能化建筑是建筑艺术和信息化技术发展的结果，因此智能化建筑应该是一座反映当今高科技成就的建筑物。智能化建筑本身的智能功能是随着知识产业和科学技术的不断发展而不断提高和完善的，因此作为智能化建筑基础的建筑环境必然要适应智能化建筑发展的要求。

二维码11

建筑智能化系统

3.1.9.2　智能化建筑的组成和功能

在智能化建筑环境内体现智能化功能的部分是由 SIC、PDS 和 3A 系统等五个部分组成。其总体组成和功能示意图如图 3-5 所示。

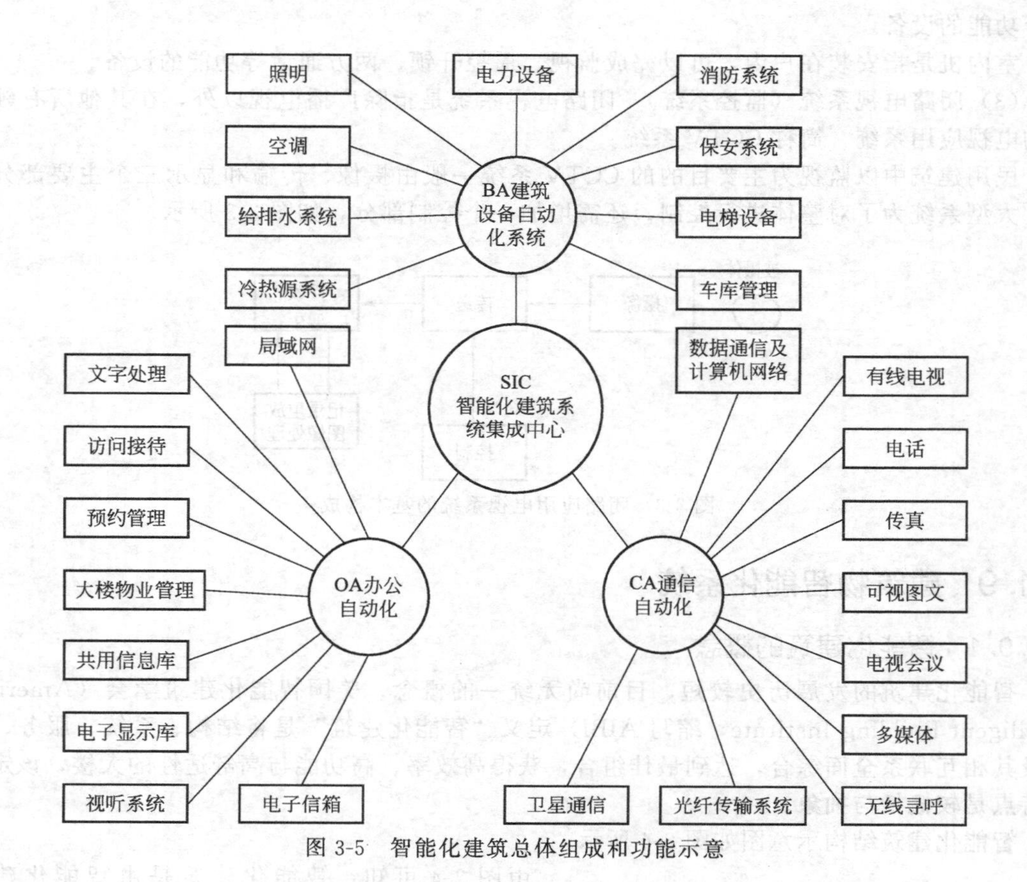

图 3-5　智能化建筑总体组成和功能示意

3.2 电气安装工程施工技术

3.2.1　电线

电线按绝缘层分为橡皮绝缘、聚氯乙烯绝缘，按电压等级分为 0.25kV、0.5kV、0.75kV。

(1) 聚氯乙烯绝缘　电线长期允许工作温度：BV-105 型不超过 105℃（目前主要使用的）；

橡皮绝缘电线：适用于交流额定电压 500V 及以下或直流 1000V 及以下的电气设备及照明装置。电线的线芯长期允许工作温度应不超过 65℃。

(2) 电线的表示方法　BV-2.5。BV——铜芯聚氯乙烯绝缘电线；2.5——电线的截面积，即电线的横切面积，单位是 mm^2（平方毫米），直径为 1.78mm。

(3) 电线的表示方法中铜芯线 T 一般省略不表示，铝芯线 L 都是表示的。

(4) 电线常用表示符号：

ZR——阻燃电线；

NH——耐火电线；

R——软线（铜芯部分为多根铜丝拼成）；

S——绞型线；

P——屏蔽线（护套外面有金属丝组成的屏蔽护套）；

V——聚氯乙烯绝缘层；

VV——指多根线组成的护套线，且绝缘层和护套层皆为聚氯乙烯。

（5）在电线的表示方法中，当电线直径大于一定程度以后，一般会分为多根细线拼成要求的截面，如包括多根铜丝拼成的软线BVR-7/0.52，表示是由7根直径为0.52mm的细铜丝组成，其代表的线径等同于BVR-1.5。

（6）电线表示方法实例

BV-2.5——铜芯聚氯乙烯绝缘线；线径2.5mm^2；

BLV-2.5——铝芯聚氯乙烯绝缘线；线径2.5mm^2；

ZR-BV-2.5——阻燃型铜芯聚氯乙烯绝缘线；线径2.5mm^2；

NH-BV-2.5——耐火型铜芯聚氯乙烯绝缘线；线径2.5mm^2；

BV-10 7/1.35——铜芯聚氯乙烯绝缘线；线径10mm^2（由7根直径1.35mm铜线组成）；

BVR-2.5 19/0.41——铜芯聚氯乙烯绝缘软线；线径2.5mm^2；

BVVB-2×2.5——铜芯聚氯乙烯绝缘聚氯乙烯护套圆形电线，2芯2.5mm^2；

RVVP-2×2.5——屏蔽软电缆（线），2芯2.5mm^2。

3.2.2 电缆

电缆是传输和分配电能的一种特殊电线，在结构形式上电缆相当于带护套的多芯电线。电缆按用途分为电力电缆、控制电缆、电信电缆、移动软电缆等；电缆按绝缘层不同（包括绝缘层材料和结构形式）分为橡皮绝缘电缆、油浸纸绝缘电缆、塑料绝缘电缆。

目前常用的电力电缆：YJV电缆和VV电缆。

（1）电缆的表示方法大部分与电线相同，但由于电缆一般都是多芯，因此表示方法上更接近于多芯护套线。

（2）绝缘层：YJ—交联聚乙烯；V—聚氯乙烯

护套层：V—聚氯乙烯

导体：T—铜（一般省略）；L—铝

外护层：22（双钢带铠装）

VV-3×25+2×16——聚氯乙烯绝缘聚氯乙烯护套铜芯电缆，5芯，其中3根25mm^2，2根16mm^2；

YJV-4×16+1×10——交联聚乙烯绝缘聚氯乙烯护套铜芯电缆，5芯，其中4根16mm^2，1根10mm^2；

YJV22-5×16——交联聚乙烯绝缘聚氯乙烯护套铜芯带铠装电缆，5芯16mm^2；

YJLV22-5×16——交联聚乙烯绝缘聚氯乙烯护套铝芯带铠装电缆，5芯16mm^2。

（3）VV电缆与YJV电缆的特点。

YJV电缆主要用途：适用于额定电压（U_0/U）0.6/1.0kV～26/35kV线路，供输配电能之用；电缆导体的最高额定温度为90℃。

VV电缆各型号产品适用于固定敷设在交流50Hz，额定电压10kV及以下的输配电线路上；电缆导电线芯的长期允许工作温度应不超过70℃。

（4）控制电缆：控制电缆多以用途的代表字母“K”列为首位，其他表示形式同电力电缆。

主要适用于直流和交流50～60Hz，额定电压600/1000V及以下控制、信号、保护及测量线路用；线芯长期允许工作温度应不超过65℃。

KVV-4×2.5（聚氯乙烯绝缘聚氯乙烯护套）铜芯护套控制电缆，4芯2.5mm^2；

KVVP-4×2.5（聚氯乙烯绝缘聚氯乙烯护套）铜芯护套控制屏蔽电缆，4 芯 $2.5mm^2$。

3.2.3 电线电缆线路的应用基本要求

（1）导线截面的选择　导线截面选择必须满足的条件如下。

① 发热条件：特别是室内多根电缆/电线在一起敷设时，对发热条件的要求是很严格的；

② 电压条件：电压损失不能过大；

③ 机械强度：特别是架空线路，必要时应增加钢索。

低压动力线路，一般按发热条件选择截面；低压照明线路，一般按电压条件选择；然后再用其他条件进行校验。

（2）电线穿管的要求

① 不同电源、不同电压、不同回路的导线不得穿在同一根管内；

② 工作照明与事故照明导线不得穿在同一根管内；

③ 互为备用的导线不得穿在同一根管内；

④ 一根管中所穿导线一般不得超过 8 根；

⑤ 管道安装时应先穿入一根钢线作为引线，先预装引线，后穿电线、电缆；

⑥ 管道暗敷时：垂直管道可剔槽埋入墙体，水平暗管必须随砖砌入（即不得在墙体上水平剔槽，以免减小墙体的受力截面，影响墙体的安全）；或者水平横管绕至地坪后直埋；

⑦ 钢管安装时在接头（管道与管道、管道与接线盒、管道与配电箱等）处应设置接地跨接线；

⑧ 穿线管配线，管内导线的总截面（包括保护层）不应超过管道截面的 40%。

3.2.4 配管

（1）管子选择及适用场所

① 电线管：管壁较薄，适用于干燥场所的明、暗配管。

② 焊接钢管：管壁较厚，适用于潮湿、有机械外力、有轻微腐蚀气体场所的明、暗配管。

③ 硬质聚氯乙烯管：耐腐蚀性较好，易变形老化，机械强度次于钢管，适用于腐蚀性较大的场所的明、暗配管，但不得在高温和易受机械损伤的场所敷设。

④ 半硬质阻燃管：刚柔结合，易于施工，劳动强度较低，质轻，运输较为方便，适用于一般民用建筑的照明工程暗配敷设，不得在高温场所和顶棚内敷设。半硬质阻燃管是聚氯乙烯管，采用套接法连接。配管的外形、套接如图 3-6 所示。

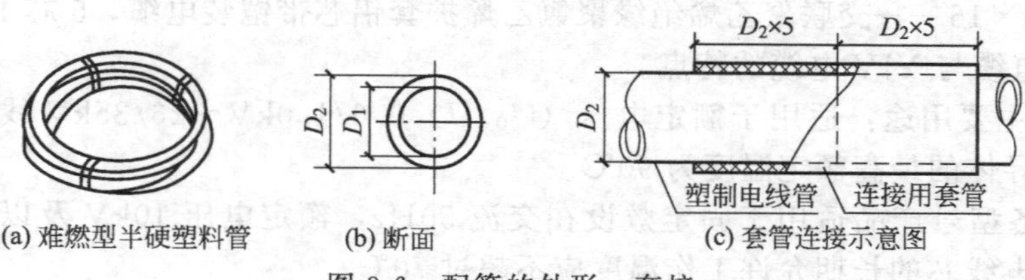

图 3-6　配管的外形、套接

⑤ 刚性阻燃管：无增塑刚性阻燃 PVC 管，具有抗压力强、耐腐蚀、防虫害、阻燃、绝缘等特点，与钢管相比，重量轻、运输方便、易截易弯，适用于建筑场所的明、暗配管。

⑥ 可挠性塑料管：适用于 1kV 以下照明，动力线路明敷或暗敷，但不得在高温和易受机械损伤的场所敷设以及高层建筑中作竖向电源引线配管。

⑦ 可挠性金属管：是指普利卡金属套管（PULLKA），它是由镀锌钢带（Fe、Zn）、钢带（Fe）及电工纸（P）构成双层金属制成的可挠性电线、电缆保护套管，主要用于混凝土内埋设及低压室外电气配线方面。

⑧ 套接紧定式镀锌钢导管（JDG管）：针对厚壁钢导管在电线管路敷设中存在施工复杂的状况而研制的。所采用的施工技术是吸收国外同类施工技术后的改进型。由钢导管、连接套管及其金属附件采用螺钉紧定连接技术组成的电线管路，是敷设电压1kV以下绝缘电线专用保护管路的一种形式。

⑨ 套接扣压式薄壁钢导管（KBG管）：KBG管是近年来开发用于低压布线工程绝缘电线保护管的，是针对电线管、焊接钢管管材在作绝缘电线保护管的敷设工程中施工复杂的状况而研制。

（2）各类管道的性能特点

① 电线管道主要分为金属管和塑料管两大类。

金属管道在强度和防火性能上较好，但造价较高，防腐性能差；

塑料管防腐性能、造价方面有优势，但强度低，不耐火。

② 金属管道施工中要求较塑料管要多。

主要是金属管道需要接地跨接，以防漏电；金属管道防腐性能较差，在要求较高的部位敷设时有时需要采取防腐措施；镀锌管不允许焊接，因为焊接会破坏镀锌层；薄壁管也不允许焊接，壁太薄容易焊穿造成管内有毛刺，因此金属管道目前施工中基本不采用焊接工艺。

③ 管内穿线：要求管道内壁光滑，无毛刺，以防穿线时划伤电线电缆的绝缘保护层；同时要求线的总截面不得超过管道截面的40%。

④ 软管的使用要跟主管道配套使用，主管为金属管时，则采用金属软管，主要为塑料管时，则使用塑料软管。

3.2.5 电气装置配件

在电气装置配件中，种类很多，民用开关箱内的配件、工业上的开关配件等型号品种非常丰富，这里只介绍最常用的开关与插座；在专业图纸中，以开关（照明线路）的变化最为复杂，相对来讲插座线路是比较简单的。

（1）插座　插座一般分为单相插座和三相插座；单相插座只能提供220V电压，三相插座可以提供380V电压。

电气线路中的三相四线与三相五线：

三相四线是指三根相线（火线）与一根零线（零线在某种意义上来讲也是接地线，只不过是一根集中的接地线）；对单相供电线路来讲，零线有利于保持三相平衡；

三相五线就是在三相四线的基础上增加一根接地线，又称重复接地，以增加接地的可靠性。

插座的符号表示主要有：

AP86——86型；

Z——代表插座；

13——一副插孔，用于3眼插头；

223——两副插孔，一个用于2眼插头，一个用于3眼插头；

10——代表插座的额定电流为10A；

三眼插座——AP86Z13-10；

五眼插座——AP86Z223-10。

（2）开关　按开关并在一起的个数分为：单联、双联、三联至多联；按一个灯由几个开关控制分为：单控、双控、三控至多控，常用的一般为双控，三控以上的线路比较复杂，工程实际中极少使用。

因此，开关的名称一般如下。

K21：K代表开关，前面的数字代表“联”数量，后面的数字代表“控”的数量。

单联单控　AP86K11-10；单联双控　AP86K12-10

双联单控　AP86K21-10；双联双控　AP86K22-10

三联单控　AP86K31-10；三联双控　AP86K32-10

3.3 电气安装工程施工图识读

3.3.1 电气工程图的分类及特点

3.3.1.1 电气图的一般概念

电气图是一类比较特殊的图。它通常是指用图形符号、文字符号、带注释的围框或简化外形表示系统或设备中各组成部分之间相互关系及其连接关系的一种简图。按照电气制图国家标准（GB/T 6988）的规定，电气图分为以下15种。

（1）系统图或框图　用符号或带注释的框，概略表示系统或分系统的基本组成、相互关系及其主要特征的一种简图。

（2）功能图　表示理论的或理想的电路而不涉及实现方法的一种简图。其用途是提供绘制电路图和其他有关简图的依据。

（3）逻辑图　主要用二进制逻辑单元图形符号绘制的一种简图。只表示功能而不涉及实现方法的逻辑图，称为纯逻辑图。

（4）功能表图　表示控制系统（如一个供电过程或一个生产过程的控制系统）的作用和状态的一种表图。

（5）电路图　用图形符号并按工作顺序排列，详细表示电路、设备或成套装置的全部基本组成和连接关系，而不考虑其实际位置的一种简图。目的是便于详细理解作用原理、分析和计算电路特性。

（6）等效电路图　表示理论的或理想的元件及其连接关系的一种功能图，供分析和计算电路特性和状态之用。

（7）端子功能图　表示功能单元全部外接端子，并用功能图、表图或文字表示其内部功能的一种简图。

（8）程序图　详细表示程序单元和程序片及其互连关系的一种简图。而要素和模块的布置应能清楚地表示出其相互关系。目的是便于对程序运行的理解。

（9）设备元件表　把成套装置、设备和装置中各组成部分和相应数据列成的表格。其用途是表示各组成部分的名称、型号、规格和数量等。

（10）接线图或接线表　表示成套装置、设备或装置的连接关系，用以进行接线和检查的一种简图或表格。

（11）单元接线图或单元接线表　表示成套装置或设备中一个结构单元内的连接关系的一种接线图或接线表。

（12）互连接线图或互连接线表　表示成套装置或设备的不同单元之间连接关系的一种接线图或接线表。

（13）端子接线图或端子接线表　表示成套装置或设备的端子以及接在端子上的外部接

线（必要时包括内部接线）的一种接线图或接线表。

（14）数据单　对特定项目给出详细信息的资料。

（15）位置简图或位置图　表示成套装置、设备或装置中各个项目的位置的一种简图或一种图。

3.3.1.2　电气工程图的种类

电气工程图是一类应用十分广泛的电气图，它用来阐述电气工程的构成和功能，描述电气装置的工作原理，提供安装和维护使用信息。由于一项电气工程的规模不同，反映该项工程的电气图的种类和数量也是不同的，一般而言，一项工程的电气图通常由以下几部分组成。

（1）目录和前言　图纸目录包括序号、图纸名称、编号、张数等；前言包括设计说明、图例、设备材料明细表、工程经费概算等。

设计说明主要阐述电气工程设计的依据、基本指导思想与原则，图纸中未能清楚表明的工程特点、安装方法、工艺要求、特殊设备的安装使用说明、有关的注意事项等的补充说明。图例即图形符号，通常只列出本套图纸涉及的一些特殊图例。设备材料明细表列出该项电气工程所需的主要电气设备和材料的名称、型号、规格和数量，供经费预算和购置设备材料时参考。工程经费概算大致统计出电气工程所需的主要费用，是工程经费预算和决算的重要依据。

（2）电气系统图和框图　电气系统图主要表示整个工程或其中某一项目的供电方式和电能输送的关系，也可表示某一装置各主要组成部分的关系。如照明系统图、电话系统图等。

电气系统图或框图是电气工程图中最基本的一类图。它常常用于表示工矿企业供电关系或某一电气装置的基本构成，但对内容的描述十分概略。

（3）电路图　主要表示系统或装置的电气工作原理，又称为电气原理图。

（4）接线图　主要用于表示电气装置内部各元件之间及其与外部其他装置之间的连接关系，又可具体分为单元接线图、互连接线图、端子接线图、电线电缆配置图等。

图 3-7 所示的电路图仅仅表示了各元件之间的功能关系，图中 X 为端子排。在图 3-7 中，虽然元件和连接线没有完全按实际位置布置和接线，但其相对位置还是符合实际的，例如热继电器 FR 放置在接触器 KM 的下方。

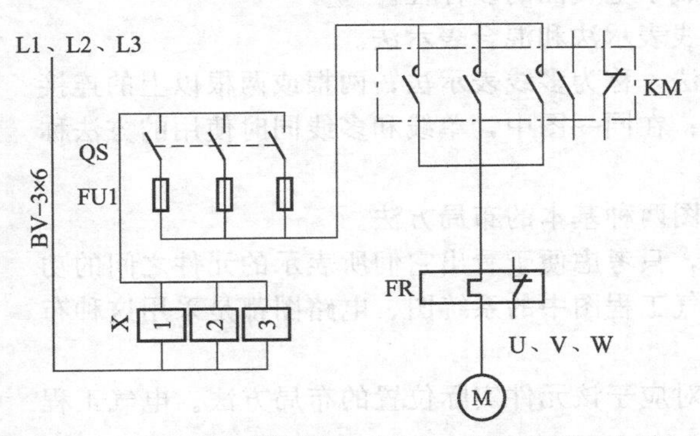

图 3-7　电动机控制接线图（示出一次元件和主电路）

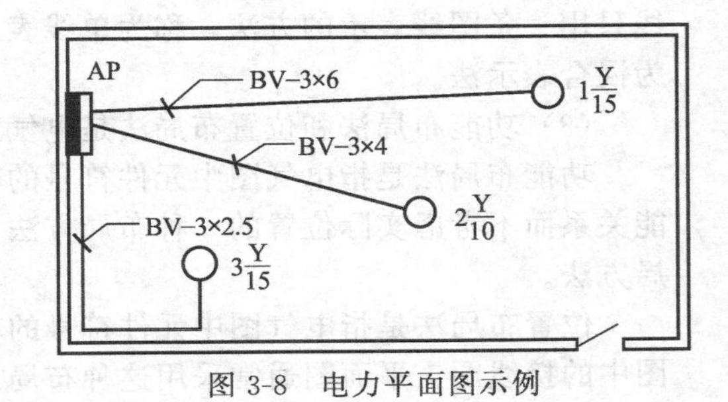

图 3-8　电力平面图示例

（5）电气平面图　主要表示某一电气工程中电气设备、装置和线路的平面布置。它一般是在建筑平面图的基础上绘制出来的。常见的电气工程平面图有线路平面图、变电所平面图、电力平面图、照明平面图、弱电系统平面图、防雷与接地平面图等。

图 3-8 是某建筑物电力平面布置图。图 3-8 中，从配电箱 AP 引出 3 条线路，分别连接

3 台电动机：

1 号电动机：Y 型电机、15kW、电源线为 BV-3×6mm^2

2 号电动机：Y 型电机、10kW、电源线为 BV-3×4mm^2

3 号电动机：Y 型电机、15kW、电源线为 BV-3×2.5mm^2

(6) 设备元件和材料表　设备元件和材料表是把某一电气工程所需主要设备、元件、材料和有关的数据列成表格，表示其名称、符号、型号、规格、数量。这种表格是电气图的重要组成部分，它一般置于图的某一位置，也可单列成一页。为了书写的方便，通常由下往上排序。这种表格与设备材料明细表在形式上相同，但用途不同，后者主要说明图上符号所对应的元件名称和有关数据；这种表格对阅读电气图十分有用，应与图联系起来阅读。

(7) 设备布置图（结构图）　主要表示各种电气设备和装置的布置形式、安装方式及相互间的尺寸关系，通常由平面图、立面图、断面图、剖面图等组成。这种图按三面视图原理绘制，与一般机械图没有大的区别。

(8) 大样图　主要表示电气工程某一部件、构件的结构，用于指导加工与安装，其中一部分大样图为国家标准图。

(9) 产品使用说明书用电气图　电气工程中选用的设备和装置，其生产厂家往往随产品使用说明书附上电气图。这些图也是电气工程图的组成部分。

(10) 其他电气图　在电气工程图中，电气系统图、电路图、接线图、平面图是最主要的图。通常，系统图与平面图对应，电路图与接线图对应。在某些较复杂的电气工程中，为了补充和详细说明某一方面，还需要有一些特殊的电气图，如功能图、逻辑图、印制板电路图、曲线图、表格等。

3.3.1.3　电气工程图的一般特点

(1) 简图是电气工程图的主要形式。简图是用图形符号、带注释的围框或简化外形表示系统或设备中各组成部分之间相互关系的一种图。显然，电气工程图绝大多数都采用简图这一形式。

(2) 元件和连接线是电气图描述的主要内容。一种电气装置主要由电气元件和电气连接线构成，因此，无论是说明电气工作原理的电路图，表示供电关系的电气系统图，还是表明安装位置和接线关系的平面图和接线图等，都是以电气元件和连接线作为描述的主要内容。也因为对元件和连接线描述方法不同，从而构成了电气图的多样性。

连接线在电路图中通常有多线表示法、单线表示法和混合表示法。

每根连接线或导线各用一条图线表示的方法，称为多线表示法；两根或两根以上的连接线只用一条图线表示的方法，称为单线表示法；在同一图中，单线和多线同时使用的方法称为混合表示法。

(3) 功能布局法和位置布局法是电气工程图两种基本的布局方法。

功能布局法是指电气图中元件符号的布置，只考虑便于看出它们所表示的元件之间的功能关系而不考虑实际位置的一种布局方法。电气工程图中的系统图、电路图都是采用这种布局方法。

位置布局法是指电气图中元件符号的布置对应于该元件实际位置的布局方法。电气工程图中的接线图、平面图通常采用这种布局方法。

(4) 图形符号、文字符号和项目代号是构成电气图的基本要素。

一个电气系统、设备或装置通常由许多部件、组件、功能单元等组成。这些部件、组件和功能单元等被称为项目。在主要以简图形式表示的电气工程图中，为了描述和区分这些项目的名称、功能、状态、特征、相互关系、安装位置、电气连接等，没有必要也不可能一一画出它们的外形结构，一般是用一种简单的符号表示的。这些符号就是图形符号。

通常用于图样或其他技术文件，以表示一个设备（如电动机）或一个概念（如接地）的图形、标记或字符，统称为图形符号。或者说，图形符号是通过书写、绘制、印刷或其他方式产生的可视图形，是一种以简明易懂的方式来传递信息，表示一个实物或概念，并可提供有关条件、相关性及动作信息的工程语言。在电气图中，采用规定的、统一的图形符号，使电气图更简明，更具通用性，传递的信息量更多。

然而，在一个电气图上，一类设备只用一种图形符号。如图 3-9 中的主电路和控制电路中的熔断器均用同一个符号表示。很显然，还必须在符号旁标注文字符号（确切地讲，应该是项目代号）以区别其名称、功能、状态、特征及安装位置等。如图中的 FU1、FU2。由于文字符号的唯一性，在一个图中只能标注一个符号，如 FU1。这样，图形符号、文字符号和项目代号的结合，就能使人们区别不同类型的熔断器了。

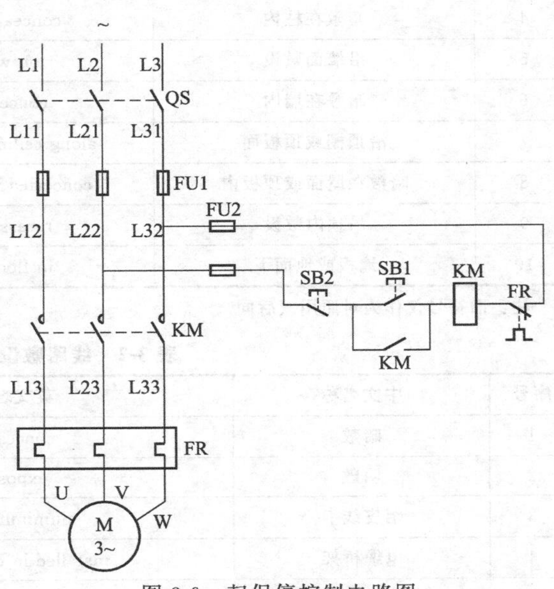

图 3-9 起保停控制电路图

为了更具体的区分，除了标注文字符号、项目代号外，有时还要标注一些技术数据。

因此，图形符号、文字符号和项目代号是电气图的基本要素，一些技术数据也是电气图的重要内容。

3.3.2 电气图图形符号

图形符号是用于电气图中表示一个设备（例如电动机、开关）或一个概念（例如接地、电磁效应）的图形、标记或字符。

《电气图用图形符号》（GB 4728）将电气图形符号分为 11 类，分别如下。

① 导线和连接器件。如电线电缆、接线端子、导线的连接和连接件等。

② 无源元件。如电阻器、电容器、电感器等。

③ 半导体和电子管。如二极管、三极管、晶闸管、电子管等。

④ 电能的发生和转换。如绕组、发电机、电动机、变压器、变流器等。

⑤ 开关、控制和保护装置。如开关、启动器、继电器、熔断器、避雷器等。

⑥ 测量仪表、灯和信号器件。如仪表、传感器、灯、音响电器等。

⑦ 电信交换和外围设备。

⑧ 电信传输。

⑨ 电力、照明和电信布置。如发电站、变电所、开关、插座、灯具安装和布置。

⑩ 二进制逻辑单元。如逻辑单元、计数器、存储器等。

⑪ 模拟单元。如放大器、函数器、电子开关等。

电气工程施工图中所采用图例有时会同国标图例有所不同，识图时应参照施工图说明中的图例。

3.3.3 设备和线路的标注

线路敷设部位及方式的文字符号见表 3-1、表 3-2。

表 3-1 线路敷设部位文字符号

序号	中文名称	英文名称	旧符号	新符号	备注
1	沿或跨梁(屋架)	along or across Beam	L	AB	
2	暗敷在梁内	concealed in beam		BC	
3	沿或跨柱敷设	along or across column	Z	AC	
4	暗敷在柱内	concealed in column		CLC	
5	沿墙面敷设	on wall surface	Q	WS	
6	暗敷在墙内	concealed in wall		WC	
7	沿顶棚或顶板面	along ceiling or slab surface	P	CE	
8	暗敷在屋面或顶板内	concealed in ceiling or slab		CC	
9	吊顶内敷设	recessed in ceiling	R	SCE	
10	地板或地面下	in floor or ground	D	F	

注：旧符号仅作为对照用（后同）。

表 3-2 线路敷设方式文字符号

序号	中文名称	英文名称	旧符号	新符号	备注
1	暗敷	concealed	A	C	
2	明敷	exposed	M	E	
3	铝皮线卡	aluminum clip	QD	AL	
4	电缆桥架	installed in cable tray		CT	
5	金属软管	run in flexible metal conduit		CP	
6	水煤气管	gas tube(pipe)	G	G	
7	瓷绝缘子	porcelain insulator(knob)	CP	K	
8	钢索敷设	supported by messenger wire	S	M	
9	金属线槽	metallic raceway		MR	
10	电线管	run in electrical metallic tubing	DG	MT	
11	硬塑料管	run in rigid PVC conduit	SG	PC	
12	阻燃半硬聚氯乙烯管	run in flame retardant semiflexible PVC conduit		FPC	
13	聚氯乙烯波纹电线管	run in corrugated PVC conduit		KPC	
14	塑料线卡	plastic clip		PL	含尼龙线卡
15	塑料线槽	installed in PVC raceway		PR	
16	焊接钢管	run in welded steel conduit	GG	SC	
17	直接埋设	direct burying		DB	
18	电缆沟	installed in cable trough		TC	
19	混凝土排管	installed in concrete encasement		CE	

3.3.4 电气工程施工图的识读

(1) 先看图上的文字说明 包括图纸目录、施工说明、设备材料表和图例；了解图上的设备型号及规格、表示方法、安装方式；弄清设计所包括的内容；注意图纸中提出的施工要求；考虑与其他工种（土建、给排水、通风等）的配合问题；从总体上把握工程的概况。

(2) 再看系统图　了解各个系统（如照明配电系统、动力配电系统、电话系统）的组成内容、总体（如全楼）与局部（如某楼层）之间的连接关系（即配线方式：放射式、树干式等）；了解设备由哪些组成、有多少个出线回路、配线材料及其敷设方式等。这是详细阅读电气工程平面图、接线图的基础。

(3) 结合系统图看各层平面图　先从系统的总进线端开始，到总配电箱（或电话分线箱等），再到各层分配电箱（或各层电话分线箱等）；再从各层箱到具体的电气元件（如灯具、插座等），应按照系统图的顺序，每个回路地看。另外，电气平面图上只表示出电器设备的平面位置，因此，平面图上导线的连接只是水平方向上的，为了弄清导线在竖向上的分布，应结合施工说明及有关规范规定，搞清设备在竖向上的位置，才能最终正确确定导线的长度。

知识准备——工程量清单计价知识

3.4 电气安装工程计价定额

3.4.1 计价定额适用范围

《江苏省安装工程计价定额》(2014 版) 中的《第四册　电气设备安装工程》(以下简称本册计价定额)，适用于工业与民用新建、扩建工程中 10kV 以下变电设备及线路、车间动力电气设备及电气照明器具、防雷及接地装置安装、配管配线、电梯电气装置、电气调整试验等的安装工程。

3.4.2 本册计价定额主要依据的标准、规范

①《电气装置安装工程高压电器施工及验收规范》(GB 50147—2010)；

②《电气装置安装工程电力变压器、油浸电抗器、互感器施工及验收规范》(GB 50148—2010)；

③《电气装置安装工程母线装置施工及验收规范》(GB 50149—2010)；

④《电气装置安装工程电气设备交接试验标准》(GB 50150—2016)；

⑤《电气装置安装工程电缆线路施工及验收规范》(GB 50168—2006)；

⑥《电气装置安装工程接地装置施工及验收规范》(GB 50169—2016)；

⑦《电气装置安装工程旋转电机施工及验收规范》(GB 50170—2006)；

⑧《电气装置安装工程盘、柜及二次回路接线施工及验收规范》(GB 50171—2012)；

⑨《电气装置安装工程蓄电池施工及验收规范》(GB 50172—2012)；

⑩《电气装置安装工程 66kV 及以下架空电力线路施工及验收规范》(GB 50173—2014)；

⑪《电气装置安装工程低压电器施工及验收规范》(GB 50254—2014)；

⑫《电气装置安装工程电力变流设备施工及验收规范》(GB 50255—2014)；

⑬《电气装置安装工程起重机电气装置施工及验收规范》(GB 50256—2014)；

⑭《电气装置安装工程爆炸和火灾危险环境电气装置施工及验收规范》(GB 50257—2014)；

⑮《建筑电气工程施工质量验收规范》(GB 50303—2015)；

⑯《电力建设安全工作规程 第 1 部分：火力发电》(DL 5009.1—2014)；

⑰《民用建筑电气设计规范》(JGJ 16—2008)；

⑱《建筑照明设计标准》(GB 50034—2013);
⑲《电力建设施工质量验收及评定规程》;
⑳《建设工程工程量清单计价规范》(GB 50500—2013);
㉑《通用安装工程工程量清单计算规范》(GB 50856—2013);
㉒《全国统一施工机械台班费用编制规则》;
㉓《全国统一安装工程预算定额》(GYD-202—2000);
㉔《全国统一安装工程施工仪器仪表台班费用定额》(GFD-201—1999);
㉕《全国统一安装工程基础定额》(GJD 201—2006~GJD 209—2006);
㉖《建设工程劳动定额 安装工程》(LD/T 74.1~4—2008)。

3.4.3 本册计价定额的工作内容

除各章节已说明的工序外,还包括:施工准备,设备器材工器具的场内搬运,开箱检查,安装,调整试验,收尾,清理,配合质量检验,工种间交叉配合,临时移动水、电源的停歇时间。

3.4.4 本册计价定额不包括以下内容

① 10kV 以上及专业专用项目的电气设备安装。
② 电气设备(如电动机等)配合机械设备进行单体试运转和联合试运转工作。

3.4.5 "电气设备安装工程" 计价表的主材用量

主材在计价表内有四种表现形式(计价表中带括号的耗用量、计价表中不带括号的耗用量、在计价表附注中指明的未列入的耗用量、其他在计价表中未列入也未说明的主材),应分别计数。其中计价表内"带括号"的耗用量项目较多,该耗用量与预算单价的乘积,构成主材的消耗价值。

(1) 计价表中带括号的耗用量

【例 3-1】 管内穿照明 BV-2.5mm^{2}铜芯绝缘导线,计价定额编号 4-1359(表 3-3)规定每 100m 线路的主材导线为 116.00m(带括号),如果该导线预算价格为 1.75 元/m,则每 100m 导线的主材价值为 1.75 元/m×116.00m=203.00 元。

表 3-3 管内穿线

工作内容:穿引线、扫管、涂滑石粉、穿线、编号、焊接包头。 计量单位:100m/单线

定额编号				4-1359	
项 目		单位	单价	照明线路	
				导线截面(mm^{2}以内)	
				铜芯 2.5	
				数量	合价
综合单价		元		105.07	
其 中	人工费	元		56.98	
	材料费	元		17.89	
	机械费	元			
	管理费	元		22.22	
	利 润	元		7.98	

续表

定额编号					4-1359	
项　目			单位	单价	照明线路	
					导线截面(mm^2以内)	
					铜芯 2.5	
					数量	合价
二类工			工日	74.00	0.77	56.98
材　料	25430311	绝缘导线	m		(116.00)	
	01030106	钢丝 $\phi 1.6$	kg	7.00	0.09	0.63
	31110301	棉纱头	kg	6.50	0.20	1.30
	03411302	焊锡	kg	43.00	0.20	8.60
	03450404	焊锡膏瓶装 50g	kg	60.00	0.01	0.60
	1201013	汽油	kg	10.64	0.50	5.32
	124303659	塑料胶布带 25mm×10mm	卷	3.66	0.25	0.92
		其他材料费	元			0.52

(2) 计价表中不带括号的耗用量　即计价表内未计价材料（主材）损耗率按表 3-4 执行。

表 3-4　主要材料损耗率表

序号	材料名称	损耗率/%
1	裸软导线(包括铜、铝、钢线、钢芯铝线)	1.3
2	绝缘导线(包括橡皮铜、塑料铅皮、软花)	1.8
3	电力电缆	1.0
4	控制电缆	1.5
5	硬母线(包括钢、铝、铜、带形、管型、棒型、槽型)	2.3
6	拉线材料(包括钢绞线、镀锌铁线)	1.5
7	管材、管件(包括无缝、焊接钢管及电线管)	3.0
8	板材(包括钢板、镀锌薄钢板)	5.0
9	型钢	5.0
10	管体(包括管箍、护口、锁紧螺母、管卡子等)	3.0
11	金具(包括耐张、悬垂、并沟、吊接等线夹及连板)	1.0
12	紧固件(包括螺栓、螺母、垫圈、弹簧垫圈)	2.0
13	木螺栓、圆钉	4.0
14	绝缘子类	2.0
15	照明灯具及辅助器具(成套灯具、镇流器、电容量)	1.0
16	荧光灯、高压水银、氙气灯等	1.5
17	白炽灯泡	3.0
18	玻璃灯罩	5.0
19	胶木开关、灯头、插销等	3.0
20	低压电瓷制品(包括鼓绝缘子、瓷夹板、瓷管)	3.0
21	低压保险器、瓷闸盒、胶盖闸	1.0
22	塑料制品(包括塑料槽板、塑料板、塑料管)	5.0

续表

序号	材料名称	损耗率/%
23	木槽板、木护圈、方圆木台	5.0
24	木杆材料(包括木杆、横担、横木、桩木)	1.0
25	混凝土制品(包括电杆、底盘、卡盘等)	0.5
26	石棉水泥板及制品	8.0
27	油类	1.8
28	砖	4.0
29	砂	8.0
30	石	8.0
31	水泥	4.0
32	铁壳开关	1.0
33	砂浆	3.0
34	木材	5.0
35	橡皮垫	3.0
36	硫酸	4.0
37	蒸馏水	10.0

注：1. 绝缘导线、电缆、硬母线和用于母线的裸软导线，其损耗率中不包括为连接电气设备、器具而预留的长度，也不包括因各种弯曲（包括弧度）而增加的长度。这些长度均应计算在工程量的基本长度中。

2. 用于10kV以下架空线路中裸软导线的损耗率中已包括因弧垂及因杆位高低差而增加的长度。

3. 拉线用的镀锌铁线损耗率中不包括为制作上、中、下把所需的预留长度。计算用线量的基本长度时，应以全根拉线的展开长度为准。

【例3-2】 计价表子目4-229户内式支持绝缘子安装（表3-5），每完成10个绝缘子安装工程量，需主材（绝缘子）为10×（1+2%）=10.2（个），如果预算价格为1.54元/个，则10个绝缘子价值为：1.54元/个×10.2个=15.71元。

表3-5 绝缘子安装

工作内容：开箱、检查、清扫、绝缘摇测、组合安装、固定、接地、刷漆。 计量单位：10个

定额编号			单位	单价	4-229	
项目					10kV以下	
					户内式支持绝缘子	
					1孔	
					数量	合价
综合单价			元		163.03	
其中	人工费		元		45.14	
	材料费		元		86.49	
	机械费		元		7.48	
	管理费		元		17.60	
	利润		元		6.32	
二类工			工日	74.00	0.61	45.14
材料	02270131	破布	kg	7.00	0.10	0.70
	03410206	电焊条J422，ϕ3.2	kg	4.40	0.28	1.23
	12010103	汽油	kg	10.64	0.10	1.06
	11112504	无光调和漆	kg	15.00	0.03	0.45

续表

定额编号					4-229	
项　目			单位	单价	10kV 以下 户内式支持绝缘子 1孔	
					数量	合价
材　料	01130207	镀锌扁钢—40×4	kg	5.30	12.60	66.78
	03050655	镀锌精制带帽螺栓 M12×100 内 2 平 1 弹垫	10套	1.36	10.20	13.87
	03633306	合金刚钻头 ϕ16	个	12	0.20	2.40
机械	99250303	交流电焊机 21kV·A	台班	65.00	0.115	7.48

注：主要材料包括绝缘子、金具、线夹。

(3) 在计价定额附注中指明的未列入耗用量

【例 3-3】 绝缘子安装（表 3-5）计价表附注中，主要材料除绝缘子外，还有金具、线夹的损耗率查表 3-4 均为 1%，即（1+1%）=1.01（个）。

(4) 其他在计价表中未列入也未说明的主材

【例 3-4】 带形铜母线安装（表 3-6），带形铜母线在计价表中未列入也未说明，但带形铜母线的材料损耗率查表 3-4，硬母线为 2.3%，即（1+2.3%）=1.023（m/单相）。

表 3-6　带形铜母线安装

工作内容：平直、下料、煨弯、母线安装、接头、刷分相漆。　　计量单位：10m/单相

定额编号					4-119	
项　目			单位	单价	每相一片截面（mm^2 以下） 360	
					数量	合价
综合单价				元	304.02	
其中	人工费			元	97.68	
	材料费			元	99.45	
	机械费			元	55.11	
	管理费			元	38.10	
	利　润			元	13.68	
二类工			工日	74.00	1.647	97.68
材料	12370310	氩气	m^2	9.11	0.840	7.65
	31110301	棉纱头	kg	6.50	0.050	0.33
	03270104	铁纱布 2#	张	1.00	0.500	0.50
	12010103	汽油	kg	10.64	0.320	3.40
	03652422	钢锯条	根	0.24	0.700	0.17
	03410405	铜焊条　铜 107　ϕ3.2	kg	80.00	0.440	35.20
	01630303	钍钨棒	g	0.56	8.400	4.70
	11111703	酚醛磁漆	kg	15.00	0.350	5.25
	03430900	焊锡丝	kg	50.00	0.060	3.00
	03450404	焊锡膏　瓶装 50g	kg	60.00	0.020	1.20
	12070109	电力复合脂　一级	kg	20.00	0.020	0.40

续表

定额编号					4-119	
项　目			单位	单价	每相一片截面(mm^2以下)	
					360	
					数量	合价
二类工			工日	74.00	1.647	97.68
材　料	03052909	精制沉头螺栓 M16×25	套	0.66	7.140	4.71
	03050659	镀锌精制带帽螺栓 M16×100 内 2 平 1 弹垫	10 套	2.70	12.20	32.94
机械	99250365	氩弧焊机 500A	台班	132.47	0.119	11.76
	99190705	立式钻床 ϕ25	台班	41.74	0.034	3.48
	99194539	万能母线机	台班	200	0.604	39.87

3.4.6 关于水平和垂直运输

① 设备：包括自安装现场指定堆放地点运至安装地点的水平运输和垂直运输，取定为 100m；

② 材料、成品、半成品，包括自施工单位现场仓库或指定堆放地点运至安装地点的水平运输和垂直运输，取定为 300m；

③ 设备、材料、成品、半成品的实际运距与计价定额取定不符合时均不得调整；

④ 垂直运输基准面：室内以室内地平面为基准面，室外以安装现场地平面为基准面；

⑤ 垂直运输根据计价定额子目的安装内容所要求高度范围与安装工序合并计算，已包括在计价定额内，不另计垂直运输。

3.4.7 关于计价定额有关费用的规定

(1) 脚手架搭拆费（10kV 以下架空线路除外）

① 为了方便预算的编制，减少计算工作量和计算难度，与其余各册相统一，取费标准按工程的全部电气安装工程人工费为计算基础（包括按动力和照明的总工程量计算的人工费）。

② 脚手架搭拆费按人工费的 4%计算，其中人工工资占 25%，材料占 75%。

(2) 高层建筑增加费

① 定义：高层建筑增加费是指高度在 6 层以上或 20m 以上的工业与民用建筑（不包括屋顶水箱间、电梯间、屋顶平台出入口等）的建筑增加费。由于高层建筑增加系数是按全部建筑面积的工程量综合计算的，因此在计算工程量时，不扣除 6 层或 20m 以下的工程量。

② 费率的计算：是用 6 层以上（不含 6 层）或 20m 以上（不含 20m）所需要增加的费用，除以包括 6 层或 20m 以下的全部工程人工费计算的。因此，在计算高层建筑增加费时，计算基础应包括 6 层或 20m 以下高层建筑（不含地下室部分）中电气安装工程人工费。

③ 高层建筑的外围工程，如庭院照明、路灯、总配电箱以外的电源电缆等，均不计算此费用。

④ 高层建筑增加费按表 3-7 计算。

表 3-7 高层建筑增加费率

层数	9层以下(30m)	12层以下(40m)	15层以下(50m)	18层以下(60m)	21层以下(70m)	24层以下(80m)	27层以下(90m)	30层以下(100m)	33层以下(110m)
按人工费的/%	6	9	12	15	19	23	26	30	34
其中人工费占/%	17	22	33	40	42	43	50	53	56
机械费占/%	83	78	67	60	58	57	50	47	44
层数	36层以下(120m)	40层以下(130m)	42层以下(140m)	45层以下(150m)	48层以下(160m)	51层以下(170m)	54层以下(180m)	57层以下(190m)	60层以下(200m)
按人工费的/%	37	43	43	47	50	54	58	62	65
其中人工费占/%	59	58	65	67	68	69	69	70	70
机械费占/%	41	42	35	33	32	31	31	30	30

(3) 工程超高增加费（已考虑了超高因素的定额项目除外）

操作物高度离楼地面5m以上、20m以下的电气安装工程，按超高部分人工费的33%计取超高费，全部为人工费。超高系数是以安装工程中符合超高条件的全部工程量为计算基础，计算规则如下。

① 在统计超过5m部分的工程量时，应按整根电缆、管线的长度计算，不应扣除5m以下部分的工作量（仅适用于建筑物内）。

② 当电缆、管线经过配电箱或开关盒而断开时，超高系数可分别计算。

③ 如多根电缆，只有n根电缆符合超高条件的，则只计算n根电缆的超高系数。

④ 设备的超高也可按整体计算，一台超过5m，一台不超过5m时，则只计算一台的超高系数。

(4) 安装与生产同时进行施工增加费

安装与生产同时进行时，安装工程的总人工费增加10%，全部为因降效而增加的人工费（不含其他费用）。安装与生产同时进行增加的费用，是指改建工程在生产车间或装置内施工，因生产操作或生产条件限制（如不准动火）干扰了安装工作正常进行而增加的降效费用，不包括为保证安全生产和施工所采取的措施费用。若安装工作不受干扰的，不应计取此费用。

(5) 在有害身体健康环境中施工增加费

在有害身体健康的环境（包括高温、多尘、噪声超过标准和存在有害气体等有害环境）中施工时，安装工程的总人工费增加10%，全部为因降效而增加的人工费（不含其他费用）。在有害身体健康的环境中施工增加的费用，是指在《中华人民共和国民法通则》有关规定允许的前提下，改扩建工程由于车间、装置范围内由于高温、多尘、噪音超过国家标准以及存在有害气体，以至影响身体健康而增加的降效费用，不包括劳保条例规定应享受的工种保健费。

(6) 各项费用之间的关系

① 超高费中的人工费作为计算高层建筑增加费、脚手架搭拆费、安装与生产同时进行增加费、在有害身体健康环境中施工降效增加费的计算基础。

② 高层建筑增加费、脚手架搭拆费、安装与生产同时进行增加费、在有害身体健康环境中施工降效增加费之间的取费基础是相等的。

③ 超高费计入分部分项综合单价；高层建筑增加费、脚手架搭拆费、安装与生产同时进行增加费、在有害身体健康环境中施工降效增加费计入措施项目费。

3.5 电气安装工程计价定额各章编制情况说明

3.5.1 变压器安装

(1) 关于变压器搬运方式

重量在10t以下的变压器，用汽车及吊车搬运。

重量在10t以上的变压器，按地排拖运搬运。

(2) 变压器器身检查方式

4000kV·A以下的变压器，采用汽车起重机进行吊芯检查。

4000kV·A以上的变压器，采用汽车起重机进行吊钟罩检查。

1000kV·A以下的变压器，其器身检查配用5t汽车起重机。

1000kV·A以上的变压器，其器身检查配用8t汽车起重机。

(3) 变压器干燥

变压器干燥时间的长短，取决于变压器受潮程度以及所采取的干燥方式。

一般受潮情况下，采用涡流干燥法。

4000kVA以下的变压器，采用不抽真空涡流干燥法。

4000kVA以上的变压器，采用抽真空涡流干燥法。

(4) 变压器油过滤

变压器油过滤按压力式滤油机（50%）和真空喷雾式净油机（50%）综合考虑。

油过滤按每过滤合格油1吨需用滤油纸52张考虑，不论过滤多少次直到合格。

3.5.2 配电装置安装

(1) 断路器安装

① 断路器套管在安装前的介质损失以及绝缘油的简化试验不包括在计价表内，该项费用包括在调试定额内；

② 空气断路器本体的阀门、管子等材料，均由制造厂供应，从储气罐至断路器的管路定额中也不包括；

③ 户内少油断路器需配制延长轴及底座时，定额中综合考虑了附加定额，与实际情况不符时，亦不做调整；

④ 计价定额中不包括端子箱制作及安装，应另行计算；

⑤ 计价定额中不包括二次灌浆，该项费用可执行计价定额《第一册　机械设备安装工程》有关子目。

(2) 隔离开关安装

① 开关的连杆均按销子连接考虑，采用其他方式连接的均不做换算；

② 二段式传动的隔离开关安装，计价定额中考虑了增加项目，使用时在原计价定额基础上另加增加数；

③ 计价定额中包括联锁位置及信号接点的安装检查，但不包括该项设备的费用；

④ 计价定额中不包括金属架构的配制，需用时应执行本册铁构件制作安装定额或成品价。

(3) 电抗器安装

① 设备的搬运和吊装是按机械考虑的，在吊车配备上除考虑起重能力外，还要考虑起吊高度和角度；

② 计价定额对三种安装方式做了综合考虑，不论采用何种安装方式均不做换算。

(4) 高压成套配电柜安装定额中不包括基础槽钢及角钢的安装埋设，应另套本册相应定额。

(5) 电容器安装

① 电容器安装定额中，不包括连接线和支架的安装；

② 电容器安装分为移相及串联电容器和集合式电容器两种，电容器柜安装按成套式安装考虑，不包括柜内电容器的安装。

(6) 由于负荷开关安装与隔离开关安装基本相同，故未编有独立定额，可执行同电压等级的隔离开关定额。

(7) 操作机构及延长轴的材料取定：一段式参照 99D201-2 图集《干式变压器安装》测算取定；二段式由于无设计图纸，以一段式基础参照其他定额比较取定。

(8) 高压开关柜与基础型钢采用焊接固定，柜间用螺栓连接；柜内设备按厂家已安装好、连接母线已配制、油漆已刷好来考虑。柜顶主母线以及主母线与上闸引下线的配制安装可另套相应定额计算。

(9) 高压熔断器安装，墙上按打眼埋螺栓考虑；支架上按支架已埋设好考虑。

(10) 互感器安装，油浸式平放在基础上；其他形式用螺栓固定在支架或穿墙板上。

(11) 交流滤波装置：TJL 系列交流滤波装置安装包括电抗器组架、放电电阻架和联线组架三部分，该三部分组架安装均不包括电抗器等设备的安装和接线，如设备单独安装时应另套设备安装定额。

(12) 组合型成套箱式变电站：这是一种小型户外成套箱式变电站，一般布局变压器在中间，一端为高压侧，另一端为低压侧，是一个完整的变电站，变压比一般为 10kV/0.4kV，可直接为小规模的工业和民用供电。成套箱式变电站的内部设备生产厂已安装好，只需要外接高低压进出线，一般用电缆。

3.5.3　母线、绝缘子

(1) 悬式绝缘子安装是以普通型悬式绝缘子安装为基础，每串绝缘按 2 片以内考虑，其金具、绝缘子、线夹按主要材料另行计价。

(2) 支持式绝缘子安装分户内安装和户外安装，户内安装按安装在墙上、铁构件上进行综合考虑，墙上打眼采用冲击电钻施工。户外安装按安装在铁构件上考虑，均按人力搬运吊装进行施工。

(3) 穿墙套管安装综合考虑了水平装设和垂直装设两种安装方式，对电流大小等也进行了综合考虑。

(4) 软母线安装

① 导线跨距按 30m 一跨考虑，计价表单位为“跨/三相”，即每跨包括三相，设计跨距不同时一般不做换算；

② 每跨母线按 6 个耐张线夹、3 个 T 形线夹，两端为单串绝缘子串考虑的，$240mm^2$ 以下导线线夹采用液压压接机压接，$150mm^2$ 以下导线线夹按螺栓线夹考虑；

③ 软母线安装是按地面组合、卷扬机起吊挂线方式施工考虑；

④ 组合软母线定额是依“组/三相”为单位的，档距按 45m 考虑，包括了组合导线两端的接线工作，这部分工作不得按引下线处理。但本册估价表中不包括组合导线两端的铁构件的配制安装及支持绝缘子、带形母线的安装，需要时另套有关定额。

(5) 软母线的引下线、跳线、设备连接线

① 引下线是指由母线上T形线夹、并槽线夹或终端耐张线夹到设备的一段连接线，每三相为一组，每组包括3根导线、6个接线线夹；

② 跳线是指两跨软母线之间用跳线线夹、端子压接管或并槽线夹连接的引流线安装，每三相为一组。不论两侧的耐张线夹是螺栓式或压接式，均执行软母线跳线定额；

③ 设备连接线是指两设备之间的连接部分，有用软导线、带形或管形导线等各种连接形式，这里专指用软导线连接的，其他连接方式应另套相应的定额，每组包括三相；

④ 软母线引下线、跳线、设备连线三种连线方式进行了综合考虑，以导线截面划分项目分列子目，使用时不分连线方式均套同一子目。

(6) 带形硬母线安装

① 母线原材料长度按6.5m长度考虑的，煨弯加工采用万能母线机，主母线连接采用氩弧焊接，引下线采用螺栓连接；

② 母线、金具均按主要材料设计数量加损耗计算；

③ 带形铜母线和铝母线分别编有定额，钢母线可参照铜母线定额直接执行；

④ 带形母线伸缩节头和铜过渡板安装均按成品现场安装考虑。

(7) 槽形母线安装

① 槽形母线安装采用手工平直、下料、弯头配制及安装，弯头及中间接头采用氩弧焊接工艺，需要拆卸的部位按螺栓连接考虑；

② 槽形母线与设备连接，区分于变压器、发电机、断路器、隔离开关的连接。发电机按6个头连接考虑，与变压器、断路器、隔离开关连接按3个头考虑，执行时按槽形母线的规格分别均以“台”或者“组”进行计算。

(8) 共箱母线安装：共箱母线搬运采用机械搬运，吊装户外采用汽车起重机，户内采用链式起重机人工吊装，对高架式布置和悬挂式布置应进行综合考虑。子目的划分以箱体尺寸和导体模仿面双重指标设定。

(9) 低压封闭母线槽安装

① 封闭插接式母线槽安装不分铜导体和铝导体，一律按其定额电流大小划分定额子目；

② 每10m母线槽按含有3个直线段和1个弯头考虑；

③ 搬运方式采用人力搬运，电动卷扬机配合塔吊；

④ 每段母线槽之间的接地跨接线已含在计价定额内，不应另行计算。接地母线规格设计要求与计价定额不符时可以换算。

3.5.4 控制设备及低压电器

① 各种控制（配电）屏、柜与其基础槽钢的固定方式，计价定额中均按综合考虑。不论其与基础连接采用螺栓还是焊接方式，均不做调整。柜、屏及母线的连接如因孔距不符或没有留孔，可另行计算。

② 各种控制（配电）屏、柜、台多数采用镀锌扁钢接地，配电箱半周长2.5m的也考虑扁钢接地外，其余配电箱半周长1.5m以内均考虑裸铜线接地。

③ 各种屏、柜、箱、台安装定额，均未包括端子板的外部接线工作内容，应根据设计图纸中的端子规格、数量，另套“端子外部接线”定额。

④ 各种配电装置的安装定额中不包括母线配制和基础槽钢（角钢）安装，应另套有关定额。

⑤ 基础槽钢（角钢）安装，包括搬运、平直、下料、钻孔、基础铲平、埋地脚螺栓、

接地、油漆等工作内容，但不包括二次浇灌。

⑥ 集中控制台安装定额适用于长度在 2m 以上 4m 以下的集中控制（操作）台。2m 以下的集中控制台按一般控制台考虑，应分别执行定额。

⑦ 集装箱式配电室，属于独立式的户外配电装置，内装各种控制、配电屏、柜。“集装箱式低压配电室”其外形像一个大型集装箱，内装 6～24 台低压配电箱（屏），箱的两端开门，中间为通道。定额单位以重量（t）计算，工作内容不包括二次接线、设备本身处理及干燥。

⑧ 木配电箱制作定额不包括箱内配电板的制作和各种电气元件的安装及箱内配线等工作。

⑨ 硅整流柜和可控硅柜安装定额仅包括柜体本身的安装、固定、柜内校线、接地等。其他配件和附属设备的安装应另执行其他有关定额。

⑩ 自动空气开关的 DZ 装置（塑壳式）属手动式，DW 万能式（框架式）属电动式空气开关。

⑪ 在控制（配电）屏上加装少量小电器、设备元件的安装，可执行“屏上辅助设备”子目，但定额中未包括现场开孔工作。

3.5.5 蓄电池安装

① 蓄电池的防震支架安装根据生产厂家配套供货的塑钢结构成品件，以冲击钻打孔，膨胀螺栓固定方式考虑。

② 封闭式铅酸蓄电池安装按固定型密封蓄电池考虑，布置在土建做好的台子上。

③ 蓄电池的抽头引头线目前均采用电缆引出，故取消支持绝缘子、圆母线的定额子目，电缆和保护管安装均可执行电缆章相应定额。

④ 铅酸电池的电解液所采用的蒸馏水和硫酸，按容器内部尺寸计算，液面高度按容器高度减去 20mm 计算，不再加损耗，容器、电极连接条、电极板、隔板、保护板、焊接条、紧固件均按随厂家设备带来考虑。

⑤ 蓄电池电解液配制、注酸所使用的容器，如调酸大缸、塑料耐酸桶、塑料耐酸盆等视为工具，没有考虑摊销。

⑥ 碱性蓄电池安装中补充电解液按随厂家设备带来考虑。

⑦ 免维护蓄电池按生产厂家以设计所需容量配置好“组件”，现场考虑各“组件”按设计要求安装固定，正负极连接，护罩安装，充放电。

⑧ 蓄电池充放电定额中包括放电器的制作、安装、接线，但不包括充电设备的安装。

3.5.6 电机检查接线及调试

① 本章计价定额中的“电机”系指发电机和电动机的统称。

② 计价定额界线划分：凡功率在 0.75kW 以下的小型电机为微型电机，单台电机重量在 3t 以下的为小型电机，单台电机重量在 3～30t 的为中型电机，单台电机重量在 30t 以上的为大型电机。

③ 电机一次受潮干燥，所需的工、料、机消耗量不做调整，如需多次干燥，则另外计算。每次干燥时间，计价定额只考虑 3～7 天。为了便于编制预算，将电机干燥和检查接线分开。

④ 电机的重量和容量换算（综合平均）。为便于编制预算，各种常用电机的容量（额定功率）与电机综合平均重量对照表见表 3-8。

表 3-8 电机的容量（额定功率）与电机综合平均重量对照表

定额分类		小型电机							中型电机			
电机质量(以下)/(t/台)		0.1	0.2	0.5	0.8	1.2	2	3	5	10	20	30
额定功率(以下)/kW	直流电机	2.2	11	22	55	75	100	200	300	500	700	1200
	交流电机	3.0	13	30	75	100	160	220	500	800	1000	2500

注：实际使用中电机的功率与重量的关系不符时，小型电机以功率为准，大中型电机以重量为准。

3.5.7 滑触线装置安装

① 滑触线支架的基础铁件及螺栓，按土建预埋考虑。

② 滑触线及支架的油漆，均按涂一遍考虑。

③ 移动软电缆安装（敷设）未包括轨道安装及滑轮制作。

④ 滑触线的辅助母线安装，执行“车间带形母线”安装定额。

⑤ 滑触线伸缩器和坐式电车绝缘子支持器的安装，已分别包括在“滑触线安装”和“滑触线支架安装”定额内，不再另行计算。

⑥ 滑触线及支架安装，是按 10m 以下标高考虑的，如超过 10m，应按册说明计取超高增加费。

⑦ 支架及铁构件制作，执行本册第四章第二十二节“铁构件制作”的有关定额。

3.5.8 电缆安装

(1) 新编子目：矿物绝缘电缆、预分支电缆、$16mm^2$ 以下小截面电缆、穿刺线夹等定额子目。

(2) 影响电缆敷设工效的因素

① 重量因素影响施工工效的比例约占 50%。

② 每根电缆的平均长度：计价表计量单位为“100m”，每根电缆的平均长度越短，则 100m 内含的电缆根数越多，影响工效约占 40%。

③ 电缆转弯多少：电缆每增加一个转弯点，就需要增加两个维护人。

④ 施工条件：在地上敷设电缆和在地下电缆隧道内敷设电缆工效不同等。

根据调查收集资料，每 100m 电缆定额考虑的基本情况见表 3-9。

表 3-9 每 100m 电缆定额考虑的基本情况

项目名称	单位	电力电缆(截面以下)/mm^2				控制电缆
		35	120	240	400	
每根电缆的平均长度	m	30	100	115	125	16
每 100m 电缆含的根数	根	3.33	1	0.87	0.80	6.25
每 100m 电缆含转弯数	个	13	4	3	2.50	25

注：电缆截面越小，它的平均长度则越短，也就是说每 100m 定额内所含的电缆根数就越多。从表中看，$35mm^2$ 以下的电力电缆需要敷设 3.33 根才能完成 100m 定额；而 $120mm^2$ 以下电缆只要敷设一根就可以完成 100m 定额。控制电缆则需敷设 6.25 根才能完成 100m 定额。

每根电缆敷设的工序：测位→搬运电缆至敷设点→架盘及开盘→放电缆→排列整理→固定和挂牌。

以上工序，每根电缆做一套程序，两根电缆做两套程序。所以说：截面电缆的定额工效也不可能很高，因为计价定额的计量单位不是“每根”而是“每 100m”电缆。

3.5.9　防雷及接地装置

(1) 本章计价定额适用于各种建筑物、构筑物的防雷接地装置安装，同时适用于变电系统接地、防雷装置、杆上电气设备接地装置等安装。

(2) 户外接地母线敷设包括地沟的挖填土方和夯实工作，挖沟的沟底宽按0.4m，上宽为0.5m，沟深为0.75m、每1m沟长的方量为0.34m³计算。若设计要求埋深不同时，则可按实际土方量计算调整。土质按一般土综合考虑，遇有石方、矿渣、积水、障碍物等情况时，可另行计算。

(3) 接地极按在现场制作考虑，长度2.5m，安装包括打入地下并与主接地网焊接。

(4) 户内接地母线敷设包括打洞、埋卡子、敷设、焊接、油漆等工作内容，卡子的水平间距为1m，垂直方向1.5m。穿墙时用ϕ40mm×400mm钢管保护，每10m综合一个保护管。

(5) 构架接地是按户外钢结构或混凝土杆构架接地考虑的。每处接地包括4m以内的水平接地线。接地跨接线安装扁钢按40mm×4mm，采用钻孔方式，管件跨接利用法兰盘连接螺栓；钢轨利用鱼尾板固定螺栓；平行管道采用焊接进行综合考虑的。

(6) 避雷针安装

① 装在木杆上是按木杆高13m，针长5m，引下线用ϕ10mm圆钢综合考虑的。

② 装在水泥杆上是按水泥杆高15m，针长5m，引下线用ϕ10mm圆钢综合考虑的。杆顶铁件采用6mm厚钢板，四周加肋板（与钢板底座同）。下部四周用60mm×6mm×1000mm扁钢，分别焊在包箍上，包箍用螺栓紧固。

③ 避雷针装在构筑物上，装在金属设备或金属容器上的定额均不包括构筑物等本身的安装。

(7) 半导体少长针消雷装置安装是按生产厂家供应成套装置，现场吊装、组合。接地引下线安装可另套相应定额。

(8) 利用建筑物柱子内主筋作接地引下线安装定额是按每一柱子内利用2根主筋考虑，连接方式采用焊接。

(9) 利用圈梁内主筋作防雷均压环的安装定额也是按利用2根主筋考虑的，连接采用焊接。如果采用明敷圆钢或扁钢作建筑物的均压带时，可执行户内接地母线敷设定额。

(10) 柱子主筋与圈梁连接安装定额是按2根主筋与2根圈梁钢筋分别焊接连接考虑。

(11) 避雷网安装：支架间距按1m考虑，采用焊接，避雷线按主材考虑，混凝土墩考虑在现场浇制。

(12) 钢铝窗接地是按采用ϕ8mm圆钢一端和窗连接，一端与圈梁内主筋连接的方式考虑的。

(13) 电气设备接地引线安装已包括在设备安装定额内，不应重复计算。

3.5.10　10kV以下架空配电线路

(1) 本章计价定额是以平地施工条件考虑的，如在其他地形条件下施工时，其人工和机械按表3-10所列地形系数予以调整。

表3-10　地形调整系数

地形类别	丘陵(市区)	一般山区、泥沼地带
调整系数	1.20	1.60

(2) 地形划分的特征

① 平地：地形比较平坦，地面比较干燥的地带。

② 丘陵：地形起伏的矮岗、土丘等地带（在1km以内地形起伏相对高差在30～50m以内地带）。

③ 一般山地：指一般山岭或沟谷地带（在250m以内地形起伏相对高差在30～50m以内地带）、高原台地等。

④ 泥沼地带：指经常积水的田地及泥水淤积的地带。

（3）土质分类

① 普通土：指种植土、黏砂土、黄土和盐碱土等，主要利用锹、铲即可挖掘的土质。

② 坚土：指土质坚硬难挖的红土、板状黏土、重块土、高岭土，必须用铁镐、条锄挖松，再用锹、铲挖掘的土质。

③ 松砂石：指碎石、卵石和土的混合体，各种不坚实砾岩、页岩、风化岩、石灰岩、节理和裂缝较多的岩石等（不需用爆破方法开采的）需要镐、撬棍、大锤、楔子等工具配合才能挖掘者。

④ 岩石：一般指坚实的粗花岗岩、白云岩、片麻岩、玢岩、石英岩、大理岩、石灰岩、石灰质胶结的密实砂岩的石质，不能用一般挖掘工具进行开挖的，必须采用打眼、爆破或打凿才能开挖者。

⑤ 泥水：指坑的周围经常积水，坑的土质松散，如淤泥和沼泽地等，挖掘时因水渗入和浸润而成泥浆，容易坍塌，需用挡土板和适量排水才能施工者。

⑥ 流砂：指坑的土质为砂质或分层砂质，挖掘过程中砂层有上涌现象，容易坍塌，挖掘时需排水和采用挡土板才能施工者。

（4）工地运输　指定额内未计价材料或主要材料从工地仓库或材料集中堆放点至杆位上的工地运输。分为人力运输和汽车运输两种运输方式，人力运输按平均运距200m以内和200m以上划分子目，汽车运输分为装卸和运输。

运输量应根据施工图设计将各类器材分别汇总，按定额规定的运输重量和包装系数计算。

即：预算运输重量＝施工图设计用量×（1＋损耗率）＋包装重量

（5）土石方工程

① 不论是开挖电杆坑或拉线盘坑，只是区分不同土质执行同一定额。

② 土石方工程中已综合考虑了线路复测、分坑、挖方和土方的回填夯实工作。

（6）杆坑土质按一个坑的主要土质而定，如一个坑大部分为普通土，少量为坚土，则该坑应全部按普通土计算。

（7）带卡盘的电杆坑，如原计算的尺寸不能满足卡盘安装时，因卡盘超长而增加的土（石）方量另计。

（8）线路一次施工工程量按5根以上电杆考虑，如5根以内者，其全部人工和机械应乘以1.3系数。

（9）电杆组立

① 混凝土杆组立人工综合取定见表3-11。

表3-11　混凝土杆组立人工综合取定

项目	人力/工日		半机械化/工日		机械化/工日		加权综合取定/工日
	定额用工	取20%	定额用工	取30%	定额用工	取50%	
9m以下	0.86	0.172	1.43	0.429	0.50	0.250	0.85
11m以下	1.20	0.240	2.00	0.600	0.70	0.350	1.19

续表

项目	人力/工日		半机械化/工日		机械化/工日		加权综合取定/工日
	定额用工	取20%	定额用工	取30%	定额用工	取50%	
13m以下	1.90	0.380	2.78	0.834	0.97	0.485	1.70
15m以下	2.30	0.460	4.00	1.200	1.40	0.700	2.36

注：机械化考虑使用汽车起重机，其机械台班也取50%。

② 立木电杆每根考虑一个地横木，规格为ϕ200mm×1200mm，其材料按主要材料考虑，如转角杆需增加地横木或直线杆不装地横木时，按设计要求数量加损耗计算，但人工不变。

③ 拉线制作安装按每种拉线方式，分不同规格的拉线分别编制，并不包括拉线盘的安装，拉线及拉线金具均按主要材料计算。

(10) 导线架设每1km工程含量取定见表3-12。

表3-12　导线架设每1km工程含量取定

项目	裸铝绞线	钢芯铝绞线	绝缘铝绞线
接续管/个	1～2	1～2	4～8
平均线夹/套	5	5	5
瓷瓶/只	65	65	65

绑扎线按每个瓷瓶平均1.5m考虑，根据导线外径调整列入各个子目中。

(11) 导线跨越

① 被跨越物的间距平均按50m以内考虑，大于50m小于100m时，按两处计算，以此类推。

② 同一个跨越档内，有多种（或多次）跨越物时，应根据跨越物的种类，分别执行定额。

③ 跨越定额仅考虑因跨越而多耗的人工、材料和机械台班，在计算架线工程量时，其跨越档的长度不应扣除。

(12) 杆上变压器及设备、台架的安装

① 杆上变压器及设备安装，包括杆子支架、台架、变压器及设备的全部安装工作，并包括设备中引线的安装，但不包括变压器的调试、吊芯、干燥等。

② 杆子、台架所用铁件及连引线材料、支持瓷瓶、线夹、金具等均按未计价材料，依据设计的规格另行计算。

③ 接地装置安装和测试另套相应定额。

④ 杆上变压器及设备安装不包括检修平台或防护栏杆的安装。

3.5.11　配管配线

(1) 配管

① 定额中的电线管敷设、钢管敷设、防爆钢管敷设、塑料管敷设、金属软管敷设等项目的规格不再综合，均按公称直径分别列项；

② 配管部分，电线管、刚性阻燃管长度按4m取定，钢管长度按6m取定；

③ 刚性阻燃管：本定额所指刚性阻燃管为刚性PVC管，管子的连接方式采用插入法连接，连接处结合面涂专用胶合剂，接口密封；

④ 半硬质阻燃管：本定额所指的半硬质阻燃管是聚乙烯管，采用套接法连接；

⑤ 可挠性金属套管：本定额所列的可挠性金属管是指普利卡金属套管（PULLKA），它是由镀锌钢带（Fe、Zn），钢带（Fe）及电工纸（P）构成双层金属制成的可挠性电线、电缆保护套管，主要用于混凝土内埋设及低压室外电气配线方面。可挠性金属套管规格见表 3-13。

表 3-13 可挠性金属套管规格

规格	内径/mm	外径/mm	外径公差/mm	每卷长/m	螺距/mm	每卷重量/kg
10#	9.2	13.3	±0.2	50		11.5
12#	11.4	16.1	±0.2	50		15.5
15#	14.1	19.0	±0.2	50	1.6±0.2	18.5
17#	16.6	21.5	±0.2	50		22.0
24#	23.8	28.8	±0.2	25		16.25
30#	29.3	34.9	±0.2	25	1.8±0.25	21.8
38#	37.1	42.9	±0.4	25		24.5
50#	49.1	54.9	±0.4	20		28.2
63#	62.6	69.1	±0.6	10		20.6
76#	76.0	82.9	±0.6	10	2.0±0.3	25.4
83#	81.0	88.1	±0.6	10		26.8
101#	100.2	107.3	±0.6	6		18.72

⑥ 配管工程均未包括接线箱、接线盒（开关盒）及支架的制作、安装，其制作、安装另执行相应定额。

⑦ 各种配管按敷设位置、敷设方式、管材材质、管材规格以“延长米”为计量单位计算，不扣除管路所通过接线（箱）盒、灯位盒、开关盒所占长度。

⑧ 钢结构配管项目不包括支架制作，其工程量另行计算。

⑨ 钢索配管项目中未包括钢索架设及拉紧装置制作和安装、接线盒安装，发生时其工程量另行计算。

（2）管内穿线

① 管内穿线以导线性质、导线材质、导线截面按单线“延长米”为计量单位计算（多芯软导线除外）。线路分支接头线的长度已综合在定额内，不得另行计算。

② 照明线路中的导线截面大于或等于 $6mm^2$ 时，按动力线路管内穿线相应子目执行。

③ 多芯导线管内穿线分别按导线相应芯数及单芯导线截面执行相应定额项目，以“延长米/束”为计量单位计算。

④ 照明管内穿线含量详见表 3-14。

表 3-14 照明管内穿线含量 单位：100m

导线截面/mm^2	预留线长度/m	接头含量/个
1.5	13.90	32.20
2.5	13.90	32.20
4.0	8.10	14.4

⑤ 照明管内穿线定额 $1.5mm^2$ 的消耗量每 100m 为 116m，即：

[100（使用量）+13.9（预留线长度）]×[1+1.8%（损耗量）]=115.95≈116.00m，

其他规格以此类推。如 BV-4：(100＋8.1)×1.018＝110.05≈110.00m。

(3) 钢索架设

① 钢索架设按 100m 为一根考虑，中间吊卡间距 12m。吊卡铁件消耗量见表 3-15。

表 3-15　吊卡铁件消耗量　单位：100m

钢索规格/mm	吊卡/kg
ϕ6 以下	3.38
ϕ6 以上	5.07

② 钢索架设，按材质、直径、图示墙柱净长距离，以“延长米”为计量单位计算，不扣除拉紧装置所占长度。

③ 拉紧装置按柱上、T 形梁上、薄腹梁上、屋架上四种安装方式综合考虑，按一端固定，一端用花篮螺栓紧固考虑。钢索卡子包括在内。

(4) 配线

① 配线进入开关箱、屏、柜、板的预留线按表 3-16 规定的长度计算。

表 3-16　配线进入开关箱、屏、柜、板的预留线

序号	项目	预留长度	说明
1	各种开关、柜、板	高＋宽	盘面尺寸
2	单独安装(无箱、无盘)的铁壳开关、闸刀开关、启动器、母线槽进出线盒等	0.3m	以安装对象中心算起
3	由地平管子出口引至动力接线箱	1.0m	以管口计算起
4	电源与管内导线连接(管内穿线与软、硬母线接头)	1.5m	以管口计算起
5	出户线	1.5m	以管口计算起

② 绝缘子配线，按绝缘子形式、绝缘子配线位置、导线截面，以“延长米”为计量单位计算。从绝缘子引下线的支持点至天棚下缘之间的长度应计算在工程量内。

针式绝缘子配线支持点间距取定见表 3-17。

表 3-17　针式绝缘子配线支持点间距取定

配线方式	导线截面/mm²		
	6	16	35～240
沿墙、梁、屋架支架上/m	2.5	1.4	4.5
跨梁、柱、屋架支架上/m	4.8	4.8	4.8

蝶式绝缘子配线支持点间距同针式绝缘子配线。

绝缘导线直线及终端连接长度（包括搭弓子、水弯及回头）见表 3-18。

表 3-18　绝缘导线直线及终端连接长度　单位：100m

导线截面/mm²	6～16	25～50	70～240
预留长度/m	0.8	1.4	1.8
钳压管/根	1	1	1

鼓形绝缘子配线主要含量见表 3-19。

表 3-19 鼓形绝缘子配线主要含量 单位：100m

项目	单位	沿木结构		顶棚内		沿砖、混凝土结构		沿钢支架		沿钢索	
导线截面	mm^2	2.5	6	2.5	6	2.5	6	2.5	6	2.5	6
回头数	个	30	32	40	36	50	12	10	8	4	4
T形接头	个	10	20	20	15	20	10	8	4	16	10
接包头	个	8.7	8	10.6	6	9	6.4	9.5	5	14.9	8.3
瓷瓶 G-38	个	104.4		135.7		106.2		76.2		102.3	
瓷瓶 G-50	个		87.2		104		78.1		31		83
绑线长	m	36.4	34.8	47.6	41.6	37.1	31.2	26.6	12.4	35.7	33.2

鼓形绝缘子配线T形及回头导线消耗见表 3-20。

表 3-20 鼓形绝缘子配线 T 形及回头导线消耗

导线截面/mm^2	终端接头/mm	分支T形连接/mm	绑线长/mm
2.5	300	120	650
6	350	140	400

③ 塑料护套线、瓷夹板、塑料夹板、木槽板、塑料槽配线。

塑料护套线卡子间距，除钢索敷设按 200mm 考虑外，其余均按 150mm 考虑。

塑料护套线以导线截面积、导线芯数、敷设位置，按“延长米/束”为计量单位计算。

导线穿墙按每根瓷管穿一根考虑；塑料软管用于导线交叉隔离，长度 40mm。

线夹配线，按不同线夹材质、线式、敷设位置以及导线规格，以“延长米”为计量单位计算。

顶棚内配线执行木结构定额。

沿砖、混凝土结构敷设按冲击电钻打眼，埋塑料胀管考虑。其他施工方法工料均不做调整。

槽板配线，以槽板材质、配线位置、导线截面、线制，按“延长米”为计量单位计算。

线槽配线，按导线截面积，以“延长米”为计量单位计算。

电气器具（开关、灯头、插座）的预留线均包括在器具本身。

(5) 车间母线安装

① 铝母线按每根长 6.6m，平直断料用手工操作考虑。

② 车间带形母线，按不同材质、不同截面、不同安装位置，以“延长米”为计量单位计算。

(6) 动力配管混凝土地面刨沟，是指电气工程正常配合主体施工后，如有设计变更，需要将管路再次敷设在混凝土结构内，其混凝土地面刨沟工程量，以管路直径，按“延长米”为计量单位计算。

(7) 接线箱安装工程量，应区别安装方式（明装、暗装），按接线箱半周长，以“个”为计量单位计算。

(8) 接线盒安装工程量，应区别安装方式（明装、暗装、钢索上）以及接线盒类型，以“个”为计量单位计算。

(9) 灯具、明（暗）开关、插座、按钮等的预留线，已分别综合在相应定额内，不另行计算。

3.5.12　照明灯具

（1）灯具及其他器具的固定方式见表 3-21。

表 3-21　灯具及其他器具的固定方式

序号	名称	固定方式
1	软线吊灯、圆球吸顶灯、座灯头、吊链灯、日光灯	在空心板上打洞，用丁字螺栓固定
2	一般弯脖灯、墙壁灯	在墙上打眼缠埋木螺钉固定或塑料胀管
3	直杆、吊链、吸顶、弯杆式工厂灯，防水、防尘、防潮灯，腰形舱顶灯	在现浇混凝土楼板、混凝土柱上用圆头机螺钉固定
4	悬挂式吊灯、投光灯、高压水银整流器	在钢结构上焊接吊钩固定，墙上埋支架固定
5	管形氙气灯、碘钨灯	在塔架上固定
6	烟囱和水塔指示灯	在围栏上焊接固定
7	安全、防爆灯、防爆高压水银灯、防爆荧光灯	在现浇混凝土楼板上预埋螺栓
8	病房指示灯、暗脚灯	在墙上嵌入安装
9	无影灯	在现浇混凝土楼板上预埋螺栓
10	装饰灯具	在现浇混凝土楼板上预埋圆钢、钢板、螺栓
11	庭院路灯	用开脚螺栓固定底座
12	明装开关、插座、按钮	在墙上打眼缠埋螺栓或塑料胀管
13	暗装开关、插座、按钮	在砖结构接线盒上固定
14	防爆开关、插座	在钢结构上安装
15	安全变压器	墙上埋支架，1000W 以上支架支撑
16	电铃及号牌铃箱	在墙上埋木砖或膨胀螺栓安装固定
17	吊风扇	在现浇混凝土楼板上预埋吊钩
18	快慢开关	在墙上缠埋木螺钉或塑料胀管
19	壁扇	在墙上打眼、埋螺栓或塑料胀管

（2）灯具、开关、插座除有说明者外，每套预留线长度为绝缘导线 2×0.15m、3×0.15m。规格与容量相适应。

（3）灯具引下线长度详见表 3-22。

表 3-22　灯具引下线长度

序号	名称	规格	长度/m
1	软线吊灯	BV-1.5	0.3
		花线 2×23/0.15	2.0
2	吊链吊管灯	BV-1.5	0.3
		花线 2×23/0.15	1.5
3	壁灯	BV-1.5	0.3
4	吊链式荧光灯	BV-1.5	0.3
		绞型软线 RVS-0.5	3.5
		花线 2×23/0.15	1.5
5	吊管式荧光灯	BV-1.5	2.7
		绞型软线 RVS-0.5	3.5

续表

序号	名称	规格	长度/m
6	吸顶式荧光灯	BV-1.5 绞型软线 RVS-0.5	0.7 3.5
7	嵌入式荧光灯	BV-2.5	2.3
8	嵌入式方形四管荧光灯	BV-2.5	4.6
9	吊杆、吸顶荧光灯带	BV-2.5	2.6
10	嵌入式荧光灯带	BV-2.5	3.75
11	组合式几何形荧光灯带	BV-2.5	0.75
12	吊链式防水防尘工厂灯	BV-2.5	2.7
13	直杆式防水防尘工厂灯	BV-2.5	2.7
14	防潮灯	BV-2.5	0.8
15	无影灯	BV-2.5	3.3
16	半圆球吸顶灯、矩形吸顶灯	BV-2.5	0.7
17	二联方吸顶灯	BV-2.5	2.3
18	四联方吸顶灯	BV-2.5	4.3
19	六联方吸顶灯	BV-2.5	6.0
20	九联方装饰吸顶灯	BV-2.5	7.6
21	十二联方装饰吸顶灯	BV-2.5	9.5
22	三火装饰吸顶灯	BV-2.5	2.0
23	六火装饰吸顶灯	BV-2.5	3.5
24	九火装饰吸顶灯	BV-2.5	5.0
25	十二火装饰吸顶灯	BV-2.5	6.5
26	十五火装饰吸顶灯	BV-2.5	8
27	二十火装饰吸顶灯	BV-2.5	10.5
28	二十五火装饰吸顶灯	BV-2.5	13.0
29	三十火装饰吸顶灯	BV-2.5	15.5
30	三十六火装饰吸顶灯	BV-2.5	18.0
31	腰形舱顶灯	BV-1.5	0.8
32	碘钨灯	BV-4	2.0
33	管形氙气灯	BV-2.5	2.0
34	投光、块板灯	BV-2.5	2.0
35	混光灯	BV-2.5	2.0
36	标志指示灯	BV-2.5	5.6
37	安全灯	BV-2.5	2.7
38	防爆灯	BV-2.5	2.7
39	防爆高压水银灯	BV-2.5	2.7
40	防爆荧光灯	BV-2.5	2.7
41	吸顶式应急灯	BV-2.5	0.7

续表

序号	名称	规格	长度/m
42	嵌入式应急灯	BV-2.5	2.3
43	病房指示灯	BV-2.5	0.8
44	紫外线杀菌灯	BV-2.5 花线 2×23/0.15	1.5

(4) 各型灯具的引导线，除注明者外，均已综合考虑在定额内，执行时不得换算。

(5) 路灯、投光灯、碘钨灯、氙气灯、烟囱或水塔指示灯，均已考虑了一般工程高空作业因素，不包括脚手架搭拆费用，其他器具安装如超过5m，则应按说明规定的超高系数另行计算。

(6) 装饰灯具定额项目与示意图号配套使用。

(7) 定额内已包括利用摇表测量绝缘及一般灯具的试亮工作（但不包括程控调光控制的灯具调试工作）。

(8) 普通灯具安装，应区别灯具的种类、型号、规格，以“套”为计量单位计算。普通灯具安装定额适用范围见表3-23。

表3-23 普通灯具安装定额适用范围

序号	定额名称	灯具种类
1	圆球吸顶灯	材质为玻璃的螺口、卡口圆球独立吸顶灯
2	半圆球吸顶灯	材质为玻璃的独立的半圆球吸顶灯、扁圆罩吸顶灯、平圆形吸顶灯
3	方形吸顶灯	材质为玻璃的独立的矩形罩吸顶灯、方形罩吸顶灯、大方罩吸顶灯
4	软线吊灯	利用软线为垂吊材料、独立的，材质为玻璃、塑料、搪瓷，形状如碗、伞、平盘灯罩组成的各式软线吊灯
5	吊链灯	利用吊链辅助垂吊材料的、独立的，材质为玻璃、塑料罩的各式吊链灯
6	防水吊灯	一般防水吊灯
7	一般弯脖灯	圆形弯脖灯、风雨壁灯
8	一般墙壁灯	各种材质的一般壁灯、镜前灯
9	软线吊灯头	一般吊灯头
10	声光控座灯头	一般声控、光控座灯头
11	座灯头	一般塑胶、瓷质座灯头

(9) 吊式艺术装饰灯具的安装，应根据装饰灯具示意图集所示，区别不同装饰物以及灯体直径和灯体垂吊长度，以“套”为计量单位计算。灯体直径为装饰物的最大外缘直径，灯体垂吊长度为灯座底部到灯梢之间的总长度。

(10) 吸顶式艺术装饰灯具的安装，应根据装饰灯具示意图集所示，区别不同装饰物、吸盘的几何形状、灯体周长和灯体垂吊长度，以“套”为计量单位计算。灯体直径为吸盘最大外缘直径；灯体的半周长为矩形吸盘的周长；吸顶式艺术装饰灯具的灯体垂吊长度为吸盘到灯梢之间的总长度。

(11) 荧光式艺术装饰灯具的安装，应根据装饰灯具示意图集所示，区别不同安装形式和计量单位计算。

① 组合荧光灯光带的安装，应根据装饰灯具示意图集所示，区别安装形式、灯管数量，以“延长米”为单位计算。灯具的设计量与定额不符时，可以按设计量加损耗率调整主材。

例：40W　　1.21m　　1.33m　　8套　　8.08套

　　30W　　0.91m　　1.03m　　10套　　10.10套

② 内藏组合式灯具的安装，应根据装饰灯具示意图集所示，区别灯具组合形式，以“延长米”为计量单位。灯具的设计数量与定额不符时，可根据设计数量加损耗率调整主材。

③ 发光棚的安装，应根据装饰灯具示意图集所示，以“m”为单位，发光棚灯具按设计用量加损耗率计算（按40W考虑）。

④ 立体广告灯箱、荧光灯光沿的安装，应根据装饰灯具示意图集所示，以“延长米”为单位计量单位。灯具设计用量与定额不符时，可根据设计数量加损耗率调整主材（按40W考虑）。

(12) 几何形状组合艺术灯具的安装，应根据装饰灯具示意图集所示，区别不同安装形式及灯具的不同形式，以“套”为计量单位计算。

(13) 标志、诱导装饰灯具的安装，应根据装饰灯具示意图集所示，区别不同安装形式，以“套”为计量单位计算。

(14) 水下艺术装饰灯具的安装，应根据装饰灯具示意图集所示，区别不同安装形式，以“套”为计量单位计算。

(15) 点光源艺术装饰灯具的安装，应根据装饰灯具示意图集所示，区别不同安装形式，不同灯具直径，以“套”为计量单位计算。

(16) 草坪灯具的安装，应根据装饰灯具示意图集所示，区别不同安装形式，以“套”为计量单位计算。

(17) 歌舞厅灯具的安装，应根据装饰灯具示意图集所示，区别不同灯具形式，分别以“套”、“延长米”、“台”为计量单位计算。

(18) 装饰灯具安装定额适用范围见表3-24。

表3-24　装饰灯具安装定额适用范围

序号	定额名称	灯具种类(形式)
1	吊式艺术装饰灯具	不同材质、不同灯体垂吊长度、不同灯体直径的蜡烛灯、挂片灯、串珠(穗)、串棒灯、吊杆式组合灯、玻璃罩(带装饰)灯
2	吸顶式艺术装饰灯具	不同材质、不同灯体垂吊长度、不同灯体几何形状的串珠(穗)、串棒灯、挂片、挂碗、挂吊碟灯、玻璃罩(带装饰)灯
3	荧光艺术装饰灯具	不同安装形式、不同灯管数量的组合荧光灯光带，不同几何组合形式的内藏组合式灯，不同几何尺寸、不同灯具形式的发光棚，不同形式的立体广告灯箱、荧光灯光沿
4	几何形状组合艺术灯具	不同固定形式、不同灯具形式的繁星灯、钻石星灯、礼花灯、玻璃罩钢架组合灯、凸片灯、反射挂灯、筒型钢架灯、U形组合灯、弧形管组合灯
5	标志、诱导装饰灯具	不同安装形式的标志灯、诱导灯
6	水下艺术装饰灯具	简易型彩灯、密封型彩灯、喷水池灯、幻光型灯
7	点光源艺术装饰灯具	不同安装形式、不同灯体直径的筒灯、牛眼灯、射灯、轨道射灯
8	草坪灯具	各种立柱式、墙壁式的草坪灯
9	歌舞厅灯具	各种安装形式的变色转盘灯、雷达射灯、幻影转彩灯、维纳斯旋转彩灯、卫星旋转效果灯、飞碟旋转效果灯、多头转灯、滚筒灯、频闪灯、太阳灯、雨灯、歌星灯、边界灯、射灯、泡泡发生器、迷你满天星彩灯、迷你单粒(盘彩)灯、多头宇宙灯、镜面球灯、蛇光管

(19) 荧光灯具的安装，应区别灯具的安装形式、灯具种类、灯管的数量，以“套”为计量单位计算。荧光灯具安装定额适用范围见表 3-25。

表 3-25　荧光灯具安装定额适用范围

序号	定额名称	灯具种类
1	组装型荧光灯	单管、双管、三管、吊链式、吸顶式、现场组装荧光灯具、吊链及配导线
2	成套型荧光灯	单管、双管、三管、吊链式、吊管式、吸顶式、嵌入式成套荧光灯

(20) 工厂灯及防水防尘灯的安装，应区别不同安装形式，以“套”为计量单位计算。工厂灯及防水防尘灯安装定额适用范围见表 3-26。

表 3-26　工厂灯及防水防尘灯安装定额适用范围

序号	定额名称	灯具种类
1	直杆工厂吊灯	配照(GC_1-A)、广照(GC_3-A)、深照(GC_5-A)、斜照(GC_7-A)、圆球(GC_{17}-A)、双罩(GC_{19}-A)
2	吊链式工厂灯	配照(GC_1-B)、深照(GC_3-B)、斜照(GC_5-C)、圆球(GC_7-B)、双罩(GC_{19}-A)、广罩(GC_{19}-B)
3	吸顶式工厂灯	配照(GC_1-C)、广照(GC_3-C)、深照(GC_5-C)、斜照(GC_7-C)、双罩(GC_{19}-C)
4	弯杆式工厂灯	配照(GC_1-D/E)、广照(GC_3-D/E)、深照(GC_5-D/E)、斜照(GC_7-D/E)、双罩(GC_{19}-C)、局部深罩(GC_{26}-F/H)
5	悬挂式工厂灯	配照(GC_{21}-2)、深照(GC_{23}-2)
6	防水防尘灯	广照(GC_9-A、B、C)、广照保护网(GC_{11}-A、B、C)、散照(GC_{15}-A、B、C、D、E、F、G)

(21) 工厂其他灯具的安装，应区别不同灯具类型、安装形式、安装高度，以“套”、“个”为计量单位计算。工厂其他灯具安装定额适用范围见表 3-27。

表 3-27　工厂其他灯具安装定额适用范围

序号	定额名称	灯具种类
1	防潮灯	扁形防潮灯(GC-31)、防潮灯(GC-33)
2	腰形舱顶灯	腰形舱顶灯 CCD2-1
3	管形氙气灯	自然冷却式 220V/380V 20kW 以内
4	碘钨灯	DW 型、220V、300～1000W 以内
5	投光灯	TG_1型、TG_2型、TG_5型、TG_7型、TG_{14}型室外投光灯
6	高压水银灯整流器	外附式整流器 125～450W
7	安全灯	AOB-1、2、3 型、AOC-1、2 型安全灯
8	防爆灯	CBC-200 型防爆灯
9	高压水银防爆灯	CBC-125/250 型高压水银防爆灯
10	防爆荧光灯	CBC-1/2 单/双管防爆型荧光灯

(22) 医院灯具的安装，应区别灯具种类，以“套”为计量单位计算。医院灯具安装定额适用范围见表 3-28。

表 3-28　医院灯具安装定额适用范围

序号	定额名称	灯具种类
1	病房指示灯	病房指示灯
2	病房暗脚灯	病房暗脚灯
3	无影灯	3～12 孔管式无影灯

(23) 路灯安装工程，应区别不同臂长、不同灯数，以“套”为计量单位计算。路灯安装定额适用范围见表3-29。

表3-29 路灯安装定额适用范围

序号	定额名称	灯具种类
1	大马路弯灯	臂长1200mm以下，臂长1200mm以上
2	庭院路灯	三火以下，七火以下

3.5.13 电气调整试验

(1) 电气工程调试的全过程包括三个阶段：设备的本体试验；分系统调试；整套设备的整体调试。

本章调试定额的内容范围仅包括设备的本体试验和分系统调试，而不包括整体调试，应按专业定额另行计算。

(2) 调试定额不包括设备的烘干处理、电缆故障查找、电动机轴芯检查和由于设备元件的缺陷造成的更换、修理和修改。亦未考虑由于设备元件质量低劣和设计不合理等原因对电气调试工作造成的影响。遇有上述情况，可另计调试费。

(3) 本计价定额的调试范围只限于电气设备本身的调试，不包括电动机带动机械设备的试运工作，该工作属于“试车”范畴，应另行计算。

(4) 各项调试定额均包括熟习资料、核对设备、填写试验记录和整理、编写调试报告等工作。

(5) 电机的调试定额，未包括试验用的蒸汽、10kW以上电力和其他动力能源、介质消耗。

(6) 配电装置调试定额中的1kV以下定额，适用于所有带调试元件的低压供电回路。

(7) 从配电箱至电动机的供电回路已包括在电动机的系统调试定额之内，不得重复计算。

(8) 馈线系统中的电缆试验、瓷瓶耐压、导线及设备的绝缘测定等工作，已包括在有关定额之内。

(9) 供电桥回路中的断路器、母线分段断路器皆作为独立的送配电设备系统计算调试费。

(10) 定额系统按一个系统一侧有一台断路器考虑的，若两侧皆有断路器时，则按两个系统计算。

(11) 电气调试定额的分项比例

一个回路或系统的调整工作中包括：本体试验、附属高压及二次设备试验、断电器及仪表试验、一次电流及二次回路检查和启动实验。在编制预算时如需单独计算其中某一项（阶段）的调试费用可按表3-30中的百分比计算。

表3-30 电气调试定额的分项比例

项目 百分比 阶段	发电机、调相机系统/%	变压器系统/%	送配电设备系统/%	电动机系统/%
一次设备本体试验	30	30	40	30
附属高压及二次设备试验	20	30	20	30
继电器及仪表实验	30	20	20	20
一次电流及二次回路检查	20	20	20	20

（12）电气调试包括的费用内容

① 电气调试所需的电力消耗、试验用的消耗材料及仪表使用费；

② 试验前的看图，试验后的记录整理及原理图的改正工作；

③ 各系统设备元件的单独调试费用。

（13）电气调试不包括：

① 试验用仪表、器材及试验设备的转移费，这项费用列入其他部分“施工机械转移费”；

② 继电保护及自动装置的典型试验定额、通风装置调试定额，需要时可根据实际情况另行计算；

③ 水力装置及热力装置的自动元件调试工作；

④ 各系统的调试定额中均利用示波器照相所需的费用。

（14）发电机、同期调相机电气调试

1）定额包括范围：发电机、同期调相机电气调试定额的单位为“系统”，此“系统”是发电机（或同期调相机）、工作励磁机本体及发电机（或同期调相机）用断路器前（包括断路器在内）的所有一次回路设备、二次回路设备的总称。如图 3-10 所示。

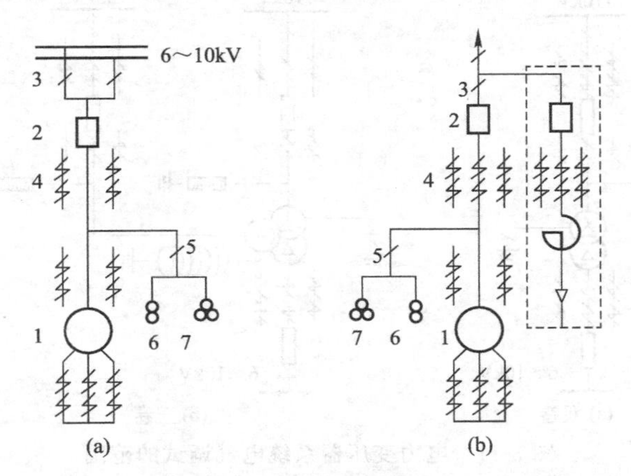

图 3-10　发电机（或同期调相机）“系统”

1—发电机；2—油断路器；3,5—隔离开关；4—电流互感器；6,7—电压互感器

（属于发电机系统内的励磁回路、继电保护、测量仪表等在图中未表示）

图 3-10(a) 中的油断路器是装在 6～10kV 配电装置的，电压互感器则可能装在发电机小间或 6～10kV 配电装置内。但不管它们的装设地点如何，都属于发电机系统。图 3-10(b) 是发电机-变压器组接线的示意图。油断路器可能装在发电机出线间，也可能在特设的开关小室中。同样，不论其装设地点如何，均属于发电机系统。图 3-10(b) 中虚线内的部分为厂用电抗器支线，不属于发电机系统，应按带电抗器的输电线另选用调试定额。

2）定额包括的工作内容如下。

① 发电机（或同期调相机）及其励磁机本体的特性试验、常数测定等试验调整，如耐压试验、绝缘测定、电阻测定、相序测定、极性测定、配合干燥试验、铁损测定、空载特性试验、负载特性试验、消磁时间常数测定等。

② 设备及元件的试验调整，如油断路器、隔离开关、电流互感器、电压互感器、仪表、继电器、灭磁开关、灭磁电阻等的规定应试项目的试验、调整。

③ 二次回路（包括继电保护，控制回路）的校线、操作试验（包括大电流实验）及调整，但不包括特殊保护装置（如发电机转子接地保护、发电机零序保护）、自动装置（如发

电机自动电压调整装置、自动调频装置、同期装置）及信号装置的试验和调整。

3）定额的使用要点如下。

① 不论主接线的方式如何，每台发电机即应套一个系统定额。

② 发电机的特殊保护，视设计要求而定，零序保护，为每台发电机一个系统。转子接地保护，为一台或几台发电机共用一个系统（一般为全厂发电机共用一套）。

③ 发电机的自动电压调整装置，亦视设计要求而定，3000kW 以上的发电机一般都有自动电压调整装置。应在编制预算时另套该项定额。

(15) 电力变压器电气调试

1）电力变压器系统电气调试定额的范围。电力变压器系统是指变压器本体、各电压线圈所连系着的高压开关及隔离开关、电流互感器、测量仪表、继电保护等一次回路及二次回路的总称，如图 3-11 所示。图 3-11 中未表示测量控制及继电保护回路，同时所示电流互感器并不表示定额中包括的真实数量，仅说明变压器系统包括的范围及变压器各电压侧只考虑了一个高压断路器。图 3-11 中的避雷器与消弧线圈的试验调整不包括在本定额范围内，编制预算时，应按相应的调试定额另计。

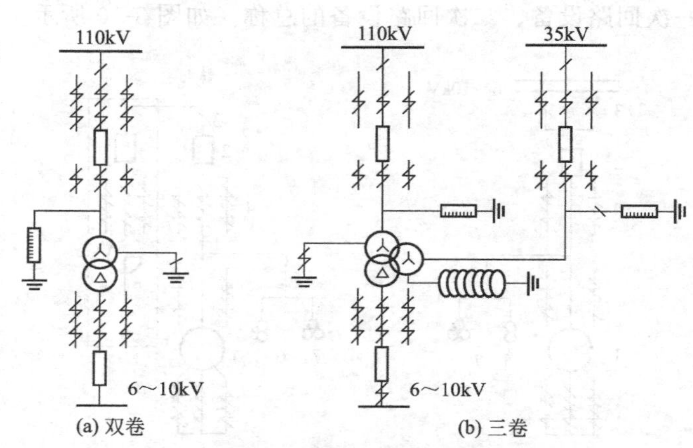

图 3-11 电力变压器系统电气调试的范围

2）电力变压器系统电气调试定额的工作内容包括以下几点。

① 变压器本体特性试验、配合吊芯检查试验、配合干燥试验、绕组电阻测定、变化测定、油的试验和鉴定、冲击及定相试验等。

② 元件的试验、调整，如油断路器合闸及跳闸线圈的试验，油断路器动作电流，动作电压，跳闸及合闸速度测定，隔离开关接触电阻测定（110kV 以上），电流互感器变比，伏-安特性，抽头电阻测定，仪表、继电器的检查，风冷装置的试验等。

③ 二次回路（包括继电保护及控制回路）的检查、试验和调整，如差动保护、过流保护、低电压保护装置及控制回路的通电检验（严格的应称为一次电流及工作电压检查），但不包括特殊保护及自动装置的试验、调整。

3）变压器电气调试定额的使用要点如下。

① 三相变压器每一台（包括相应的附属开关设备及二次回路）为一个系统执行定额。

② 变压器的一个电压侧的高压断路器多于一台时（如厂用备用变压器），多出的部分应按相应电压等级另套配电装置调试定额。

③ 变压器的电气调试定额均按不带负荷调整电压装置及不带强迫油循环装置考虑的，如采用带上述装置的变压器时应按规定的系数增加费用。

④ 定额中所称串联调压变压器是指为了带负荷调压而专设的与主变压器串接的补偿变

压器（此为带负荷调压的另一种方式），该项定额中仅包括其本体的试验调整，与其串接的主变压器系统的调整，应另按电力变压器定额计算。

⑤ 厂用备用变压器一般都设有自动投入装置，每台除执行一个电力变压器系统调整定额及低压侧多于一个自动断路器时加套一个或几个系统的送配电线路调试定额之外，还应再执行一个或几个系统的“备用电源自动投入”调试定额。该调试系统的数量决定于厂用工作母线的段数。

⑥ 变压器调试定额已综合考虑了电压的因素，使用定额时不再区分电压的不同。

（16）送配电设备系统电气调试

1）定额包括的范围。送配电设备系统是指具有一个断路器（即油断路器或空气断路器）的一回或两回线路的配电设备、继电保护、测量仪表总称。不包括送、配电线路本身的常数测定。如图 3-12 所示均各为一个系统。

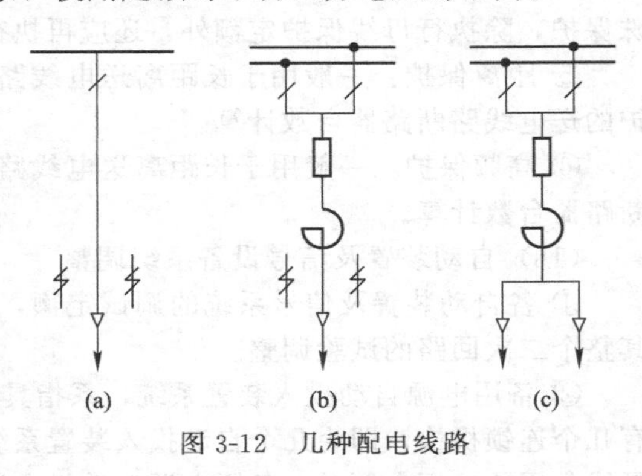

图 3-12 几种配电线路

2）定额包括的工作内容：断路器、隔离开关、电流互感器、电抗器等一次设备及继电保护、测量仪表等二次回路的试验、调整，定额中仅考虑了一般的继电保护装置（如保护过负荷的电流保护和保护短路的电流保护）。不包括特殊保护及自动装置的试验调整。

图 3-12 所示为几种配电线路。其中，（a）为 500V 以下自动空气开关操作配电线路；（b）为 6～10kV 带电抗器的单回配电线路；（c）为 6～10kV 带电抗器的双回配电线路。

3）定额使用要点如下。

① 送配电设备系统调试定额适用于母线联络、母线分段、断路器回路，如设有母线保护时，母线分段断路器回路，除执行一个系统的配电设备调试定额外，还须再套一个系统的母线保护调试定额。

② 定额中未包括特殊保护及自动装置的调整。所谓特殊保护装置是指电力方向保护、距离保护、高频保护及线路横联差动保护，所谓自动装置是指备用电源自动投入、自动重合闸装置。如采用这些保护装置和自动装置时，则应另套相应的调试定额，其系统的确定与送配电设备“系统”数一致。

③ 380V 及 3～6kV 电动机馈电回路设备（如开关柜或配电盘）的调试，已包括在电动机的调试定额之内，不应另计。

④ 变压器（包括厂用变压器）向各级电压配电装置的进线设备，不应作为送配电设备计算调试费用，其调整工作已包括在变压器系统的调试定额内。

⑤ 厂用高压配电装置的电源进线如引自 6kV 主配电装置母线（不经厂用变压器时），应按配电装置调试定额计算。

（17）特殊保护装置调试

1）定额包括的工作内容。所谓特殊保护装置，是指发电机、变压器、送配电设备、电动机等元件保护中非普遍采用者。为了便于灵活计算，把它们单列出来，需要时作为上述元件一般保护调整费的补充。

这些定额中均包括继电器本身及二次回路的检查试验、保护整定值的整定模拟传动试验。

2）定额执行应注意的问题如下。

① 电动机及 10kV 以下线路零序保护、用于接地电流大于 10A 的配电网路、用以保护

电动机或线路的单相接地，其调试系统数的确定，取决于采用这类保护装置的电动机台数或送配电断路器的台数。

② 发电机及变压器的零序保护、用来保护发电机或变压器的单相接地，其调试系统的确定，取决于采用这类保护装置的发电机或变压器的断路器的台数。

③ 发电机转子接地保护：一般为全厂发电机共用一套，只执行一个系统的调试定额。

④ 母线保护：是指母线的特殊保护（如母线差动保护）。如母线分段断路器只采用电流保护装置时，应按送配电设备系统调试定额计算，不应套母线保护调试定额。如母线采取特殊保护，除执行母线保护定额外，还应再执行配电装置调试定额。

⑤ 距离保护：一般用于长距离送电线路，执行定额对其系统数的确定，按采用该项保护的送电线路断路器台数计算。

⑥ 高频保护：一般用于长距离送电线路，其回路数的确定，按采用该保护的送电线路断路器台数计算。

（18）自动装置及信号设备系统调整

① 各自动装置及信号系统的调试定额，均包括继电器、表计等元件本身的试验调整及其整个二次回路的试验调整。

② 备用电源自动投入装置系统，系指具有一个连锁机构的自动投入装置，使用定额时，有几个连锁机构，即为几个自动投入装置系统。例如一台备用厂用变压器作为三段厂用工作母线备用的厂用电源时，备用电源自动投入调试应为三个系统；又如装有自动投入装置的两台互为备用的变压器或两台互为备用的线路，则备用电源自动投入调试应为两个系统。

③ 输煤除灰，燃烧系统的联动装置是指构成其联锁系统的二次回路而言。定额中并不包括拖动动力装置本身的调试，定额中所称“系统”是指构成一个联锁系统的若干台动力机械的整个连锁二次回路。

④ 线路自动重合闸装置系统，是指具有一台线路自动开关的自动重合闸装置。调试系统的数量等于采用自动重合闸装置的线路自动断路器（油断路器或空气断路器）的台数。

⑤ 发电机自动调频装置调试，一台发电机为一个系统。

⑥ 同期装置或称并车装置：在大中型发电厂内一般都有手动同期装置及半自动或自动同期装置两种。变电所内一般只设手动同期装置，每种同期装置只有为全厂或全所共用的一套，调试定额的系统即是指一套同期装置的调试，同期装置的类型则应按设计要求而定。按设计构成一套能完成同期并车行为的装置为一个系统。

⑦ 蓄电池组及直流系统，包括蓄电池组、直流盘、直流回路及控制信号回路（包括闪光信号及绝缘监视），每组蓄电池为一个系统。

⑧ 事故照明装置：凡能构成交直流互相切换的一套装置，按一个调试系统计算。

⑨ 母线系统调试是以一段母线上有一组电压互感器为一个系统计算。低压配电装置母线电气主接线以一段母线计算一个调试系统。

⑩ 中央信号装置的调试定额按变电所和配电室分开编制，每一个变电所和配电室按一个系统计算。

（19）接地网试验

① 接地网试验是指接地网电阻测定，定额所称的系统是按每一发电厂的厂区或每一变电所的所区为单位考虑的。即每一发电厂或变电所的接地网为一个系统。如电厂的供水除灰等设施远离厂区，其接地网不与电厂厂区接地网相连时，此单独的接地网，应另作一个系统计算。

② 避雷针试验，是指避雷针接地网的接地电阻测定，每一避雷针均有一单独接地网（包括独立的避雷针、烟囱避雷针等）均应套“一组”调试定额。

(20) 其他电气设备调试

均系指每个设备的本体试验调整，不包括其附属设备的调试，如静电电容器和避雷器，如果装置在发电机、变压器或配电装置的系统或回路内，应单独套电容器、避雷器调试定额。

(21) 电动机系统的电气调试

1) 定额包括的工作内容：电动机本体、配电设备、起动设备、保护装置、测量仪表及二次回路的试验调整工作。

2) 定额执行应注意的问题如下。

① 具有一个控制回路或者具有一套起动控制设备的一台或几台电动机，称之一个电气调试系统。就电厂的电动机来说一般均以一台为一个系统，如图 3-13、图 3-14 所示，均各为一个系统。

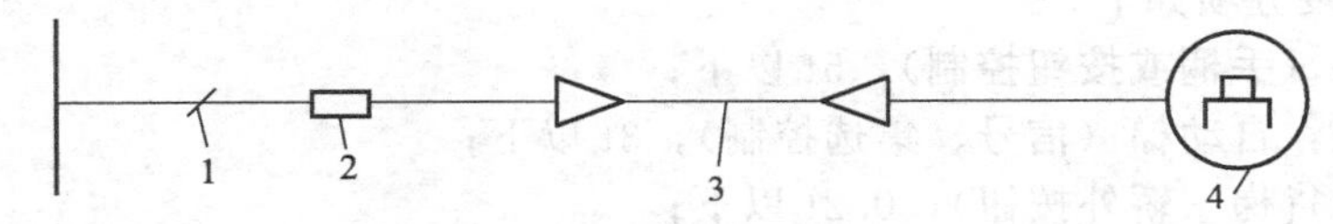

图 3-13　6kV 高压电动机

1—隔离开关；2—油断路器；3—电缆；4—电动机

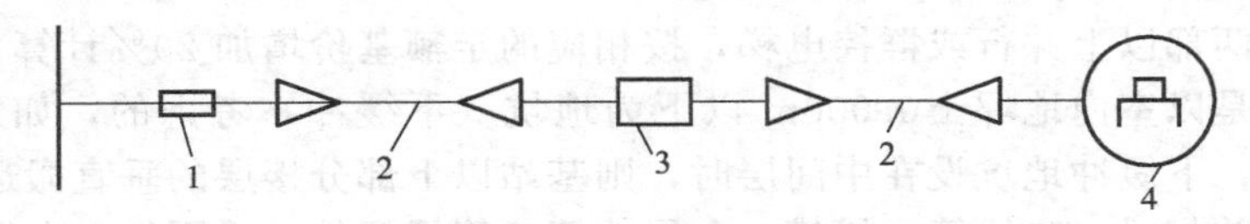

图 3-14　380V 低压电动机

1—熔断器；2—电缆；3—启动器；4—电动机

② 电动机的类型：以电动机的构造可分为同步电动机、鼠笼型异步电动机、卷线型异步电动机；以电压可分为高压电动机及低压电动机，高压与低压的区分是电压在 500V 以下者为低压，500V 以上者为高压。

③ 电动机调试定额的每一个系统，是按一台电动机考虑的，如其一个控制回路有两台及两台以上电动机时，每增加一台应按定额增加 20%计算。

3.5.14 电梯电气装置

(1) 电气设备安装范围

① 机房内：控制屏（柜）、继电器屏（柜）、可控硅励磁柜、选层器或楼层指示器（包括安装上、下轮、挂钢带、挂链条）、硒整流器、极限开关（包括装导向轮、挂钢丝绳）、电阻箱。

② 井道：厅外层灯箱，召唤按钮箱，厅门联锁开关，上、下限位开关，限速开关，选层器断带开关，自动选层开关，平层感应铁。

③ 轿箱：轿内指层灯箱、轿内操纵盘、电扇、灯具、插座、安全窗开关、端站开关、平层器、开关门行程开关、轿门联锁开关、安全钳开关、超载开关、满载开关、限位开关、碰铁、防火专用开关。

④ 配管、穿线、校线、接线。

(2) 定额未包括内容

① 电动发电机组；

② 电源线路及控制开关的安装；

③ 基础型钢和钢支架制作；

④ 接地极及干线敷设；

⑤ 配合机械部试运转；

⑥ 电气调试；

⑦ 电梯的喷漆；

⑧ 轿厢内的空调、冷热风机、闭路电视、步话机、音响设备；

⑨ 群控集中监视系统以及模拟装置。

(3) 电梯安装是按 4m 层高（包括上、下缓冲），每层一个厅门、一个轿门考虑的，超出部分另套。

(4) 垂直搬运和作业考虑了高层因素。

(5) 电梯安装分项如下。

① 半自动梯（手柄或按钮控制），5t 以下；

② 交流系统：自动梯（信号、集选控制），3t 以下；

③ 无司机杂货梯（轿外按钮），0.2t 以下；

④ 电厂专用梯（信号、集选控制）；

⑤ 直流系统：快速梯（可控硅励磁），2m/s 以内；

⑥ 高速梯（可控硅励磁），2m/s 以上。

(6) 两部或两部以上并行或群控电梯，按相应的定额基价增加 20%计算。

(7) 本定额是以室内地坪±0.000m 以下为地坑（下缓冲）考虑的，如遇“区间电梯”（基站不在首层)，下缓冲地坑设在中间层时，则基站以下部分楼层的垂直搬运应另行计算。

(8) 电梯安装材料、电线管及线槽、金属软管、管子配件、紧固件、电缆、电线、接线（盒）箱、荧光灯及其他附件、备件等均按设备带有考虑。

(9) 小型杂物电梯是以载重量在 200kg 以内，轿厢内不载人为准。载重量大于 200kg 的且轿厢内有司机操作的杂物电梯，执行客货电梯的相应项目。

3.5.15 有关定额使用问题的说明

① 低压开关柜安装时，如是变配电装置的低压柜执行本册计价定额第四章的“配电屏”，如是车间的低压柜执行本册计价定额第四章的“落地式成套配电箱”。

② 接地沟挖填土已包括在室外接地母线安装定额之内，设计要求埋设深度与定额不同时，应允许调整土方量。

③ 在吊顶（顶棚）内配管属于明配管。

④ 插座盒安装执行开关盒安装定额子目。

⑤ 电缆穿越电缆竖井敷设，其工程量应按竖井内电缆的长度及穿越过竖井的电缆长度之和计算。

⑥ 本计价定额第四章的各种盘、柜、箱安装定额，均未包括端子板外部接线工作内容，应根据设计图上端子的规格、数量，另套“端子板外部接线”定额。

⑦ 厂内外电缆的划分原则上以厂区的围墙为界，没有围墙的以设计的全厂平面范围来确定。

⑧ 在带电运行的电缆沟内敷设电缆，可以执行安装与生产同时进行降效增加费用。

⑨ 金属的消防栓箱、门接地应按户内接地母线敷设定额执行。

⑩ 装饰灯具定额中金属软管含量是按 1m 综合考虑的，如实际用量超过或少于定额含量，一律不做调整。

⑪ 电机干燥定额是按 3～7 天综合考虑的，如因季节影响，干燥时间较长，一律不调整。

⑫ 利用基础底板主筋接地可套用圈梁钢筋 4-917 定额子目，但不能再套 4-916 定额子目。

⑬ 钢管或电线管明敷，定额是按用管卡考虑的，如用角钢等型钢做支架，因定额不包括支架制作安装，支架应另算，同时定额子目中管卡不扣除。

⑭ 半硬质塑料管明敷定额可执行刚性阻燃塑料管明敷定额。

⑮ 防火电缆桥架可按相应桥架定额人工乘以系数 1.20。

⑯ 床头柜面板按成品考虑，安装不执行定额，其接线及箱内元器件安装，套用相应定额。

⑰ 吊扇预留吊钩执行吊扇安装定额，但其人工乘以系数 0.30，其余不变。

⑱ 调光开关、节能延时开关、呼叫按钮开关、红外线感应开关套用相应的单联开关定额。

⑲ 草坪灯具定额中未包括底座，成品灯具中如未包括底座支架，按实际发生另计。

⑳ 半硬质管埋地敷设定额按自然地坪和一般土质考虑，已含挖填土的工作内容，不应重复计算。如设计埋深不同或遇有石方、矿渣、积水、障碍物等情况，可另行计算。半硬质阻燃管埋地敷设每 100m 包含的土方量见表 3-31。

表 3-31　半硬质阻燃管埋地敷设每 100m 包含的土方量

公称直径/mm		15	20	25	32	40	50	70	80
地沟规格/m	下口宽度	0.40	0.40	0.45	0.50	0.50	0.55	0.60	0.60
	上口宽度	0.25	0.25	0.30	0.35	0.35	0.35	0.35	0.40
	沟深	0.70	0.70	0.70	0.70	0.75	0.75	0.75	0.75
地沟土方量/m^2		22.75	22.75	26.25	29.75	31.88	33.75	35.63	37.50
地沟挖填土工日数/工日		7.42	7.42	8.56	9.70	10.39	11.00	11.61	12.23

3.6　电气安装工程计价定额工程量计算规则

3.6.1　变压器安装

(1) 变压器安装，按不同容量以“台”为计量单位。

(2) 干式变压器如果带有保护罩时，其定额人工和机械乘以系数 1.2。

(3) 变压器通过试验，判定绝缘受潮时，才需进行干燥，所以只有需要干燥的变压器才能计取此项费用（编制施工图预算时可列此项，工程结算时根据实际情况再做处理）。以“台”为计量单位。

(4) 消弧线圈的干燥按同容量电力变压器干燥定额执行，以“台”为计量单位。

(5) 变压器油过滤不论过滤多少次，直到过滤合格为止。以“t”为计量单位，其具体计算方法如下。

① 变压器安装定额未包括绝缘油的过滤，需要过滤时，可按制造厂提供的油量计算。

② 油断路器及其他充油设备的绝缘油过滤，可按制造厂规定的充油量计算。计算公式为：

油过滤数量(t)＝设备油重(t)×(1＋损耗率)

3.6.2 配电装置安装

① 断路器、电流互感器、油浸电抗器、电力电容器及电容器柜的安装以“台（个）”为计量单位。

② 隔离开关、负荷开关、熔断器、避雷器、干式电抗器的安装，以“组”为计量单位，每组按三相计算。

③ 交流滤波装置的安装，以“台”为计量单位。每台装置包括三台组架安装；不包括设备本身及铜母线的安装，其工程量应按相应定额另行计算。

④ 高压设备安装定额内均不包括绝缘台的安装，其工程量应按施工图设计执行相应定额。

⑤ 高压成套配电柜和箱式变电站的安装，以“台”为计量单位。均未包括基础槽钢、母线及引下线的配置安装。

⑥ 配电设备安装的支架、抱箍及延长轴、轴套、间隔板等，按施工图设计的需要量计算，执行《江苏省安装工程计价定额》第四册铁构件制作安装定额或成品价。

⑦ 绝缘油、六氟化硫气体、液压油等均按设备带有考虑。电气设备以外的加压设备和附属管道的安装工程量应按相应定额另行计算。

⑧ 配电设备的端子板外部接线工程量按相应定额另行计算。

⑨ 设备安装用的地脚螺栓按土建预埋考虑，不包括二次灌浆。

3.6.3 母线安装

（1）悬垂绝缘子串安装，指垂直或V形安装的提挂导线、跳线、引下线、设备连接线或设备等所用的绝缘子串安装，按单串、双串分别以“串”为计量单位。耐张绝缘子串的安装，已包括在软母线安装定额内。

（2）支持绝缘子安装分别按安装在户内、户外、单孔、双孔、四孔固定，以“个”为计量单位。

（3）穿墙套管安装分水平、垂直安装，均以“个”为计量单位。

（4）软母线安装，指直接由耐张绝缘子串悬挂部分，按软母线截面大小分别以“跨/三相”为计量单位。设计跨距不同时，不得调整。导线、绝缘子、线夹、弛度调节金具等均按施工图设计用量加定额规定的损耗率计算。

① 软母线引下线，指由T形线夹或并沟线夹从软母线引向设备的连接线，以“组”为计量单位，每三相为一组；软母线经终端耐张线夹引下（不经T形线夹或并沟线夹引下）与设备连接的部分均执行引下线定额，不得换算。

② 两跨软母线间的跳引线安装，以“组”为计量单位，每三相为一组。不论两端的耐张线夹是螺栓式或压接式，均执行软母线跳线定额，不得换算。

③ 设备连接线安装，指两设备间的连接部分。不论引下线、跳线、设备连接线，均应分别按导线截面、三相为一组计算工程量。

④ 组合软母线安装，按三相为一组计算。跨距（包括水平悬挂部分和两端引下部分之和）系以45m以内考虑，跨度的长与短不得调整。导线、绝缘子、线夹、金具按施工图设计用量加定额规定损耗率计算。软母线安装预留长度按表3-32计算。

表3-32 软母线安装预留长度

项目	耐张	跳线	引下线
预留长度/(m/根)	2.5	0.8	0.6

（5）带形母线及带形母线引下线安装包括铜排、铝排，分别按不同截面和片数，以

"m/单相"为计量单位。母线和固定母线的金具均按设计量加损耗率计算。

(6) 钢带形母线安装，按同规格的铜母线定额执行，不得换算。

(7) 母线伸缩接头及铜过渡板安装均以"个"为计量单位。

(8) 槽形母线安装以"m/单相"为计量单位。槽形母线与设备连接分别按连接不同的设备，以"台"为计量单位。槽形母线及固定槽形母线的金具按设计用量加损耗率计算。壳的大小尺寸以"m"为计量单位，长度按设计共箱母线的轴线长度计算。

(9) 低压（指380V以下）封闭式插接母线槽安装分别按导体的额定电流大小，以"m"为计量单位，长度按设计母线的轴线长度计算，分线箱以"台"为计量单位，分别以电流大小按设计数量计算。

(10) 重型母线安装包括铜母线、铝母线，分别按截面大小以母线的成品重量以"t"为计量单位。

(11) 重型铝母线接触面加工指铸造件需加工接触面时，可按其接触面大小，分别以"片/单相"为计量单位。

(12) 硬母线配置安装预留长度按表3-33规定计算。

表3-33　硬母线配置安装预留长度

序号	项目	预留长度/(m/根)	说明
1	带形、槽形母线终端	0.3	从最后一个支持点算起
2	带形、槽形母线与分支线连接	0.5	分支线预留
3	带形母线与设备连接	0.5	从设备端子接口算起
4	多片重型母线与设备连接	1.0	从设备端子接口算起
5	槽形母线与设备连接	0.5	从设备端子接口算起

(13) 带形母线、槽形母线安装均不包括支持瓷瓶安装和构件配置安装，其工程量应分别按设计成品数量执行相应定额。

3.6.4 控制设备及低压电器

① 控制设备及低压电器安装均以"台"为计量单位。以上设备安装均未包括基础槽钢、角钢的制作安装，其工程量应按相应定额另行计算。

② 铁构件制作安装均按施工图设计尺寸，成品重量以"kg"为计量单位。

③ 网门、保护网制作安装，按网门或保护网设计图示的框外围尺寸，以"m^2"为计量单位。

④ 盘柜配线分不同规格，以"m"为计量单位。

⑤ 盘、箱、柜的外部进出线预留长度按表3-34计算。

表3-34　盘、箱、柜的外部进出线预留长度

序号	项目	预留长度/(m/根)	说明
1	各种箱、柜、盘、板、盒	高+宽	盘面尺寸
2	单独安装的铁壳开关、自动开关、刀开关、启动器、箱式电阻器、变阻器	0.5	从安装对象中心算起
3	继电器、控制开关、信号灯、按钮、熔断器等小电器	0.3	从安装对象中心算起
4	分支接头	0.2	分支线预留

⑥ 配电板制作安装及包铁皮，按配电板图示外形尺寸，以"m^2"为计量单位。

⑦ 焊（压）接线端子定额只适用于导线，电缆终端头制作安装定额中已包括压接线端子，不得重复计算。

⑧ 端子板外部接线按设备盘、箱、柜、台的外部接线图计算，以“个”为计算单位。

⑨ 盘、柜配线定额只适用于盘上小设备元件的少量现场配线，不适用于工厂的设备修、配、改工程。

盘、柜配线计算公式：各种盘、柜、箱板的半周长×元器件之间的连接线根数。

增加盘顶上安装小母线工作量计算公式：同一个平面内所安装的盘宽之和×小母线根数+小母线根数×预留长度（0.05m）。

3.6.5 蓄电池

① 铅酸蓄电池和碱性蓄电池安装，分别按容量大小以单体蓄电池“个”为计量单位，按施工图设计的数量计算工程量。定额内已包括了电解液的材料消耗，执行时不得调整。

② 免维护蓄电池安装以“组件”为计量单位。其具体计算如下例：某项工程设计一组蓄电池为220V/500A·h，由12V的组件18个组成，那么就应该套用12V/500A·h的定额18组件。

③ 蓄电池充放电按不同用量以“组”为计量单位。

④ 免维护蓄电池组的充电可按蓄电池组充放电相应定额乘以系数0.3计算（因不需要放电、再充电的过程，只需充电）。

3.6.6 电机检查接线及调试

（1）发电机、调相机、电动机的电气检查接线，均以“台”为计量单位。直流发电机组和多台一串的机组，按单台电机分别执行定额。

（2）电气安装规范要求每台电机接线均需要配金属软管，设计有规定的按设计规格和数量计算，设计没有规定的，平均每台电机配相应规格的金属软管1.25m和与之配套的金属软管专用活接头。

（3）本章的电机检查接线定额中，除发电机和调相机外，均不包括电机干燥，发生时其工程量应按电机干燥定额另行计算。电机干燥定额系按一次干燥所需的工、料、机消耗量考虑的，在特别潮湿的地方，电机需要进行多次干燥，应按实际干燥次数计算。在气候干燥、电机绝缘性能良好、符合技术标准不需要干燥时，则不计算干燥费用。实行包干的工程，可参照以下比例，由有关方面协商而定。

① 低压小型电机3kW以下，按25%的比例考虑干燥；

② 低压小型电机3kW以上至220kW，按30%～50%考虑干燥；

③ 大中型电机，按100%考虑一次干燥。

（4）小型电机按电机类别和功率大小执行相应定额，大、中型电机不分类别一律按电机重量执行相应定额。

3.6.7 滑触线装置

① 起重机上的电气设备、照明装置和电缆管线等安装均执行本册的相应定额。

② 滑触线安装以“m/单相”为计量单位，其附加和预留长度按表3-35规定计算。

表3-35 滑触线预留长度

序号	项目	预留长度/(m/根)	说明
1	圆钢、铜母线与设备连接	0.2	从设备接线端子接口起算
2	圆钢、铜滑触线终端	0.5	从最后一个固定点起算

续表

序号	项目	预留长度/(m/根)	说明
3	角钢滑触线终端	1.0	从最后一个支持点起算
4	扁钢滑触线终端	1.3	从最后一个固定点起算
5	扁钢母线分支	0.5	分支线预留
6	扁钢母线与设备连接	0.5	从设备接线端子接口起算
7	轻轨滑触线终端	0.8	从最后一个支持点起算
8	安全节能及其他滑触线终端	0.5	从最后一个固定点起算

3.6.8 电缆

(1) 电缆敷设中涉及土方开挖回填、破路等，执行建筑工程计价定额。

(2) 直埋电缆的挖、填土（石）方量，除特殊要求外，可按表 3-36 计算土方量。

表 3-36　直埋电缆的挖、填土（石）方量

项目	电缆根数	
	1～2 根	每增一根
每米沟长挖方量/m^3	0.45	0.153

注：1. 两根以内的电缆沟，系按上口宽度 600mm、下口宽度 400mm、深度 900mm 计算的常规土方量（深度按规范的最低标准）；

2. 每增加一根电缆，其宽度增加 170mm；

3. 以上土方量系按埋深从自然地坪算起，如设计埋深超过 900mm 时，多挖的土方量应另行计算。

(3) 电缆沟盖板揭、盖定额，按每揭或每盖一次以延长米计算。如又揭又盖，则按两次计算。

(4) 电缆保护管长度，除按设计规定长度计算外，遇有下列情况，应按以下规定增加保护管长度。

① 横穿道路，按路基宽度两端各增加 2m。

② 垂直敷设时，管口距地面增加 2m。

③ 穿过建筑物外墙时，按基础外缘以外增加 1m。

④ 穿过排水沟，按沟壁外缘以外增加 1m。

(5) 电缆保护管埋地敷设，其土方量凡有施工图注明的，按施工图计算；无施工图的一般按沟深 0.9m，沟宽按最外边的保护管两侧边缘外各增加 0.3m 工作面计算。

(6) 电缆敷设长度应根据敷设路径的水平和垂直敷设长度，另按表 3-37 规定增加附加长度。

表 3-37　电缆敷设预留长度

序号	项目	预留长度	说明
1	电缆敷设弛度、波形弯度、交叉	2.5%	按电缆全长计算
2	电缆进入沟内或吊架时引上、下预留	1.5m	规范规定最小值
3	变电所进线、出线	1.5m	规范规定最小值
4	电力电缆终端头	1.5m	检修余量最小值
5	电缆中间接头盒	两端各留 2.0m	检修余量最小值
6	电缆进控制、保护屏及模拟盘等	高＋宽	按盘面尺寸

续表

序号	项目	预留长度	说明
7	电缆进入建筑物	2.0m	规范规定最小值
8	高压开关柜及低压配电盘、箱	2.0m	规范规定最小值
9	电缆至电动机	0.5m	从电机接线盒起算
10	厂用变压器	3.0m	从地坪起算
11	电缆绕过梁柱等增加长度	按实计算	按被绕物的断面情况计算增加长度
12	电梯电缆与电缆架固定点	每处0.5m	规范最小值

注：1. 电缆附加及预留的长度是电缆敷设长度的组成部分，应计入电缆长度工程量之内。

2. 表中“电缆敷设的附加长度”不适用于矿物绝缘电缆预留长度，矿物绝缘电缆预留长度按实际计算。

(7) 电缆终端头及中间头均以“个”为计量单位。电力电缆和控制电缆均按一根电缆有两个终端头考虑。中间电缆头设计有图示的，按设计确定；设计没有规定的，按实际情况计算（或按平均250m一个中间头考虑）。

(8) $16mm^2$以下截面电缆头执行压接线端子或端子板外部接线。

(9) 吊电缆的钢索及拉紧装置的工程量，应按本册相应定额另行计算。

(10) 钢索的计算长度以两端固定点的距离为准，不扣除拉紧装置的长度。

3.6.9 防雷及接地装置

① 接地极制作安装以“根”为计量单位。其长度按设计长度计算，设计无规定时，每根按2.5m计算。若设计有管帽时，管帽另按加工件计算。

② 接地母线敷设，按设计长度以“m”为计量单位计算工程量。接地终线、避雷线敷设，均按延长米计算，其长度按施工图设计的水平和垂直长度另加3.9%的附加长度（包括转弯、上下波动、避绕障碍物、搭接头所占长度）计算。计算主材费时另加规定的损耗率。

③ 接地跨接线以“处”为计量单位，按规程规定凡需作接地跨接线的工程内容，每跨接一次按一处计算，户外配电装置构架均需接地，每副构架按“一处”计算。

④ 避雷针的加工制作安装以“根”为计量单位，独立避雷针安装以“基”为计量单位。长度、高度、数量均按设计规定。独立避雷针的加工制作应执行“一般铁件”制作定额或按成本计算。

⑤ 半导体长针消雷装置以“套”为计量单位，按设计安装高度分别执行相应定额。装置本身由设备制造厂成套供货。

⑥ 利用建筑物内主筋作接地引下线安装以“10m”为计量单位，每一柱子内按焊接两根主筋考虑，如果焊接主筋数超过两根时，可按比例调整。

⑦ 断接卡子制作安装以“套”为计量单位，按设计规定装设的断接卡子数量计算；接地检查井内的断接卡子安装按每井一套计算，井的制作执行相应定额。

⑧ 高层建筑物屋顶的防雷接地装置应执行“避雷网安装”定额，电缆支架的接地线安装应执行“户内接地母线敷设”定额。

⑨ 均压环辐射以“m”为单位计算，主要考虑利用圈梁内主筋作均压环接地连线，焊接时按两根主筋考虑，超过两根时，可按比例调整。长度按设计需要作为均压接地的圈梁中心线长度，以延长米来计算。

⑩ 钢窗、铝窗接地以“处”为计量单位（高层建筑6层以上的金属窗设计一般要求接地），按设计要求接地的金属窗数进行计算。

⑪ 柱子主筋与圈梁连接按“处”为计量单位，每处按两根主筋与两根圈梁钢筋分别按

焊接连接考虑。如果焊接主筋和圈梁钢筋超过两根时，可按比例调整，需要连接的柱子主筋和圈梁钢筋"处"数按规定设计计算。

3.6.10　10kV以下架空配电线路

（1）工地运输，是指定额内未计价材料从集中材料堆放点或仓库运至杆位上的工程运输，分人力运输和汽车运输，以"吨公里"为计量单位。

运输量计算公式如下：

工程运输量=施工图用量×（1+损耗率）

预算运输重量=工程运输量+包装物重量（不需要包装的可不计算包装物重量）

运输重量可按表3-38的规定进行计算。

表3-38　工程运输量计算

材料名称		单位	运输重量/kg	备注
混凝土制品	人工浇制	m^3	2600	包括钢筋
	离心浇制	m^3	2860	包括钢筋
线材	导线	kg	$W\times1.15$	有线盘
	钢绞线	kg	$W\times1.07$	无线盘
木杆材料		m^3	500	包括木横担
金属、绝缘子		kg	$W\times1.07$	
螺栓		kg	$W\times1.01$	

注：1. W为理论质量。

2. 未列入者均按净重计算。

（2）无底盘、卡盘的电杆坑，其挖方体积为：

$$V=0.8\times0.8\times h \tag{3-1}$$

式中　h——坑深，m。

（3）电杆坑的马道土、石方量按每坑$0.2m^3$计算。

（4）施工操作裕度按底拉盘底宽每边增加0.1m。

（5）各类土质的放坡系数按表3-39计算。

表3-39　各类土质的放坡系数

土质	普通土、水坑	坚土	松砂石	泥水、流砂、岩石
放坡系数	1∶0.3	1∶0.25	1∶0.2	不放坡

（6）冻土厚度>300mm时，冻土层的挖方量按挖坚土定额乘以系数2.5。其他土层仍按土质性质执行定额。

（7）土方量计算公式为：

$$V=\frac{1}{6}h[ab+(a+a_1)\times(b+b_1)+a_1\times b_1] \tag{3-2}$$

式中　V——土（石）方体积，m^3；

h——坑深，m；

a、b——坑底宽，m，$a(b)$=底拉盘底宽+2×每边操作裕度；

a_1、b_1——坑口宽，m，$a_1(b_1)=a(b)+2\times h\times$边坡系数。

（8）杆坑土质按一个坑的主要土质而定，如一个坑大部分为普通土，少量为坚土，则该坑应全部按普通土计算。

(9) 带卡盘的电杆坑，如原计算的尺寸不能满足卡盘安装时，因卡盘超长而增加的土(石)方量另计。

(10) 底盘、卡盘、拉线盘按设计用量以“块”为计量单位。

(11) 杆塔组立，分杆塔形式和高度按设计数量以“根”为计量单位。

(12) 拉线制作安装，按施工图设计规定，分不同形式，以“根”为计量单位。

(13) 横担安装按施工图设计规定，分不同形式和截面，以“根”为计量单位，定额按单根拉线考虑，若安装V形、Y形或双拼形拉线时，按2根计算。拉线长度按设计全根长度计算，设计无规定时可按表3-40计算。

表3-40 拉线长度 单位：m/根

项目		普通拉线	V(Y)形拉线	弓形拉线
杆高/m	8	11.47	22.94	9.33
	9	12.61	25.22	10.10
	10	13.74	27.48	10.92
	11	15.10	30.20	11.82
	12	16.14	32.28	12.62
	13	18.69	37.38	13.42
	14	19.68	39.36	15.12
水平拉线		26.47		

(14) 导线架设，分导线类型和不同截面以“km/单线”为计量单位计算。导线预留长度按表3-41规定计算。导线长度按线路总长度和预留长度之和计算。计算主材费时应另增加规定的损耗率。

表3-41 导线预留长度 单位：m/根

项目名称		长度
高压	转角	2.5
	分支、终端	2.0
低压	分支、终端	0.5
	交叉跳线转角	1.5
与设备连线		0.5
进户线		2.5

(15) 导线跨越架设，包括越线架的搭、拆和越线架的运输以及因跨越(障碍)施工难度而增加的工作量，以“处”为计量单位。每个跨越间距按50m以内考虑，大于50m而小于100m时按两处计算，依次类推。在计算架线工程量时，不扣除跨越档的长度。

(16) 杆上变配电设备安装以“台”或“组”为计量单位，定额内包括杆和钢支架及设备的安装工作，但钢支架主材、连引线、线夹、金具应按设计规定另行计算，设备的接地安装和调试应按相应定额另行计算。

3.6.11 配管配线

① 各种配管应区别不同敷设方式、敷设位置、管材材质、规格，以“延长米”为计量

单位，不扣除管路中间的连接箱（盒）、灯头盒、开关盒所占长度。

② 定额中未包括钢索架设及拉紧装置、接线盒、支架的制作安装，其工程量应另行计算。

③ 管内穿线的工程量，应区别线路性质、导线材质、导线截面，以单线“延长米”为计量单位。线路分支接头线的长度已综合考虑在定额中，不另行计算。照明线路中的导线截面大于或等于 $6mm^2$ 时，应执行动力线路穿线相应项目。

④ 线夹配线工程量，应区别线夹材质（塑料、瓷质）、线式（两线、三线）、敷设位置（木结构、砖、混凝土结构）以及导线规格，以线路“延长米”为计量单位。

⑤ 绝缘子配线工程量，应区别绝缘子形式（针式、鼓式、蝶式）、绝缘子配线位置（沿屋架、梁、柱、墙，跨屋架、梁、柱，木结构、顶棚内、砖、混凝土结构，沿钢支架及钢索）、导线截面积，以线路“延长米”为计量单位计算。绝缘子暗配，引下线按线路支持点至天棚下缘距离的长度计算。

⑥ 槽板配线工程量，应区别槽板材料（木质、塑料），配线位置（木结构、砖、混凝土结构）、导线截面、线式（二线、三线），以线路每米“延长米”为计量单位计算。

⑦ 塑料护套线明敷设工程量，应区别导线截面、导线芯数（二芯、三芯）、敷设位置（在木结构、砖、混凝土结构，沿钢索），以单根线路“延长米”为计量单位计算。

⑧ 线槽配线工程量，应区别导线截面，以单根线路“延长米”为计量单位计算。若为多芯导线，两芯导线时，按相应截面定额子目基价乘以系数 1.2；四芯导线时，按相应截面定额子目基价乘以系数 1.4；八芯导线时，按相应截面定额子目基价乘以系数 1.8；十六芯导线时，按相应截面定额子目基价乘以系数 2.1。

⑨ 钢索架设工程量，应区别圆钢、钢索直径（ϕ6mm，ϕ9mm），按图示墙（柱）内缘距离，以“延长米”为计量单位计算，不扣除拉紧装置所占长度。

⑩ 母线拉紧装置及钢索拉紧装置制作安装工程量，应区别母线截面、花篮螺栓直径（M12、M16、M18），以“套”为计量单位计算。

⑪ 车间带形母线安装工程量，应区别母线材质（铝、钢）、母线截面、安装位置（沿屋架、梁、柱、墙，跨屋架、梁、柱），以“延长米”为计量单位计算。

⑫ 动力配管混凝土地面刨沟工程量，应区别管子直径，以“延长米”为计量单位计算。

⑬ 接线箱安装工程量，应区别安装形式（明装、暗装）、接线箱半周长，以“个”为计量单位计算。

⑭ 接线盒安装工程量，应区别安装形式（明装、暗装、钢索上）以及接线盒类型，以“个”为计量单位计算。

⑮ 灯具、明（暗）开关、插座、按钮等的预留线，已分别综合在相应定额内，不另行计算。

⑯ 配线进入开关箱、柜、板的预留线，按表 3-16 的长度，分别计入相应的工程量。

⑰ 桥架安装，按桥架中心线长度，以“10m”为计量单位。

3.6.12　照明灯具安装

（1）普通灯具安装的工程量，应区别灯具的种类、型号、规格，以“套”为计量单位计算。普通灯具安装定额适用范围见表 3-23。

（2）吊式艺术装饰灯具的工程量，应根据装饰灯具示意图集所示，区别不同装饰物以及灯体直径垂吊长度，以“套”为计量单位计算。灯体直径为装饰物的最大外缘直径；灯体垂吊长度为灯座底部到灯梢之间的总长度。

（3）吸顶式艺术装饰灯具安装的工程量，应根据装饰灯具示意图集所示，区别不同装饰物、吸盘的几何形状、灯体直径、灯体周长和灯体垂吊长度，以“套”为计量单位计算。灯体直径为吸盘最大外缘直径；灯体半周长为矩形吸盘的半周长；吸顶式艺术装饰灯具的灯体垂吊长度为吸盘到灯梢之间的总长度。

(4) 荧光式艺术装饰灯具安装的工程量，应根据装饰灯具示意图集所示，区别不同安装形式和计量单位计算。

① 组合荧光灯光带安装的工程量，应根据装饰灯具示意图集所示，区别安装形式、灯管数量，以“延长米”为计量单位计算，灯具的设计数量与定额不符时可以按设计量加损耗量调整主材。

② 内藏组合式灯安装的工程量，应根据装饰灯具示意图集所示，区别灯具组合形式，以“延长米”为计量单位。灯具的设计数量与定额不符时，可根据设计数量加损耗量调整主材。

③ 发光棚安装的工程量，应根据装饰灯具示意图集所示，以“m^2”为计量单位，发光棚灯具按设计用量加损耗量计算。

④ 立体广告灯箱、荧光灯光沿的工程量，应根据装饰灯具示意图集所示，以“延长米”为计量单位。灯具设计用量与定额不符时，可根据设计数量加损耗量调整主材。

⑤ 几何形状组合艺术灯具安装的工程量，应根据装饰灯具示意图集所示，区别不同安装形式及灯具的不同形式，以“套”为计量单位计算。

⑥ 标志、诱导装饰灯具安装的工程量，应根据装饰灯具示意图集所示，区别不同安装形式，以“套”为计量单位计算。

⑦ 水下艺术装饰灯具安装的工程量，应根据装饰灯具示意图集所示，区别不同安装形式，以“套”为计量单位计算。

⑧ 点光源艺术装饰灯具安装的工程量，应根据装饰灯具示意图集所示，区别不同安装形式、不同灯具直径，以“套”为计量单位计算。

⑨ 草坪灯具安装的工程量，应根据装饰灯具示意图集所示，区别不同安装形式，以“套”为计量单位计算。

⑩ 歌舞厅灯具安装的工程量，应根据装饰灯具示意图集所示，区别不同灯具形式，分别以“套”、“延长米”、“台”为计量单位计算。装饰灯具安装定额适用范围见表 3-24。

(5) 荧光灯具安装的工程量，应区别灯具的安装形式、灯具种类、灯管数量，以“套”为计量单位计算。荧光灯具安装定额适用范围见表 3-25。

(6) 工厂灯及防水防尘灯安装的工程量，应区别不同安装形式，以“套”为计量单位计算。工厂灯及防水防尘灯安装定额适用范围见表 3-26。

(7) 工厂其他灯具安装的工程量，应区别不同灯具类型、安装形式、安装高度，以“套”、“个”、“延长米”为计量单位计算。工厂其他灯具安装定额适用范围见表 3-27。

(8) 医院灯具安装的工程量，应区别灯具种类，以“套”为计量单位计算。医院灯具安装定额适用范围见表 3-28。

(9) 路灯安装工程，应区别不同臂长、不同灯数，以“套”为计量单位计算。

工厂厂区内、住宅小区内路灯安装执行本册定额，城市道路的路灯安装执行《全国统一市政工程预算定额》。路灯安装定额范围见表 3-29。

3.6.13 附属工程

铁构件制作安装均按施工图设计尺寸，以成品重量“kg”为计量单位。

3.6.14 电气调整试验

(1) 电气调试系统的划分以电气原理系统图为依据。电气设备元件的本体试验均包括在相应定额的系统调试之内，不得重复计算。绝缘子和电缆等单体试验，只在单独试验时使用。在系统调试定额中各工序的调试费用如需单独计算时，可按表 3-30 所列比例计算。

(2) 电气调试所需的电力消耗已包括在定额内，一般不另计算。但 10kW 以上电机及发电机的启动调试用的蒸气、电力和其他动力能源消耗及变压器空载试运转的电力消耗，另行计算。

(3) 供电桥回路的断路器、母线分段断路器，均按独立的送配电设备系统计算调试费。

(4) 送配电设备系统调试，系按一侧有一台断路器考虑的，若两侧均有断路器时，则应按两个系统计算。

(5) 送配电设备系统调试，适用于各种供电回路（包括照明供电回路）的系统调试。凡供电回路中带有仪表、继电器、电磁开关等调试元件的（不包括闸刀开关、保险器），均按调试系统计算。移动式电器和以插座连接的家电设备已经厂家调试合格，不需要用户自调的设备，均不应计算调试费用。

(6) 变压器系统调试，以每个电压侧有一台断路器为准。多于一个断路器的，按相应电压等级送配电设备系统调试的相应定额另行计算。

(7) 干式变压器的调试，执行相应容量变压器调试定额乘以系数 0.8。

(8) 特殊保护装置，均以构成一个保护回路为一套，其工程量计算规定如下（特殊保护装置未包括在各系统调试定额之内，应另行计算）。

① 发电机转子接地保护，按全厂发电机共用一套考虑；

② 距离保护，按设计规定所保护的送电线路断路器台数计算；

③ 高频保护，按设计规定所保护的送电线路断路器台数计算；

④ 故障录波器的调试，以一块屏为一套系统计算；

⑤ 失灵保护，按该保护的断路器台数计算；

⑥ 失磁保护，按所保护的电机台数计算；

⑦ 变流器的断电保护，按变流器台数计算；

⑧ 小电流接地保护，按装设该保护的供电回路断路器台数计算；

⑨ 保护检查及打印机调试，按构成该系统的完整回路为一套计算。

(9) 自动装置及信号系统调试，均包括继电器、仪表等元件本身和二次回路的调整试验，具体规定如下。

① 备用电源自动投入装置，按连锁机构的个数确定备用电源自投装置系统数。一个备用厂用变压器，作为三段厂用工作母线备用的厂用电源，计算备用电源自动投入装置调试时，应为三个系统。装设自动投入装置的两条互为备用的线路或两台变压器，计算备用电源自动投入装置调试时，应为两个系统。备用电动机自动投入装置也按此计算。

② 线路自动重合闸调试系统，按采用自动重合闸装置的线路自动断路器的台数计算系统数。综合重合闸也按此规定计算。

③ 自动调频装置的调试，以一台发电机为一个系统。

④ 同期装置调试，按设计构成一套能完成同期并车行为的装置为一个系统计算。

⑤ 蓄电池及直流监视系统调度，一组蓄电池按一个系统计算。

⑥ 事故照明切换装置调试，按设计能完成交直流切换的一套装置为一个调试系统计算。

⑦ 周波减负荷装置调试，凡有一个周率继电器，不论带几个回路，均按一个调试系统计算。

⑧ 变送器屏以屏的个数计算。

⑨ 中央信号装置调试，按每一个变电所或配电室为一个调试系统计算工程量。

⑩ 不间断电源装置调试，按容量以“套”为单位计算。

(10) 接地网的调试规定如下。

① 接地网接地电阻的测定。一般的发电厂或变电站连为一体的母网，按一个系统计算；

自成母网不与厂区母网相连的独立接地网，另按一个系统计算。大型建筑群各有自己的接地网（接地电阻值设计有要求），虽然在最后也将各接地网连在一起，但应按各自的接地网计算，不能作为一个网，具体应按接地网的试验情况而定。

② 避雷针接地电阻的测定。每一种避雷针均有单独接地网（包括独立的避雷针，烟囱避雷针等）时，均按一组计算。

③ 独立的接地装置接组计算。如一台柱上变压器有一独立的接地装置，即按一组计算。

(11) 避雷器、电容器的调试，按每三相为一组计算；单个装设的也按一组计算，上述设备如设置在发动机、变压器、输、配电线路的系统或回路内，仍应按相应定额另外计算调试费用。

(12) 高压电气除尘系统调试，按一台升压变压器、一台机械整流器及附属设备为一个系统计算，分别按除尘器面积（m^2）范围执行定额。

(13) 硅整流装置调试，按一套硅整流装置为一个系统计算。

(14) 普通电动机的调试，分别按电动机的控制方式、功率、电压等级，以“台”为计量单位。

(15) 可控硅调速直流电动机调试以“系统”为计量单位，其调试内容包括可控硅整流装置系统和直流电动机控制回路系统两个部分的调试。

(16) 交流变频调速电动机调试以“系统”为计量单位，其调试内容包括变频装置系统和交流电动机控制回路系统两个部分的调试。

(17) 微型电机系指功率在0.75kW以下的电机，不分类别，一律执行微电机综合调试定额，以“台”为计量单位。电动功率在0.75kW以上的电机调试应按电机类别和功率分别执行相应调试定额。

(18) 一般的住宅、学校、办公楼、旅馆、商店等民用电气工程的供电调试应按下列规定。

① 配电室内带有调试元件的盘、箱、柜和带有调试元件的照明主配电箱，应按供电方式执行相应的“配电设备系统调试”定额。

② 每个用户房间的配电箱（板）上虽装有电磁开关等调试元件，但如果生产厂家已按固定的常规参数调整好，不需要安装单位进行调试就可直接投入使用的，不得计取调试费用。

③ 民用电度表的调整校验属于供电部门的专业管理，一般皆由用户向供电局订购调试完毕的电度表，不得另外计算调试费用。

(19) 高标准的高层建筑、高级宾馆、大会堂、体育馆等具有较高控制技术的电气工程（包括照明工程中由程控调光控制的装饰灯具），应按控制方式执行相应的电气调试定额。

3.6.15 电梯电气装置

① 交流手柄操纵或按钮控制（半自动）电梯电气安装，应区别电梯层数、站数，以“部”为计量单位。

② 交流信号或集选控制（自动）电梯电气安装，应区别电梯层数、站数，以“部”为计量单位。

③ 直流信号或集选控制（自动）快速电梯电气安装，应区别电梯层数、站数，以“部”为计量单位。

④ 直流集选控制（自动）高速电梯电气安装，应区别电梯层数、站数，以“部”为计量单位。

⑤ 小型杂物电梯电气安装，应区别电梯层数、站数，以“部”为计量单位。

⑥ 电厂专用电梯电气安装，应区别配合锅炉容量，以“部”为计量单位。

⑦ 电梯增加厅门、自动轿厢门及提升高度的工程量，应区别电梯形式、增加自动轿厢门数量、增加提升高度，分别以“个”、“延长米”为计量单位。

3.7　电气安装工程工程量清单项目设置

3.7.1　概述

《通用安装工程工程量计算规范》(GB 50856—2013)（以下简称“计算规范”）附录 D “电气设备安装工程”适用于工业与民用建设工程中 10kV 以下变配电设备及线路安装工程工程量清单编制与计量。

3.7.2　附录 D 与其他相关工程的界限划分

(1) 与“计算规范”附录 A“机械设备安装工程”的界限划分

① 切削设备、锻压设备、铸造设备、起重设备、输送设备等的安装在“计算规范”附录 A 中编码列项，其中的电气柜（箱）、开关控制设备、盘柜配线、照明装置和电气调试在“计算规范”附录 D 中编码列项。

② 电机安装在“计算规范”附录 A 中编码列项，电机检查接线、干燥、调试在“计算规范”附录 D 中编码列项。

③ 各种电梯的机械部分及电梯电气安装在“计算规范”附录 A 中编码列项，电源线路及控制开关、基础型钢及支架制作、接地极及接地母线敷设、电气调试仍在“计算规范”附录 D 中编码列项。

(2) 与“计算规范”附录 F“自动化控制仪表安装工程”的界限划分：“计算规范”附录 F“自动化控制仪表安装工程”中的控制电缆、电气配管配线、桥架安装、接地系统安装应按“计算规范”附录 D 相关项目编码列项。

(3) 与“计算规范”附录 K“采暖、给排水、燃气工程”的界限划分：过梁、墙、楼板的钢（塑料）套管，应按本规范附录 K“采暖、给排水、燃气工程”相关项目编码列项。

(4) 与“计算规范”附录 M“刷油、防腐蚀、绝热工程”的界限划分：除锈、刷漆（补刷漆除外）、保护层安装，应按本规范附录 M“刷油、防腐蚀、绝热工程”相关项目编码列项。

(5) 与《房屋建筑与装饰工程工程量计算规范》(GB 50854) 的界限划分：挖土、填土工程，应按现行国家标准《房屋建筑与装饰工程工程量计算规范》(GB 50854) 相关项目编码列项。

(6) 与《市政工程工程量计算规范》(GB 50857) 的界限划分：开挖路面，应按现行国家标准《市政工程工程量计算规范》(GB 50857) 相关项目编码列项。

(7) 由国家或地方检测验收部门进行的检测验收应按本规范附录 N“措施项目”编码列项。

3.7.3　计取有关费用的规定

由于综合单价是指完成工程量清单中一个规定计量单位项目所需的人工费、材料费、机械使用费、管理费和利润，并考虑风险因素。因此，计价时必须把因安装地点、施工现场条件特殊所造成的人工、机械降效的因素综合考虑进去，需要考虑的因素主要包括以下两个方面。

① 工程安装部位超过规定高度；

② 定额章节说明及定额附注规定的调整系数。

高层建筑增加费、安装与生产同时进行增加费、在有害健康的环境中施工增加费、脚手架搭拆费计入措施项目。

(1) 工程超高增加费　超高增加费中操作物高度，按以下规定：有楼层的按楼地面至操作物的距离计算，无楼层的按操作地点（或设计±0.00）至操作物的距离计算。

《江苏省安装工程计价定额》（2014 版）第二册超高增加费：操作物高度距楼地面 5m 以上、20m 以下的电气安装工程，按超高部分人工费的 33%计算。

正确计算好超高增加费，必须把握以下三点。

① 只有符合超高条件的工作内容方可计取超高费，操作物高度在 5m 以内，一律不得计取超高增加费。

②《江苏省安装工程计价定额》（2014 版）第二册有部分定额已经考虑了超高因素，如“滑触线及支架安装”是按 10m 以下标高考虑的，如超过 10m 时方可按规定的超高系数计算超高增加费；“避雷针的安装、半导体少长针消雷装置安装”均已考虑了高空作业的因素；“装饰灯具、路灯、投光灯、碘钨灯、氙气灯、烟囱或水塔指示灯”，均已考虑了一般工程的高空作业因素，已经考虑了高空作业因素的定额项目，不得重复计算超高增加费。

③ 超高增加费＝超高部分定额人工费×33%，全部为人工费。

(2) 高层建筑增加费　高层建筑增加费指高度在 6 层以上或 20m 以上（不含 6 层、20m）的工业与民用建筑施工应增加的费用。高层建筑增加费包括人工降效和材料等的垂直运输增加的机械费用，故该费用可拆分为人工费和机械费。

高层建筑的层数或高度以室外设计正负零至檐口（不包括屋顶水箱间、电梯间、屋顶平台出入口等）高度计算，不包括地下室的高度和层数，半地下室也不计算层数。高层建筑增加费的计取范围有：给排水、采暖、燃气、电气、消防及安全防范、通风空调等工程。

高层建筑增加费以人工费为计算基数。在计算高层建筑增加费时，应注意下列几点。

① 计算基数包括 6 层或 20m 以下的全部人工费，并且包括定额各章节规定系数调整的子目中的人工调整部分的费用，也包括超高增加费中的人工费；

② 同一建筑物有部分高度不同时，可分别以不同高度计算高层建筑增加费；

③ 单层建筑物超过 20m 以上时的高层建筑增加费的计算，首先应将自室外设计正负零至檐口的高度除以 3m（每层高度），计算出相当于多层建筑的层数，然后再按相应的层数计算高层建筑增加费。

(3) 安装与生产同时进行增加的费用　安装与生产同时进行增加的费用，按人工费的 10%计取，全部为人工费，不含其他费用。安装与生产同时进行增加的费用，是指改扩建工程在生产车间或装置内施工，因生产操作或生产条件限制（如不准动火）干扰了安装工作正常进行而增加的降效费用，不包括为保证安全生产和施工所采取的措施费用。若安装工作不受干扰的，不应计取此项费用。

(4) 在有害身体健康的环境中施工增加的费用　在有害身体健康的环境中施工增加的费用，按人工费的 10%计取，全部为人工费，不含其他费用。在有害身体健康的环境中施工增加的费用，是指在《中华人民共和国民法通则》有关规定允许的前提下，改扩建工程由于车间、装置范围内由于高温、多尘、噪音超过国家标准以及含有有害气体，以致影响身体健康而增加的降效费用，不包括劳保条例规定应享受的工种保健费。

(5) 脚手架搭拆费　脚手架搭拆费不属于工程实体内容，应属于措施项目，脚手架搭拆费应计入措施项目费用中，属竞争费用。《江苏省安装工程计价定额》（2014 版）规定采用脚手架搭拆系数来计算此费用。其计算公式为：

$$脚手架搭拆费＝人工费×脚手架搭拆费系数$$

各册定额在测算脚手架搭拆系数时，均已考虑各专业工程交叉作业施工时，可以互相利用脚手架的因素；大部分按简易架考虑；施工时如部分或全部使用土建的脚手架，作有偿使用处理。因此，不论工程实际是否搭拆或搭拆数量多少，均按定额规定系数计算脚手架搭拆费用，由企业包干使用。

《江苏省安装工程计价定额》(2014 版）各册的脚手架搭拆费系数不尽相同，其中第二册脚手架搭拆费按人工费的 4%计算，其中人工工资占 25%，材料占 75%。

3.7.4 变压器安装工程

3.7.4.1 工程量清单项目设置

本节适用于油浸电力变压器、干式变压器、整流变压器、自耦变压器、有载调压变压器、电炉变压器、消弧线圈安装的工程量清单项目的编制和计量。变压器安装工程工程量清单项目设置见表 3-42。

表 3-42 变压器安装（编码：030401）

(GB 50856 中的表 D.1)

<table>
<tr><th>项目编码</th><th>项目名称</th><th>项目特征</th><th>计量单位</th><th>工程量计算规则</th><th>工程内容</th></tr>
<tr><td>030401001</td><td>油浸电力变压器</td><td rowspan="2">1. 名称
2. 型号
3. 容量(kV·A)
4. 电压(kV)
5. 油过滤要求
6. 干燥要求
7. 基础型钢形式、规格
8. 网门、保护门材质、规格
9. 温控箱型号、规格</td><td rowspan="7">台</td><td rowspan="7">按设计图示数量计算</td><td>1. 本体安装
2. 基础型钢制作、安装
3. 油过滤
4. 干燥
5. 接地
6. 网门、保护门制作、安装
7. 补刷(喷)油漆</td></tr>
<tr><td>030401002</td><td>干式变压器</td><td>1. 本体安装
2. 基础型钢制作、安装
3. 温控箱安装
4. 接地
5. 网门、保护门制作、安装
6. 补刷(喷)油漆</td></tr>
<tr><td>030401003</td><td>整流变压器</td><td rowspan="3">1. 名称
2. 型号
3. 容量(kV·A)
4. 油过滤要求
5. 干燥要求
6. 基础型钢形式、规格
7. 网门、保护门材质、规格</td><td rowspan="3">1. 本体安装
2. 基础型钢制作、安装
3. 油过滤
4. 干燥
5. 网门、保护门制作、安装
6. 补刷(喷)油漆</td></tr>
<tr><td>030401004</td><td>自耦变压器</td></tr>
<tr><td>030401005</td><td>有载调压变压器</td></tr>
<tr><td>030401006</td><td>电炉变压器</td><td>1. 名称
2. 型号
3. 容量(kV·A)
4. 电压(kV)
5. 基础型钢形式、规格
6. 网门、保护门材质、规格</td><td>1. 本体安装
2. 基础型钢制作、安装
3. 网门、保护门制作、安装
4. 补刷(喷)油漆</td></tr>
<tr><td>030401007</td><td>消弧线圈</td><td>1. 名称
2. 型号
3. 容量(kV·A)
4. 电压(kV)
5. 油过滤要求
6. 干燥要求
7. 基础型钢形式、规格</td><td>1. 本体安装
2. 基础型钢制作、安装
3. 油过滤
4. 干燥
5. 补刷(喷)油漆</td></tr>
</table>

3.7.4.2 工程量清单编制

变压器安装工程工程量清单由分部分项工程量清单、措施项目清单、其他项目清单组成。分部分项工程量清单应根据《通用安装工程工程量计算规范》（GB 50856—2013）规定的统一项目编码、项目名称、计量单位、工程量计算规则进行编制。

工程量清单编制的主要依据是设计施工图或扩大设计文件和有关施工及验收规范，招标文件、合同条件及拟采用的施工方案可作为参考依据。

（1）清单项目的设置　从表 3-42 看，030401001～030401006 都是变压器安装项目。在设置清单项目时，首先要区别所要安装的变压器的种类，即名称、型号；再按其容量来设置项目。名称、型号、容量完全一样的，合并同类项，数量相加后，设置一个项目即可。型号、容量不一样的，应分别设置项目，分别编码。即有一种规格、型号的变压器就必须有一个对应的项目编码。

分部分项工程量清单的项目编码，第一位至第九位为统一编码，后三位数字由编制人设置，并应自 001 起顺序编制。

（2）项目特征　包括：①名称；②型号（规格）；③容量（kV·A）。项目特征是为了表示项目名称的，它是实体自身的特征。

（3）计量单位　变压器安装工程计量单位为“台”。

（4）工程量计算规则　按设计图示数量，区别不同容量以“台”计算。

（5）工程内容　是与完成该实体相关的工程。

【例 3-5】 某工程设计需要安装 4 台变压器，分别为：

（1）油浸电力变压器 S9-1000kV·A/10kV 2 台并且需要做干燥处理，其绝缘油需要过滤，变压器的绝缘油重 750kg/台，基础型钢为 10＃槽钢 10m/台。

（2）空气自冷干式变压器 SG10-400kV·A/10kV 1 台，基础型钢为 10＃槽钢 10m。

（3）有载调压电力变压器 SZ9-800kV·A/10kV 1 台，基础型钢为 10＃槽钢 15m。

解　本例中的项目特征为名称、型号、容量（kV·A），可通过表 3-43 予以表现。

表 3-43　项目特征

序号	第一组特征(名称)	第二组特征(型号)	第三组特征(容量)
1	油浸电力变压器	S9	1000kV·A
2	空气自冷干式变压器	SG10	400kV·A
3	有载调压电力变压器	SZ9	800kV·A

在编制工程量清单时，对于项目名称必须表述清楚，只有这样才能区别不同型号、规格，以便分别编码和设置项目。而依据工程内容对项目名称的描述又是综合单价报价的主要依据，所以设计如果有要求或施工中将要发生的“工程内容”以外的内容，必须加以描述，这也是报价的依据之一。项目特征和工程内容的作用不同，必须按规范要求分别体现在项目设置和描述上。如例 3-5 中序号 1 的油浸电力变压器安装，项目特征除了名称、型号和容量外，干燥、过滤、基础槽钢也是其项目特征；序号 3 的有载调压电力变压器安装，就不需要干燥和过滤，所以不做提示，只要求报价人考虑基础型钢安装。

在编制工程量清单时，有的“工程内容”无法确定其发生与否，如变压器安装“工程内容”中的干燥和绝缘油过滤两项，有的需要到货后经检查方可确定其干燥或不干燥，绝缘油需过滤还是不需过滤。在这种情况下如何处理？可按发生考虑，也可按不发生考虑（即不描述）。但必须在招标文件有关条款中明确，如不发生（或发生）与清单描述不同时，如何做增减处理。

编制分部分项工程量清单时，项目特征和工程内容所描述的信息都反映在“分部分项工程量清单”的“项目名称”一栏。例 3-5 的变压器安装，编制分部分项工程量清单如下（表 3-44）。

表 3-44 分部分项工程量清单

序号	项目编码	项目名称	项目特征	计量单位	工程数量
1	030401001001	油浸电力变压器	1. 名称：油浸电力变压器 2. 型号：S9 3. 容量(kV·A)：1000 4. 电压(kV)：10 5. 油过滤要求：绝缘油需过滤(750kg/台) 6. 干燥要求：变压器需要做干燥处理 7. 基础型钢形式、规格：10＃槽钢 10m/台	台	2
2	030401002001	干式变压器	1. 名称：空气自冷干式变压器 2. 型号：SG 3. 容量(kV·A)：400 4. 电压(kV)：10 5. 基础型钢形式、规格：10＃槽钢 10m	台	1
3	030401005001	有载调压电力变压器	1. 名称：有载调压电力变压器 2. 型号：SZ9 3. 容量(kV·A)：800 4. 电压(kV)：10 5. 基础型钢形式、规格：10＃槽钢 15m	台	1

端子箱、控制箱的制作、安装，另列清单编码。

变压器铁梯及母线铁构件的制作安装，另列清单编码。

变压器油如需实验、化验、色谱分析应按本规范附录 M 措施项目相关项目编码列项。

3.7.4.3 工程量清单综合单价的确定

综合单价分析表中的“工程内容”必须按工程量清单对项目内容的描述一致，这就是所谓的“包括完成该项目的全部内容”。

工程内容指该清单项目所综合的工程内容，按项逐一填写。如例 3-5 中油浸电力变压器安装，清单描述：变压器安装、干燥、滤油、基础型钢制作安装。体现在综合单价分析表的工程内容见表 3-45。

表 3-45 工程内容

序号	工程内容	单位	数量
1	油浸式电力变压器 S9-1000kV·A/10kV 安装	台	2
2	变压器干燥	台	2
3	干燥棚搭拆	座	1
4	绝缘油过滤	kg	1500
5	基础型钢安装	m	20

以例 3-5 的油浸式电力变压器 S9-1000kV·A/10kV 安装为例，参照《江苏省安装工程计价定额》（2014 版）（以下凡涉及定额数据，不特别指明者，均为江苏省安装工程计价定额数据），其综合单价计算表见表 3-46。

表 3-46 中的管理费是按人工费的 39％计算的，利润是按人工费的 14％计算的；表中综合单价等于合计金额除以该项的实物量，即综合单价＝15691.81/2＝7845.90（元/台）。

从综合单价分析表中可以看到，综合单价除所包括的工程内容及其消耗的人工、材料、机械费或量，还体现出管理费和利润，这对招标人评标定标有着重大的参考价值。

表 3-46 综合单价计价表

项目编码	030401001001	项目名称	油浸式电力变压器 S9-1000kV・A/10kV 安装				计量单位		台		工程量		2
清单综合单价组成明细													
定额编号	定额项目名称	定额单位	数量	单价/元					合价/元				
				人工费	材料费	机械费	管理费	利润	人工费	材料费	机械费	管理费	利润
4-3	油浸式电力变压器安装 1000kV・A	台	2	1079.66	388.80	472.72	421.07	151.15	2159.32	777.60	945.44	842.13	302.30
4-25	电力变压器干燥	台	2	1046.36	1431.15	34.43	408.08	146.49	2092.72	2862.30	68.86	816.16	292.98
4-30	绝缘油过滤	t	1.5	179.82	435.41	118.98	70.13	25.17	269.73	653.12	178.47	105.19	37.76
补	干燥棚搭拆	座	1	510.00	1190.00		198.80	71.40	510.00	1190.00		198.90	71.40
4-456	基础型钢安装	10m	2	116.92	38.48	12.94	45.60	16.37	233.84	76.96	25.88	91.20	32.74
主材	10＃槽钢	kg	210		4.08					856.80			
小计									5265.61	6416.78	1218.65	2053.59	737.19
清单合计									15691.81				
清单综合单价/(元/台)									7845.90				

投标报价人可通过分析表做到报价心中有数，充分利用各种报价技巧，达到中标获利的目的。

此分析表中因工期短的因素没有考虑风险，如果因工期长或其他因素，需要考虑风险时，可在人工费、材料费上按系数增加风险费，也可在总计后增加一定的百分比，作为风险损失。

中介机构在编制标底，或者施工单位参照《江苏省安装工程计价定额》(2014 版) 进行投标报价时，必须注意本节定额的有关说明，防止计价时多算或少算，其要点如下。

① 油浸电力变压器安装定额同样适用于自耦式变压器、带负荷调压变压器的安装。电炉变压器按同容量电力变压器定额乘以系数 2.0，整流变压器执行同容量电力变压器定额乘以系数 1.6。

② 变压器的器身检查：4000kV·A 以下是按吊芯检查考虑，4000kV·A 以上是按吊钟罩考虑，如果 4000kV·A 以上的变压器需吊芯检查时，定额机械台班乘以系数 2.0。

③ 干式变压器若带有保护外罩时，人工和机械乘以系数 1.2。

④ 整流变压器、消弧线圈、并联电抗器的干燥，执行同容量变压器干燥定额。电炉变压器按同容量变压器干燥定额乘以系数 2.0。

⑤ 变压器油是按设备带来考虑的，但施工中变压器油的过滤损耗及操作损耗已包括在有关定额中。

⑥ 变压器安装过程中放注油、油过滤所使用的油罐，已摊入油过滤定额中。

⑦ 本章定额不包括下列工作内容：变压器干燥棚的搭拆工作，若发生时可按实际计算；瓦斯继电器的检查及试验已列入变压器系统调整试验定额内；二次喷漆发生时，按本册相应定额执行。

3.7.5 配电装置安装工程

3.7.5.1 工程量清单项目设置

本节适用于各种断路器、真空接触器、隔离开关、负荷开关、互感器、熔断器、避雷器、电抗器、电容器、交流滤波装置、高压成套配电柜、组合型成套箱式变电站及环网柜等安装工程工程量清单项目编制与计量。配电装置安装工程工程量清单项目设置见表 3-47。

表 3-47　配电装置安装（编码：030402）

（GB 50856 中的表 D.2）

<table>
<tr><th>项目编码</th><th>项目名称</th><th>项目特征</th><th>计量单位</th><th>工程量计算规则</th><th>工程内容</th></tr>
<tr><td>030402001</td><td>油断路器</td><td rowspan="3">1. 名称
2. 型号
3. 容量(A)
4. 电压等级(kV)
5. 安装条件
6. 操作机构名称及型号
7. 基础型钢规格
8. 接线材质、规格
9. 安装部位
10. 油过滤要求</td><td rowspan="5">台</td><td rowspan="7">按设计图示数量计算</td><td>1. 本体安装、调试
2. 基础型钢制作、安装
3. 油过滤
4. 补刷(喷)油漆
5. 接地</td></tr>
<tr><td>030402002</td><td>真空断路器</td><td rowspan="2">1. 本体安装、调试
2. 基础型钢制作、安装
3. 补刷(喷)油漆
4. 接地</td></tr>
<tr><td>030402003</td><td>SF_6断路器</td></tr>
<tr><td>030402004</td><td>空气断路器</td><td rowspan="4">1. 名称
2. 型号
3. 容量(A)
4. 电压等级(kV)
5. 安装条件
6. 操作机构名称及型号
7. 接线材质、规格
8. 安装部位</td><td rowspan="4">1. 本体安装、调试
2. 补刷(喷)油漆
3. 接地</td></tr>
<tr><td>030402005</td><td>真空接触器</td></tr>
<tr><td>030402006</td><td>隔离开关</td><td rowspan="2">组</td></tr>
<tr><td>030402007</td><td>负荷开关</td></tr>
</table>

续表

项目编码	项目名称	项目特征	计量单位	工程量计算规则	工程内容
030402008	互感器	1. 名称 2. 型号 3. 规格 4. 类型 5. 油过滤要求	台	按设计图示数量计算	1. 本体安装、调试 2. 干燥 3. 油过滤 4. 接地
030402009	高压熔断器	1. 名称 2. 型号 3. 规格 4. 安装部位	组		1. 本体安装、调试 2. 接地
030402010	避雷器	1. 名称 2. 型号 3. 规格 4. 电压等级 5. 安装部位			1. 本体安装 2. 接地
030402011	干式电抗器	1. 名称 2. 型号 3. 规格 4. 质量 5. 安装部位 6. 干燥要求			1. 本体安装 2. 干燥
030402012	油浸电抗器	1. 名称 2. 型号 3. 规格 4. 容量(kV·A) 5. 油过滤要求 6. 干燥要求	台		1. 本体安装 2. 油过滤 3. 干燥
030402013	移相及串联电容器	1. 名称 2. 型号 3. 规格 4. 质量 5. 安装部位	个		1. 本体安装 2. 接地
030402014	集合式并联电容器				
030402015	并联补偿电容器组架	1. 名称 2. 型号 3. 规格 4. 结构形式	台		
030402016	交流滤波装置组架	1. 名称 2. 型号 3. 规格			
030402017	高压成套配电柜	1. 名称 2. 型号 3. 规格 4. 母线配置方式 5. 种类 6. 基础型钢形式、规格			1. 本体安装 2. 基础型钢制作、安装 3. 补刷(喷)油漆 4. 接地
030402018	组合型成套箱式变电站	1. 名称 2. 型号 3. 容量(kV·A) 4. 电压(kV) 5. 组合形式 6. 基础规格、浇筑材质			1. 本体安装 2. 基础浇筑 3. 进箱母线安装 4. 补刷(喷)油漆 5. 接地

3.7.5.2　工程量清单编制

（1）清单项目的设置　依据施工图所示的各项工程实体的工程内容，按照表 3-47 上的项目特征：名称、型号、容量等设置具体清单项目名称，按对应的项目编码编好后三位码。

（2）项目特征　主要以设备的名称、型号、规格（容量）为项目特征，它们的组合就是该清单项目的名称。需要注意的是，在项目特征中，有一特征为“质量”，该“质量”是规范对“重量”的规范用语，它不是表示设备质量的优或合格，而指设备的重量。

（3）计量单位　大部分项目以“台”为计量单位，少部分以“组”、“个”为计量单位。

（4）计算规则　按设计图图示数量计算。

（5）工作内容　本节各配电装置，由于自身的特点以及安装位置、安装方式的不同，除本体安装外，如有的需加基础型钢，有的需刷油漆等，编制清单时必须考虑哪些工作内容需要承包商做，哪些不需要，除了表 3-47 所列的工作内容外，还有没有其他相关的工作需承包商做。所有需承包商做的工作，应描述在该清单项目名称中。如不需要，则在描述该项工程内容时就不写上。

在进行清单项目描述时，必须注意以下几点。

① 油断路器，一定要说明绝缘油是否设备自带，是否需要过滤。

② SF_6断路器，SF_6气体是否设备自带。

③ 本节设备安装如有地脚螺栓者，清单中应注明是由土建预埋还是由安装者浇注，以便确定是否计算二次灌浆费用（包括抹面）。设备安装未包括地脚螺栓、浇注（二次灌浆、抹面），如需安装应按《房屋建筑与装饰工程工程量计算规范》（GB 50854—2013）的相关项目编码列项。

④ 本节高压设备的安装没有综合绝缘台安装。如果设计有此要求，其内容一定要表述清楚，避免漏项。

⑤ 要注意“组合型成套箱式变电站”与“集装箱式低压配电室”的区别，“组合型成套箱式变电站”主要是指 10kV 以下的箱式变电站，一般布置形式为变压器在箱的中间，箱的一端为高压开关位置，另一端为低压开关位置。“组合型成套箱式变电站”在本节编码列项，“集装箱式低压配电室”安装在附录 D. 4“控制设备及低压电器”编码列项。

⑥ 空气断路器的储气罐及储气罐至断路器的管路应按《通用安装工程工程量计算规范》附录 H“工业管道工程”相关项目编码列项。

⑦ 干式电抗器项目适用于混凝土电抗器、铁芯干式电抗器、空心干式电抗器等。

3.7.5.3　工程量清单综合单价的确定

在参照《江苏省安装工程计价定额》进行计价时，必须注意以下几点。

① 设备本体所需的绝缘油、六氟化硫（SF_6）气体、液压油等均按设备带有考虑，也就是定额并不包括，如果工程量清单中注明设备没有自带，需承包商提供时，不能把这几项费用漏项。

② 设备安装所需的地脚螺栓按土建预埋考虑，不包括二次灌浆。如清单中注明是由安装单位浇注，应计算二次灌浆费用（包括抹面）。

③ 互感器安装定额是按单相考虑的，不包括抽芯及绝缘油过滤，特殊情况另做处理。

④ 电抗器安装定额是按三相叠放、三相平放和二叠一平的安装方式综合考虑的，施工企业可根据电抗器的安装方式适当调整定额。干式电抗器安装定额适用于混凝土电抗器、铁芯干式电抗器和空心干式电抗器的安装。

⑤ 高压成套配电柜安装定额是综合考虑的，不分容量大小，也不包括母线配制及设备干燥。

⑥ 低压无功补偿电容器屏（柜）安装在附录 D. 4“控制设备及低压电器”列项。

⑦ 本章设备安装不包括下列工作内容，另执行本册相应定额：端子箱安装、设备支架制作及安装、绝缘油过滤、基础槽（角）钢安装。

3.7.6 母线安装工程

3.7.6.1 工程量清单项目设置

本节适用于软母线、带形母线、槽形母线、共箱母线、低压封闭式插接母线、重型母线安装工程工程量清单项目设置与计量。母线安装工程工程量清单项目设置见表 3-48。

3.7.6.2 工程量清单编制

（1）清单项目的设置　依据施工图所示的各项工程实体列项，按名称、型号、规格等设置具体项目名称，并按对应的项目编码编好后三位码。

（2）项目特征　主要以母线的名称、型号、规格（容量、材质）为项目特征。

（3）计量单位　本节除重型母线的计量单位为“t”外，其他各项计量单位均为“m”，始端箱、分线箱计量单位均为“台”。

表 3-48　母线安装（编码：030403）
（GB 50856 中的表 D. 3）

项目编码	项目名称	项目特征	计量单位	工程量计算规则	工程内容
030403001	软母线	1. 名称 2. 材质 3. 型号 4. 规格 5. 绝缘子类型、规格	m	按设计图示尺寸以单相长度计算（含预留长度）	1. 母线安装 2. 绝缘子耐压试验 3. 跳线安装 4. 绝缘子安装
030403002	组合软母线				
030403003	带形母线	1. 名称 2. 型号 3. 规格 4. 材质 5. 绝缘子类型、规格 6. 穿墙套管材质、规格 7. 穿通板材质、规格 8. 母线桥材质、规格 9. 引下线材质、规格 10. 伸缩节、过渡板材质、规格 11. 分相漆品种			1. 母线安装 2. 穿通板制作、安装 3. 支持绝缘子、穿墙套管的耐压试验、安装 4. 引下线安装 5. 伸缩节安装 6. 过渡板安装 7. 刷分相漆
030403004	槽形母线	1. 名称 2. 型号 3. 规格 4. 材质 5. 连接设备名称、规格 6. 分相漆品种			1. 母线制作、安装 2. 与发电机变压器连接 3. 与断路器、隔离开关连接 4. 刷分相漆
030403005	共箱母线	1. 名称 2. 型号 3. 规格 4. 材质		按设计图示尺寸以中心线长度计算	1. 母线安装 2. 补刷（喷）油漆
030403006	低压封闭式插接母线槽	1. 名称 2. 型号 3. 规格 4. 容量（A） 5. 线制 6. 安装部位			

续表

项目编码	项目名称	项目特征	计量单位	工程量计算规则	工程内容
030403007	始端箱、分线箱	1. 名称 2. 型号 3. 规格 4. 容量(A)	台	按设计图示数量计算	1. 本体安装 2. 补刷(喷)油漆
030403008	重型母线	1. 名称 2. 型号 3. 规格 4. 容量(A) 5. 材质 6. 绝缘子类型、规格 7. 伸缩器及导板规格	t	按设计图示尺寸以质量计算	1. 母线制作、安装 2. 伸缩器及导板制作、安装 3. 支持绝缘子安装 4. 补刷(喷)油漆

(4) 计算规则　重型母线按设计图示尺寸以重量计算；共箱母线、低压封闭式插接母线槽按设计图示尺寸以中心线长度计算；其他母线均按设计图尺寸以单相长度计算（含预留长度）。母线预留长度见表 3-49、表 3-50。

表 3-49　软母线安装预留长度

(GB 50856 中的表 D. 15. 7-1)　　单位：m/根

项目	耐张	跳线	引下线、设备连接线
预留长度	2.5	0.8	0.6

表 3-50　硬母线配置安装预留长度

(GB 50856 中的表 D. 15. 7-2)　　单位：m/根

序号	项目	预留长度	说明
1	带形、槽形母线终端	0.3	从最后一个支持点算起
2	带形、槽形母线与分支线连接	0.5	分支线预留
3	带形母线与设备连接	0.5	从设备端子接口算起
4	多片重型母线与设备连接	1.0	从设备端子接口算起
5	槽形母线与设备连接	0.5	从设备端子接口算起

为连接电气设备、器具而预留的长度、因各种弯曲（包括弧度）而增加的长度应计算在清单工程量中。

(5) 工程内容　根据拟建项目的具体设计要求，对附录 D. 3 的工作内容进行增减调整。

【例 3-6】 某工程设计图示的工程内容有“低压封闭式插接母线槽”安装，该分部分项工程量为：低压封闭式插接母线槽（五线）CFW-2-400 安装 300m，进、出分线箱 400A 安装 3 台，角钢∟50mm×5mm 支吊架制作安装 800kg，以上工作内容安装高度为 6m。

解　依据表 3-48 母线安装（编码：030403）中，030403006 低压封闭式插接母线槽的项目特征：型号、容量来表述，该清单项目名称为：低压封闭式插接母线槽 CFW-2-400（型号 CFW-2，容量 400A），其编码为 030403006001。如果该工程还有其他规格的低压封闭式插接母线槽，就在最后的 001 号依此往下编码。

从表 3-48 中可看出其计量单位是“m”，计算规则为按设计图示尺寸以中心线长度计算。

从表 3-48 工程内容栏可以看出该清单项目参考工作内容如下：①母线安装；②补刷（喷）油漆。实际上为完成该分部分项工程，还必须制作安装 800kg 支吊架，也必须要求承包商做，所以凡要求承包商做的，均应在描述该清单项目时予以说明。

根据以上工作内容，制定分部分项工程量清单如表3-51所示。

表3-51 分部分项工程量清单

项目编码	项目名称	项目特征	计量单位	工程数量
030403006001	低压封闭式插接母线槽	1. 名称:低压封闭式插接母线槽 2. 型号:CFW-2 3. 规格 4. 容量:400A 5. 线制:五线 6. 安装部位:安装高度为6m	m	300
030403007001	始端箱、分线箱	1. 名称:进、出分线箱 2. 型号 3. 规格 4. 容量:400A	台	3
030413001001	铁构件	1. 名称:支吊架 2. 材质:角钢 3. 规格:∟50×5	kg	800

3.7.6.3 工程量清单综合单价的确定

中介在编制标底，或者施工单位投标报价时可以参照《江苏省安装工程计价定额》(2014版）的定额消耗量。在参考定额时，要注意主要材料及辅材的消耗量在定额中的有关规定。有些主要材料在定额中并没有其消耗量，必须按定额附录的损耗率表执行。

【例3-7】 例3-6中的低压封闭式插接母线槽安装定额中就没有包括主材的消耗量。参照表3-4“主要材料损耗率表”取定低压封闭式插接母线槽损耗率为2.3%，假定母线槽价格按1000元/m。再参照《江苏省安装工程计价定额》的定额消耗量及材料价格，该分部分项工程量清单综合单价计算如表3-52所示。

表3-52中超高费增加按人工费的33%计算，即

$$超高增加费=4795.20\times33\%=1582.42(元)$$

超高增加费中的人工费也可以计取管理费和利润，管理费率和利润率本例中分别按39%和14%计算（按计价定额数据)，相应的管理费和利润分别为，

$$管理费=1582.42\times39\%=617.14(元)$$

$$利润=1582.42\times14\%=221.54(元)$$

表3-52中的综合单价=323511.55/300=1078.37（元/m)，它包括了为完成该低压封闭式插接母线槽安装的全部工作内容所需的分部分项工程单价，但不包括按规定应计取的规费和税金。

在套用《江苏省安装工程计价定额》(2014版）时，必须注意以下几点。

① 本章定额不包括支架、铁构件的制作、安装，发生时执行本册相应定额；

② 软母线、带形母线、槽形母线的安装定额内不包括母线、金具、绝缘子等主材，具体可按设计数量加损耗计算；

③ 组合软导线安装定额不包括两端铁构件制作、安装和支持瓷瓶、带形母线的安装，发生时应执行本册相应定额，其跨距是按标准跨距综合考虑的；

④ 软母线安装定额是按单串绝缘子考虑的，如设计为双串绝缘子，其定额人工乘以系数1.08；

表 3-52 分部分项工程量清单综合单价

项目编码	030403006001	项目名称	低压封闭式插接母线槽						计量单位	m		工程量	300
清单综合单价组成明细													
定额编号	定额项目名称	定额单位	数量	单价/元					合价/元				
				人工费	材料费	机械费	管理费	利润	人工费	材料费	机械费	管理费	利润
4-198	低压封闭式插接母线槽安装 400A	10m	30	159.84	164.41	64.05	62.34	22.38	4795.20	4932.30	1921.50	1870.13	671.33
主材	低压封闭式母线槽 CFW-2-400	m	306.90		1000					306900			
	超高费(33%)								1582.42	0	0	617.14	221.54
小计									6377.62	311832.30	1921.50	2487.27	892.87
清单合计									323511.55				
清单综合单价/(元/m)									1078.37				

⑤ 母线的引下线、跳线、设备连线均按导线截面分别执行定额，不区分引下线、跳线和设备连线；

⑥ 带形钢母线安装执行铜母线安装定额；

⑦ 带形母线伸缩节头和铜过渡板均按成品考虑，定额只考虑安装；

⑧ 高压共箱式母线和低压封闭式插接母线槽均按制造厂供应的成品考虑，定额只包含现场安装。封闭式插接母线槽在竖井内安装时，人工和机械乘以系数 2.0。

3.7.7 控制设备及低压电器安装工程

3.7.7.1 工程量清单项目设置

本节适用于控制设备和低压电器的工程量清单项目的编制和计量，其中控制设备包括各种控制屏、继电、信号屏、模拟屏、低压开关柜（屏）、弱电控制返回屏、整流柜、配电箱、插座箱、控制箱、箱式配电室等；低压电器包括各种控制开关、控制器、接触器、启动器、照明开关、插座、小电器等。控制设备及低压电器安装工程量清单项目设置见表 3-53。

表 3-53 控制设备及低压电器安装（编码：030404）

（GB 50856 中的表 D.4）

项目编码	项目名称	项目特征	计量单位	工程量计算规则	工程内容
030404001	控制屏	1. 名称 2. 型号 3. 规格 4. 种类 5. 基础型钢形式、规格 6. 接线端子材质、规格 7. 端子板外部接线材质、规格 8. 小母线材质、规格 9. 屏边规格	台	按设计图示数量计算	1. 本体安装 2. 基础型钢制作、安装 3. 端子板安装 4. 焊、压接线端子 5. 盘柜配线、端子接线 6. 小母线安装 7. 屏边安装 8. 补刷(喷)油漆 9. 接地
030404002	继电信号屏				
030404003	模拟屏				
030404004	低压开关柜(屏)				1. 本体安装 2. 基础型钢制作、安装 3. 端子板安装 4. 焊、压接线端子 5. 盘柜配线、端子接线 6. 屏边安装 7. 补刷(喷)油漆 8. 接地
030404005	弱电控制返回屏				1. 基础型钢制作、安装 2. 本体安装 3. 端子板安装 4. 焊、压接线端子 5. 盘柜配线、端子接线 6. 小母线安装 7. 屏边安装 8. 补刷(喷)油漆 9. 接地
030404006	箱式配电室	1. 名称 2. 型号 3. 规格 4. 质量 5. 基础规格、浇筑材质 6. 基础型钢形式、规格	套		1. 本体安装 2. 基础型钢制作、安装 3. 基础浇筑 4. 补刷(喷)油漆 5. 接地

续表

项目编码	项目名称	项目特征	计量单位	工程量计算规则	工程内容
030404007	硅整流柜	1. 名称 2. 型号 3. 规格 4. 容量(A) 5. 基础型钢形式、规格	台	按设计图示数量计算	1. 本体安装 2. 基础型钢制作、安装 3. 补刷(喷)油漆 4. 接地
030404008	可控硅柜	1. 名称 2. 型号 3. 规格 4. 容量(kW) 5. 基础型钢形式、规格			
030404009	低压电容器柜	1. 名称 2. 型号 3. 规格 4. 基础型钢形式、规格 5. 接线端子材质、规格 6. 端子板外部接线材质、规格 7. 小母线材质、规格 8. 屏边规格			1. 本体安装 2. 基础型钢制作、安装 3. 端子板安装 4. 焊、压接线端子 5. 盘柜配线、端子接线 6. 小母线安装 7. 屏边安装 8. 补刷(喷)油漆 9. 接地
030404010	自动调节励磁屏				
030404011	励磁灭磁屏				
030404012	蓄电池屏(柜)				
030404013	直流馈电屏				
030404014	事故照明切换屏				
030404015	控制台	1. 名称 2. 型号 3. 规格 4. 基础型钢形式、规格 5. 接线端子材质、规格 6. 端子板外部接线材质、规格 7. 小母线材质、规格			1. 本体安装 2. 基础型钢制作、安装 3. 端子板安装 4. 焊、压接线端子 5. 盘柜配线、端子接线 6. 小母线安装 7. 补刷(喷)油漆 8. 接地
030404016	控制箱				
030404017	配电箱				1. 本体安装 2. 基础型钢制作、安装 3. 焊、压接线端子 4. 补刷(喷)油漆 5. 接地
030404018	插座箱	1. 名称 2. 型号 3. 规格 4. 安装方式			1. 本体安装 2. 接地
030404019	控制开关	1. 名称 2. 型号 3. 规格 4. 接线端子材质、规格 5. 额定电流(A)	个		1. 本体安装 2. 焊、压接线端子 3. 接线

续表

项目编码	项目名称	项目特征	计量单位	工程量计算规则	工程内容
030404020	低压熔断器	1. 名称 2. 型号 3. 规格 4. 接线端子材质、规格	个	按设计图示数量计算	1. 本体安装 2. 焊、压接线端子 3. 接线
030404021	限位开关				
030404022	控制器		台		
030404023	接触器				
030404024	磁力电动器				
030404025	Y-△自耦减压启动器				
030404026	电磁铁（电磁制动器）				
030404027	快速自动开关				
030404028	电阻器		箱		
030404029	油浸频敏变阻器		台		
030404030	分流器	1. 名称 2. 型号 3. 规格 4. 容量(A) 5. 接线端子材质、规格	个		1. 本体安装 2. 焊、压接线端子 3. 接线
030404031	小电器	1. 名称 2. 型号 3. 规格 4. 接线端子材质、规格	个（套、台）		
030404032	端子箱	1. 名称 2. 型号 3. 规格 4. 安装部位	台		1. 本体安装 2. 接线
030404033	风扇	1. 名称 2. 型号 3. 规格 4. 安装方式	台		1. 本体安装 2. 调速开关安装
030404034	照明开关	1. 名称 2. 材质 3. 规格 4. 安装方式	个		1. 本体安装 2. 接线
030404035	插座		个（套、台）		1. 本体安装 2. 接线
030404036	其他电器	1. 名称 2. 规格 3. 安装方式			1. 安装 2. 接线

3.7.7.2 工程量清单编制

（1）清单项目的设置　本节的清单项目基本上以工程实体名称列项（小电器除外），所以设备名称就是项目的名称。小电器是同类实体的统称，它包括按钮、电笛、电铃、水位电气信号装置、测量表计、继电器、电磁锁、屏上辅助设备、辅助电压互感器、小型安全变压器等。列项时必须把该实体的本名称作为项目名称，表述其特征，如型号、规格……且各自编码。

（2）项目特征　均为名称、型号、规格（容量）。

（3）计量单位　台（套、个）。

（4）工程量计算规则　按设计图示数量计算。

（5）工作内容　必须按表3-53所列的工作内容详细描述，除了本体安装外，有的项目需基础型钢制作安装，有的项目需焊（压）接线端子，有的项目还需做盘柜配线等。

编制清单时注意以下几点。

① 对各种铁构件有特殊要求的，如需镀锌、镀锡、喷塑等，需予以描述。

② 凡导线进出屏、柜、箱、低压电器的，该清单项目应描述是否要焊（压）接线端子。而电缆进出屏、柜、箱、低压电器的，可不描述焊（压）接线端子，因为已综合在电缆敷设的清单项目中（电缆头制作安装）。

③ 凡需做盘（屏、柜）配线的清单项目必须予以描述。

④ 控制开关包括：自动空气开关、刀形开关、铁壳开关、胶盖刀闸开关、组合控制开关、万能转换开关、风机盘管三速开关、漏电保护开关等。

⑤ 其他电器安装指：本节未列的电器项目。其他电器必须根据电器实际名称确定项目名称，明确描述工作内容、项目特征、计量单位、计算规则。

⑥ 盘、箱、柜的外部进出电线的预留长度见表3-54。

表3-54　盘、箱、柜的外部进出线预留长度

（GB 50856中的表D.15.7-3）

序号	项目	预留长度/m	说明
1	各种箱、柜、盘、板、盒	高+宽	盘面尺寸
2	单独安装的铁壳开关、自动开关、刀开关、启动器、箱式电阻器、变阻器	0.5	从安装对象中心算起
3	继电器、控制开关、信号灯、按钮、熔断器等小电器	0.3	从安装对象中心算起
4	分支接头	0.2	分支线预留

【例3-8】 某工程设计图示工程内容：安装5台落地式配电箱，该配电箱为成品，内部配线一切都配好。设计要求只需做基础型钢和进出的接线。具体工作内容如下：

（1）落地式配电箱XL-21共5台；

（2）10＃基础型钢15m；

（3）2.5mm² 无端子接线60个，焊16mm² 铜接线端子25个，压70mm² 铜接线端子30个。

解　依据表3-53控制设备及低压电器安装（编码：030404）中，030404017配电箱项目特征：名称、型号、规格，便可列出该项目清单的名称、编码和计量单位。结合设计要求，该项目的工程内容应为：①基础型钢制作、安装、防腐；②箱体安装；③焊（压）接线端子。

根据以上工作内容，制定分部分项工程量清单如表3-55所示。

表3-55　分部分项工程量清单

项目编码	项目名称	项目特征	计量单位	工程数量
030404017001	配电箱	1. 名称：成套配电箱 2. 型号：XL-21 3. 规格：1800×600×400 4. 基础形式、材质、规格：10＃基础型钢（15m） 5. 接线端子材质、规格：焊16mm² 铜接线端子（25个），压70mm² 铜接线端子（30个） 6. 端子板外部接线材质、规格：2.5mm² 无端子接线（60个） 7. 安装方式：落地式	台	5

【例 3-9】 某综合楼图示工作内容中有下列工程量：

AP86K11-10 单联单控开关 25 个

AP86K21-10 双联单控扳式暗开关 30 个

AP86K31-10 三联单控扳式暗开关 15 个

AP86K41-10 四联单控扳式暗开关 10 个

AP86K12-10 单联双控扳式暗开关 20 个

AP86Z223-10 五孔暗插座 100 个

解 分部分项工程量清单见表 3-56。

表 3-56 分部分项工程量清单

序号	项目编码	项目名称	项目名称	计量单位	工程数量
1	030404034001	照明开关	1. 名称:单联单控扳式暗开关 2. 材质 3. 规格:AP86K11-10 4. 在安装方式:暗装	个	25
2	030404034002	照明开关	1. 名称:双联单控扳式暗开关 2. 材质 3. 规格:AP86K21-10 4. 安装方式:暗装	个	30
3	030404034003	照明开关	1. 名称:三联单控扳式暗开关 2. 材质 3. 规格:AP86K31-10 4. 安装方式:暗装	个	15
4	030404034004	照明开关	1. 名称:四联单控扳式暗开关 2. 材质 3. 规格:AP86K41-10 4. 安装方式:暗装	个	10
5	030404034005	照明开关	1. 名称:单联双控扳式暗开关 2. 材质 3. 规格:AP86K12-10 4. 安装方式:暗装	个	20
6	030404035001	插座	1. 名称:五孔插座 2. 材质 3. 规格:AP86Z223-10 4. 安装方式:暗装	个	100

3.7.7.3 工程量清单综合单价的确定

在套用《江苏省安装工程计价定额》(2014 版）时，必须注意以下几点。

① 控制设备安装，除限位开关及水位电气信号装置外，其他均未包括支架制作安装，发生时可执行本章相应定额。

② 屏上辅助设备安装，包括标签框、光字牌、信号灯、附加电阻、连接片等，但不包括屏上开孔工作。

③ 设备的补充油按设备自带考虑，如设备不带，报价时必须额外考虑。

④ 控制设备安装未包括的工作内容：二次喷漆及喷字；电器及设备干燥；焊、压接线端子；端子板外部（二次）接线。

⑤《江苏省安装工程计价定额》(2014 版）中集装箱式配电室计量单位为“10t”，“计价规范”上计量单位为“套”，套用定额时要注意单位不同，需进行适当换算。

【例 3-10】 参照《江苏省安装工程计价定额》(2014 版）的定额消耗量及材料价格，配电箱价格按 8000 元/台，10＃槽钢按 4.08 元/kg，例 3-8 的分部分项工程量清单综合单价计算如表 3-57 所示。

表 3-57　分部分项工程量清单综合单价

项目编码	030404017001			项目名称			配电箱		计量单位	台		工程量	5
清单综合单价组成明细													
定额编号	定额项目名称	定额单位	数量	单价/元					合价/元				
				人工费	材料费	机械费	管理费	利润	人工费	材料费	机械费	管理费	利润
4-198	落地式配电箱 XL-21 安装	台	5	205.72	37.41	66.80	80.23	28.80	1028.60	187.05	334	401.15	144
主材	落地式配电箱 XL-21	台	5		8000					40000			
4-456	基础槽钢安装	10m	1.5	116.92	38.48	12.94	45.60	16.37	175.38	57.72	19.41	68.40	24.55
主材	槽钢 10#	kg	157.5		4.08					642.60			
4-412	无端子外部接线 $2.5mm^2$	10个	6	12.58	16.84		4.91	1.76	75.48	101.04		29.44	10.57
4-418	焊铜接线端子 $16mm^2$	10个	2.5	17.02	82.52		6.64	2.38	42.55	206.30		16.59	5.96
4-424	压铜接线端子 $70mm^2$	10个	3	74.74	101.61		29.15	10.46	224.22	304.83		87.45	31.39
小计									1546.23	41499.54	353.41	603.03	216.47
合计									44218.68				
清单综合单价/(元/台)									8843.74				

3.7.8 蓄电池安装工程

3.7.8.1 工程量清单项目设置

本节适用于碱性蓄电池、固定密闭式铅酸蓄电池和免维护铅酸蓄电池安装工程量清单项目的编制和计量，蓄电池安装工程量清单项目设置见表3-58。

表3-58 蓄电池安装（编码：030405）

（GB 50856 中的表D.5）

项目编码	项目名称	项目特征	计量单位	工程量计算规则	工程内容
030405001	蓄电池	1. 名称 2. 型号 3. 容量(A·h) 4. 防震支架形式、材质 5. 充放电要求	个(组件)	按设计图示数量计算	1. 防震支架安装 2. 本体安装 3. 充放电
030405002	太阳能电池	1. 名称 2. 型号 3. 规格 4. 容量 5. 安装方式	组		1. 安装 2. 电池方阵铁架安装 3. 联调

3.7.8.2 工程量清单编制

（1）清单项目的设置　依据施工图所示的各项工程实体工程内容，对应表3-58的项目特征：名称、型号、容量，设置具体清单项目名称，并按对应的项目编号编好后三位编码。

（2）项目特征　均为名称、型号、容量及结构，项目特征和项目名称基本一致。

（3）计量单位　本节的各项计量单位均为“个”。免维护铅酸蓄电池的表现形式为“组件”，因此也可称多少个“组件”。太阳能电池计量单位为“组”。

（4）工程量计算规则　按设计图示数量计算。

（5）工作内容　蓄电池的工作内容为防震支架制作、安装，本体安装，充放电。太阳能电池的工作内容为太阳能电池的安装、电池方阵铁架安装及太阳能电池与控制屏联调。

编制清单时注意以下几点。

① 如果设计要求蓄电池抽头连接用电缆及电缆保护管时，应在清单项目中予以描述，以便计价；

② 蓄电池电解液如需承包方提供，亦应描述。

3.7.8.3 工程量清单综合单价的确定

由于项目特征和项目名称基本一致，与《江苏省安装工程计价定额》（2014版）定额子目的划分也一致，所以可以基本上直接参照该计价定额。但仍然需要注意以下几点。

① 蓄电池充放电费用综合在安装单价中，按“组”充放电，但需分摊到每一个蓄电池的安装综合单价中报价；

② 蓄电池防震支架按随设备供货考虑，安装按地坪打眼装膨胀螺栓固定；

③ 蓄电池电极连接条、紧固螺栓、绝缘垫均按设备带有考虑；

④ 本章定额不包括蓄电池抽头连接用电缆及电缆保护管的安装，发生时应执行本册相应项目；

⑤ 碱性蓄电池补充电解液由厂家随设备供货；铅酸蓄电池的电解液已包括在定额内，不另行计算；

⑥ 蓄电池充放电电量已计入定额，不论酸性、碱性电池均按其电压和容量执行相应项目；

⑦ 免维护铅酸蓄电池的安装以“组件”为单位，其计算如例 3-9。

【例 3-11】 某工程设计一组免维护铅酸蓄电池为 220V/500A·h，由 12V 的组件 18 个组成，套用定额时就套用 12V/500A·h 的定额 18 组件。

3.7.9 电机检查接线及调试工程

3.7.9.1 工程量清单项目设置

本节适用于发电机、调相机、普通小型直流电动机、可控硅调速直流电动机、普通交流同步电动机、低压交流异步电动机、高压交流异步电动机、交流变频调速电动机、微型电机、电加热器、电动机组的检查接线及调试的清单项目设置与计量。电机的检查接线及调试工程量清单项目设置见表 3-59。

表 3-59 电机检查接线及调试工程（编码：030406）
（GB 50856 中的表 D. 6）

项目编码	项目名称	项目特征	计量单位	工程量计算规则	工程内容
030406001	发电机	1. 名称 2. 型号 3. 容量(kW) 4. 接线端子材质、规格 5. 干燥要求	台	按设计图示数量计算	1. 检查接线 2. 接地 3. 干燥 4. 调试
030406002	调相机				
030406003	普通小型直流电动机				
030406004	可控硅调速直流电动机	1. 名称 2. 型号 3. 容量(kW) 4. 类型 5. 接线端子材质、规格 6. 干燥要求			
030406005	普通交流同步电动机	1. 名称 2. 型号 3. 容量(kW) 4. 启动方式 5. 电压等级(kV) 6. 接线端子材质、规格 7. 干燥要求			

续表

项目编码	项目名称	项目特征	计量单位	工程量计算规则	工程内容
030406006	低压交流异步电动机	1. 名称 2. 型号 3. 容量(kW) 4. 控制保护方式 5. 接线端子材质、规格 6. 干燥要求	台		
030406007	高压交流异步电动机	1. 名称 2. 型号 3. 容量(kW) 4. 保护类别 5. 接线端子材质、规格 6. 干燥要求			
030406008	交流变频调速电动机	1. 名称 2. 型号 3. 容量(kW) 4. 类别 5. 接线端子材质、规格 6. 干燥要求	台		1. 检查接线 2. 接地 3. 干燥 4. 调试
030406009	微型电机、电加热器	1. 名称 2. 型号 3. 规格 4. 接线端子材质、规格 5. 干燥要求	台	按设计图示数量计算	
030406010	电动机组	1. 名称 2. 型号 3. 电动机台数 4. 联锁台数 5. 接线端子材质、规格 6. 干燥要求	组		
030406011	备用励磁机组	1. 名称 2. 型号 3. 接线端子材质、规格 4. 干燥要求	组		
030406012	励磁电阻器	1. 名称 2. 型号 3. 规格 4. 接线端子材质、规格 5. 干燥要求	台		1. 本体安装 2. 检查接线 3. 干燥

3.7.9.2 工程量清单编制

（1）清单项目的设置　依据设计图纸所示的各项实体工程内容，对应表3-59的项目特征（如名称、型号、规格）以及表示其调试的特殊特征，设置具体清单项目名称，并按对应的项目编号编好后三位编码。

（2）项目特征　本节的清单项目特征除共同的基本特征（如名称、型号、规格）外，还有表示其调试的特殊特征。如普通交流同步电动机的检查接线及调试项目，要注明启动方式：直接启动还是降压启动；低压交流异步电动机的检查接线及调试项目，要注明控制保护类型：刀开关控制、电磁控制、非电量联锁、过流保护、速断过流保护及时限过流保护；电动机组检查接线及调试项目，要表述机组的台数，如有联锁装置应注明联锁的台数。

（3）计量单位　本节除电动机组和备用励磁机组清单项目以“组”为单位计量外，其他所有清单项目的计量单位均为“台”。

（4）工程量计算规则　按设计图示数量计算。

（5）工作内容　本节各项目工作内容除检查接线和调试外，是否需要干燥应在项目中予以描述。编制清单时，对于电机的情况不得而知，需要到货后经检查方可确定其需干燥或不需干燥，清单编制人可根据设计要求和招标文件的规定，具体分析，并在项目中予以描述。

编制清单时注意以下几点。

① 电机的本体安装应在“计算规范”附录 A.13（030113009）中列项。

② 电机的控制装置的安装和接线在“计算规范”附录 D.4（控制设备及低压电器安装）中列项。对于电动机的型号、容量、控制方式（起动、保护）应描述清楚。

③ 按规范要求，从管口到电机接线盒间要有软管保护，项目应描述软管的材质、规格和长度，如设计要求用包塑金属软管、阻燃金属软管或采用铝合金软管接头等。长度均按设计计算。设计没有规定时，平均每台电机配金属软管 1.0～1.5m（平均按 1.25m）计入清单。

④ 工程内容中应描述“接地”要求，如接地线的材质、防腐处理等。

⑤ 电机接线如需焊（压）接线端子也应描述。

⑥ 发电机（同期调相机）检查接线及调试清单项目中已包括工作励磁机的调试，但不包括备用励磁机的调试，应单独编码列项。

⑦ 可控硅调速直流电动机类型指一般可控硅调速直流电动机、全数字式控制可控硅调速直流电动机。

⑧ 交流变频调速电动机类型指交流同步变频电动机、交流异步变频电动机。

⑨ 电动机按其质量划分为大型、中型、小型：3t 以下为小型，3～30t 为中型，30t 以上为大型。

3.7.9.3 工程量清单综合单价确定

由于项目名称与《江苏省安装工程计价定额》（2014 版）定额子目的划分基本一致，所以可以直接参照该计价定额，但仍然需要注意以下几点。

（1）本节的检查接线项目中，均按电机的名称、型号、规格（即容量）列出，而《江苏省安装工程计价定额》按小型、中型、大型列项。以单台重量在 3t 以下的为小型；单台重量在 3～30t 者为中型；单台重量 30t 以上者为大型。在报价时，如果参考《江苏省安装工程计价定额》（2014 版），就按电机铭牌上或产品说明书上的重量对应定额项目即可。大型、中型电机不分交、直流电机，一律按电机重量执行相应定额，在无设计设备技术资料时，可以参照表 3-60 常用电机的容量（额定功率）与电机综合平均质量表执行。

表 3-60　常用电机的容量（额定功率）与电机综合平均质量

定额分类		小型电机							中型电机			
电机质量(以下)/(t/台)		0.1	0.2	0.5	0.8	1.2	2	3	5	10	20	30
额定功率(以下)/kW	直流电机	2.2	11	22	55	75	100	200	300	500	700	1200
	交流电机	3.0	13	30	75	100	160	220	500	800	1000	2500

（2）“电机”是发电机和电动机的统称，定额中的电机功率是指电机的额定功率。

(3) 电机检查接线定额，除发电机和调相机外，均不包括电机的干燥工作，发生时应执行电机干燥定额，电机干燥定额系按一次干燥所需的人工、材料、机械消耗量考虑的。

(4) 微型电机分为以下三类。

① 驱动微型电机（分马力电机）系指微型异步电动机、微型同步电动机、微型交流换向器电动机、微型直流电动机等。

② 控制微型电机系指自整角机、旋转变压器、交直流测速发电机、交直流伺服电动机、步进电动机、力矩电动机等。

③ 电源微型电机系指微型电动发电机组和单枢变流机等。其他小型电机凡功率在0.75kW以下的电机均执行微型电机定额。

(5) 直流发电机组和多台一串的机组，可按单台电机分别执行相应定额。

(6) 一般民用小型交流电风扇在控制设备及低压电器（030404033）中列项。

(7) 各种电机的检查接线，按规范要求均需配有相应的金属软管，报价时必须按清单描述的材质、规格和长度计算。

(8) 当电机的电源线为导线时，要注意清单中是否有焊（压）接线端子的要求，在报价时不能漏项。

(9) 电机的接地线材，计价定额按镀锌扁钢（25mm×4mm）编制的，要注意清单中对于接地线的材质、防腐要求的描述，如采用铜接地线时，主材（导线和接头）应更换，但安装人工和机械不变。

(10) 电动机调试定额的每一个系统，是按一台电动机考虑的，如果其中一个控制回路有两台及两台以上电动机时，每增加一台按定额增加20%计算。

(11) 各类电机的检查接线定额均不包括电机安装、控制装置的安装和接线。电机安装套用《江苏省安装工程计价定额》《第一册 机械设备安装工程》，控制装置的安装和接线在“计算规范”附录D.4“控制设备及低压电器安装”中列项。

3.7.10 滑触线装置安装工程

3.7.10.1 工程量清单项目设置

本节适用于轻型、安全节能型滑触线，扁钢、角钢、圆钢、工字钢滑触线及移动软电缆安装工程量清单项目设置与计量。滑触线安装工程量清单项目的设置见表3-61。

表3-61 滑触线装置安装（编码：030407）

（GB 50856中的表D.7）

项目编码	项目名称	项目特征	计量单位	工程量计算规则	工作内容
030407001	滑触线	1. 名称 2. 型号 3. 规格 4. 材质 5. 支架形式、材质 6. 移动软电缆材质、规格、安装部位 7. 拉紧装置类型 8. 伸缩接头材质、规格	m	按设计图示尺寸以单相长度计算（含预留长度）	1. 滑触线安装 2. 滑触线支架制作、安装 3. 拉紧装置及挂式支持器制作、安装 4. 移动软电缆安装 5. 伸缩接头制作、安装

3.7.10.2 工程量清单编制

(1) 清单项目的设置　本节的清单项目特征均为名称、型号、规格、材质。而特征中的名称既为实体名称，也为项目名称，直观、简单。但是规格却不然。

如：安全节能型滑触线的规格是用电流（A）表示，如 100、200、…、1250；

角钢滑触线的规格是用角钢的边长（mm）×厚度（mm）表示，如 40×4、50×5、…、75×8；

扁钢滑触线的规格是用扁钢截面长（mm）×宽（mm）表示，如 40×4、50×5、60×6；

圆钢滑触线的规格是用圆钢的直径（mm）表示，如 $\phi 8$、$\phi 12$；

工字钢、轻轨滑触线的规格是以每米重量（kg/m）表示，如 10、12、14、16。

（2）计量单位　本节各清单项目的计量单位均为“m”。

（3）工程量计算规则　按设计图示以单相长度计算（含预留长度）。

（4）工作内容　表 3-61 中已经给出参考工作内容为：①滑触线支架制作、安装；②滑触线安装；③拉紧装置及挂式支持器制作、安装；④移动软电缆安装；⑤伸缩接头制作、安装。

编制清单时注意以下几点。

① 滑触线及支架安装高度的描述。

② 清单项目应描述滑触线支架的基础铁件及螺栓是否由承包商浇筑。

③ 滑触线及支架的油漆品种及遍数。

④ 沿轨道敷设软电缆清单项目，要说明是否包括轨道安装和滑轮制作。

⑤ 滑触线支架是成品还是要承包商现场制作，支架基础铁件及螺栓是否浇筑需说明。

⑥ 滑触线安装预留长度见表 3-62。

表 3-62　滑触线安装预留长度

（GB 50856 中的表 D. 15. 7-4）

单位：m/根

序号	项目	预留长度	说明
1	圆钢、铜母线与设备连接	0.2	从设备接线端子接口算起
2	圆钢、铜滑触线终端	0.5	从最后一个固定点算起
3	角钢滑触线终端	1.0	从最后一个支持点算起
4	扁钢滑触线终端	1.3	从最后一个固定点算起
5	扁钢母线分支	0.5	分支线预留
6	扁钢母线与设备连接	0.5	从设备接线端子接口算起
7	轻轨滑触线终端	0.8	从最后一个支持点算起
8	安全节能及其他滑触线终端	0.5	从最后一个固定点算起

3.7.10.3　工程量清单综合单价确定

由于项目名称和项目特征基本一致。与《江苏省安装工程计价定额》（2014 版）定额子目的划分也一致，所以可以基本上直接参照该计价定额。但仍然需要注意以下几点。

① 必须注意工程量清单中对于滑触线及其支架的安装高度，《江苏省安装工程计价定额》是按 10m 以下标高考虑的，如超过 10m，可按规定计取超高费。

② 滑触线支架的基础铁件及螺栓，按土建预埋考虑，定额不包括，如需承包商制作，则需另外计价，不能漏项。

③ 滑触线及支架的油漆，均按涂一遍考虑。如需增加遍数，另套计价定额第十一册相关子目。

④ 移动软电缆敷设未包括轨道安装及滑轮制作。

⑤ 滑触线的辅助母线安装，执行“车间带形母线”安装定额。

⑥ 滑触线伸缩器和坐式电车绝缘子支持器的安装，已分别包括在“滑触线安装”和“滑触线支架安装”定额内，不另行计算。

⑦ 滑触线支架如需承包商制作，套用铁构件制作子目。

3.7.11 电缆安装工程

3.7.11.1 工程量清单项目设置

本节适用于电力电缆和控制电缆的敷设、电缆头制作安装、电缆槽盒安装、电缆保护管敷设、电缆防火堵洞等工程量清单项目的设置和计量。电缆安装工程量清单项目的设置见表 3-63。

表 3-63 电缆安装（编码：030408）

（GB 50856 中的表 D.8）

项目编码	项目名称	项目特征	计量单位	工程量计算规则	工程内容
030408001	电力电缆	1. 名称 2. 型号 3. 规格 4. 材质 5. 敷设方式、部位 6. 电压等级(kV) 7. 地形	m	按设计图示尺寸以长度计算(含预留长度及附加长度)	1. 电缆敷设 2. 揭(盖)盖板
030408002	控制电缆				
030408003	电缆保护管	1. 名称 2. 材质 3. 规格 4. 敷设方式		按设计图示尺寸以长度计算	保护管敷设
030408004	电缆槽盒	1. 名称 2. 材质 3. 规格 4. 型号	m	按设计图示尺寸以长度计算	槽盒安装
030408005	铺砂、盖保护板(砖)	1. 种类 2. 规格			1. 铺砂 2. 盖板(砖)
030408006	电力电缆头	1. 名称 2. 型号 3. 规格 4. 材质、类型 5. 安装部位 6. 电压等级(kV)	个	按设计图示数量计算	1. 电缆头制作 2. 电缆头安装 3. 接地
030408007	控制电缆头	1. 名称 2. 型号 3. 规格 4. 材质、类型 5. 安装方式 6. 电压等级(kV)	个		1. 电缆头制作 2. 电缆头安装 3. 接地
030408008	防火堵洞	1. 名称 2. 材质 3. 方式 4. 部位	处	按设计图示数量计算	安装
030408009	防火隔板		m^2	按设计图示尺寸以面积计算	
030408010	防火涂料		kg	按设计图示尺寸以质量计算	
030408011	电缆分支箱	1. 名称 2. 型号 3. 规格 4. 基础形式、材质、规格	台	按设计图示数量计算	1. 本体安装 2. 基础制作、安装

3.7.11.2 工程量清单编制

（1）清单项目设置 依据设计图示的工程内容（电缆敷设的方式、位置等）对应表3-63的项目特征，列出清单项目名称，并按对应的项目编号编好后三位编码。

（2）项目特征 本节的各项目特征基本为型号、规格、材质，但各有其表述法。如：电缆敷设项目的规格指电缆单芯截面和芯数；电缆保护管敷设项目的规格指管径；电缆阻燃盒项目的特征是型号、规格（尺寸）。

（3）计量单位 清单项目的计量单位均为“m”。

（4）工程量计算规则 按设计图示尺寸以长度计算（含预留长度及附加长度）。

（5）工作内容 揭（盖）盖板；电缆敷设。

编制清单时注意以下几点。

① 由于电缆、控制电缆型号、规格繁多，敷设方式也多，设置清单编码时，一定要按型号、规格、敷设方式分别列项。

② 电缆直埋敷设时，要描述电缆沟的平均深度、土壤类别，电缆沟土方工程量清单按“计算规范”附录A设置编码。

③ 电缆穿刺线夹按电缆头编码列项。

④ 电缆井、电缆排管、顶管，应按《市政工程工程量计算规范》（GB 50857—2013）相关项目编码列项。

⑤ 电缆敷设预留长度及附加长度见表3-64。

表3-64 电缆敷设预留长度及附加长度

（GB 50856中的表D.15.7-5）

序号	项目	预留(附加)长度	说明
1	电缆敷设弛度、波形弯度、交叉	2.5%	按电缆全长计算
2	电缆进入建筑物	2.0m	规范规定最小值
3	电缆进入沟内或吊架时引上(下)预留	1.5m	规范规定最小值
4	变电所进线、出线	1.5m	规范规定最小值
5	电力电缆终端头	1.5m	检修余量最小值
6	电缆中间接头盒	两端各留2.0m	检修余量最小值
7	电缆进控制、保护屏及模拟盘、配电箱等	高+宽	按盘面尺寸
8	高压开关柜及低压配电盘、箱	2.0m	盘下进出线
9	电缆至电动机	0.5m	从电动机接线盒算起
10	厂用变压器	3.0m	从地坪算起
11	电缆绕过梁、柱等增加长度	按实计算	按被绕物的断面情况计算增加长度
12	电梯电缆与电缆架固定点	每处0.5m	规范规定最小值

【例3-12】 某综合楼电气安装工程，需敷设铜芯电力电缆，根据设计图纸，相关工程量如下：

YJV-4×35+1×16 350m（设计图示尺寸），穿钢管S80明配300m，户内干包式电力电缆终端头10个；本电缆清单工程量为(350+1.5×10)×1.025=374.13(m)。

YJV_{22}-4×120+1×70 150m（设计图示尺寸），直接埋地敷设，其中埋地部分120m，土壤类别为普通土，沟槽深度为0.8m、底宽为0.4m，铺砂厚度为10cm，盖240mm×115mm×53mm红砖，户内干包式电力电缆终端头2个。本电缆清单工程量为(150+1.5×

2)×1.025=156.83(m)。

编制分部分项工程量清单见表3-65。

表3-65 分部分项工程量清单

序号	项目编码	项目名称	项目特征	计量单位	工程数量
1	010101007001	管沟土方	1. 土壤类别:普通土 2. 管外径:宽0.4m 3. 挖沟深度:0.8m 4. 回填要求:夯填	m	120
2	030408001001	电力电缆	1. 名称:铜芯电缆 2. 型号:YJV 3. 规格:4×35+1×16 4. 材质 5. 敷设方式、部位:穿管 6. 电压等级:1kV 7. 地形	m	374.13
3	030408001002	电力电缆	1. 名称:铜芯电缆 2. 型号:YJV_{22} 3. 规格:4×120+1×70 4. 材质 5. 敷设方式、部位:埋地 6. 电压等级:1kV 7. 地形	m	156.83
4	030408006001	电力电缆头	1. 名称:干包电缆头 2. 型号:YJV 3. 规格:4×35+1×16 4. 材质、类型:铜芯 5. 安装部位:户内 6. 电压等级:1kV	个	10
5	030408006002	电力电缆头	1. 名称:干包电缆头 2. 型号:YJV_{22} 3. 规格:4×120+1×70 4. 材质、类型:铜芯 5. 安装部位:户内 6. 电压等级:1kV	个	2
6	030408003001	电缆保护管	1. 名称:焊接钢管 2. 材质 3. 规格:*DN*80 4. 敷设方式:明配	m	300
7	030408005001	铺砂、盖保护板(砖)	1. 种类:铺砂(100厚)、盖砖 2. 规格:240mm×115mm×53mm	m	120

3.7.11.3　工程量清单综合单价确定

由于电缆敷设综合的工作内容较多，计价时必须仔细分析工程量清单所包括的内容，在参照《江苏省安装工程计价定额》（2014 版）进行报价时，需要注意以下几点。

（1）计价定额按平原地区和厂内电缆工程的施工条件编制，未考虑在积水区、水底、井下等特殊条件下的施工，厂外电缆敷设另计工地运输费。

（2）电缆在一般山地、丘陵地区敷设时，其定额人工乘以系数 1.3。该地段所需的施工材料如固定桩、夹具等按实另计。

（3）本章的电力电缆头定额均按铝芯电缆考虑的，铜芯电力电缆头按同截面电缆头定额乘以系数 1.2，双屏蔽电缆头制作安装人工乘以系数 1.05。

（4）6 芯电力电缆按 4 芯乘以系数 1.6，每增加 1 芯定额增加 30%，依此类推。截面 $400mm^2$ 以上至 $800mm^2$ 的单芯电力电缆敷设按 $400mm^2$ 电力电缆（4 芯）定额执行；截面 800～$1000mm^2$ 的单芯电力电缆敷设按 $400mm^2$ 电力电缆（4 芯）定额乘以系数 1.25 执行。$240mm^2$ 以上的电缆头的接线端子为异型端子，需要单独加工，应按实际加工价计算（或调整定额价格）。

（5）单芯电缆头制安按同电压同截面电缆头制安定额乘以系数 0.5，五芯以上电缆头制安按每增加 1 芯，定额增加系数 0.25。

（6）本章电缆敷设是综合定额，已将裸包电缆、铠装电缆、屏蔽电缆等因素考虑在内，因此凡 10kV 以下的电力电缆和控制电缆均不分结构形式和型号，一律按相应的电缆截面和芯数执行定额。

（7）电缆敷设定额及其相配套的定额中均未包括主材（又称装置性材料），另按设计和工程量计算规则加上定额规定的损耗率计算主材费用。电力电缆损耗率为 1.0%，控制电缆损耗率为 1.5%。

（8）直径 ϕ100mm 不打喇叭口的电缆保护管、$\phi \leqslant$100mm 的电缆保护管敷设执行本定额执行本册配管配线章有关定额。

（9）本章定额未包括下列工作内容。

① 隔热层、保护层的制作安装；

② 电缆冬季施工的加温工作及在其他特殊施工条件下的施工措施费和施工降效增加费。

3.7.12　防雷及接地装置工程

3.7.12.1　工程量清单项目设置

本节适用于接地装置及防雷装置的工程量清单的编制与计量。接地装置包括生产、生活用的安全接地、防静电接地、保护接地等一切接地装置的安装。避雷装置包括建筑物、构筑物、金属塔器等防雷装置，由受雷体、引下线、接地干线、接地极组成一个系统。接地装置及防雷装置的工程量清单项目设置见表 3-66。

表 3-66　防雷及接地装置（编码：030409）

（GB 50856 中的表 D.9）

项目编码	项目名称	项目特征	计量单位	工程量计算规则	工作内容
030409001	接地极	1. 名称 2. 材质 3. 规格 4. 土质 5. 基础接地形式	根(块)	按设计图示数量计算	1. 接地极(板、桩)制作、安装 2. 基础接地网安装 3. 补刷(喷)油漆

续表

项目编码	项目名称	项目特征	计量单位	工程量计算规则	工作内容
030409002	接地母线	1. 名称 2. 材质 3. 规格 4. 安装部位 5. 安装形式		按设计图示尺寸以长度计算(含附加长度)	1. 接地母线制作、安装 2. 补刷(喷)油漆
030409003	避雷引下线	1. 名称 2. 材质 3. 规格 4. 安装部位 5. 安装形式 6. 断接卡子、箱材质、规格			1. 避雷引下线制作、安装 2. 断接卡子、箱制作、安装 3. 利用主钢筋焊接 4. 补刷(喷)油漆
030409004	均压环	1. 名称 2. 材质 3. 规格 4. 安装形式	m	按设计图示尺寸以长度计算(含附加长度)	1. 均压环敷设 2. 钢铝窗接地 3. 柱主筋与圈梁焊接 4. 利用圈梁钢筋焊接 5. 补刷(喷)油漆
030409005	避雷网	1. 名称 2. 材质 3. 规格 4. 安装形式 5. 混凝土块标号			1. 避雷网制作、安装 2. 跨接 3. 混凝土块制作 4. 补刷(喷)油漆
030409006	避雷针	1. 名称 2. 材质 3. 规格 4. 安装形式、高度	根		1. 避雷针制作、安装 2. 跨接 3. 补刷(喷)油漆
030409007	半导体少长针消雷装置	1. 型号 2. 高度	套	按设计图示数量计算	本体安装
030409008	等电位端子箱、测试板	1. 名称 2. 材质 3. 规格	台(块)		
030409009	绝缘垫		m^2	按设计图示尺寸以展开面积计算	1. 制作 2. 安装
030409010	浪涌保护器	1. 名称 2. 规格 3. 安装形式 4. 防雷等级	个	按设计图示数量计算	1. 本体安装 2. 接线 3. 接地
030409011	降阻剂	1. 名称 2. 类型	kg	按设计图示以质量计算	1. 挖土 2. 施放降阻剂 3. 回填土 4. 运输

3.7.12.2 工程量清单编制

（1）清单项目的设置 依据设计图关于接地装置或防雷装置的内容，对应表 3-66 的项目特征，表述其项目名称，并按对应的项目编号编好后三位编码。

（2）项目特征 包括①受雷体名称、材质、规格、技术要求；②引下线材质名称、规格、技术要求；③接地极材质名称、规格、数量、技术要求；④接地母线材质名称、规格；⑤均压环材质名称、规格、设计要求。以上特征必须表述清楚。

（3）计量单位 见表 3-66。

（4）工程量计算规则 见表 3-66。

编制清单时注意以下几点。

① 避雷针的安装部位要描述清楚，它影响到安装费用。如：装在烟囱上；装在平面屋顶上；装在墙上；装在金属容器顶上；装在金属容器壁上；装在构筑物上。

② 利用柱筋作引下线的，需描述柱筋焊接根数。引下线的形式主要是单设引下线还是利用柱筋引下。

③ 利用桩基础作接地极时，应描述桩台下桩的根数，以及每桩台下需焊接柱筋根数，其工程量按柱引下线计算；利用基础钢筋作接地极，按均压环项目编码列项。

④ 利用圈梁筋作均压环的，需描述圈梁筋焊接根数。

⑤ 接地母线材质、埋设深度、土壤类别应描述清楚。

⑥ 半导体少长针消雷装置清单项目应把引下线要求描述清楚，并综合进去。

⑦ 使用电缆、电线作接地线，应按“计算规范”附录 D.8、D.12 相关项目编码列项。

⑧ 接地母线、引下线、避雷网附加长度见表 3-67。

表 3-67 接地母线、引下线、避雷网附加长度

（GB 50856 中的表 D.15.7-6） 单位：m

项目	附加长度	说明
接地母线、引下线、避雷网附加长度	3.9%	按接地母线、引下线、避雷网全长计算

【例 3-13】 某建筑上设有避雷针防雷装置。设计要求如下：1 根钢管避雷针 ϕ25mm，针长 2.5m，在平屋面上安装；利用柱筋引下（2 根柱筋），柱长 15m；角钢接地极∟50×50×5 共 3 根，接长 2.5m/根。

解 本例的工程量清单可按表 3-68 编制。

表 3-68 分部分项工程量清单

项目编码	项目名称	项目特征	计量单位	工程数量
030409001001	接地极	1. 名称：角钢接地极 2. 材质 3. 规格：∟ 50×50×5，2.5m/根 4. 土质：普通土 5. 基础接地形式	根	3
030409002001	接地母线	1. 名称：接地母线 2. 材质：镀锌扁钢 3. 规格：— 40×4 4. 安装部位：户外 5. 安装形式	m	20

续表

项目编码	项目名称	项目特征	计量单位	工程数量
030409003001	避雷引下线	1. 名称:利用柱筋引下 2. 材质 3. 规格 4. 安装部位 5. 安装形式:2 根柱筋 6. 断接卡子、箱材质、规格	m	15
030409006001	避雷针	1. 名称:钢管避雷针 2. 材质 3. 规格:ϕ25mm,针长 2.5m 4. 安装形式、高度:在平屋面上	根	1

3.7.12.3 工程量清单综合单价确定

由于接地装置及防雷装置的计量单位为“项”，计价时必须弄清每“项”所包含的工作内容。每“项”的综合单价，要包括项目特征和“工程内容”中所有的各项费用之和。

在参照《江苏省安装工程计价定额》(2014 版) 进行报价时，需要注意以下几点。

① 接地母线、避雷网在计算主材费时，应另增加规定的损耗率（型钢损耗率为 5%）。

② 户外接地母线敷设定额包括地沟的挖填土和夯实工作，挖沟的沟底宽按 0.4m、上宽 0.5m、沟深 0.75m、每米沟长的土方量为 0.34m^{3}计算。如设计要求埋深不同时，可按实际土方量计算调整。土质按一般土综合考虑的，如遇有石方、矿渣、积水、障碍物等情况时可另行计算。

③ 构架接地是按户外钢结构或混凝土杆构架接地考虑的，每处接地包括 4m 以内的水平接地线。接地跨接线安装扁钢按－40×4，采用钻孔方式，管件跨接利用法兰盘连接螺栓；钢轨利用鱼尾板固定螺栓；平行管道采用焊接进行综合考虑。

④ 避雷针的安装、半导体少长针消雷装置安装均已考虑了高空作业的因素。即不得再计算超高费。

⑤ 利用建筑物圈梁内主筋作为防雷均压环安装定额是按利用 2 根主筋考虑的，连接采用焊接。如果采用单独扁钢或圆钢明敷作均压环时，可执行“户内接地母线敷设”定额。

⑥ 利用建筑物柱子内主筋作接地引下线定额是按每一柱子内利用 2 根主筋考虑的，连接方式采用焊接。

⑦ 柱子主筋与圈梁连接安装定额是按两根主筋与两根圈梁钢筋分别焊接考虑。

⑧ 利用铜绞线作接地引下线时，配管、穿铜绞线执行本册第十二章（配管、配线）中同规格的相应项目。

⑨ 半导体少长针消雷装置安装是按生产厂家供应成套装置，现场吊装、组合考虑。接地引下线安装可另套相应定额。

⑩ 独立避雷针的加工制作执行本册“一般铁构件”制作定额。

3.7.13 10kV 以下架空配电线路工程

3.7.13.1 工程量清单项目设置

本节适用于 10kV 以下架空配电线路工程量清单项目的编制与计量，包括电杆组立、导线架设两大部分项目。10kV 以下架空配电线路工程量清单项目的设置见表 3-69。

表 3-69　10kV 以下架空配电线路（编码：030410）
（GB 50856 中的表 D.10）

项目编码	项目名称	项目特征	计量单位	工程量计算规则	工作内容
030410001	电杆组立	1. 名称 2. 材质 3. 规格 4. 类型 5. 地形 6. 土质 7. 底盘、拉盘、卡盘规格 8. 拉线材质、规格、类型 9. 现浇基础类型、钢筋类型、规格，基础垫层要求 10. 电杆防腐要求	根（基）	按设计图示数量计算	1. 施工定位 2. 电杆组立 3. 土（石）方挖填 4. 底盘、拉盘、卡盘安装 5. 电杆防腐 6. 拉线制作、安装 7. 现浇基础、基础垫层 8. 工地运输
030410002	横担组装	1. 名称 2. 材质 3. 规格 4. 类型 5. 电压等级（kV） 6. 瓷瓶型号、规格 7. 金具品种规格	组		1. 横担安装 2. 瓷瓶、金具组装
030410003	导线架设	1. 名称 2. 型号 3. 规格 4. 地形 5. 跨越类型	km	按设计图示尺寸以单线长度计算（含预留长度）	1. 导线架设 2. 导线跨越及进户线架设 3. 工地运输
030410004	杆上设备	1. 名称 2. 型号 3. 规格 4. 电压等级（kV） 5. 支撑架种类、规格 6. 接线端子材质、规格 7. 接地要求	台（组）	按设计图示数量计算	1. 支撑架安装 2. 本体安装 3. 焊压接线端子、接线 4. 补刷（喷）油漆 5. 接地

3.7.13.2　工程量清单编制

（1）清单项目的设置　依据设计图示的工程内容（指电杆组立或线路架设），对应表 3-69 项目特征分别设置项目，分别编好最后三位编码。

（2）项目特征　电杆组立的项目特征：①材质；②规格；③种类；④地形等。材质指电杆的材质，即木电杆或混凝土杆；规格指杆长；种类指单杆、接腿杆、撑杆。

导线架设的项目特征：①型号（即材质）；②规格；③地形。导线的型号表示了材质，是铝线或铜导线。规格是指导线的截面。

（3）计量单位　电杆组立的计量单位是“根”，导线架设的计量单位为“km”。

（4）工程量计算规则　电杆组立按图示数量计算；导线架设按设计图示尺寸，以单根长度计算。

（5）工程内容　电杆组立可能发生的工作内容：①工地运输；②土（石）方挖填；③底盘、拉盘、卡盘安装；④木电杆防腐；⑤电杆组立；⑥横担安装；⑦拉线制作、安装。导线架设的工程内容：①导线架设；②导线跨越；③跨越间距；④进户线架设应包括进户横担安装。实际施工时，由于设计要求、施工地点的不同，上面所列的工作内容不一定全部发生，所以编制清单时要根据实际情况，有所选择。

编制清单时注意以下几点。

① 杆坑挖填土清单项目按“计算规范”附录A的规定设置、编码列项。

② 杆上设备调试，应按“计算规范”附录D.14相关项目编码列项。

③ 对杆坑的土质情况、沿途地形情况应予以描述。

④ 对同一型号、同一材质，但规格不同的架空线路要分别设置清单项目。

⑤ 导线架设预留长度见表3-70。

表3-70 架空导线架设预留长度

(GB 50856中的表D.15.7-7) 单位：m/根

项目		预留长度
高压	转角	2.5
	分支、终端	2.0
低压	分支、终端	0.5
	交叉跳线转角	1.5
与设备连线		0.5
进户线		2.5

3.7.13.3 工程量清单综合单价确定

由于“电杆组立”和“导线架设”综合的工作内容较多，计价时必须分析工程量清单所描述的内容，做到既不漏项，也不重复计价。在参照《江苏省安装工程计价定额》(2014版)进行报价时，需要注意以下几点。

(1) 本章计价定额是按平地施工条件考虑的。如在其他地形条件下施工时，人工和机械可参照表3-10调整。

(2) 工地运输，是指定额内未计价材料从集中材料堆放点或工地仓库运至杆位上的工程运输，分人力运输和汽车运输。运输量计算公式如下：

工程运输量＝施工图用量×(1＋损耗率)

预算运输质量＝工程运输量＋包装物质量(不需要包装的可不计算包装物质量)

运输质量可按表3-38的规定进行计算。

(3) 土石方工程、杆坑挖填土清单项目按附录A规定设置、编码列项。土石方工程量计算可按照以下规定执行。

① 无底盘、卡盘的电杆坑，挖方体积$V=0.8\times0.8\times h$（h为设计坑深，0.8为边长），在报价时，不同施工单位对于边长的取定，可能不一样。

② 电杆坑的马道土（石）方量按每坑$0.2m^3$计算，施工操作裕度按底盘、拉盘底宽每边增加0.1m。各类土质的放坡系数按表3-39计算。

土方量计算公式见式（3-2）。

由于施工方法不同，或出于竞争的考虑，各施工企业对于马道的土（石）方量以及土壤的放坡系数的取定不完全相同。

(4) 拉线定额按单根考虑，且不包括拉线盘的安装。若设计采用V形、Y形或拉线时，按2根计算。拉线长度按设计全根拉线的展开长度计算（含为制作上、中、下把所需的预留长度），设计无规定时，可按表3-40计算。计算主材费时应另增加规定的损耗率。

(5) 如果出现钢管杆的组立，可按同高度混凝土杆组立的人工、机械乘以系数1.4，材料不调整。

(6) 线路一次施工工程量按5根以上电杆考虑，如5根以内者，本章的人工、机械乘以系数1.3。

(7) 导线的架设，分导线类型和不同截面，以“km/单线”为计量单位计算，计算主材费时应另增加规定的损耗率，见表3-71。

表3-71　主要材料损耗率

序号	材料名称	损耗率/%
1	拉线材料(包括钢绞线、镀锌铁线)	1.5
2	裸软导线(包括铜、铝、钢、钢芯铝线)	1.3

用于10kV以下架空线路中的裸软导线的损耗率中已包括因弧垂及杆位高低差而增加的长度。

(8) 导线跨越架设

① 每个跨越间距均按50m以内考虑，大于50m而小于100m时按2处计算，依此类推。

② 在同跨越档内，有多种（或多次）跨越物时，应根据跨越物种类分别执行定额。

③ 跨越定额仅考虑因跨越而多耗的人工、材料和机械台班，在计算架线工程量时，不扣除跨越档的长度。

(9) 杆上变压器安装不包括变压器调试、抽芯、干燥工作。

(10) 套用本章定额时要注意未计价材料（主材）的有关说明，防止主材漏项。

3.7.14 配管、配线工程

3.7.14.1 工程量清单项目设置

本节适用于电气工程的配管、配线工程量清单项目的编制与计量。配管包括电线管敷设，钢管及防爆钢管敷设，可挠金属套管敷设，塑料管（硬质聚氯乙烯管、刚性阻燃管、半硬质阻燃管）敷设。配线包括管内穿线，瓷夹板配线，塑料夹板配线，鼓式、针式、蝶式绝缘子配线，木槽板、塑料槽板配线，塑料护套线敷设，线槽配线。配管、配线工程量清单项目设置见表3-72。

表3-72　配管、配线（编码：030411）

(GB 50856中的表D.11)

项目编码	项目名称	项目特征	计量单位	工程量计算规则	工作内容
030411001	配管	1. 名称 2. 材质 3. 规格 4. 配置形式 5. 接地要求 6. 钢索材质、规格	m	按设计图示尺寸以长度计算	1. 电线管路敷设 2. 钢索架设(拉紧装置安装) 3. 预留沟槽 4. 接地
030411002	线槽	1. 名称 2. 材质 3. 规格			1. 本体安装 2. 补刷(喷)油漆
030411003	桥架	1. 名称 2. 型号 3. 规格 4. 材质 5. 类型 6. 接地方式			1. 本体安装 2. 接地

续表

项目编码	项目名称	项目特征	计量单位	工程量计算规则	工作内容
030411004	配线	1. 名称 2. 配线形式 3. 型号 4. 规格 5. 材质 6. 配线部位 7. 配线线制 8. 钢索材质、规格	m	按设计图示尺寸以单线长度计算（含预留长度）	1. 配线 2. 钢索架设（拉紧装置安装） 3. 支持体（夹板、绝缘子、槽板等）安装
030411005	接线箱	1. 名称 2. 材质 3. 规格 4. 安装形式	个	按设计图示数量计算	本体安装
030411006	接线盒				

3.7.14.2 工程量清单编制

（1）清单项目的设置与计量　依据设计图示工程内容（指配管、配线），按照表 3-72 的项目特征，如配管特征：名称、材质、规格、配置形式及部位，和对应的编码，编好后三位编码。

（2）电气配管项目特征　包括：①名称；②材质；③规格；④配置形式及部位。名称主要是反映材料的大类，如电线管、钢管、防爆钢管、可挠金属套管、塑料管。材质主要是反映材料的小类，如塑料管中又分硬质聚氯乙烯管、刚性阻燃管、半硬质阻燃管。在配管清单项目中，名称和材质有时是一体的，如钢管敷设，“钢管”既是名称，又代表了材质，它就是项目的名称。规格指管的直径，如 ϕ25mm。配置形式表示明配或暗配（明、暗敷设）。部位表示敷设位置：①砖、混凝土结构上；②钢结构支架上；③钢索上；④钢模板内；⑤吊棚内；⑥埋地敷设。

（3）计量单位　本节的计量单位均为“m”。

（4）电气配管计算规则　按设计图示尺寸以“延长米”计算，不扣除管路中间的接线箱（盒）、灯位盒、开关盒所占长度。

（5）电气配管工作内容　见表 3-72 工作内容栏，参考工作内容有以下七项：①刨沟槽；②钢索架设（拉紧装置安装）；③支架制作、安装；④管路本身敷设；⑤接线盒（箱）、灯头盒的安装；⑥防腐刷油；⑦接地。

由于配置形式及敷设部位的不同，工作内容也各不相同，如①预留沟槽，主要是在暗配管或者在混凝土地面动力配管清单中才出现；②钢索架设（拉紧装置安装）是指钢索上配管项目中的工作内容。

在编制清单时必须把在本工程中将要发生的或承包商必须完成的内容全部要描述清楚。

配管、线槽安装不扣除管路中间的接线箱（盒）、灯头盒、开关盒所占长度。

配管名称指电线管、钢管、防爆管、塑料管、软管、波纹管等。

配管配置形式指明配、暗配、吊顶内、钢结构支架、钢索配管、埋地敷设、水下敷设、砌筑沟内敷设等。

配线保护管遇到下列情况之一时，应增设管路接线盒和拉线盒：①管长度每超过 30m，无弯曲；②管长度每超过 20m，有 1 个弯曲；③管长度每超过 15m，有 2 个弯曲；④管长度每超过 8m，有 3 个弯曲。

垂直敷设的电线保护管遇下列情况之一时，应增设固定导线用的拉线盒：①管内导线截面为 50mm²及以下，长度每超过 30m；②管内导线截面为 70～95mm²，长度每超过 20m；③管内导线截面为 120～240mm²，长度每超过 18m。在配管清单项目计量时，设计无要求时则上述规定可以作为计量接线盒、拉线盒的依据。

电缆桥架项目的规格指“宽＋高”的尺寸，同时要表述材质：钢制、玻璃钢制或铝合金制。还要表述类型：指槽式、梯式、托盘式、组合式等。

【例 3-14】 *ϕ25mm 钢管在砖、混凝土结构暗敷设 1200m，其清单项目设置见表 3-73。*

表 3-73　清单项目设置

序号	项目编码	项目名称	项目特征	计量单位	工程数量
1	03041100100	配管	1. 名称:焊接钢管 2. 材质 3. 规格:ϕ25mm 4. 配置形式:砖、混凝土结构,暗敷设 5. 接地要求 6. 钢索材质、规格	m	1200

配线名称指管内穿线、瓷夹板配线、塑料夹板配线、绝缘子配线、槽板配线、塑料护套配线、线槽配线、车间带形母线等。

配线形式指照明线路，动力线路，木结构，顶棚内，砖、混凝土结构，沿支架、钢索、屋架、梁、柱、墙，以及跨屋架、梁、柱。线制主要在夹板和槽板配线中要注明，因为同样长度的线路，由于两线制和三线制所用的主材导线的量相差 30%，辅材也有差别。

导线型号、材质，由于导体材质和绝缘材质的不同，导线的型号规格相当繁多，如导体材质分铜芯、铝芯；绝缘层材质分橡皮绝缘、聚氯乙烯绝缘；按电压等级分为 0.25kV、0.5kV、0.75kV。

电气配线计算规则按设计图示尺寸以单线长度计算（含预留长度）。所谓“单线”不是以线路延长米计，而是线路长度乘以线制，即两线制乘以 2，三线制乘以 3。管内穿线也同样，如穿三根线，则以管道长度乘以 3 即可。

配线进入箱、柜、板的预留长度见表 3-74。

表 3-74　配线进入箱、柜、板的预留长度

（GB 50856 中的表 D. 15. 7-8）

单位：m/根

序号	项目	预留长度	说明
1	各种开关箱、柜、板	高＋宽	盘面尺寸
2	单独安装(无箱、无盘)的铁壳开关、闸刀开关、启动器、线槽进出线盒等	0.3	从安装对象中心算起
3	由地面管子出口引至动力接线箱	1.0	从管口计算
4	电源与管内导线连接(管内穿线与软、硬母线接点)	1.5	从管口计算
5	出户线	1.5	从管口计算

电气配线工作内容，见表 3-72 工作内容栏，参考工作内容有以下五项：①支持体（夹板、绝缘子、槽板等）安装；②支架制作、安装；③钢索架设（拉紧装置安装）；④配线；⑤管内穿线。由于配线形式、敷设部位的不同，工作内容各不相同，如管内穿线只发生序号⑤工作内容。

【例 3-15】 *某工程施工图示在砖、混凝土结构上进行塑料槽板配线，三线制、导线规格 BV2.5mm²，线路长度为 450m。*

解 其清单项目设置见表 3-75。

表 3-75 清单项目设置

序号	项目编码	项目名称	项目特征	计量单位	工程数量
1	030412003001	配线	1. 名称：槽板配线 2. 配线形式：照明线路 3. 型号：槽板规格为 40mm×20mm 4. 规格：BV2.5mm^2 5. 材质 6. 配线部位：砖、混凝土结构上 7. 配线线制：三线制 8. 钢索材质：规格	m	1350

线槽配线的工作内容中不包括线槽的安装，线槽安装单独列项，按图示尺寸以延长米计算。

3.7.14.3 工程量清单综合单价

（1）根据配管工艺的需要和计量的连续性，规范中接线箱（盒）、拉线盒、灯位盒按规范单独编码列项。

（2）“计价定额”中配管定额均未包括以下内容：①接线箱、盒及支架制作、安装；②钢索架设及拉紧装置的制作、安装；③插接式母线槽支架制作；④槽架制作；⑤配管支架。发生上述工程内容时应另套有关定额。

（3）“计价定额”中，暗配管定额已包含刨沟槽工程内容；电线管、钢管、防爆钢管已包含刷漆、接地工程内容。这是《江苏省安装工程计价定额》（2014 版）与“计算规范”不一致的地方。

（4）“计算规范”中，瓷夹板配线、塑料槽板配线、木槽板配线，以“单线”延长米计算。而《江苏省安装工程计价定额》（2014 版）上塑料夹板、塑料槽板、木槽板配线定额单位均是 100m 线路长度计算，与规范有显著差异，要注意按线制进行换算。

（5）桥架安装包括运输、组对、吊装、固定，弯通或三通、四通修改、制作组对，切割口防腐、桥架开孔、上管件、隔板安装、盖板安装、接地、附件安装等工作内容。

（6）桥架支持架定额适用于立柱、托臂及其他各种支撑的安装。本定额已综合考虑采用螺栓、焊接和膨胀螺栓三种固定方式。

（7）玻璃钢梯式桥架和铝合金梯式桥架定额均按不带盖考虑，如这两种桥架带盖，则分别执行玻璃钢槽式桥架定额和铝合金槽式桥架定额。

（8）钢制桥架主结构设计厚度大于 3mm 时，定额人工、机械乘以系数 1.2。

（9）不锈钢桥架按本章钢制桥架定额乘以系数 1.1 执行。

【例 3-16】 以例 3-13 的槽板配线为例，假设该塑料槽板规格为 40mm×20mm，位于某 10 层高大楼内混凝土天棚上，且安装高度距楼面 6m。槽板单价 4.90 元/m，BV2.5mm^2 线 1.75 元/m。试参照《江苏省安装工程计价定额》（2014 版）计算其分部分项工程量综合单价。

由于配线清单工程量计算规则为按单线长度延长米计算，而“计价定额”的计算规则是按线路长度延长米，则必须先进行换算。

线路长度＝1350/3＝450（m）。

参照“计价定额”的消耗量，计算出塑料槽板和 BV2.5mm^2 线的主材预算用量：

塑料槽板的预算用量为 450×1.05＝472.50（m）；

BV2.5mm^2 预算用量为 450×3.3594＝1511.73（m）。

套用“计价定额”，计算出综合单价见表 3-76。

表 3-76 综合单价

项目编码	030412003001	项目名称		配线					计量单位		m	工程量	1350
清单综合单价组成明细													
定额编号	定额项目名称	定额单位	数量	单价/元					合价/元				
				人工费	材料费	机械费	管理费	利润	人工费	材料费	机械费	管理费	利润
4-1482	塑料槽板配线、砖混凝土结构三线	100m	4.5	990.12	87.29		386.15	138.62	4455.54	392.81		1737.66	623.78
主材	塑料槽板 40mm×20mm	m	472.50		4.90					2315.25			
主材	绝缘导线 BV 2.5mm²	m	1511.73		1.75					2645.53			
	超高费(33%)								1470.33			573.43	205.85
小计									5925.87	5353.58		2311.09	829.62
合计									14420.16				
清单综合单价/(元/m)									10.68				

表3-85中超高增加费中人工费＝4455.54×33％＝1470.33（元）

管理费＝1470.33×39％＝573.43（元）

利润＝1470.33×14％＝205.85（元）

3.7.15 照明器具安装工程

3.7.15.1 工程量清单项目设置

本节适用于工业与民用建筑（含公用设施）及市政设施的照明器具的清单项目的编制与计量。包括普通吸顶灯及其他灯具、工厂灯、装饰灯具、荧光灯具、医疗专用灯具、一般路灯、广场灯、高杆灯、桥栏杆灯、地道涵洞灯等安装。工程量清单项目设置见表3-77。

表3-77 照明器具安装（编码：030412）

（GB 50856中的表D.12）

<table>
<tr><th>项目编码</th><th>项目名称</th><th>项目特征</th><th>计量单位</th><th>工程量计算规则</th><th>工作内容</th></tr>
<tr><td>030412001</td><td>普通灯具</td><td>1. 名称
2. 型号
3. 规格
4. 类型</td><td rowspan="7">套</td><td rowspan="7">按设计图示数量计算</td><td rowspan="6">本体安装</td></tr>
<tr><td>030412002</td><td>工厂灯</td><td>1. 名称
2. 型号
3. 规格
4. 安装形式</td></tr>
<tr><td>030412003</td><td>高度标志（障碍）灯</td><td>1. 名称
2. 型号
3. 规格
4. 安装部位
5. 安装高度</td></tr>
<tr><td>030412004</td><td>装饰灯</td><td rowspan="2">1. 名称
2. 型号
3. 规格
4. 安装形式</td></tr>
<tr><td>030412005</td><td>荧光灯</td></tr>
<tr><td>030412006</td><td>医疗专用灯</td><td>1. 名称
2. 型号
3. 规格</td></tr>
<tr><td>030412007</td><td>一般路灯</td><td>1. 名称
2. 型号
3. 规格
4. 灯杆材质、规格
5. 灯架形式及臂长
6. 附件配置要求
7. 灯杆形式（单、双）
8. 基础形式、砂浆配合比
9. 杆座材质、规格
10. 接线端子材质、规格
11. 编号
12. 接地要求</td><td>1. 基础制作、安装
2. 立灯杆
3. 杆座安装
4. 灯架及灯具附件安装
5. 焊、压接线端子
6. 补刷（喷）油漆
7. 灯杆编号
8. 接地</td></tr>
</table>

续表

项目编码	项目名称	项目特征	计量单位	工程量计算规则	工作内容
030412008	中杆灯	1. 名称 2. 灯杆的材质及高度 3. 灯架的型号、规格 4. 附件配置 5. 光源数量 6. 基础形式、浇筑材质 7. 杆座材质、规格 8. 接线端子材质、规格 9. 铁构件规格 10. 编号 11. 灌浆配合比 12. 接地要求	套	按设计图示数量计算	1. 基础浇筑 2. 立灯杆 3. 杆座安装 4. 灯架及灯具附件安装 5. 焊、压接线端子 6. 铁构件安装 7. 补刷(喷)油漆 8. 灯杆编号 9. 接地
030412009	高杆灯	1. 名称 2. 灯杆高度 3. 灯架形式(成套或组装、固定或升降) 4. 附件配置 5. 光源数量 6. 基础形式、浇筑材质 7. 杆座材质、规格 8. 接线端子材质、规格 9. 铁构件规格 10. 编号 11. 灌浆配合比 12. 接地要求			1. 基础浇筑 2. 立灯杆 3. 杆座安装 4. 灯架及灯具附件安装 5. 焊、压接线端子 6. 铁构件安装 7. 补刷(喷)油漆 8. 灯杆编号 9. 升降机构接线调试 10. 接地
030412010	桥栏杆灯	1. 名称 2. 型号 3. 规格 4. 安装形式			1. 灯具安装 2. 补刷(喷)油漆
030412011	地道涵洞灯				

3.7.15.2 工程量清单编制

(1) 清单项目的设置 依据设计图示工程内容（灯具）对应表3-77的项目特征，表述项目名称即可。

(2) 项目特征 名称、型号、规格，市政路灯要说明杆高、灯杆材质、灯架形式及臂长。

(3) 计量单位 本节各清单项目的计量单位为“套”。

(4) 计算规则 按图示数量计算。

下列清单项目适用的灯具如下。

普通灯具包括圆球吸顶灯、半圆球吸顶灯、方形吸顶灯、软线吊灯、座灯头、吊链灯、防水吊灯、壁灯等。

工厂灯包括工厂罩灯、防水灯、防尘灯、碘钨灯、投光灯、泛光灯、混光灯、密闭灯等。

高度标志（障碍）灯包括烟囱标志灯、高塔标志灯、高层建筑屋顶障碍指示灯等。

装饰灯包括吊式艺术装饰灯、吸顶式艺术装饰灯、荧光艺术装饰灯、几何形组合艺术装饰灯、标志灯、诱导装饰灯、水下（上）艺术装饰灯、点光源艺术灯、歌舞厅灯具、草坪灯具等。

医疗专用灯包括病房指示灯、病房暗脚灯、紫外线杀菌灯、无影灯等。

中杆灯是指安装在高度小于或等于 19m 的灯杆上的照明器具。

高杆灯是指安装在高度大于 19m 的灯杆上的照明器具。

编制清单时注意以下几点。

① 灯具的型号、规格应描述清楚，因为不同型号、规格的灯具价格不一样。

② 灯具应注明是成套型，还是组装型。灯具没带引导线的，应予说明。

③ 灯具的安装高度，特别是安装高度超过 5m 的必须注明。

④ 灯具的安装方式，如吸顶式、嵌入式、吊管式、吊链式等。

⑤ 荧光灯和医疗专用灯工程内容中，如需支架制作、安装，也应在工作内容中予以描述。

【例 3-17】 某立交桥工程，设计用 2 套高杆灯照明，杆高 40m，灯架为成套可升降型的，8 个灯头，每个灯头为 250W 钠灯，混凝土基础按图纸施工。

解 对应表 3-77，高杆灯的特征和工程内容，清单项目设置如表 3-78 所示。

表 3-78 分部分项工程量清单

序号	项目编码	项目名称	项目特征	计量单位	工程数量
1	030412009001	高杆灯	1. 名称:高杆灯 2. 灯杆高度:40m 3. 灯架形式(成套或组装、固定或升降):可升降 4. 附件配置:八灯头成套灯架 5. 光源数量:8×250W 钠灯 6. 基础形式、浇筑材质:浇筑基础按施工图纸 7. 杆座材质、规格:金属 8. 接线端子材质、规格 9. 铁构件规格 10. 编号 11. 灌浆配合比 12. 接地要求	套	2

3.7.15.3 工程量清单综合单价确定

照明器具安装工程的计价可以参照《江苏省安装工程计价定额》(2014 版) 执行，对于其中缺项的可以参照《江苏省市政工程计价定额》补充。在套用相应计价定额时要注意以下几点。

① 各型灯具的引线，除注明者外，均已综合考虑在定额内。

② 路灯、投光灯、碘钨灯、氙气灯、烟囱或水塔指示灯，均已考虑了一般工程的高空作业因素，其他器具安装高度如超过 5m，则可另行计算超高费。

③ 定额中装饰灯具项目均已考虑了一般工程的超高作业因素，不包括脚手架搭拆费用。

④ 定额内已包括利用摇表测量绝缘及一般灯具的试亮工作（但不包括调试工作)。

⑤ 装饰灯具定额项目与示意图号配套使用。

【例 3-18】 某教学楼需装吊管式 1×40W 荧光灯（成套型）240 套，荧光灯安装高度 4m，荧光灯单价 80 元/套，试计算其分部分项综合单价。

计算结果见表 3-79。

表 3-79　工程量清单综合单价

项目编码	030412005001	项目名称		荧光灯						计量单位		套	工程量	240
清单综合单价组成明细														
定额编号	定额项目名称	定额单位	数量	单价/元					合价/元					
				人工费	材料费	机械费	管理费	利润	人工费	材料费	机械费	管理费	利润	
4-1794	成套荧光灯 吊管式 1×40W 安装	10 套	24	122.84	43.08		47.91	17.20	2948.16	1033.92		1149.78	412.74	
主材	吊管式荧光灯 1×40W	套	242.4		80					19392				
小计									2948.16	20425.92	0.00	1149.78	412.74	
清单合计									24936.60					
清单综合单价/(元/套)									103.90					

3.7.16 附属工程

3.7.16.1 工程量清单项目设置

附属工程量清单项目设置、项目特征描述的内容、计量单位及工程量计算规则，应按表 3-80 的规定执行。

表 3-80 附属工程（编码：030413）
（GB 50856 中的表 D.13）

项目编码	项目名称	项目特征	计量单位	工程量计算规则	工作内容
030413001	铁构件	1. 名称 2. 材质 3. 规格	kg	按设计图示尺寸以质量计算	1. 制作 2. 安装 3. 补刷(喷)油漆
030413002	凿(压)槽	1. 名称 2. 规格 3. 类型 4. 填充(恢复)方式 5. 混凝土标准	m	按设计图示尺寸以长度计算	1. 开槽 2. 恢复处理
030413003	打洞(孔)	1. 名称 2. 规格 3. 类型 4. 填充(恢复)方式 5. 混凝土标准	个	按设计图示数量计算	1. 开孔、洞 2. 恢复处理
030413004	管道包封	1. 名称 2. 规格 3. 混凝土强度等级	m	按设计图示长度计算	1. 灌注 2. 养护
030413005	人(手)孔砌筑	1. 名称 2. 规格 3. 类型	个	按设计图示数量计算	砌筑
030413006	人(手)孔防水	1. 名称 2. 类型 3. 规格 4. 防水材质及做法	m^2	按设计图示防水面积计算	防水

3.7.16.2 工程量清单编制

① 铁构件适用于电气工程的各种支架、铁构件的制作安装。铁构件制作安装均按施工设计尺寸，以成品重量“kg”为计量单位。

② 凿（压）槽适用于电气在砖墙内暗配管、给水管道在墙体内暗配所需的墙体切割、凿除及恢复处理，按设计图示尺寸以长度计算。

③ 打洞（孔）适合于管道穿墙、穿楼板所需的开孔，不包括安装工程应该配合土建工程应进行的预留孔洞口，按设计图示数量计算。项目特征中应描述洞口的形状、洞口深度、开孔方式（机械开孔、人工凿除）、填充（恢复）方式、混凝土标准。工作内容包括开孔（洞）、恢复处理。

④ 管道包封适合于电力排管、弱电排管所进行的混凝土浇筑，一般应根据排管组合断面规格（例如 2×2 孔、3×3 孔）、混凝土强度等级标准区分，按设计图示长度计算。

⑤ 人（手）孔砌筑适用于管道施工过程中的各种人孔、手孔井的砌筑、浇筑，一般按设计图纸或标准图集的要求施工，按设计图示数量计算。项目特征一般要描述井内径尺寸、深度、墙体厚度、井圈井盖材质等。

⑥ 人（手）孔防水适用于人孔、手孔井有防水设计要求的工程。项目特征要描述防水材质及做法。按设计图示防水面积计算。

3.7.16.3　工程量清单综合单价确定

① 各种铁构件制作，均不包括镀锌、镀锡、镀铬、喷塑等其他金属防护费用，发生时应另行计算。

② 轻型铁构件是指结构厚度在 3mm 以内的构件。

③《江苏省安装工程计价定额》（2014 版）电气配管已包含墙体开槽、凿除、砂浆修复费用，这是与"计算规范"不一致的地方，注意不要重复计算。

④ 机械打洞（孔）执行《给排水、采暖、燃气工程》中有关定额，人工打孔执行修缮定额。

⑤ 管道包封、人（手）孔砌筑、人（手）孔防水执行建筑与装饰工程计价定额。

3.7.17　电气调整试验工程

3.7.17.1　工程量清单项目设置

本节适用于电气设备的本体试验和主要设备系统调试的工程量清单项目编制与计量。电气调整试验清单项目包括电力变压器系统、送配电装置系统、特殊保护装置（距离保护、高频保护、失灵保护、电机失磁保护、变流器断线保护、小电流接地保护）、自动投入装置、接地装置等系统的调整试验。工程量清单项目设置见表 3-81。

表 3-81　电气调整试验（编码：030414）

（GB 50856 中的表 D.14）

项目编码	项目名称	项目特征	计量单位	工程量计算规则	工作内容
030414001	电力变压器系统	1. 名称 2. 型号 3. 容量(kV·A)	系统	按设计图示系统计算	系统调试
030414002	送配电装置系统	1. 名称 2. 型号 3. 电压等级(kV) 4. 类型			
030414003	特殊保护装置	1. 名称 2. 类型	台(套)	按设计图示数量计算	调试
030414004	自动投入装置		系统(台、套)		
030414005	中央信号装置	1. 名称 2. 类型	系统(台)		
030414006	事故照明切换装置		系统	按设计图示系统计算	
030414007	不间断电源	1. 名称 2. 类型 3. 容量	系统		
030414008	母线	1. 名称 2. 电压等级(kV)	段	按设计图示数量计算	
030414009	避雷器		组		
030414010	电容器				

续表

项目编码	项目名称	项目特征	计量单位	工程量计算规则	工作内容
030414011	接地装置	1. 名称 2. 类别	系统(组)	1. 以系统计量，按设计图示系统计算 2. 以组计量，按设计图示数量计算	接地电阻测试
030414012	电抗器、消弧线圈		台	按设计图示数量计算	调试
030414013	电除尘器	1. 名称 2. 型号 3. 规格	组		
030414014	硅整流设备、可控硅整流装置	1. 名称 2. 类别 3. 电压(V) 4. 电流(A)	系统	按设计图示系统计算	
030414015	电缆试验	1. 名称 2. 电压等级(kV)	次(根、点)	按设计图示数量计算	试验

3.7.17.2 工程量清单编制

清单项目的设置：基本上是以系统名称或保护装置及设备本体名称来设置的。如变压器系统调试就以变压器的名称、型号、容量来设置。1kV 以下送配电系统和直流供电系统均以电压来设置，而 10kV 以下的交流供电系统则以供电用的负荷隔离开关、断路器和电抗器分别设置。特殊保护装置调试的清单项目按其保护名称设置，其他均按需要调试的装置或设备的名称来设置。

计量单位："系统"、"台"、"套"、"组"。

计算规则：按设计图示数量计算。

编制清单时注意以下几点。

(1) 电力变压器系统调试不包括避雷器、自动投入装置、特殊保护装置和接地装置的调试。编制清单时，应单独列项。

(2) 送配电装置系统调试不包括特殊保护及自动装置的调整。所谓特殊保护装置是指电力方向保护、距离保护、高频保护及线路横联差动保护；所谓的自动装置是指备用电源自动投入、自动重合闸装置。如采用这些保护装置和自动装置时，则应单独列项，数量与送配电装置"系统"数一致。

(3) 380V 及 3～6kV 电动机馈电回路设备（如开关柜或配电盘）的调试，已包括在电机检查接线及调试清单项目中。

(4) 变压器（包括厂用变压器）向各级电压配电装置的进线设备，不应作为送配电装置系统，其调试工作已包括在变压器系统的调试清单项目中。

(5) 厂用高压配电装置的电源进线如引自 6kV 主配电装置母线（不经厂用变压器时），应单列送配电装置系统调试清单。

(6) 1kV 以下送配电设备调试问题。在民用工程如一般住宅、学校、办公楼、商店、旅馆等中，每个用户内的配电箱（板）上虽装有电磁开关、漏电保护器等调试元件，但如生产厂家已按固定的常规参数调整好，不需要安装单位和用户自行调试就可直接投入使用，则可不列送配电调试清单。民用电度表的调校属于供电部门的专业管理，一般皆由用户向供电部门订购已调试好、加了封铅的电度表，也不应列送配电调试清单。对于高标准的高层建筑、局级宾馆、高级宾馆、大会堂、体育馆等和装有较高控制技术的电气工程建筑，可根据设计要求和设备分不同情况，凡需要安装单位进行调试的设备，则应编制送配电调试清单。

（7）特殊保护装置是指发电机、变压器、送配电设备、电动机等元件保护中为满足特殊要求设计的保护装置，如发电机转子接地保护、距离保护、高频保护等。特殊保护装置并不普遍采用，为了便于灵活计算，把它们单列出来，需要时作为上述元件一般保护调整费的补充。

特殊保护装置调试包括的工作内容：继电器本身及二次回路的检查试验、保护整定值的整定模拟传动试验。

在设置清单项目名称时，特殊保护装置是笼统的称谓，应以采用的具体保护方式作为项目名称，如距离保护、失灵保护等。设置清单项目时可按以下规定执行。

① 发电机转子接地保护，按全厂发电机共用一套考虑。

② 距离保护，一般用于长距离送电线路，其系统数的确定，按采用该项保护的送电线路断路器台数计算。

③ 高频保护，一般用于长距离送电线路，其回路数的确定，按采用该项保护的送电线路断路器台数计算。

④ 电动机及10kV以下线路零序保护，用于接地电流大于10A的配电网路，用以保护电动机或线路的单相接地，其调试系统数的确定，取决于采用这类保护装置的电动机台数或送配电断路器的台数。发电机及变压器的零序保护，用来保护发电机或变压器的单相接地，其调试系统的确定，取决于采用这类保护装置的发电机或变压器的断路器的台数。

⑤ 故障录波器的调试，以一块屏为一套系统计算。

⑥ 失灵保护，按设置该保护的断路器台数计算。

⑦ 电机失磁保护，按所保护的电机台数计算。

⑧ 变流器的断线保护，按变流器的台数计算。

⑨ 小电流接地保护，按装设该保护的供电回路断路器台数计算。

⑩ 保护检查及打印机调试，按构成该系统的完整回路为一套计算。

（8）自动投入装置调试包括继电器、表计等元件本身的试验调整及其整个一次试验调整。自动投入装置包括以下几类。

① 备用电源自动投入装置系统，指具有一个连锁机构的自动投入装置，编制清单时，有几个连锁机构，即为几个自动投入装置系统。例如一台备用厂用变压器作为三段厂用工作母线备用的厂用电源时，备用电源自动投入调试应为三个系统。又如装有自动投入装置的两条互为备用的变压器或两条互为备用的线路，则备用电源自动投入调试应为两个系统。

② 备用电机自动投入装置指输煤、除灰、燃烧系统的构成其联锁系统的二次回路而言，并不包括拖动动力装置本身的调试。这里所称“系统”是指构成一个联锁系统的若干台动力机械的整个连锁二次回路。

③ 线路自动重合闸装置系统，是指一台具有线路自动开关的自动重合闸装置。调试系统的数量等于采用自动重合闸装置的线路自动断路器（油断路器或空气断路器）的台数。

④ 发电机自动调频装置调试，一台发电机为一个系统。

⑤ 同期装置，又称并车装置。在大中型发电厂内一般都有手动同期装置及半自动或自动同期装置两种；变电所内一般只设手动同期装置。每种同期装置只有为全厂或全所共用的一套，同期装置的类型则应按设计要求而定。按设计构成一套能完成同期并车行为的装置为一个系统。

（9）中央信号装置的调试应按变电所和配电室分开编制，每一个变电所和配电室按一个系统计算。事故照明切换装置指能构成交直流互相切换的一套装置，每一套按一个调试系统计算。蓄电池组及直流系统，包括蓄电池组、直流盘、直流回路及控制信号回路（包括闪光信号及绝缘监视），每组蓄电池为一个系统。

(10) 母线保护：是指母线的特殊保护（如母线差动保护）。如母线分段断路器只采用一般电流保护装置时，应按送配电装置系统调试列项，不应按母线保护列项。如母线采取特殊保护，除在母线保护中列项外，还应在送配电装置调试系统中列项。

(11) 避雷器和电容器调试，各电气设备的调整均仅指每个设备的本体试验调整，不包括其附属设备（如避雷器和静电电容器）的调试。避雷器和静电电容器如装置在发电机、变压器或配电装置的系统或回路内，应单独在避雷器、电容器调试清单中列项。

(12) 接地装置调试，包括独立接地装置和接地网的调试。工作内容为接地电阻测试。接地网试验是以每一发电厂的厂区或每一变电所的所区为一个系统，即每一发电厂或变电所的母网为一个系统。如电厂的供水除灰等设施远离厂区，其接地网不与电厂厂区接地网相连时，此单独的接地网，应另作一个系统计算。独立接地装置调试指 6 根接地极以内的接地系统的接地电阻测定。如避雷针试验，每一避雷针均有一单独接地网（包括独立的避雷针、烟囱避雷针等），均应套“一组”列项。

(13) 电抗器、消弧线圈、电除尘器调试，包括电抗器、消弧线圈的直流电阻测试、耐压试验；高压静电除尘装置本体及一、二次回路的调试。

(14) 硅整流设备、可控硅整流装置调试，包括开关、调压设备、整流变压器、硅整流设备及一、二次回路的调试、可控硅控制系统调试。

(15) 功率大于 10kW 电动机及发电机的启动调试用的蒸汽、电力和其他动力能源消耗、变压器空载试运转的电力消耗及设备需烘干处理应说明。

(16) 配合机械设备及其他工艺的单体试车，应按“计算规范”附录 N“措施项目”相关项目编码列项。

(17) 计算机系统调试应按“计算规范”附录 F“自动化控制仪表安装工程”相关项目编码列项。

3.7.17.3 工程量清单综合单价确定

由于本节的工程量清单划分与《江苏省安装工程计价定额》（2014 版）定额子目的划分基本相同，中介在编制标底或施工企业在投标报价时可以参照计价定额进行计价，在使用计价定额时应注意以下几点。

① 三相变压器每一台（包括相应的附属开关设备及二次回路）为一个系统执行定额。

② 变压器的一个电压侧的高压断路器多于一台时（如厂用备用变压器），多出的部分应按相应电压等级另套配电装置调试定额。

③ 变压器的电气调试定额均按不带负荷调整电压装置及不带强迫油循环装置考虑的，如采用带上述装置的变压器时应按规定的系数增加费用，电力变压器如有“带负荷调压装置”，调试定额乘以系数 1.12。

④ 三卷变压器、整流变压器、电炉变压器按同容量的电力变压器调试定额乘以系数 1.2。

⑤ 干式变压器调试，执行相应容量变压器调试定额乘以系数 0.8。

⑥ 定额中所称串联调压变压器是指为了带负荷调压而专设的与主变压器串接的补偿变压器（此为带负荷调压的另一种方式），该项定额中仅包括其本体的试验调整，与其串接的主变压器系统的调整，应另按电力变压器定额计算。

⑦ 变压器调试定额已综合考虑了电压的因素，使用定额时不再区分电压的不同。

⑧ 厂用备用变压器一般都设有自动投入装置，每台除执行一个电力变压器系统调整定额及低压侧多于一个自动断路器时加套一个或几个系统的送配电线路调试定额之外，还应再执行一个或几个系统的“备用电源自动投入”调试定额。该调试系统的数量取决于厂用工作母线的段数。

⑨ 送配电设备系统调试定额适用于母线联络、母线分段、断路器回路，如设有母线保

护时，母线分段、断路器回路，除执行一个系统的配电设备调试定额外，还须再套一个系统的母线保护调试定额。

⑩ 特殊保护装置是指电力方向保护、距离保护、高频保护及线路横联差动保护，所谓自动装置是指备用电源自动投入，自动重合闸装置。如采用这些保护装置和自动装置时，则应另套相应的调试定额，其系统的确定与送配电设备“系统”数一致。

⑪ 380V 及 3～6kV 电动机馈电回路设备（如开关柜或配电盘）的调试，已包括在电动机的调试定额之内，不应另计。

⑫ 变压器（包括厂用变压器）向各级电压配电装置的进线设备，不应作为送配电设备计算调试费用。其调试工作已包括在变压器系统的调试定额内。

⑬ 厂用高压配电装置的电源进线如引自 6kV 主配电装置母线（不经厂用变压器时），应按配电装置调试定额计算。

⑭ 母线系统调试是以一段母线上有一组电压互感器为一个系统计算。低压配电装置母线电气主接线以一段母线计算一个调试系统。

⑮ 3～10kV 母线系统调试含一组电压互感器，1kV 以下母线系统调试定额不含电压互感器，适用于低压配电装置的各种母线（包括软母线）的调试。

⑯ 调试定额已包括熟悉资料、核对设备、填写试验记录、保护整定值的整定和调试报告的整理工作。电气调试定额的分项比例：一个回路的调试工作包括：本体试验，附属高压及二次设备试验，继电器及仪表试验，一次电流及二次回路检查及启动试验。在报价时，如需单独计算其中某一项（阶段）的调试费用，可按表 3-30 中的百分比计算。

3.8 电气安装工程分部分项工程清单计价实例

请根据给定的××车间电气工程施工图（图 3-15、图 3-16），按照《建设工程工程量清单计价规范》（GB 50500—2013）及《通用安装工程工程量计算规范》（GB 50856—2013）

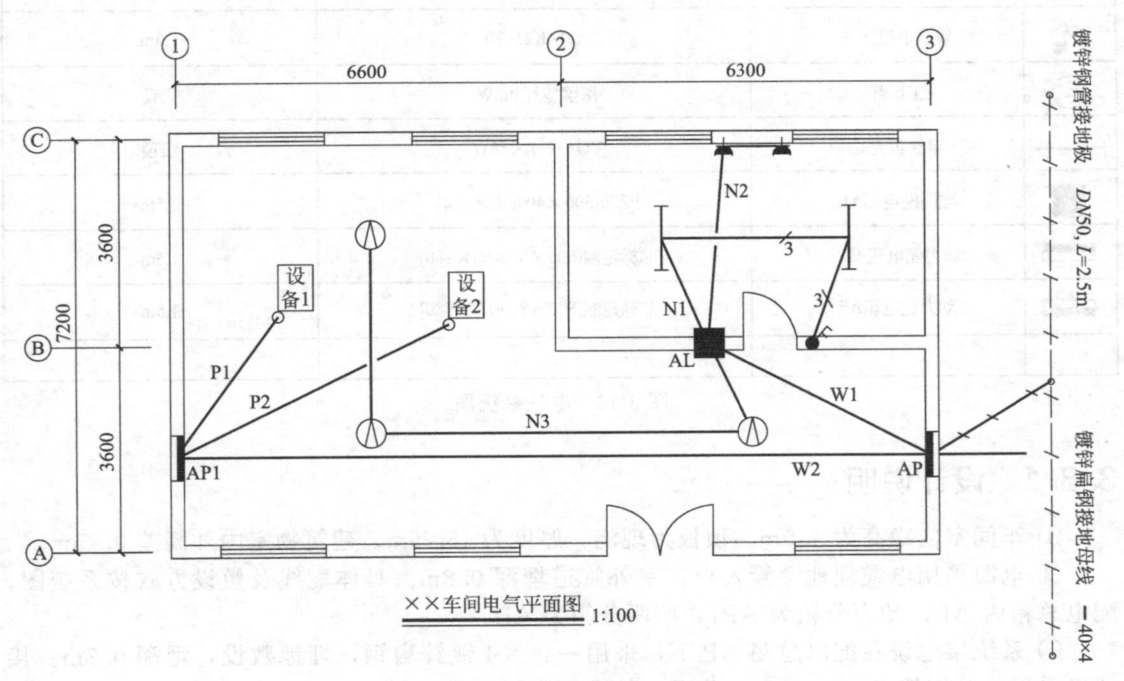

图 3-15　电气平面图

的规定，计算工程量、编制分部分项工程量清单及计算工程造价。

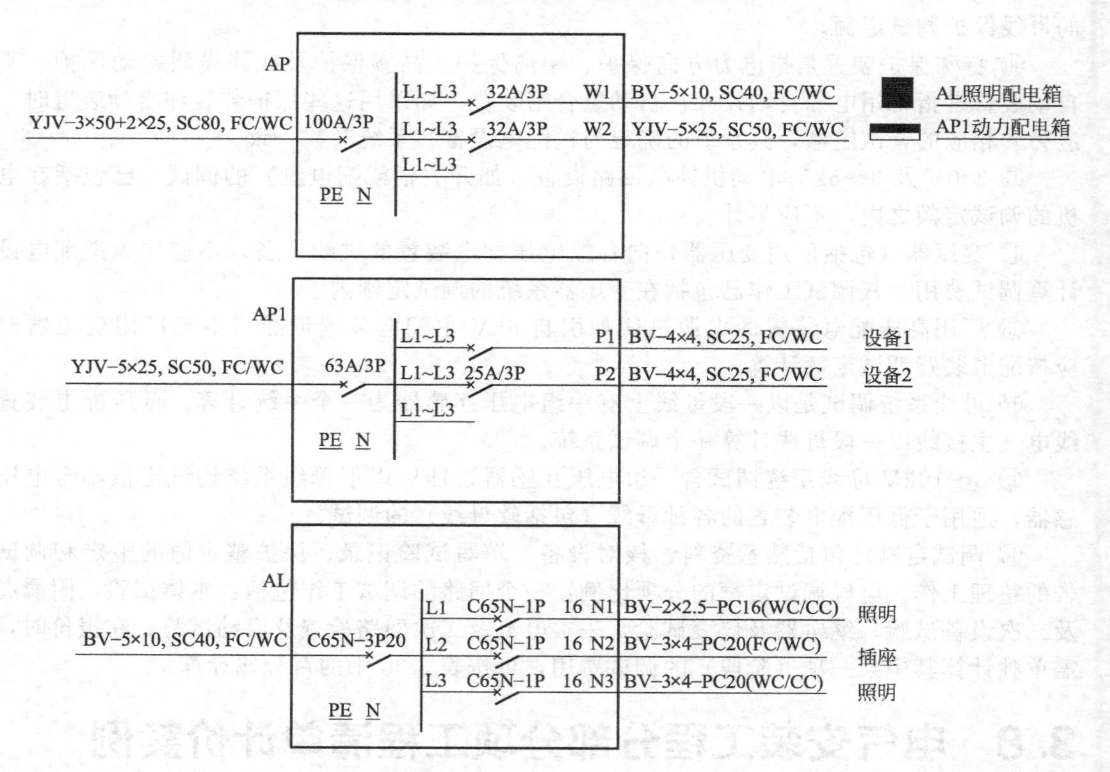

图例	名称	型号、规格	标高(下口距地面)
	二三极暗装插座	AP86Z223A-10	1.3m
	双联单控开关	AP86K21-10	1.3m
	工厂灯	深照型灯400W	吸顶
	单管荧光灯	YG1-1 1×36W	吸顶
	照明配电箱AL	PZ30[300×400(*H*)×120]	1.5m
	动力配电箱AP1	非标定制[600×800(*H*)×180]	1.5m
	动力配电箱AP	非标定制[800×800(*H*)×180]	1.5m

图 3-16 电气系统图

3.8.1 设计说明

① 车间室内净高为 4.0m，顶板为现浇，厚度为 150mm。建筑物室内外高差 0.45m。

② 电源采用电缆埋地穿管入户，室外管道埋深 0.8m。具体配线及敷设方式按系统图，配电总箱为 AP，动力分箱为 AP1，照明分箱为 AL。

③ 系统接地设在配电总箱 AP 下，采用－40×4 镀锌扁钢，埋地敷设，埋深 0.7m；接地极采用镀锌钢管 *DN*50×2500 普通土敷设；接地电阻要求≤1Ω。

④ 室内配电箱均从厂家订购成品，嵌入式安装，底边安装高度距地面 1.5m。

3.8.2 工程量计算要求

① 进配电总箱 AP 的管线，仅计算进线电缆配管部分（出外墙皮）1.5m，不计算进线电缆的工程量。

② 尺寸在图纸中按比例量取（1∶100）。

③ 电气配管进入地坪或顶板的深度均按 100mm 计算。动力分箱 AP1 到用电设备的配管为预埋考虑，引到设备处的地坪管出地面按照 0.5m 计算。

④ 不考虑室外土方工程量。

⑤ 动力、照明配电箱由招标人采购。

3.8.3 编制依据

(1) 电气施工图。

(2)《建设工程工程量清单计价规范》(GB 50500—2013)。

(3)《通用安装工程工程量计算规范》(GB 50856—2013)。

(4)《江苏省安装工程计价定额》(2014 版)。

(5)《江苏省建设工程费用定额》(2014 版)。

(6) 为了便于理解并对照《江苏省安装工程计价定额》(2014 版) 数据，本工程人工单价、机械台班单价、管理费、利润按计价定额数据执行。

(7) 措施项目费率、规费根据《江苏省建设工程费用定额》(2014 版) 及相关规定，费率为区间的按上限取定。

(8) 主材单价按主材价格表取定（表 3-82)。

表 3-82　主材价格

序号	材料设备名称	规格型号	单位	单价/元	备注
1	动力配电箱 AP	非标定制[800×800(*H*)×180]	台	5000.00	甲供
2	动力配电箱 AP1	非标定制[600×800(*H*)×180]	台	5000.00	甲供
3	照明配电箱 AL	PZ30[300×400(*H*)×120]	台	5000.00	甲供
4	双联板式暗开关(单控)	AP86K21-10	个	7.00	
5	5 孔单相暗插座	AP86Z223A-10	个	8.00	
6	铜芯电力电缆	YJV-5×25	m	100.00	
7	镀锌钢管	*DN*50	m	28.00	
8	焊接钢管	*DN*25	m	11.00	
9	焊接钢管	*DN*40	m	17.50	
10	焊接钢管	*DN*50	m	22.20	
11	焊接钢管	*DN*80	m	38.00	
12	刚性阻燃管	*DN*15	m	1.80	
13	刚性阻燃管	*DN*20	m	2.30	
14	铜芯绝缘导线	BV2.5mm^2	m	1.50	
15	铜芯绝缘导线	BV4mm^2	m	2.50	
16	铜芯绝缘导线	BV10mm^2	m	6.20	

续表

序号	材料设备名称	规格型号	单位	单价/元	备注
17	暗装接线盒	DHS75	只	2.00	
18	暗装开关盒	86HS50	只	2.00	
19	吸顶式工厂罩灯	深照型灯 400W	套	300.00	
20	吸顶式单管成套型灯具	1×36W	套	35.00	

3.8.4 编制内容

(1) 工程量计算书(表 3-83)

表 3-83 工程量计算书

序号	计算部位	项目名称	计算式	计量单位	工程量
1	AP 进线	SC80 暗配	(1.5+0.12)[水平]+(1.5+0.45+0.8)[垂直]	m	4.37
2	W1	SC40 暗配	4.25[水平]+(1.6+1.6)[垂直]	m	7.45
3		管内穿线动力 BV10	7.45×5+(0.8+0.8)×5[AP 预留]+(0.3+0.4)×5[AL 预留]	m	48.75
4	W2	SC50 暗配	12.9[水平]+(1.6+1.6)[垂直]	m	16.10
5		电力电缆 YJV-5×25	{16.1+(1.6+1.4)[电缆头预留]}×1.025	m	19.58
6		干包电缆头 5×25	2	个	2
7	AP1				
8	P1	SC25 暗配	3.0[水平]+(1.6+0.6)[垂直]	m	5.20
9		管内穿动力 BV4	5.2×4+(0.6+0.8)×4[AP1 预留]+1.0×4[由地面管子出口引至动力接线箱预留]	m	30.40
10	P2	SC25 暗配	5.2[水平]+(1.6+0.6)[垂直]	m	7.40
11		管内穿线动力 BV4	7.4×4+(0.6+0.8)×4[AP1 预留]+1.0×4[由地面管子出口引至动力接线箱预留]	m	39.20
12	AL				
13	N1 二线	P16 暗配	2.0[水平]+(4.1−1.5−0.4)[垂直]	m	4.20
14	N1 三线	P16 暗配	(3.2+1.95)[水平]+(4.1−1.3)[垂直]	m	7.95
15		管内穿线照明 BV2.5	4.2×2+7.95×3+(0.3+0.4)×2[AL 预留]	m	33.65
16		单管日光灯 YG1-1,1×36W	2	套	2
17		双联单控开关 AP86K21-10	1	个	1
18	N2	P20 暗配	(3.6+1.0)[水平]+(1.6+1.4×3)[垂直]	m	10.40
19		管内穿线照明 BV4	10.4×3+(0.3+0.4)×3[AL 预留]	m	33.30
20		二三极暗装插座 AP86Z223A-10	2	个	2

续表

序号	计算部位	项目名称	计算式	计量单位	工程量
21	N3	P20 暗配	(1.7+6.5+3.45)[水平]+(4.1−1.5−0.4)[垂直]	m	13.85
22		管内穿线照明 BV4	13.85×3+(0.3+0.4)×3[AL 预留]	m	43.65
23		工厂灯 深照型灯 400W	3	套	3
24		灯头盒 DHS75	3+2	个	5
25		开关盒 86HS50	2+1	个	3
26		配电箱 AP 非标定制[800×800(*H*)×180]	1	个	1
27		配电箱 AP 非标定制[600×800(*H*)×180]	1	个	1
28		配电箱 ALPZ30[300×400(*H*)×120]	1	个	1
29	接地装置	镀锌钢管接地极 *DN*50,*L*=2500mm	3	根	3
30		户外接地母线镀锌扁钢—40×4	{(2.4+10)[水平]+(1.5+0.45+0.8)[垂直]}×1.039	m	15.74
31		接地调试	1	组	1

(2) 工程量汇总表 对表 3-83 数据进行分类汇总，汇总结果见表 3-84。

表 3-84 工程量汇总表

序号	项目名称	计算式	计量单位	工程量
1	配电箱 AP 非标定制[800×800(*H*)×180]	1	个	1
2	配电箱 AP 非标定制[600×800(*H*)×180]	1	个	1
3	配电箱 ALPZ30[300×400(*H*)×120]	1	个	1
4	双联单控开关 AP86K21-10	1	个	1
5	二三极暗装插座 AP86Z223A-10	2	个	2
6	电力电缆 YJV-5×25	19.58	m	19.58
7	干包电缆头 5×25	2	个	2
8	镀锌钢管接地极 *DN*50,*L*=2500 普通土	3	根	3
9	户外接地母线镀锌扁钢—40×4	15.74	m	15.74
10	SC25 暗配	5.2+7.4	m	12.60
11	SC40 暗配	7.45	m	7.45
12	SC50 暗配	16.1	m	16.10
13	SC80 暗配 .	4.37	m	4.37

续表

序号	项目名称	计算式	计量单位	工程量
14	P16 暗配	4.2+7.95	m	12.15
15	P20 暗配	10.4+13.85	m	24.25
16	管内穿线照明 BV2.5mm^2	33.65	m	33.65
17	管内穿线照明 BV4mm^2	33.3+43.65	m	76.95
18	管内穿线动力 BV4mm^2	30.4+39.2	m	69.60
19	管内穿线动力 BV10mm^2	48.75	m	48.75
20	工厂灯　深照型灯 400W	3	套	3
21	单管日光灯 1×36W	2	套	2
22	灯头盒 DHS75	5	个	5
23	开关盒 86HS50	3	个	3
24	接地调试	1	系统	1

(3) 工程量清单编制（表 3-85～表 3-96）

表 3-85　封面

招标工程量清单

招　标　人：________　　　　造价咨询人：________
（单位盖章）　　　　（单位资质专用章）

法定代表人
或其授权人：________　　　　法定代表人
或其授权人：________
（签字或盖章）　　　　（签字或盖章）

编　制　人：________　　　　复　核　人：________
（造价人员签字盖专用章）　　　　（造价工程师签字盖专用章）

编制时间：　年　月　日　　　　复核时间：　年　月　日

表 3-86　总说明

工程名称：××车间电气工程　　　　第　页　共　页

1. 工程概况：建设规模(m^2)、建筑层数(层)、计划工期、施工现场实际情况、交通运输情况、自然地理条件、环境保护要求等。
2. 工程招标范围。
3. 工程量清单编制依据。
4. 其他需说明的问题。

表 3-87　分部分项工程和单价措施项目清单与计价表

工程名称：××车间电气工程　　　　标段：　　　　第　页　共　页

序号	项目编码	项目名称	项目特征	计量单位	工程量	金额/元		
						综合单价	合价	其中 暂估价
1	030404017001	配电箱	1. 名称：动力配电箱 AP 2. 型号：非标定制 3. 规格：800×800(H)×180 4. 接线端子材质、规格：接线端子 $10mm^2$ 5. 安装方式：嵌入式，下口距地面 1.5m	台	1			
2	030404017002	配电箱	1. 名称：动力配电箱 AP1 2. 型号：非标定制 3. 规格：600×800(H)×180 4. 接线端子材质、规格：接线端子 $4mm^2$ 5. 安装方式：嵌入式，下口距地面 1.5m	台	1			
3	030404017003	配电箱	1. 名称：照明配电箱 AL 2. 型号：PZ30 3. 规格：300×400(H)×120 4. 接线端子材质、规格：接线端子 $2.5mm^2$、$4mm^2$ 5. 安装方式：嵌入式，下口距地面 1.5m	台	1			
4	030404034001	照明开关	1. 名称：双联单控开关 2. 规格：AP86K21-10 3. 安装方式：暗装	个	1			
5	030404035001	插座	1. 名称：二三极暗装插座 2. 规格：AP86Z223A-10 3. 安装方式：暗装	个	2			
6	030408001001	电力电缆	1. 名称：电力电缆 2. 型号：YJV 3. 规格：5×25 4. 敷设方式、部位：管道敷设 5. 电压等级(kV)：1	m	19.58			

续表

序号	项目编码	项目名称	项目特征	计量单位	工程量	金额/元		
						综合单价	合价	其中
								暂估价
7	030408006001	电力电缆头	1. 名称:干包电缆头 2. 规格:5×25 3. 安装部位:户内 4. 电压等级(kV):1	个	2			
8	030409001001	接地极	1. 名称:镀锌钢管接地极 2. 材质:镀锌钢管 3. 规格:*DN*50,*L*=2500mm 4. 土质:普通土	根	3			
9	030409002001	接地母线	1. 名称:户外接地母线 2. 材质:镀锌扁钢 3. 规格:—40×4 4. 安装部位:户外	m	15.74			
10	030411001001	配管	1. 名称:焊接钢管 2. 材质:钢管 3. 规格:*DN*25 4. 配置形式:砖、混凝土结构暗配	m	12.60			
11	030411001002	配管	1. 名称:焊接钢管 2. 材质:钢管 3. 规格:*DN*40 4. 配置形式:砖、混凝土结构暗配	m	7.45			
12	030411001003	配管	1. 名称:焊接钢管 2. 材质:钢管 3. 规格:*DN*50 4. 配置形式:砖、混凝土结构暗配	m	16.10			
13	030411001004	配管	1. 名称:焊接钢管 2. 材质:钢管 3. 规格:*DN*80 4. 配置形式:砖、混凝土结构暗配	m	4.37			
14	030411001005	配管	1. 名称:刚性阻燃管 2. 材质:PVC 管 3. 规格:*DN*15 4. 配置形式:砖、混凝土结构暗配	m	12.15			
15	030411001006	配管	1. 名称:刚性阻燃管 2. 材质:PVC 管 3. 规格:*DN*20 4. 配置形式:砖、混凝土结构暗配	m	24.25			
16	030411004001	配线	1. 名称:照明线路 2. 配线形式:管内穿线 3. 型号:BV 4. 规格:2.5mm^2	m	33.65			

续表

序号	项目编码	项目名称	项目特征	计量单位	工程量	金额/元		
						综合单价	合价	其中
								暂估价
17	030411004002	配线	1. 名称:照明线路 2. 配线形式:管内穿线 3. 型号:BV 4. 规格:$4mm^2$	m	76.95			
18	030411004003	配线	1. 名称:动力线路 2. 配线形式:管内穿线 3. 型号:BV 4. 规格:$4mm^2$	m	69.60			
19	030411004004	配线	1. 名称:动力线路 2. 配线形式:管内穿线 3. 型号:BV 4. 规格:$10mm^2$	m	48.75			
20	030411006001	接线盒	1. 名称:灯头盒 2. 材质:塑料 3. 规格:*DN*S75 4. 安装形式:暗装	个	5			
21	030411006002	接线盒	1. 名称:开关盒 2. 材质:塑料 3. 规格:86HS50 4. 安装形式:暗装	个	3			
22	030412002001	工厂灯	1. 名称:工厂罩灯 2. 型号:深照型灯 3. 规格:400W 4. 安装形式:吸顶式	套	3			
23	030412005001	荧光灯	1. 名称:单管荧光灯 2. 型号:YG1-1 3. 规格:36W 4. 安装形式:吸顶式	套	2			
24	030414011001	接地装置	1. 名称:接地极测试 2. 类别:接地电阻≤1Ω	组	1			
分部分项合计								
25	031301017001	脚手架搭拆		项	1			
单价措施合计								
合计								

注：以下表格与单元二中一样，故省略：表3-88总价措施项目清单与计价表（略）、表3-89其他项目清单与计价汇总表（略）、表3-90暂列金额明细表（略）、表3-91材料（工程设备）暂估单价及调整表（略）、表3-92专业工程暂估价及结算价表（略）、表3-93计日工表（略）、表3-94总承包服务费计价表（略）。

表 3-95 规费、税金项目计价表

工程名称：××车间电气工程　　　　标段：　　　　第　页　共　页

序号	项目名称	计算基础	计算基数/元	计算费率/%	金额/元
1	规费	分部分项工程费＋措施项目费＋其他项目费－工程设备费			
1.1	工程排污费			0.1	
1.2	社会保险费			2.2	
1.3	住房公积金			0.38	
2	税金	分部分项工程费＋措施项目费＋其他项目费＋规费－按规定不计税的工程设备金额		3.48	
合计					

表 3-96 发包人提供材料和工程设备一览表

工程名称：××车间电气工程　　　　标段：　　　　第　页　共　页

序号	材料编码	材料(工程设备)名称、规格、型号	单位	数量	单价/元	合价/元	交货方式	送达地点	备注
1	d	动力配电箱 AP 非标定制[800×800(*H*)×180]	台		5000.00				
2	d	动力配电箱 AP1 非标定制[600×800(*H*)×180]	台		5000.00				
3	d	照明配电箱 ALPZ30[300×400(*H*)×120]	台		5000.00				

(4) 招标控制价编制（表 3-97～表 3-114）

表 3-97 封面

××车间电气　　　　工程

招标控制价

招标控制价(小写)：　24713.81 元

(大写)：　贰万肆仟柒佰壹拾叁元捌角壹分

招　标　人：＿＿＿＿＿＿＿＿　　　　造价咨询人：＿＿＿＿＿＿＿＿

(单位盖章)　　　　(单位资质专用章)

法定代表人
或其授权人：＿＿＿＿＿＿＿＿　　　　法定代表人
或其授权人：＿＿＿＿＿＿＿＿

(签字或盖章)　　　　(签字或盖章)

编　制　人：＿＿＿＿＿＿＿＿　　　　复　核　人：＿＿＿＿＿＿＿＿

(造价人员签字盖专用章)　　　　(造价工程师签字盖专用章)

编制时间：　年　月　日　　　　复核时间：　年　月　日

表 3-98 总说明

工程名称：××车间电气工程 第 页 共 页

1. 工程概况：建设规模(m^2)、建筑层数(层)、计划工期、施工现场实际情况、交通运输情况、自然地理条件、环境保护要求等。

2. 工程招标范围。

3. 工程量清单编制依据。

4. 其他需说明的问题。

表 3-99 建设项目招标控制价汇总表

工程名称：××车间电气工程 第 页 共 页

序号	单项工程名称	金额/元	其中		
			暂估价/元	安全文明施工费/元	规费/元
1	××车间电气工程	24713.81		149.80	245.01
	合计	24713.81		149.80	245.01

表 3-100 单项工程招标控制价汇总表

工程名称：××车间电气工程 第 页 共 页

序号	单项工程名称	金额/元	其中		
			暂估价/元	安全文明施工费/元	规费/元
1	××车间电气工程	24713.81		149.80	245.01
	合计	24713.81		149.80	245.01

表 3-101 单位工程招标控制价汇总表

工程名称：××车间电气工程 标段： 第 页 共 页

序号	汇总内容	金额/元	其中:暂估价/元
1	分部分项工程	23722.86	
1.1	人工费	1960.85	
1.2	材料费	20605.54	
1.3	施工机具使用费	116.88	
1.4	企业管理费	764.66	
1.5	利润	275.11	
2	措施项目	419.27	—
2.1	单价措施项目费	88.82	—
2.2	总价措施项目费	330.45	
2.2.1	其中:安全文明施工措施费	149.80	
3	其他项目		—
3.1	其中:暂列金额		—
3.2	其中:专业工程暂估价		—
3.3	其中:计日工		—

续表

序号	汇总内容	金额/元	其中:暂估价/元
3.4	其中:总承包服务费		—
4	规费	245.01	—
5	税金	326.67	—
	招标控制价合计=1+2+3+4+5	24713.81	

表 3-102 分部分项工程和单价措施项目清单与计价表

工程名称:××车间电气工程 标段: 第 页 共 页

序号	项目编码	项目名称	项目特征	计量单位	工程量	金额/元		
						综合单价	合价	其中 暂估价
1	030404017001	配电箱	1. 名称:动力配电箱 AP 2. 型号:非标定制 3. 规格:800×800(H)×180 4. 接线端子材质、规格:接线端子 10mm^2 5. 安装方式:嵌入式,下口距地面 1.5m	台	1	5325.10	5325.10	
2	030404017002	配电箱	1. 名称:动力配电箱 AP1 2. 型号:非标定制 3. 规格:600×800(H)×180 4. 接线端子材质、规格:接线端子 4mm^2 5. 安装方式:嵌入式,下口距地面 1.5m	台	1	5277.77	5277.77	
3	030404017003	配电箱	1. 名称:照明配电箱 AL 2. 型号:PZ30 3. 规格:300×400(H)×120 4. 接线端子材质、规格:接线端子 2.5mm^2、4mm^2 5. 安装方式:嵌入式,下口距地面 1.5m	台	1	5229.31	5229.31	
4	030404034001	照明开关	1. 名称:双联单控开关 2. 规格:AP86K21-10 3. 安装方式:暗装	个	1	15.49	15.48	
5	030404035001	插座	1. 名称:二三极暗装插座 2. 规格:AP86Z223A-10 3. 安装方式:暗装	个	2	19.21	38.42	
6	030408001001	电力电缆	1. 名称:电力电缆 2. 型号:YJV 3. 规格:5×25 4. 敷设方式、部位:管道敷设 5. 电压等级(kV):1	m	19.58	111.47	2182.39	

续表

序号	项目编码	项目名称	项目特征	计量单位	工程量	金额/元		
						综合单价	合价	其中
								暂估价
7	030408006001	电力电缆头	1. 名称:干包电缆头 2. 规格:5×25 3. 安装部位:户内 4. 电压等级(kV):1	个	2	145.94	291.88	
8	030409001001	接地极	1. 名称:镀锌钢管接地极 2. 材质:镀锌钢管 3. 规格:$DN50$,$L=2500$mm 4. 土质:普通土	根	3	172.37	517.11	
9	030409002001	接地母线	1. 名称:户外接地母线 2. 材质:镀锌扁钢 3. 规格:— 40×4 4. 安装部位:户外	m	15.74	35.03	551.53	
10	030411001001	配管	1. 名称:焊接钢管 2. 材质:钢管 3. 规格:$DN25$ 4. 配置形式:砖、混凝土结构暗配	m	12.60	22.16	279.34	
11	030411001002	配管	1. 名称:焊接钢管 2. 材质:钢管 3. 规格:$DN40$ 4. 配置形式:砖、混凝土结构暗配	m	7.45	36.17	269.54	
12	030411001003	配管	1. 名称:焊接钢管 2. 材质:钢管 3. 规格:$DN50$ 4. 配置形式:砖、混凝土结构暗配	m	16.10	42.36	682.00	
13	030411001004	配管	1. 名称:焊接钢管 2. 材质:钢管 3. 规格:$DN80$ 4. 配置形式:砖、混凝土结构暗配	m	4.37	78.71	343.96	
14	030411001005	配管	1. 名称:刚性阻燃管 2. 材质:PVC管 3. 规格:$DN15$ 4. 配置形式:砖、混凝土结构暗配	m	12.15	8.44	102.67	
15	030411001006	配管	1. 名称:刚性阻燃管 2. 材质:PVC管 3. 规格:$DN20$ 4. 配置形式:砖、混凝土结构暗配	m	24.25	9.50	230.62	
16	030411004001	配线	1. 名称:照明线路 2. 配线形式:管内穿线 3. 型号:BV 4. 规格:2.5mm^2	m	33.65	2.79	93.88	
17	030411004002	配线	1. 名称:照明线路 2. 配线形式:管内穿线 3. 型号:BV 4. 规格:4mm^2	m	76.95	3.54	273.17	

续表

序号	项目编码	项目名称	项目特征	计量单位	工程量	金额/元		
						综合单价	合价	其中 暂估价
18	030411004003	配线	1. 名称:动力线路 2. 配线形式:管内穿线 3. 型号:BV 4. 规格:4mm^2	m	69.60	3.44	239.42	
19	030411004004	配线	1. 名称:动力线路 2. 配线形式:管内穿线 3. 型号:BV 4. 规格:10mm^2	m	48.75	7.54	368.06	
20	030411006001	接线盒	1. 名称:灯头盒 2. 材质:塑料 3. 规格:*DNS*75 4. 安装形式:暗装	个	5	6.53	32.65	
21	030411006002	接线盒	1. 名称:开关盒 2. 材质:塑料 3. 规格:86HS50 4. 安装形式:暗装	个	3	6.53	19.59	
22	030412002001	工厂灯	1. 名称:工厂罩灯 2. 型号:深照型灯 3. 规格:400W 4. 安装形式:吸顶式	套	3	322.47	967.41	
23	030412005001	荧光灯	1. 名称:单管荧光灯 2. 型号:YG1-1 3. 规格:36W 4. 安装形式:吸顶式	套	2	55.91	111.8	
24	030414011001	接地装置	1. 名称:接地极测试 2. 类别:接地电阻≤1Ω	组	1	279.77	279.77	
			分部分项合计				23722.86	
25	031301017001	脚手架搭拆		项	1	88.82	88.82	
			单价措施合计				88.82	
			合计				23811.68	

表 3-103 综合单价分析表

工程名称：××车间电气工程　　　　标段：　　　　第　页共　页

<table>
<tr><td>项目编码</td><td colspan="3">030404017001</td><td>项目名称</td><td colspan="4">配电箱</td><td>计量单位</td><td>台</td><td colspan="2">工程量</td><td>1</td></tr>
<tr><td colspan="14">清单综合单价组成明细</td></tr>
<tr><td rowspan="2">定额编号</td><td rowspan="2">定额项目名称</td><td rowspan="2">定额单位</td><td rowspan="2">数量</td><td colspan="5">单价/元</td><td colspan="5">合价/元</td></tr>
<tr><td>人工费</td><td>材料费</td><td>机械费</td><td>管理费</td><td>利润</td><td>人工费</td><td>材料费</td><td>机械费</td><td>管理费</td><td>利润</td></tr>
<tr><td>4-270</td><td>悬挂嵌入式动力配电箱安装,半周长 2.5m</td><td>台</td><td>1</td><td>158.36</td><td>35.97</td><td>5.01</td><td>61.76</td><td>22.17</td><td>158.36</td><td>35.97</td><td>5.01</td><td>61.76</td><td>22.17</td></tr>
<tr><td>4-424</td><td>压铜接线端子导线截面 16mm²</td><td>10 个</td><td>0.5</td><td>25.16</td><td>45.16</td><td></td><td>9.82</td><td>3.52</td><td>12.58</td><td>22.58</td><td></td><td>4.91</td><td>1.76</td></tr>
<tr><td colspan="2">综合人工工日</td><td colspan="7">小计</td><td>170.94</td><td>58.55</td><td>5.01</td><td>66.67</td><td>23.93</td></tr>
<tr><td colspan="2">2.31 工日</td><td colspan="7">未计价材料费</td><td colspan="5">5000</td></tr>
<tr><td colspan="9">清单项目综合单价/(元/台)</td><td colspan="5">5325.1</td></tr>
<tr><td rowspan="13">材料费明细</td><td colspan="5">主要材料名称、型号、规格</td><td>单位</td><td>数量</td><td>单价/元</td><td>合价/元</td><td colspan="2">暂估单价/元</td><td colspan="2">暂估合价/元</td></tr>
<tr><td colspan="5">破布</td><td>kg</td><td>0.195</td><td>7</td><td>1.37</td><td colspan="2"></td><td colspan="2"></td></tr>
<tr><td colspan="5">铁砂布 2#</td><td>张</td><td>1.70</td><td>1</td><td>1.70</td><td colspan="2"></td><td colspan="2"></td></tr>
<tr><td colspan="5">电焊条 J422 $\phi 3.2$</td><td>kg</td><td>0.15</td><td>4.40</td><td>0.66</td><td colspan="2"></td><td colspan="2"></td></tr>
<tr><td colspan="5">无光调和漆</td><td>kg</td><td>0.05</td><td>15</td><td>0.75</td><td colspan="2"></td><td colspan="2"></td></tr>
<tr><td colspan="5">钢垫板</td><td>kg</td><td>0.20</td><td>4.40</td><td>0.88</td><td colspan="2"></td><td colspan="2"></td></tr>
<tr><td colspan="5">酚醛磁漆</td><td>kg</td><td>0.02</td><td>15</td><td>0.30</td><td colspan="2"></td><td colspan="2"></td></tr>
<tr><td colspan="5">塑料软管</td><td>kg</td><td>0.25</td><td>18.40</td><td>4.60</td><td colspan="2"></td><td colspan="2"></td></tr>
<tr><td colspan="5">焊锡丝</td><td>kg</td><td>0.10</td><td>50</td><td>5</td><td colspan="2"></td><td colspan="2"></td></tr>
<tr><td colspan="5">电力复合脂</td><td>kg</td><td>0.42</td><td>20</td><td>8.40</td><td colspan="2"></td><td colspan="2"></td></tr>
<tr><td colspan="5">自粘橡胶带 20mm×5m</td><td>卷</td><td>0.2</td><td>14.50</td><td>2.90</td><td colspan="2"></td><td colspan="2"></td></tr>
<tr><td colspan="5">镀锌扁钢—25×4</td><td>kg</td><td>1.5</td><td>5.30</td><td>7.95</td><td colspan="2"></td><td colspan="2"></td></tr>
<tr><td colspan="5">精制带母镀锌螺栓 M10×100 内 2 平 1 弹垫</td><td>套</td><td>2.1</td><td>1.28</td><td>2.69</td><td colspan="2"></td><td colspan="2"></td></tr>
</table>

续表

	主要材料名称、型号、规格	单位	数量	单价/元	合价/元	暂估单价/元	暂估合价/元
材料费明细	动力配电箱 AP　非标定制　800×800(*H*)×180	台	1	5000	5000		
	汽油	kg	0.1	10.64	1.06		
	铜接线端子　DT-16mm²	个	5.075	3.88	19.69		
	黄漆布带　20mm×40m	卷	0.03	20	0.60		
	其他材料费			—		—	
	材料费小计			—	5058.55	—	

表 3-104　分部分项工程量清单综合单价分析表

工程名称：××车间电气工程　　　　标段：新标段

序号	项目编码	项目名称	计量单位	工程数量	综合单价/元							项目合价/元
					人工费	材料费	机械费	主材费	管理费	利润	小计	
1	030404017001	配电箱【动力配电箱 AP;非标准定制;800×800(*H*)×180;接线端子 10mm²;嵌入式,下口距地面 1.5m】	台	1	170.94	58.55	5.01	5000	66.67	23.93	5325.1	5325.1
	C4-270	悬挂嵌入式成套配电箱安装(半周长 2.5m)	台	1	158.36	35.97	5.01	5000	61.76	22.17	5283.27	5283.27
	C4-424	压铜接线端子 16mm² 以内	10 个	0.5	25.16	45.16	0	0	9.81	3.52	83.65	41.83
2	030404017002	配电箱【动力配电箱 AP1;非标定制;600×800(*H*)×180;接线端子 4mm²;嵌入式,下口距地面 1.5m】	台	1	143.86	57.68	0	5000	56.1	20.13	5277.77	5277.77
	C4-269	悬挂嵌入式成套配电箱安装(半周长 1.5m)	台	1	130.24	44.21	0	5000	50.79	18.23	5243.47	5243.47
	C4-413	无端子外部接线 6mm²	10 个	0.8	17.02	16.84	0	0	6.64	2.38	42.88	34.3
3	030404017003	配电箱【照明配电箱 AL;PZ30;300×400(*H*)×120;接线端子 2.5、4mm²;嵌入式,下口距地面 1.5m】	台	1	114.85	53.58	0	5000	44.79	16.08	5229.3	5229.3

续表

序号	项目编码	项目名称	计量单位	工程数量	综合单价/元							项目合价/元
					人工费	材料费	机械费	主材费	管理费	利润	小计	
	C4-268	悬挂嵌入式成套配电箱安装(半周长 1.0m)	台	1	102.12	40.11	0	5000	39.83	14.3	5196.36	5196.36
	C4-412	无端子外部接线 2.5mm^2	10个	0.2	12.58	16.84	0	0	4.91	1.76	36.09	7.22
	C4-413	无端子外部接线 6mm^2	10个	0.6	17.02	16.84	0	0	6.64	2.38	42.88	25.73
4	030404034001	照明开关【双联单控开关;AP86K21-10;暗装】	个	1	5.03	0.65	0	7.14	1.96	0.7	15.48	15.48
	C4-340	扳式暗开关(单控)双联	10套	0.1	50.32	6.51	0	71.4	19.62	7.04	154.89	15.49
5	030404035001	插座【二三极暗装插座;AP86Z223A-10;暗装】	个	2	6.22	1.54	0	8.16	2.42	0.87	19.21	38.42
	C4-373	5孔单相暗插座 15A	10套	0.1	62.16	15.41	0	81.6	24.24	8.7	192.11	19.21
6	030408001001	电力电缆【电力电缆;YJV;5×25;管道敷设;1】	m	19.58	5.17	2.44	0.11	101	2.02	0.72	111.46	2182.39
	C4-741	五铜芯电力电缆敷设 35mm^2 以下	100m	0.01	517.26	244.23	11.18	10100	201.73	72.42	11146.82	111.47
7	030408006001	电缆终端头【干包电缆头;5×25;户内;1】	个	2	37.3	88.87	0	0	14.55	5.22	145.94	291.88
	C4-828 换	户内干包式电力电缆头 35mm^2 以下	个	1	37.3	88.87	0	0	14.55	5.22	145.94	145.94
8	030409001001	接地极【镀锌钢管接地极;镀锌钢管;DN50,L=2500mm;普通土】	根	3	54.02	2.76	13.46	73.5	21.07	7.56	172.37	517.11
	C4-897	钢管接地极 普通土	根	1	54.02	2.76	13.46	73.5	21.07	7.56	172.37	172.37
9	030409002001	接地母线【户外接地母线;镀锌扁钢;—40×4;户外】	m	15.74	17.54	8	0.2	0	6.84	2.46	35.04	551.53
	C4-906 换	户外接地母线敷设 200mm^2 以内	10m	0.1	175.38	79.96	2.02	0	68.4	24.55	350.31	35.03
10	030411001001	配管【焊接钢管;钢管;DN25;砖、混凝土结构暗配】	m	12.6	5.82	1.67	0.27	11.33	2.27	0.81	22.17	279.34

续表

序号	项目编码	项目名称	计量单位	工程数量	综合单价/元							项目合价/元
					人工费	材料费	机械费	主材费	管理费	利润	小计	
	C4-1142 换	砖、混结构暗配钢管 $DN25$	100m	0.01	581.64	166.53	26.68	1133	226.84	81.43	2216.12	22.16
11	030411001002	配管【焊接钢管;钢管;$DN40$;砖、混凝土结构暗配】	m	7.45	9.93	2.59	0.37	18.03	3.87	1.39	36.18	269.54
	C4-1144 换	砖、混结构暗配钢管 $DN40$	100m	0.01	993.08	258.65	36.51	1802.5	387.3	139.03	3617.07	36.17
12	030411001003	配管【焊接钢管;钢管;$DN50$;砖、混凝土结构暗配】	m	16.1	10.59	2.92	0.37	22.87	4.13	1.48	42.36	682
	C4-1145 换	砖、混结构暗配钢管 $DN50$	100m	0.01	1058.94	292.12	36.51	2286.6	412.99	148.25	4235.41	42.35
13	030411001004	配管【焊接钢管;钢管;$DN80$;砖、混凝土结构暗配】	m	4.37	22.88	4.03	0.54	39.14	8.92	3.2	78.71	343.96
	C4-1147 换	砖、混结构暗配钢管 $DN80$	100m	0.01	2288.08	402.82	53.91	3914	892.35	320.33	7871.49	78.71
14	030411001005	配管【刚性阻燃管;PVC 管;$DN15$;砖、混凝土结构暗配】	m	12.15	3.85	0.58	0	1.98	1.5	0.54	8.45	102.67
	C4-1249 换	砖、混结构暗配刚性阻燃管 $DN15$	100m	0.01	384.8	57.72	0	198	150.07	53.87	844.46	8.44
15	030411001006	配管【刚性阻燃管;PVC 管;$DN20$;砖、混凝土结构暗配】	m	24.25	4.18	0.58	0	2.53	1.63	0.59	9.51	230.62
	C4-1250 换	砖、混结构暗配刚性阻燃管 $DN20$	100m	0.01	418.1	57.74	0	253	163.06	58.53	950.43	9.5
16	030411004001	配线【照明线路;管内穿线;BV 2.5mm^2】	m	33.65	0.57	0.18	0	1.74	0.22	0.08	2.79	93.88
	C4-1359	管内穿照明线 铜芯 2.5mm^2	100m 单线	0.01	56.98	17.89	0	174	22.22	7.98	279.07	2.79
17	030411004002	配线【照明线路;管内穿线;BV 4mm^2】	m	76.95	0.4	0.18	0	2.75	0.16	0.06	3.55	273.17

续表

序号	项目编码	项目名称	计量单位	工程数量	综合单价/元							项目合价/元
					人工费	材料费	机械费	主材费	管理费	利润	小计	
	C4-1360	管内穿照明线 铜芯 $4mm^2$	100m 单线	0.01	39.96	17.97	0	275	15.58	5.59	354.1	3.54
18	030411004003	配线【动力线路;管内穿线;BV $4mm^2$】	m	69.6	0.42	0.17	0	2.63	0.16	0.06	3.44	239.42
	C4-1386	管内穿动力线 铜芯 $4mm^2$	100m 单线	0.01	42.18	17.05	0	262.5	16.45	5.91	344.09	3.44
19	030411004004	配线【动力线路;管内穿线;BV $10mm^2$】	m	48.75	0.54	0.21	0	6.51	0.21	0.08	7.55	368.06
	C4-1388	管内穿动力线 铜芯 $10mm^2$	100m 单线	0.01	54.02	20.56	0	651	21.07	7.56	754.21	7.54
20	030411006001	接线盒【灯头盒;塑料;*DN*S75;暗装】	个	5	2.52	0.64	0	2.04	0.98	0.35	6.53	32.65
	C4-1545	暗装接线盒	10个	0.1	25.16	6.42	0	20.4	9.81	3.52	65.31	6.53
21	030411006002	接线盒【开关盒;塑料;86HS50;暗装】	个	3	2.74	0.3	0	2.04	1.07	0.38	6.53	19.59
	C4-1546	暗装开关盒	10个	0.1	27.38	2.97	0	20.4	10.68	3.83	65.26	6.53
22	030412002001	工厂灯【工厂罩灯;深照型灯;400W;吸顶式】	套	3	11.69	1.58	0	303	4.56	1.64	322.47	967.41
	C4-1572	工厂罩灯安装 吸顶式	10套	0.1	116.92	15.76	0	3030	45.6	16.37	3224.65	322.47
23	030412005001	荧光灯【单管荧光灯;YG1-1;吸顶式】	套	2	12.28	1.76	0	35.35	4.79	1.72	55.9	111.8
	C4-1797	成套吸顶式单管荧光灯安装	10套	0.1	122.84	17.59	0	353.5	47.91	17.2	559.04	55.9
24	030414011001	接地装置【接地极测试;接地电阻≤1Ω】	组	1	147.84	1.86	51.71	0	57.66	20.7	279.77	279.77
	C4-1857	独立接地装置调试 6 根接地极以内	组	1	147.84	1.86	51.71	0	57.66	20.7	279.77	279.77
		合　　计										23722.86

表 3-105 总价措施项目清单与计价表

工程名称：××车间电气工程　　　　标段：　　　　第　页　共　页

序号	项目编码	项目名称	计算基础	费率/%	金额/元	调整费率/%	调整后金额/元	备注
1	031302001001	安全文明施工基本费	分部分项工程费＋单价措施项目费－工程设备费	1.40	123.36			
2	031302001002	安全文明施工省级标化增加费	分部分项工程费＋单价措施项目费－工程设备费	0.30	26.44			
3	031302002001	夜间施工	分部分项工程费＋单价措施项目费－工程设备费	0.1	8.81			
4	031302003001	非夜间施工照明	分部分项工程费＋单价措施项目费－工程设备费	0.30	26.44			
5	031302005001	冬雨季施工	分部分项工程费＋单价措施项目费－工程设备费	0.1	8.81			
6	031302006001	已完工程及设备保护	分部分项工程费＋单价措施项目费－工程设备费	0.05	4.41			
7	031302008001	临时设施	分部分项工程费＋单价措施项目费－工程设备费	1.5	132.18			
8	031302009001	赶工措施						
9	031302010001	工程按质论价						
10	031302011001	住宅分户验收						
		合　计			330.45			

表 3-106 其他项目清单与计价汇总表

工程名称：××车间电气工程　　　　标段：　　　　第　页　共　页

序号	项目名称	金额/元	结算金额/元	备注
1	暂列金额			
2	暂估价			
2.1	材料(工程设备)暂估价	—		
2.2	专业工程暂估价			
3	计日工			
4	总承包服务费			
	合计			—

表 3-107　暂列金额明细表

工程名称：××车间电气工程　　标段：　　第　页　共　页

序号	项目名称	计量单位	暂估金额/元	备注
合计				—

表 3-108　材料（工程设备）暂估单价及调整表

工程名称：××车间电气工程　　标段：　　第　页　共　页

序号	材料编码	材料(工程设备)名称、规格、型号	计量单位	数量		暂估价/元		确认价/元		差价(±)/元		备注
				投标	确认	单价	合价	单价	合价	单价	合价	
合计												—

表 3-109　专业工程暂估价及结算价表

工程名称：××车间电气工程　　标段：　　第　页　共　页

序号	工程名称	工程内容	暂估金额/元	结算金额/元	差额(±)/元	备注
合计						—

表 3-110　计日工表

工程名称：××车间电气工程　　标段：　　第　页　共　页

编号	项目名称	单位	暂定数量	综合单价/元	合价/元
一	人工				
人工小计					
二	材料				
材料小计					
三	机械				
施工机械小计					
四	企业管理费和利润				
总计					

表 3-111　总承包服务费计价表

工程名称：××车间电气工程　　标段：　　第　页　共　页

序号	项目名称	计量单位	暂定金额/元	备注
合计				—

表 3-112 规费、税金项目计价表

工程名称：××车间电气工程　　标段：　　第 页 共 页

序号	项目名称	计算基础	计算基数/元	计算费率/%	金额/元
1	规费	分部分项工程费＋措施项目费＋其他项目费－工程设备费			245.01
1.1	工程排污费		9142.13	0.1	9.14
1.2	社会保险费		9142.13	2.2	201.13
1.3	住房公积金		9142.13	0.38	34.74
2	税金	分部分项工程费＋措施项目费＋其他项目费＋规费－按规定不计税的工程设备金额	9387.14	3.48	326.67
		合计			571.68

表 3-113 发包人提供材料和工程设备一览表

工程名称：××车间电气工程　　标段：　　第 页 共 页

序号	材料编码	材料(工程设备)名称、规格、型号	单位	数量	单价/元	合价/元	交货方式	送达地点	备注
1	d	动力配电箱 AP 非标定制[800×800(*H*)×180]	台		5000.00	5000.00			
2	d	动力配电箱 AP1 非标定制[600×800(*H*)×180]	台		5000.00	5000.00			
3	d	照明配电箱 ALPZ30[300×400(*H*)×120]	台		5000.00	5000.00			

表 3-114 承包人提供主要材料和工程设备一览表
（适用于造价信息差额调整法）

工程名称：××车间电气工程　　标段：　　第 页 共 页

序号	材料编码	名称、规格、型号	单位	数量	风险系数/%	基准单价/元	投标单价/元	发承包人确认单价/元	备注
1	d	镀锌扁钢 —40×4	m	16.527			7.50		
2	01030106	钢丝 ϕ1.6	kg	0.2633			7.00		
3	01090166	圆钢 ϕ5.5～9	kg	0.9564			3.99		
4	01130206	镀锌扁钢 —25×4	kg	1.50			5.30		
5	01130216	镀锌扁钢 —60×6	kg	0.78			5.30		
6	01293501	钢垫板	kg	0.50			4.40		
7	01550304	封铅 含铅 65% 含锡 35%	kg	0.2604			10.00		
8	02070226	橡胶垫 δ2	m^2	0.0176			17.00		
9	02130114	塑料带 20mm×40m	kg	0.336			2.50		
10	02270131	破布	kg	1.4023			7.00		
11	03031209	自攻螺钉 M4×40	10个	1.872			0.29		
12	03031211	自攻螺钉 M4×60	10个	0.416			0.30		

续表

序号	材料编码	名称、规格、型号	单位	数量	风险系数/%	基准单价/元	投标单价/元	发承包人确认单价/元	备注
13	03050652	精制带母镀锌螺栓 M8×100 内2平1弹垫	套	7.7889			1.00		
14	03050654	精制带母镀锌螺栓 M10×100内2平1弹垫	套	27.90			1.28		
15	03053521	镀锌半圆头螺栓 M2～5×15～50	套	6.12			0.10		
16	03057113	伞形螺栓　M6～8×150	套	4.08			0.40		
17	03070117	膨胀螺栓　M10	套	4.1235			0.80		
18	03270104	铁砂布　2#	张	5.10			1.00		
19	03410206	电焊条　J422　$\phi 3.2$	kg	1.5037			4.40		
20	03411302	焊锡	kg	0.3681			43.00		
21	03430900	焊锡丝	kg	0.37			50.00		
22	03450404	焊锡膏　瓶装 50g	kg	0.0519			60.00		
23	03570225	镀锌铁丝　13#～17#	kg	0.4407			6.00		
24	03570237	镀锌铁丝　22#	kg	0.1137			5.50		
25	03633308	合金钢钻头 $\phi 8$～10mm	根	0.0411			8.00		
26	03652404	金刚石锯片 $\phi 114 \times 1.8$	片	0.6215			20.00		
27	03652421	锯条	根	1.5192			0.22		
28	03652422	钢锯条	根	6.074			0.24		
29	04010611	水泥　32.5级	kg	74.0784			0.31		
30	04030107	中砂	t	0.4714			69.37		
31	11030305	醇酸防锈漆　C53-1	kg	0.8854			15.00		
32	11030704	沥青清漆	kg	0.3355			7.00		
33	11030904	沥青绝缘漆	kg	0.0255			18.00		
34	11111703	酚醛磁漆	kg	0.03			15.00		
35	11112504	无光调和漆	kg	0.11			15.00		
36	12010103	汽油	kg	2.3239			10.64		
37	12030106	溶剂汽油	kg	0.2207			9.20		
38	12070109	电力复合脂	kg	1.312			20.00		
39	12300367	硬脂酸　一级	kg	0.0137			12.00		
40	12413542	胶合剂	kg	0.0291			9.98		
41	12430344	自粘橡胶带　20mm×5m	卷	1.89			14.50		
42	12430363	塑料胶布带　20mm×10m	卷	1.0443			2.10		
43	12430365	塑料胶布带　25mm×10m	卷	0.238			3.66		
44	14312502	塑料软管	kg	0.58			18.40		
45	14312509	塑料软管　*dn*6	m	1.60			2.20		

续表

序号	材料编码	名称、规格、型号	单位	数量	风险系数/%	基准单价/元	投标单价/元	发承包人确认单价/元	备注
46	14350105	异型塑料管 dn2.5～5	m	0.40			1.36		
47	15023128	镀锌锁紧螺母 3×25	个	1.9467			0.28		
48	15023130	镀锌锁紧螺母 3×40	个	1.151			0.84		
49	15023131	镀锌锁紧螺母 3×50	个	2.4875			1.09		
50	15023133	镀锌锁紧螺母 3×80	个	0.6752			2.07		
51	15023141	镀锌锁紧螺母 M15～20×3	个	14.215			0.14		
52	15271911	管接头 FST15	个	1.7861			0.29		
53	15271912	管接头 FST20	个	3.5648			0.29		
54	24170102	黄漆布带 20mm×40m	卷	1.038			20.00		
55	25010309	裸铜线 $10mm^2$	kg	0.43			65.79		
56	25010735	镀锡裸铜绞线 $16mm^2$	kg	0.48			68.70		
57	25030103	BV铜芯聚氯乙烯绝缘线 450V/750V $1.5mm^2$	m	4.326			1.13		
58	25030104	BV铜芯聚氯乙烯绝缘线 450V/750V $2.5mm^2$	m	1.526			1.75		
59	26064105	塑料护口(钢管用) dn15	个	14.215			0.12		
60	26064108	塑料护口(钢管用) dn25	个	1.9467			0.29		
61	26064111	塑料护口(钢管用) dn40	个	1.151			0.43		
62	26064113	塑料护口(钢管用) dn50	个	2.4875			0.43		
63	26064116	塑料护口(钢管用) dn80	个	0.6752			0.76		
64	26065132	镀锌电线管接头 ϕ25×6	个	2.0765			1.43		
65	26065134	镀锌电线管接头 ϕ40×7	个	1.2278			2.45		
66	26065135	镀锌电线管接头 ϕ50×7	个	2.6533			3.61		
67	26065137	镀锌电线管接头 ϕ80×8	个	0.6752			5.53		
68	26090507	铜接线端子 DT-$10mm^2$	个	4.06			2.83		
69	26090508	铜接线端子 DT-$16mm^2$	个	5.075			3.88		
70	26090509	铜接线端子 DT-$25mm^2$	个	2.448			4.93		
71	26091105	铜铝过渡接线端子 DTL-$25mm^2$	个	9.024			2.50		
72	26250311	镀锌电缆卡子 2×35	个	5.9562			1.70		
73	26250343	固定卡子 3×80	个	4.944			2.90		
74	26250703	电缆吊挂 3×50	套	1.8092			9.85		
75	31110301	棉纱头	kg	0.625			6.50		
76	31110307	塑料手套	副	5.04			4.00		
77	31130106	其他材料费	元	11.2238			1.00		
78	31130108	校验材料费	元	1.86			1.00		

续表

序号	材料编码	名称、规格、型号	单位	数量	风险系数/%	基准单价/元	投标单价/元	发承包人确认单价/元	备注
79	31150101	水	m^3	0.0878			4.70		
80	31170103	标志牌	个	1.5272			0.19		
81	12010103	机械用汽油	kg	0.0513			10.64		
82	12010303	机械用柴油	kg	0.0708			9.03		
83	31150301	机械用电力	kW·h	56.9088			0.89		
84	d	镀锌钢管　*DN*50	m	7.875			28.00		
85	14010305	镀锌钢管　*DN*25	m	12.978			11.00		
86	14010305	镀锌钢管　*DN*40	m	7.6735			17.50		
87	14010305	镀锌钢管　*DN*50	m	16.583			22.20		
88	14010305	镀锌钢管　*DN*80	m	4.5011			38.00		
89	22470111	吸顶式工厂罩灯 深照型灯 400W	套	3.03			300.00		
90	22470111	吸顶式单管成套型灯具 1×36W	套	2.02			35.00		
91	23230131	双联板式暗开关(单控)	只	1.02			7.00		
92	23412504	5孔单相暗插座　15A	套	2.04			8.00		
93	25110000	铜芯电力电缆　YJV-5×25	m	19.7758			100.00		
94	26260121	刚性阻燃管　*DN*15	m	13.365			1.80		
95	26060121	刚性阻燃管　*DN*20	m	26.675			2.30		
96	26110101	暗装接线盒　DHS75	只	5.10			2.00		
97	26110101	暗装开关盒　86HS50	只	3.06			2.00		

单元小结

民用建筑低压配电系统由配电装置及配电线路组成。大多数情况采用树干和放射的混合配电方式。防雷系统有避雷网、避雷针、独立避雷针、避雷针引下线等。弱电系统有电话系统、有线电视系统、广播及音响系统、保安系统、建筑物智能化系统等。

在编制电气工程工程量清单时，应依据《通用安装工程工程量计算规范》(GB 50856—2013) 附录D计算分部分项工程量并列出项目特征。重点内容包括配电装置、控制设备及低压电器、电缆、防雷及接地装置、配管及配线、照明器具、电气调整试验等安装工程。

思考题

一、选择题

1. 电力电缆清单项目包括的工作内容有（　　）。

A. 电缆沟揭（盖）盖板　　　　B. 电缆头制作、安装

C. 防火堵洞　　　　　　　　　　　　D. 过路保护管敷设

2. 镀锌扁钢—40×4，户外接地母线设计图示尺寸为20m，清单工程量为（　　）。

A. 20.00m　　　　B. 21.00m　　　　C. 20.78m　　　　D. 21.82m

3. 电器控制设备安装不包含以下工作内容（　　）。

A. 表计及继电器等附件的拆装　　　　B. 焊、压接线端子

C. 电器及设备干燥　　　　　　　　　D. 送交试验

E. 二次喷漆及喷字

4. 下列关于《电气设备安装工程》中相关说法正确的为（　　）。

A. 灯具、开关、插座、按钮等的预留线，可按有关预留量的规定另行计算

B. 线槽配线计价定额，以单根线路“延长米”为计量单位计算，若为多芯电线，套用定额时，按相应截面定额和芯数乘以规定系数

C. 接地母线敷设，其附加长度按施工图设计延长米长度另加2.5%计算

D. 均压环敷设，主要考虑利用圈梁内主筋作均压环接地连线，焊接按两根主筋考虑，超过两根时不得调整

5. 下列关于《电气设备安装工程》中相关说法不正确的为（　　）。

A. 同一类材料，作为定额中不带括号的主材，不论规格，其损耗率是一样的

B. 同一类材料．在定额中作为带括号的主材的损耗率与作为不带括号的材料的损耗率不一致时，其损耗率应分别按定额规定取定，互不矛盾

C. “计价定额”附录中未列入也未说明的主材，一律不计算主材损耗

D. 工程量与材料消耗量是不同的概念，消耗量与材料预算单价的乘积构成主材的消耗价值

6. 下列关于《电气设备安装工程》中相关说法正确的为（　　）。

A. 基础槽钢、角钢安装定额中未包含油漆工作内容，若发生可套用《刷油、防腐蚀、绝热工程》相应定额

B. 一般路灯安装已包含支架、灯具组装、接线等工作内容

C. 接线盒、接线箱安装计价定额中未含材料费，主材损耗系数均为2%

D. 矿物绝缘电缆预留长度也适合按照定额工程量计算规则规定的电缆敷设的附加长度规定预留

二、案例题

1. 请根据下面工程量清单项目的内容，按照《建设工程工程量清单计价规范》（GB 50500—2013）、《通用安装工程工程量计算规范》（GB 50856—2013）和《江苏省安装工程计价定额》（2014 版）的有关规定，计算综合单价和分部分项工程费。

为了便于计算，本工程人工、材料、机械台班、管理费、利润均按《江苏省安装工程计价定额》（2014 版）规定不做调整。工程量清单综合单价分析表中工程量保留三位小数，其他数据保留两位小数。

（1）本工程为地上4层地下1层（檐口高度16m）的综合楼。

（2）地下一层动力干线为喷塑钢制槽式桥架敷设（XQJ800×200），图示工程量为20m，成品喷塑钢制槽式桥架（含盖板、隔板及全部附件）的钢板厚度为3.5mm。桥架支撑架共10副，合计重量80kg。

（3）该综合楼户外接地装置敷设：镀锌扁钢—50×4，接地母线图示工程量为15m，镀锌圆钢接地极 ϕ25，L=2.5m，共3根（坚土）。

（4）主要材料见表3-115。

表 3-115 主要材料表

序号	名称和规格型号	单位	单价/元	备注
1	喷塑钢制槽式桥架 XQJ800×200	m	500.00	
2	喷塑钢制桥架支撑架	副	100.00	
3	镀锌扁钢— 50×4	m	9.50	
4	镀锌圆钢 ϕ25	m	24.00	

2. 请根据给定的电气照明平面图（图 3-17），按照《建设工程量清单计价规范》（GB 50500—2013）、《通用安装工程工程量计算规范》（GB 50856—2013）和《江苏省安装工程计价定额》（2014 版）的有关规定，计算工程量并编制分部分项工程量清单。有关说明如下：

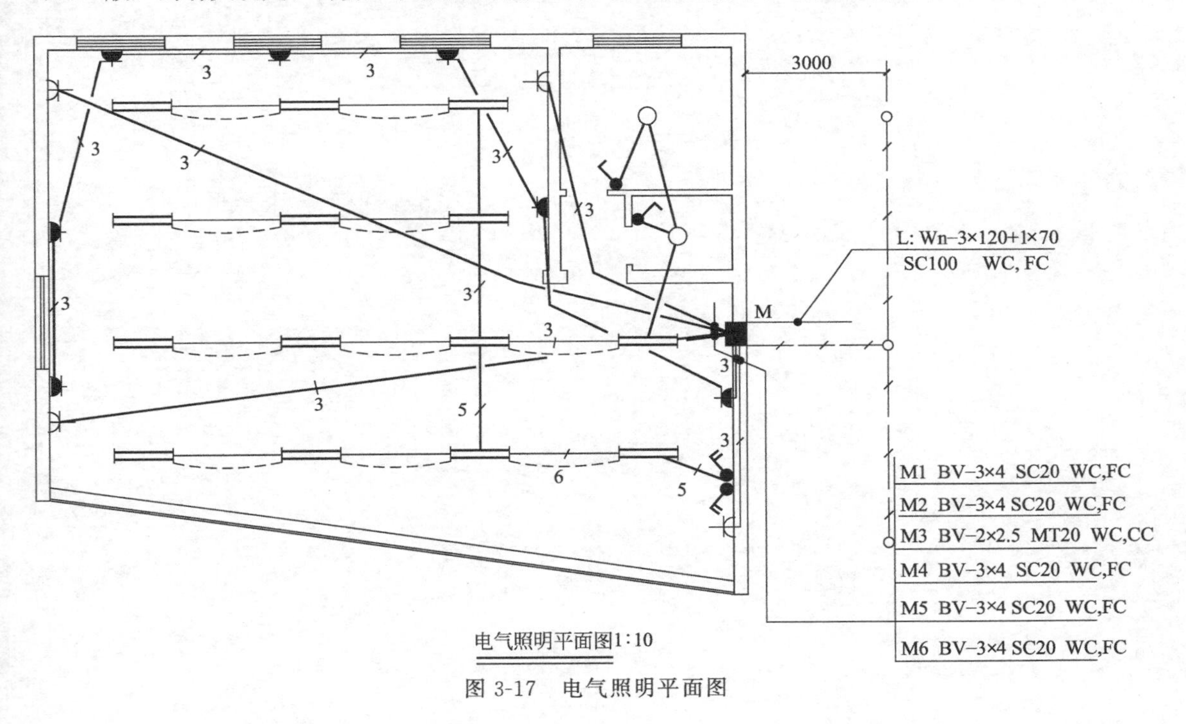

图 3-17 电气照明平面图

（1）所有尺寸均从图中按比例量取（1∶100）。

（2）建筑物为砖混结构，净高为 3m，楼板为现浇，厚度为 100mm。

（3）配电箱 M 型号为 PZ30C-24/A4，从厂家订购成品，尺寸为 500mm×500mm×180mm，底边安装高度距地面 1.5m。

（4）电器安装高度如表 3-116 所示。

表 3-116 电器安装高度

单联单控开关	A86K11-10	安装高度 1.3m	备注
双联单控开关	A86K21-10	安装高度 1.3m	
暗插座	A86Z13A15	安装高度 2.3m	
暗插座	A86Z223A10	安装高度 0.3m	
荧光灯	YG2-2，2×40W	吸顶安装	
圆球吸顶灯	ϕ200mm，40W	吸顶安装	

(5) 系统接地设在配电箱 M 下，采用 —25×4 镀锌扁钢，埋地敷设，埋深 0.7m；接地极采用镀锌钢管 G40，$L=2.5\text{m}$；接地电阻要求≤1Ω。

(6) 进配电箱 M 的管线，仅计算电缆配管部分（出外墙 1.5m），不计算电缆的工作量。

(7) 工程量按照图纸标注走向计算。

(8) 配线线路全部采用穿管暗敷，M-3 回路 2～3 根穿管 MT15，4～5 根穿管 MT20，5 根以上穿管 MT25，其余回路为 3 根穿管 SC20。

(9) 钢管室外埋地深度为 —0.8m，室内外高度差 0.3m。不考虑土方工程量。

为了便于计算，本工程人工、材料、机械台班、管理费、利润均按《江苏省安装工程计价定额》(2014 版) 规定不做调整。工程量清单综合单价分析表中工程量保留三位小数，其他数据保留两位小数。

单元四 Chapter 04

消防工程工程量清单计价

单元任务

通过本单元的学习，了解消火栓给水系统的组成，掌握消防工程施工图的识读，完成项目××商铺楼消防工程工程量计算、工程量清单的编制和招标控制价的编制。

知识目标

了解消防给水系统的组成及分类；
掌握消防工程图纸的识读方法；
掌握消防工程工程量清单的计算规则；
掌握消防工程定额计价的方法

A

能力目标

能完整正确的识读消防工程施工图；
能准确计算消防工程清单工程量；
能根据相应计价定额进行消防工程工程量清单计价；
能够正确理解和编制一套完整的消防工程的清单预算

B

拓展目标

通过工程量计算、汇总训练，培养耐心细致的作风

C

单元知识导航

- 知识准备——基本知识
  - 火灾自动报警系统的组成与分类
  - 建筑消防给水系统的组成与分类
  - 自动喷水灭火系统的组成与分类
  - 消防工程施工图识图
- 知识准备——工程量清单计价知识
  - 消防工程工程量清单计价

知识准备——基本知识

建筑消防系统，以建筑物或高层建筑物为被控对象，通过自动化手段实现火灾的自动报警及自动扑灭，以及给火灾后人员疏散逃生和灭火救援提供保障。

在结构上，建筑消防系统通常由两个子系统构成，即报警（监控）子系统和灭火子系统。灭火系统常见的为消火栓系统、自动喷水灭火系统和其他固定灭火系统。

4.1 火灾自动报警系统的组成与分类

4.1.1 火灾自动报警系统概述

火灾自动报警系统的组成形式多种多样，目前，火灾自动报警系统有智能型、全总线型及综合型等，可对整个火灾自动报警系统进行监视。在具体工程应用中，传统型的区域报警系统、集中报警系统、控制中心报警系统仍得到较为广泛的应用，其构成如图 4-1～图 4-3 所示。

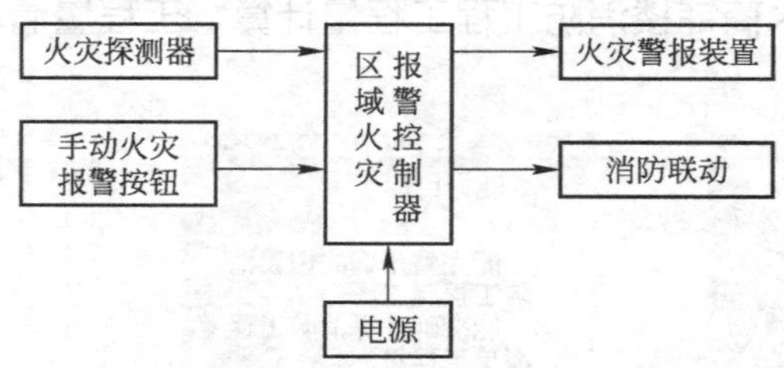

图 4-1 区域报警系统组成

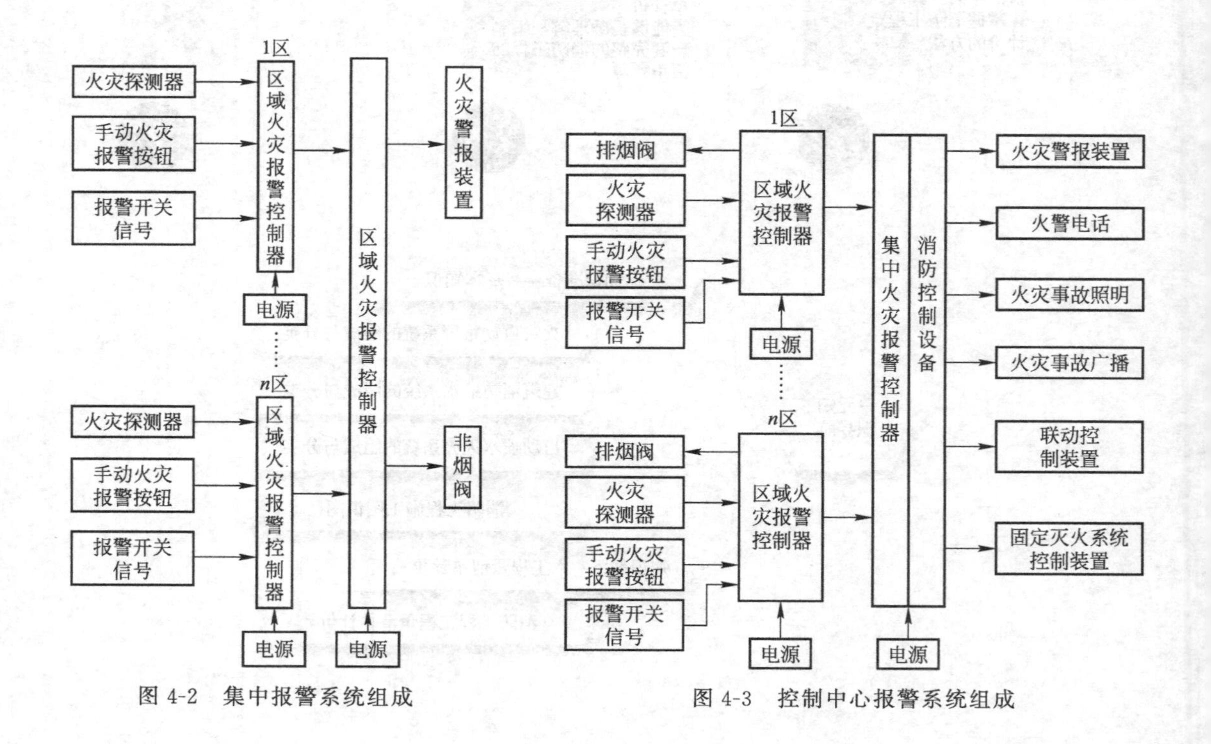

图 4-2 集中报警系统组成

图 4-3 控制中心报警系统组成

火灾探测器：是火灾自动探测系统的传感部分，能产生并在现场发出报警信号，或向控制和指示设备发出现场火灾状态信号。

手动火灾报警按钮：用手动方式发出火灾报警信号，可确认火灾的发生并启动灭火装置。

警报器：当发生火灾时，能发出声或光报警。

火灾报警控制器：向探测器供电；能接收探测信号并转换成声、光报警信号，指示着火部位和记录报警信息；可通过火警发送装置启动火灾报警信号，或通过自动消防灭火控制装置启动自动灭火设备和消防联动控制设备；自动监视系统的正确运行，对特定故障给出声光报警。

火灾自动报警系统工作原理：安装在保护区的探测器不断地向所监视的现场发出巡测信号，监视现场的烟雾浓度、温度等，并不断反馈给报警控制器。控制器将接收的信号与内存的正常整定值相比较，判断是否发生火灾。当发生火灾时，发出声光报警，显示烟雾浓度，显示火灾区域或楼层房号的地址编码，并打印报警时间、地址等。同时，向火灾现场发出警铃（电笛）报警，在火灾发生楼层的上下相邻或火灾区域的相邻区域也同时发出报警信号，以显示火灾区域。打开各应急疏散指示灯，指明疏散方向。

4.1.2　探测器的型号及类型

(1) 火灾探测器的型号意义（图 4-4）

① J（警）——火灾报警设备。

② T（探）——火灾探测器代号。

③ 火灾探测器分类代号，各种类型火灾探测器的具体表示方法如下：Y（烟）——感烟火灾探测器；W（温）——感温火灾探测器；G（光）——感光火灾探测器；Q（气）——可燃气体探测器；F（复）——复合式火灾探测器。

④ 应用范围特征代号表示方法：B（爆）——防爆型；C（船）——船用型。非防爆型或非船用型可省略，无需注明。

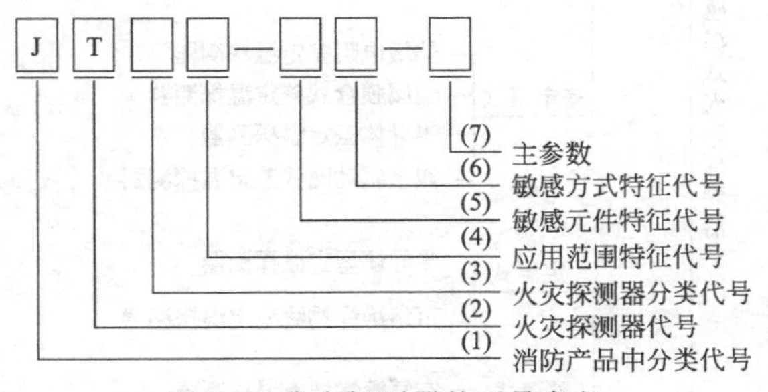

图 4-4　火灾探测器的型号意义

⑤ 探测器特征表示法（敏感元件特征代号，敏感方式特征代号）：LZ（离子）——离子；MD（膜、定）——膜盒定温；GD（光、电）——光电；MC（膜、差）——膜盒差温；SD（双、定）——双金属定温；MCD（膜差定）——膜盒差定温；SC（双、差）——双金属差温；GW（光温）——感光感温；GY（光烟）——感光感烟；YW（烟温）——感烟感温；YW-HS（烟温-红束）——红外光束感烟感温；BD（半、定）——半导体定温；ZD（阻、定）——热敏电阻定温；BC（半、差）——半导体差温；ZD（阻、定）——热敏电阻定温；BC（半、差）——半导体差温；ZC（阻、差）——热敏电阻差温；BCD（半差定）——半导体差定温；ZCD（阻、差、定）——热敏电阻差定温；HW（红、外）——红外感光；ZW（紫、外）——紫外感光。

⑥ 主要参数：表示灵敏度等级（Ⅰ级、Ⅱ级、Ⅲ级），对感烟感温探测器标注（灵敏度：对被测参数的敏感程度）。

(2) 火灾探测器的类型　如图 4-5 所示。

点型感温探测器：对警戒范围中某一点周围的温度升高响应的探测器。根据其工作原理不同，可分为定温探测器和差温探测器。

点型感烟探测器：对警戒范围中某一点周围的烟雾浓度升高响应的火灾探测器。根据其工作原理不同，可分为离子感烟探测器和光电感烟探测器。

红外光束探测器：将火灾的烟雾特征物理量对光束的影响转换成输出电信号的变化并立即发出报警信号的器件。由光束发生器和接收器两个独立部分组成。

火焰探测器：将火灾的辐射光特征物理量转换成电信号，并立即发出报警信号的器件。常用的有红外线探测器和紫外线探测器。

可燃气体探测器：对监视范围内泄露的可燃气体达到一定浓度时发出报警信号的器件。常用的有催化型可燃气体探测器和半导体可燃气体探测器。

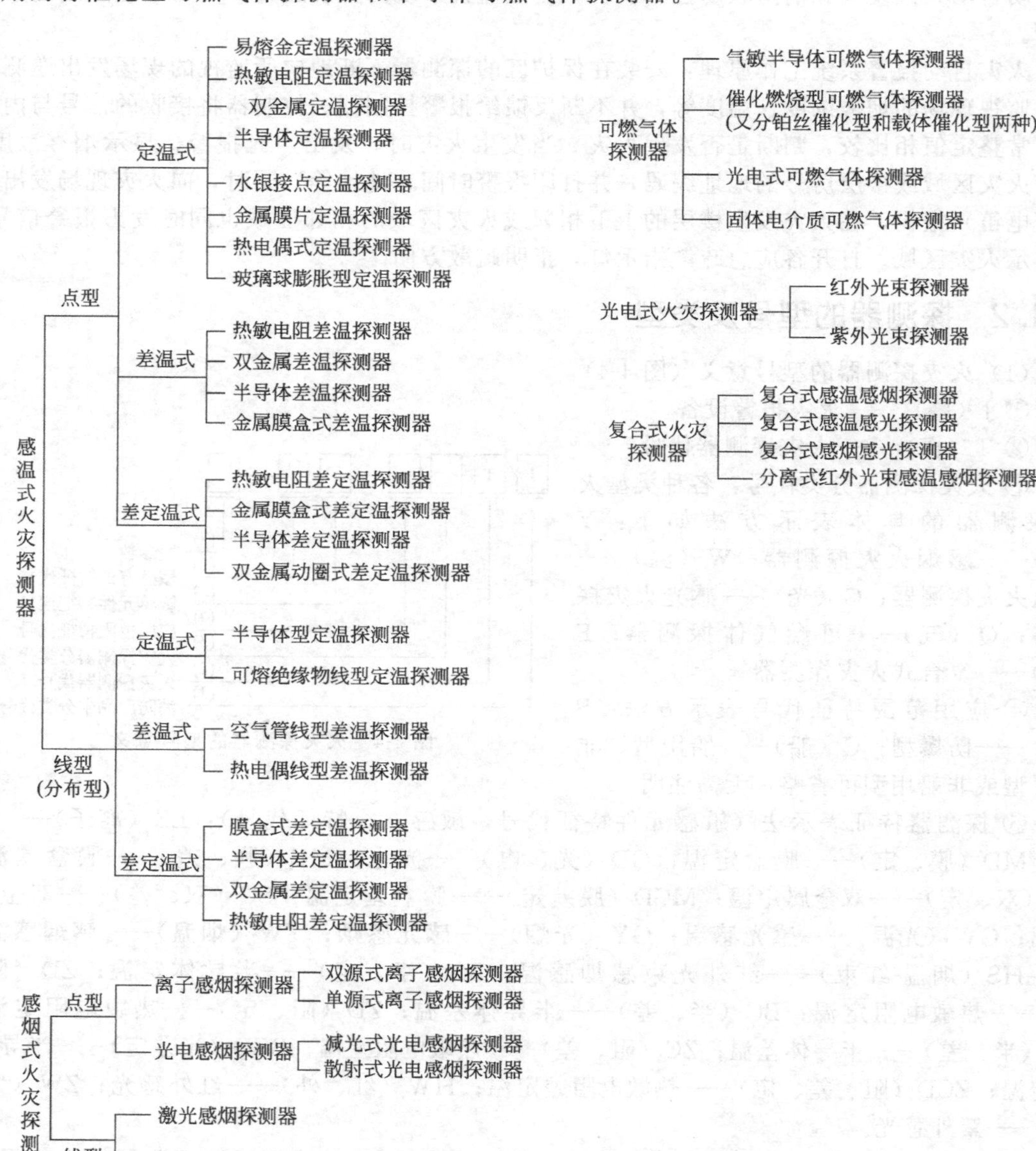

图 4-5 火灾探测器的类型

线型探测器：温度达到预定值时，利用两根载流导线间的热敏绝缘物熔化使两根导线接触而动作的火灾探测器。

线型探测器由编码接口、终端及线型感温电缆构成，如图 4-6 所示。终端为线性感温探测器的专用附件，接于整条感温电缆的末端，无需接入火灾报警控制器。终端上带有感温电缆火警测试开关，便于工程调试时模拟测试线型感温探测器的报警性能。

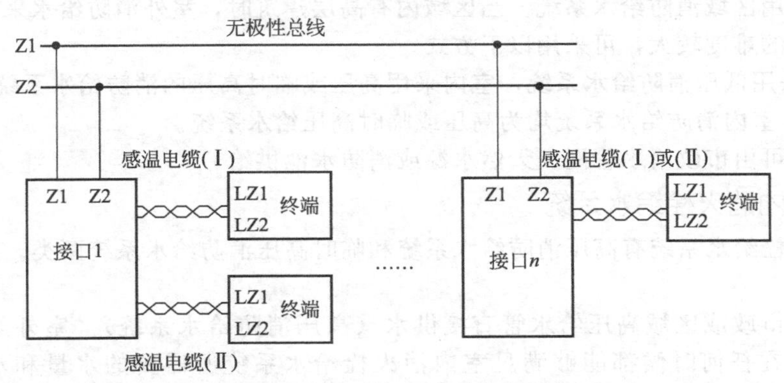

图 4-6　线型感温探测器构成示意

4.1.3　火灾报警系统的线制

火灾报警系统的线制是指探测器和控制器间的长线数量。更确切地说，线制是火灾自动报警系统运行机制的体现。按线制分，火灾自动报警系统有多线制和总线制之分。多线制目前基本不用。

4.2　建筑消防给水系统的组成与分类

4.2.1　建筑消防灭火系统概论

建筑消防系统按灭火范围和设置的位置可分为室内消防系统与室外消防系统。

室内消防系统根据灭火方式和使用灭火剂的种类不同，可分为消火栓灭火系统、自动喷水灭火系统和其他使用非排水灭火剂的固定灭火系统，如二氧化碳灭火系统、干粉灭火系统、泡沫灭火系统、蒸汽灭火系统、气体灭火系统等。

灭火剂的灭火原理可分为四种：冷却、隔离、窒息和化学抑制。前三种为物理灭火过程，化学抑制为化学灭火过程。

4.2.2　消火栓给水系统

消防给水由室外消防给水系统、室内消防给水系统共同组成。室外消火栓给水系统是城镇、居住区、建（构）筑物最基本的消防设施，其主要作用是供给室内外消防设备用水的水源；室内消防给水系统有室内消火栓、自动喷水灭火、水喷雾灭火等多种系统。

4.2.2.1　室外消防给水系统

在进行城市、居住区、工厂、仓库等规划和建筑设计时，必须同时设计消防给水系统。城市、居住区应设室外消火栓（或市政消火栓），民用建筑、厂房（仓库）、储罐（区）、堆场等周围应设室外消火栓。

室外消防给水系统按管网的水压分为低压、高压和临时高压消防给水系统；按用途可分为生活-生产-消防合用给水系统和独立的消防给水系统；按作用范围可分为单栋建筑各自设置的独立消防给水系统和区域消防给水系统。

在工业企业中，当生产用水与消防用水所要求的水压、水质相适用时，可考虑采用生产-消防合用的室外给水系统。当城市、居住区或企业事业单位内有建筑区群时，室外消防给水系统可采用区域消防给水系统。当区域内有高层建筑时，室外消防给水采用高压或临时高压供水方式的难度较大，可采用以下方式。

① 室外采用低压消防给水系统，室内采用高压或临时高压的消防给水系统；

② 室外、室内消防给水系统均为高压或临时高压给水系统。

消防用水可由市政给水管网、天然水源或消防水池供给。

4.2.2.2 室内消火栓给水系统

室内消火栓给水系统有高压消防给水系统和临时高压消防给水系统两类。其给水方式有三种。

(1) 利用市政或区域高压给水管直接供水（高压消防给水系统） 室外给水管网提供的水量和水压在任何时候都能够满足室内消火栓给水系统所需要的水量和水压时，不必设水箱、水泵，直接利用外网水压，无加压水泵和水箱的消火栓给水系统，如图 4-7 所示。

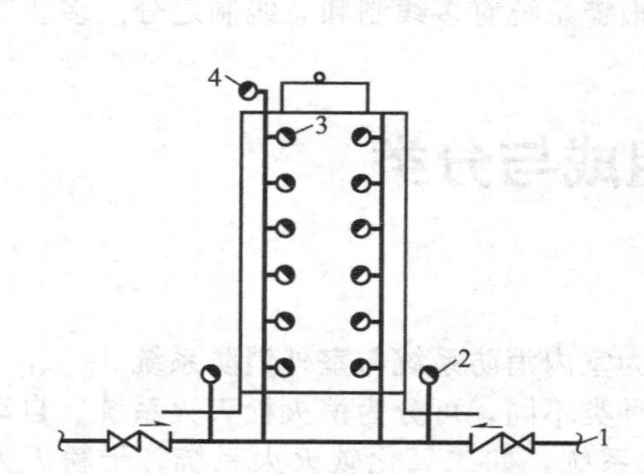

图 4-7 利用市政或区域高压给水管直接供水

1—室外给水环状管网；2—室外消火栓；3—室内消火栓；4—屋顶消火栓

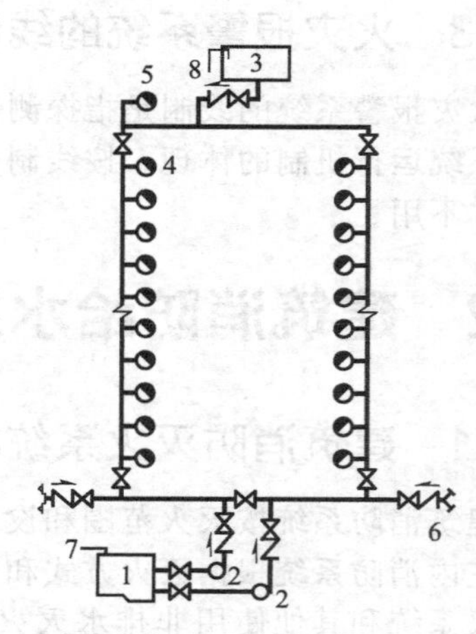

图 4-8 设高位消防水箱的给水方式

1—消防水池；2—消防水泵；3—高位消防水箱；4—消火栓；5—屋顶消火栓；6—水泵接合器；7—水池进水管；8—水箱进水管

(2) 设高位消防水箱或增压设备的给水方式（临时高压消防给水系统） 当室外管网水压经常不能满足室内消火栓给水系统水压和水量要求时，宜采用此种给水方式(图 4-8)。

(3) 分区室内消火栓系统的给水方式 当建筑物高度超过 50m 或者消火栓栓口处静水压力大于 1.0MPa 时，消防车已难以协助灭火。同时，管材及水带的工作耐压强度也难以保证。因此，为加强供水的安全可靠性，宜采用分区给水系统（图 4-9、图 4-10）。

室内消火栓给水系统一般由消火栓箱、消火栓、水带、水枪、消防管道、消防水池、高位水箱、水泵接合器、加压水泵、报警装置等组成。图 4-11 所示为设有消防水泵和水箱的室内消火栓给水系统。

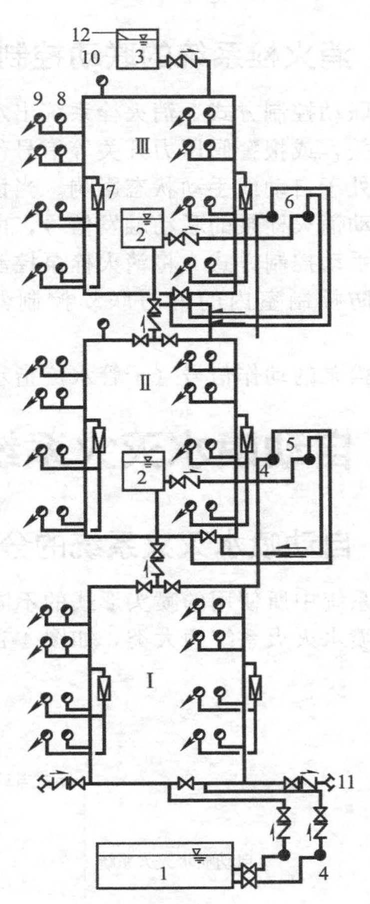

图 4-10 水泵串联分区消防给水方式

1—消防水池；2—中间水箱；3—屋顶水箱；4—Ⅰ区消防水泵兼高区转输泵；5—Ⅱ区消防水泵兼Ⅲ区转输泵；6—Ⅲ区消防水泵；7—减压阀；8—消火栓；9—消防卷盘；10—屋顶试验消火栓；11—水泵接合器；12—水箱进水管

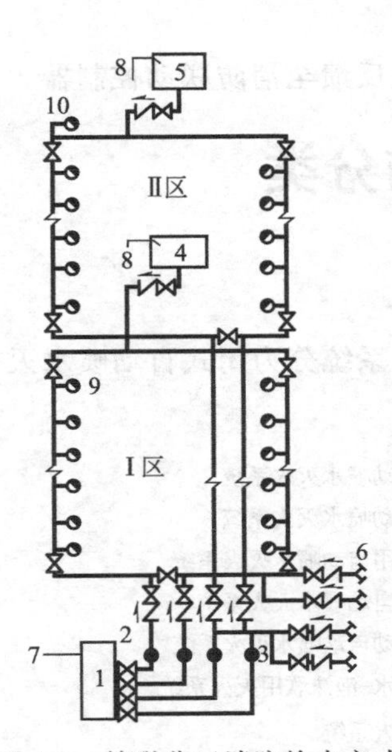

图 4-9 并联分区消防给水方式

1—消防水池；2—Ⅰ区消防水泵；3—Ⅱ区消防水泵；4—Ⅰ区消防水箱；5—Ⅱ区消防水箱；6—水泵接合器；7—水池进水管；8—水箱进水管；9—消火栓；10—屋顶消火栓

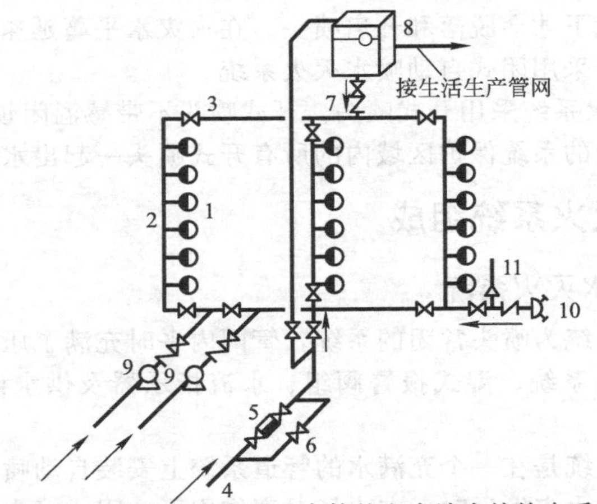

图 4-11 设有消防水泵和水箱的室内消火栓给水系统

1—室内消火栓；2—消防立管；3—干管；4—进户管；5—水表；6—旁通管及阀门；7—止回阀；8—水箱；9—消防水泵；10—水泵接合器；11—安全阀

4.2.3 消火栓系统的联动控制

（1）联动控制方式　消火栓系统出水干管上的低压压力开关、高位消防箱出水管上设置的流量开关，或报警阀压力开关等信号作为触发信号，直接控制启动消火栓泵，不受消防联动控制器处于自动或手动状态影响。当设置消火栓按钮时，消火栓按钮的动作信号作为报警信号及启动消火栓泵的联动触发信号，由消防联动控制器联动控制消火栓泵的启动。

（2）手动控制方式　将消火栓泵控制箱（柜）的启动、停止按钮用专用线路直接连接至设置在消防控制室内的消防联动控制器的手动控制盘，直接手动控制消火栓泵的启动、停止。

消火栓泵的动作信号（干管水流指示器动作信号）应反馈至消防联动控制器。

4.3 自动喷水灭火系统的组成与分类

4.3.1 自动喷水灭火系统的分类

根据系统中所使用的喷头形式的不同，自动喷水灭火系统分为闭式自动喷水灭火系统和开式自动喷水灭火系统两大类，如图 4-12 所示。

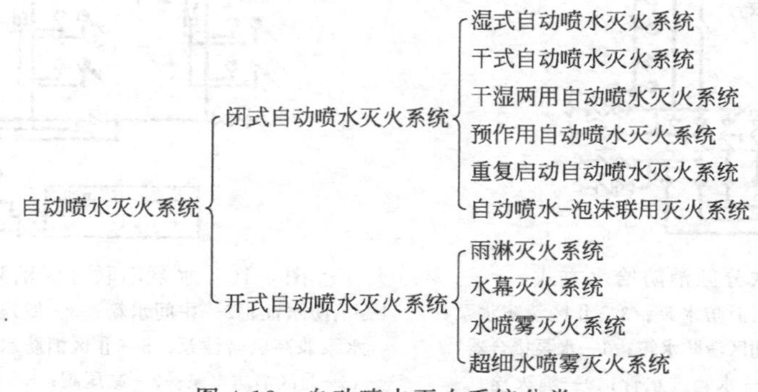

图 4-12　自动喷水灭火系统分类

① 闭式自动喷水灭火系统采用闭式喷头。它是一种常闭式喷头，喷头的感温、闭锁装置只有在预定的温度环境下才会脱落和开启喷头。在火灾水平蔓延速度快的场所和室内净空高度过高的场所，不适合采用闭式自动喷水灭火系统。

② 开式自动喷水灭火系统采用开式喷头。开式喷头不带感温闭锁装置，处于常开状态。当发生火灾时，火灾所处的系统保护区域内的所有开式喷头一起出水灭火。

4.3.2 自动喷水灭火系统组成

4.3.2.1 湿式自动喷水灭火系统

湿式自动喷水灭火系统为喷头常闭的系统，管网内平时充满了压力水。湿式自动喷水灭火系统由闭式喷头、管道系统、湿式报警阀组、水流指示器及供水设施等组成，如图 4-13 所示。

湿式自动喷水灭火系统是在一个充满水的管道系统上安装自动喷水闭式喷头，并与至少一个自动给水装置相连。火灾发生时，在火场温度作用下，闭式喷头的感温元件温度达到预定的动作温度后，喷头开启喷水灭火，此时管网中有压水流动，水流指示器被感应送出电信号，在报警控制器上显示某一区域已在喷水。持续喷水造成报警阀的上部水压低于下部水压，其压力差值达到一定值时，原来处于关闭的报警阀就会自动开启，同时，消防水通过湿式报警阀流向自动喷洒管网供水灭火。另一部分水进入延迟器、压力开关及水力警铃设施发出火警信号。另外，根据水流指示器和压力开关的信号或消防水箱的水位信号，控制箱内的控制器能自动开启消防泵，以达到持续供水的目的。

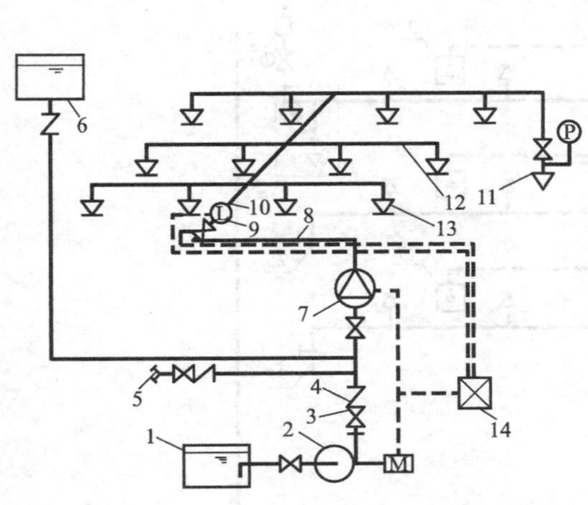

图 4-13　湿式自动喷水灭火系统示意

1—水池；2—水泵；3—闸阀；4—止回阀；5—水泵接合器；6—消防水箱；7—湿式报警阀组；8—配水干管；9—水流指示器；10—配水管；11—末端试水装置；12—配水支管；13—闭式洒水喷头；14—报警控制器；P—压力表；M—驱动电机；L—水流指示器

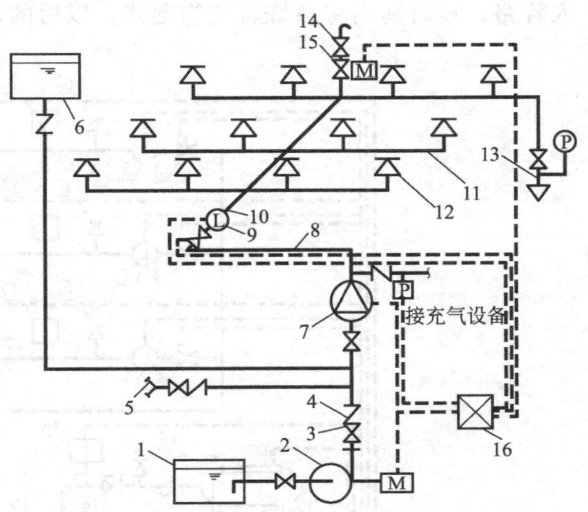

图 4-14　干式自动喷水灭火系统示意

1—水池；2—水泵；3—闸阀；4—止回阀；5—水泵接合器；6—消防水箱；7—干式报警阀组；8—配水干管；9—水流指示器；10—配水管；11—配水支管；12—闭式喷头；13—末端试水装置；14—快速排气阀；15—电动阀；16—报警控制器

4.3.2.2　干式自动喷水灭火系统

干式自动喷水灭火系统主要由闭式喷头、管网、干式报警阀、充气设备、报警装置、供水设备等组成，如图 4-14 所示。干式自动喷水灭火系统是指喷头常闭，喷头到干式报警阀之间的管路中平时不充水，即平时报警阀后的管网中充满了气体，并保持一定的压力，报警阀前的管路里充满有压水。当发生火灾时，火源处温度上升达到开启闭式喷头时，使火源上方的喷头开启，首先排出管网中的压缩空气，则报警阀后的管道内压力下降，造成报警阀阀前压力大于阀后压力。在压差作用下，干式报警阀的阀瓣开启，水流流向阀后的管网，通过已经开启的喷头喷水灭火，同时有一部分水通过报警阀的环形槽进入信号设施进行报警。

4.3.2.3　干湿两用自动喷水灭火系统

干湿两用自动喷水灭火系统，是交替使用干式和湿式的一种闭式自动喷水灭火系统。这一系统是在干式系统的基础上产生的，为了克服干式系统灭火效率低的缺点，采用交替式自动喷水灭火系统。干湿两用系统的组成与干式系统大致相同，只是将干式报警阀改为干、湿两用阀，或者是干式报警阀与湿式报警阀的组合阀。

干湿两用系统在冬季，管道里充满有压气体，其工作原理与干式系统相同，在温暖的季节，管网内改为充水，其工作原理与湿式系统相同，因此称为干湿两用自动喷水灭火系统。这种系统主要用于年采暖期少于 240 天的不采暖房间，或建筑物中环境温度低于 4℃、高于 70℃的局部区域，如小型冷库、蒸汽管道、烘房等部位。

4.3.2.4 预作用自动喷水灭火系统

预作用自动喷水灭火系统由闭式喷头、管道系统、雨淋阀、火灾探测器、报警控制装置、充气设备、控制组件和供水设施等部件组成，如图 4-15 所示。系统将火灾自动探测器报警技术和自动喷水灭火系统有机结合在一起，雨淋阀之后的管道平时呈干式，充满低压气体。火灾发生时，安装在保护区的感温、感烟火灾探测器发出火警信号，开启雨淋阀，水进入管路，短时间内将系统转变为湿式，以后的动作与湿式系统相同。

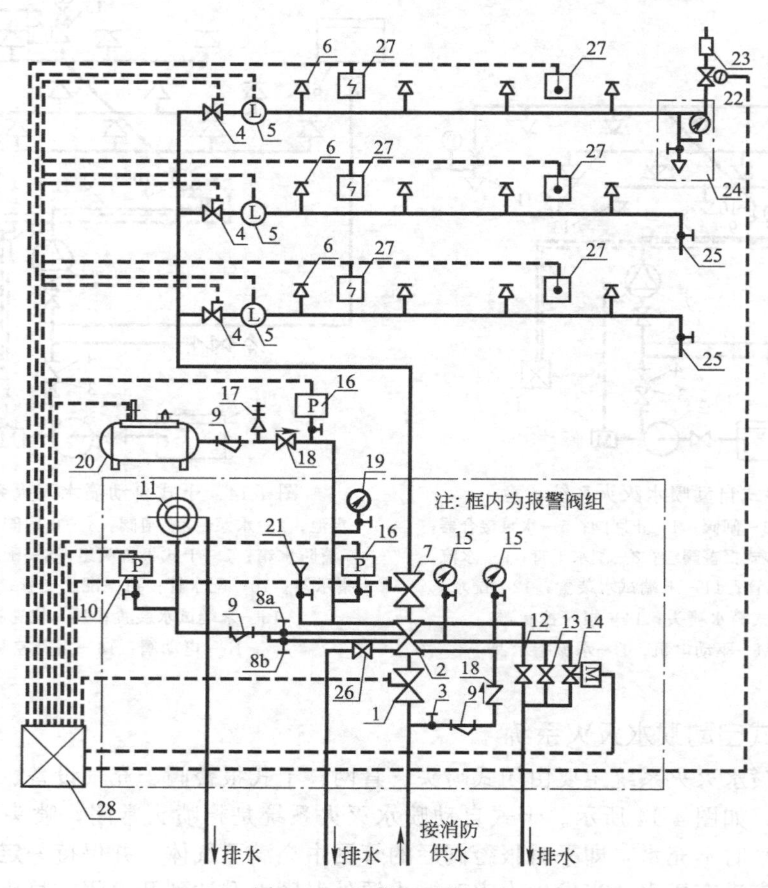

图 4-15 预作用系统示意

1,4—信号阀；2—预作用报警阀（雨淋阀）；3—控制腔供水阀；5—水流指示器；6—闭式喷头；7—试验信号阀；8a—水力警铃控制阀；8b—水力警铃测试阀；9—过滤器；10,16—压力开关；11—水力警铃；12—试验放水阀；13—手动开启阀；14—电磁阀；15,19—压力表；17—安全阀；18—止回阀；20—空压机；21—注水口；22—电动阀；23—自动排气阀；24—末端试水装置；25—试水阀；26—泄水阀；27—火灾探测器；28—火灾报警控制器

4.3.2.5 重复启动自动喷水灭火系统

重复启动自动喷水灭火系统能在扑灭火灾后自动关闭报警阀，发生复燃时又能再次开启报警阀恢复喷水。该系统适用于灭火后必须及时停止喷水，要求减少不必要水渍损失的场所。为了防止误动作，该系统与常规预作用系统的不同之处，则是采用了一种既可输出火警信号，又可在环境恢复常温时输出停止灭火信号的感温探测器。当其感应到环境温度超出预定值时，报警并启动供水泵和打开具有复位功能的雨淋阀，为配水管道充水，并在喷头动作后喷水灭火。喷水过程中，当火场温度恢复至常温时，探测器发出关停系统信号，在按设定

条件延迟喷水一段时间后，关闭雨淋阀停止喷水。若火灾复燃、温度再次升高，系统则再次启动，直至彻底灭火。

4.3.2.6　雨淋灭火系统

雨淋灭火系统采用开式洒水喷头、雨淋报警阀组，由配套使用的火灾自动报警系统或传动管联动雨淋阀，由雨淋阀控制其配水管道上的全部开式喷头同时喷水（可以作冷喷试验的雨淋系统，应设末端试水设置），如图4-16、图4-17所示。

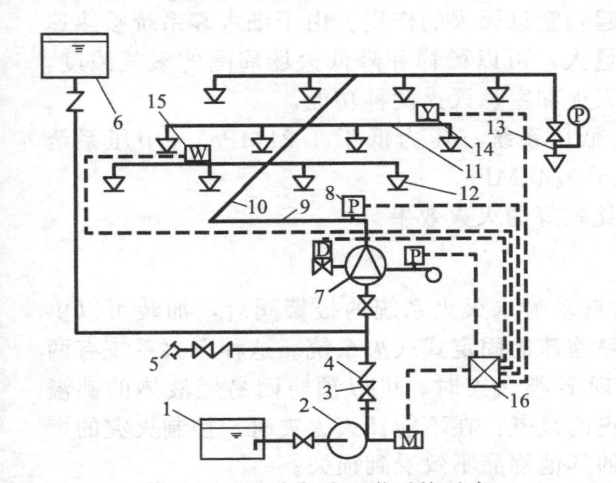

图4-16　电动启动雨淋系统示意

1—水池；2—水泵；3—闸阀；4—止回阀；5—水泵接合器；6—消防水箱；7—雨淋报警阀组；8—压力开关；9—配水干管；10—配水管；11—配水支管；12—开式洒水喷头；13—末端试水装置；14—感烟探测器；15—感温探测器；16—报警控制器

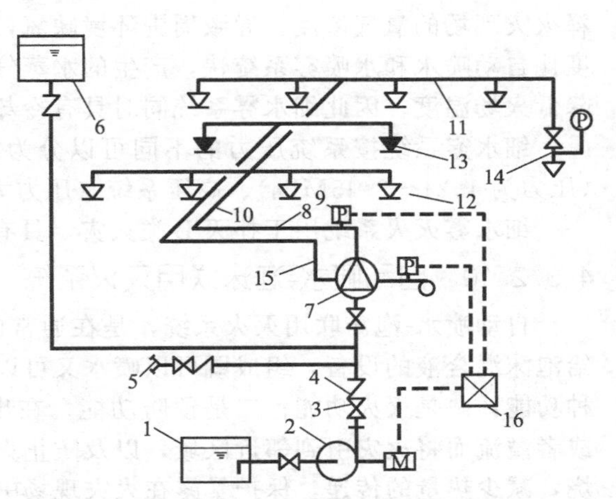

图4-17　充液（水）传动管启动雨淋系统示意

1—水池；2—水泵；3—闸阀；4—止回阀；5—水泵接合器；6—消防水箱；7—雨淋报警阀组；8—配水干管；9—压力开关；10—配水管；11—配水支管；12—开式洒水喷头；13—闭式喷头；14—末端试水装置；15—传动管；16—报警控制器

4.3.2.7　水幕灭火系统

水幕灭火系统喷头沿线状布置，发生火灾时，主要起阻火、冷却、隔离作用，是唯一一个不以直接灭火为主要目的的灭火系统。

水幕灭火系统与雨淋灭火系统一样，主要由三部分组成：火灾探测器传动控制系统、控制阀门系统和带水幕喷头的自动喷水灭火系统。水幕灭火系统又可分为两种：充水式水幕系统、空管式水幕系统。简单的水幕灭火系统通常只包括水幕喷头、管网和手动闸阀。在易燃易爆场合，应采用自动开启系统，如火灾探测器与电磁阀联动的开启系统。其中控制阀可以是雨淋阀、电磁阀，也可以是手动闸阀。

4.3.2.8　水喷雾灭火系统

水喷雾灭火系统是将高压水通过特殊的水雾喷头，呈雾状喷出，雾状水粒的平均粒径一般在100～700μm，水雾喷向燃烧物，通过冷却、窒息、稀释等作用扑灭火灾。

水喷雾灭火系统平时管网中充满低压水，火灾发生时，由火灾探测器探测到火灾，通过控制箱，电动开启着火区域的控制阀，或者由火灾探测传动系统自动开启着火区域的控制阀和消防水泵，管网水压增大，当水压增大到一定数值时，水喷雾喷头上的压力启动帽脱落，喷头一起喷水灭火。固定式水喷雾灭火系统的工作原理与雨淋式灭火系统的工作原理基本相同。

水喷雾灭火系统的水压高，喷射出来的水滴小，分布均匀，水雾绝缘性好，在灭火中能产生大量的水蒸气，具有以下几种灭火作用：冷却灭火作用；窒息灭火作用；乳化灭火作用；稀释灭火作用。

4.3.2.9 细水雾灭火系统

细水雾系统是从水喷雾系统中发展而来的，采用细水雾喷头，有压水通过细水雾喷头喷出后呈细水雾状，一般情况下细水雾是指水滴的直径不大于 400μm 的水雾。

细水雾系统的灭火机理是冷却和窒息作用。其冷却作用是由于水滴的直径减小，单位体积水的比表面积加大，水与火灾现场的热量交换加快，可以使火灾现场尽快降温，以达到灭火的目的；窒息作用是指水吸收热量后汽化，迅速变成蒸汽，体积膨胀了数百倍，从而可稀释火灾现场的氧气浓度，导致周围环境缺氧，起到窒息灭火的作用。由于细水雾系统吸热速度比自动喷水和水喷雾系统快，产生的水蒸气量大，可以稀释和降低火场周围的氧气浓度，降低火场温度，因此细水雾系统同时具有冷却灭火和窒息灭火两种功能。

细水雾系统按系统压力的不同可以分为：低压系统（压力低于 1.21MPa）、中压系统（压力为 1.21～3.45MPa）、高压系统（压力大于 3.45MPa）。

细水雾灭火系统用于扑灭 B 类火灾，具有比较好的灭火效果。

4.3.2.10 自动喷水-泡沫联用灭火系统

自动喷水-泡沫联用灭火系统，是在通常的自动喷水灭火系统的报警阀后，加装可以供给泡沫混合液的设备，组成既可以喷水又可以喷泡沫的固定式灭火系统。这种灭火系统有两种功能：一是灭火功能；二是预防功能。在出现 B 类火灾时，可以预防因易燃液体的沸溢或者溢流而将火灾引到邻近区域，以及防止火灾的复燃；在不能扑灭火灾时，控制火灾的燃烧，减少热量的传递，保护暴露在火灾现场中的其他物品不致受到损失。

自动喷水-泡沫联用系统是比自动喷水系统更高一级的系统，可应用于 A 类、B 类、C 类火灾的扑灭，如在大型汽车库宜采用自动喷水-泡沫联用系统（《汽车库、修车库、停车场设计防火规范》GB 50067 中规定），还可用于柴油发电机房、锅炉房、仓库等处。

因建筑物使用功能不同，其内部可燃物质性质各异。因此，仅使用水作为消防手段不能达到扑灭火灾的目的，有时甚至还会带来更大的损失。应根据可燃物的物理、化学性质，采用不同的灭火方法和手段，才能达到预期目的。其他固定灭火设施还包括干粉灭火系统、泡沫灭火系统、气体灭火系统、二氧化碳灭火系统、蒸汽灭火系统、烟雾灭火系统、固定消防水炮灭火系统等。

4.4 消防工程施工图识读

4.4.1 消防工程常用图例

消防工程常用图例见表 4-1。

表 4-1 消防工程常用图例

图例	名称	图例	名称	图例	名称
	火灾显示盘	Y	感烟探测器(编码底座)		非消防电源
	喇叭	Y'	感烟探测器(并联子底座)		接线端子箱
	警铃	W	感温探测器	A	消火栓按钮(含输入模块)
	排烟阀	H	水流指示器(含输入模块)		控制模块
	正压送风口		手动报警按钮(含输入模块)		编码消火栓按钮

4.4.2 某综合楼火灾自动报警和消防联动系统举例

对商场、宾馆、写字楼、综合楼等，往往采用控制中心系统或集中报警系统。典型的系统如图 4-18 所示。

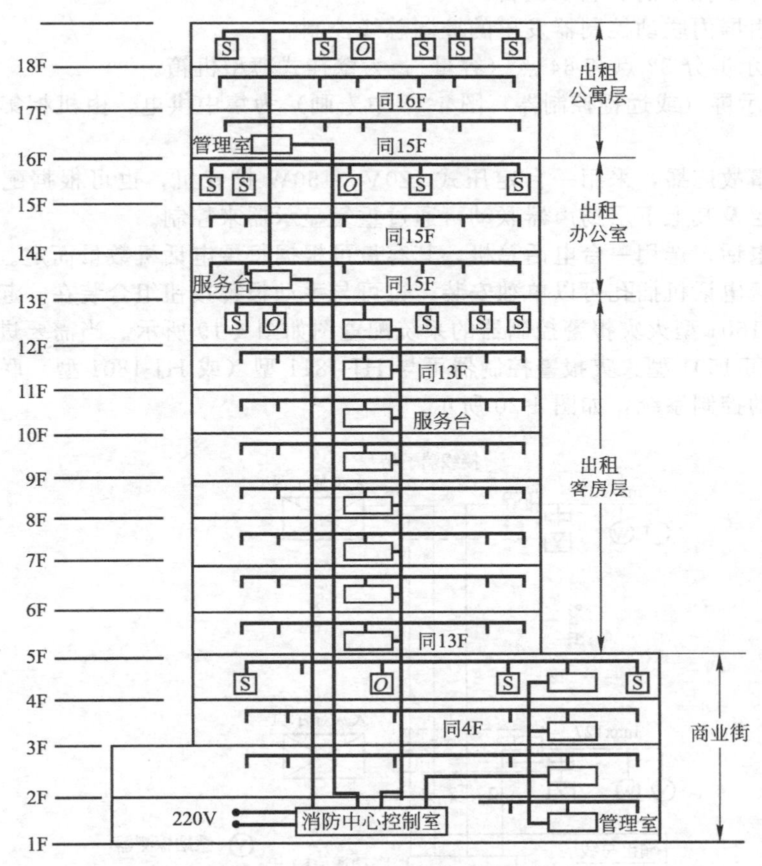

图 4-18 宾馆、商场综合楼自动报警示意

综合楼的 1～4 层为商业用房，每层在商业管理办公室设区域报警控制器或楼层显示器；

5～12 层是宾馆客房，每层服务台设区域报警控制器；

13～15 层是出租办公用房，在 13 层设一台区域控制器警戒 13～15 层；

16～18 层是公寓，在 16 层设一台区域控制器。

全楼共 18 层，按其各自的用途和要求，设置了 14 台区域报警控制器或楼层显示器、一台报警控制器和联动控制装置。

(1) 选用一台立柜式报警控制器为二总线制，作为消防控制中心集中报警器使用。

① 8 对输入总线，每对输入总线可并联 127 个（总计 8×127＝1016 个）编码底座或模块（如烟感、温感探测器及手动报警按钮等)。

② 2 对输出总线，每对输出总线可并联 32 台重复显示器（总计 62 台)。

③ 通过 RS-232 通信接口（三线）将报警信号送入联动控制器，以实现对建筑物内消防设备的自动、手动控制。

④ 内装有打印机，可打印预警、火警、断线、断线恢复、地址以及时间等。可通过 RS-232 通信接口与 PC258 连机，用彩色 CTR 图形显示建筑的平面图、立面图，并显示着

火部位，并有中英文注释。

⑤ 报警控制器的形式有壁挂式、柜式和台式。

(2) 每层设置一台重复显示屏，可作为区域报警控制器，显示屏可进行自检，内装有四个输出中间继电器，每个继电器有输出触点四对（触点容量 AC220V，2A），总计 16 对触点，根据需要可以控制消防联动设备。

控制方式由屏内联动控制器发出的控制总线控制。

① 重复显示屏分 32 点和 64 点（容量），为壁挂式薄型机箱。

② 重复显示屏（或远程控制器，图 4-18 中未画）为集中供电，由机柜集中供电电源引来 DC24V。

(3) 消防事故广播，采用一台定压式 120V、150W 扩音机，也可根据配接的扬声器数量而定，失火层及其上下层扬声器联动可通过重复显示器来控制。

(4) 消防电话，选用一台电话总机，其容量可根据每层电话机数量而定。每部电话机占用一对电话线，电话机插孔可以单独安装，也可与手动报警按钮组合装在一起。

JB-QB-DF1501 型火灾报警控制器的系统配置图如图 4-19 所示。当需要进行消防联动控制时，JB-QB-DF1501 型火灾报警控制器可与 HJ-1811 型（或 HJ-1801 型）联动控制器构成火灾报警及联动控制系统，如图 4-20 所示。

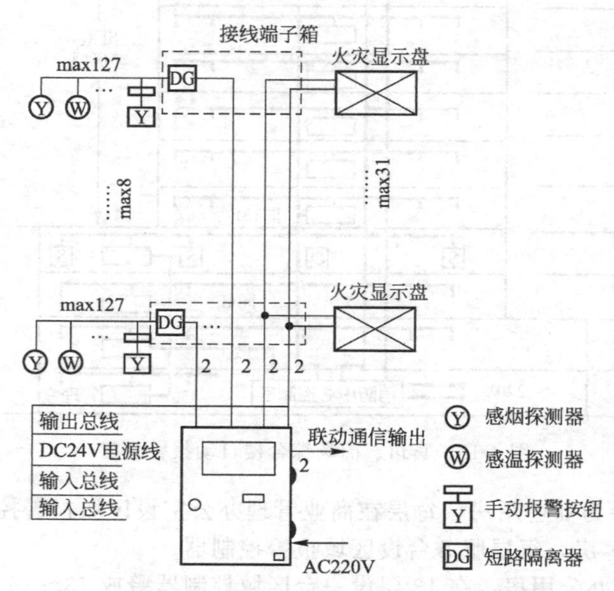

图 4-19　JB-QB-DF1501 型火灾报警控制器系统配置

(5) 消防联动控制系统选用一台立柜式的联动控制器（另配阀用 24VDC 动力电源）具有如下功能。

① 一对输出控制总线（即二总线控制），可控制 32 台重复显示屏（或远程控制器）内的继电器来达到每层消防联动设备的控制。控制对象（设备）为多线制（$2n$）。

② 二总线返回信号，可接 256 个返回信号模块；设有 128 个手动开关，用于手动控制重复显示屏（或远程控制箱）内的继电器。

(6) 中央外控设备有喷淋泵、消防泵、电梯及排烟、送风机等。它可以利用联动控制器内 16 对手动控制按钮，去控制机器内的中间继电器，用于手动和自动控制上述集中设备（如消防泵、排烟风机等），这些设备动作后的状态返回信号也有 16 个指示灯显示，返回信号线均为多线制（$2n$，$n+1$）。图 4-20 中的消防电话和消防广播装置是火灾自动报警及联动

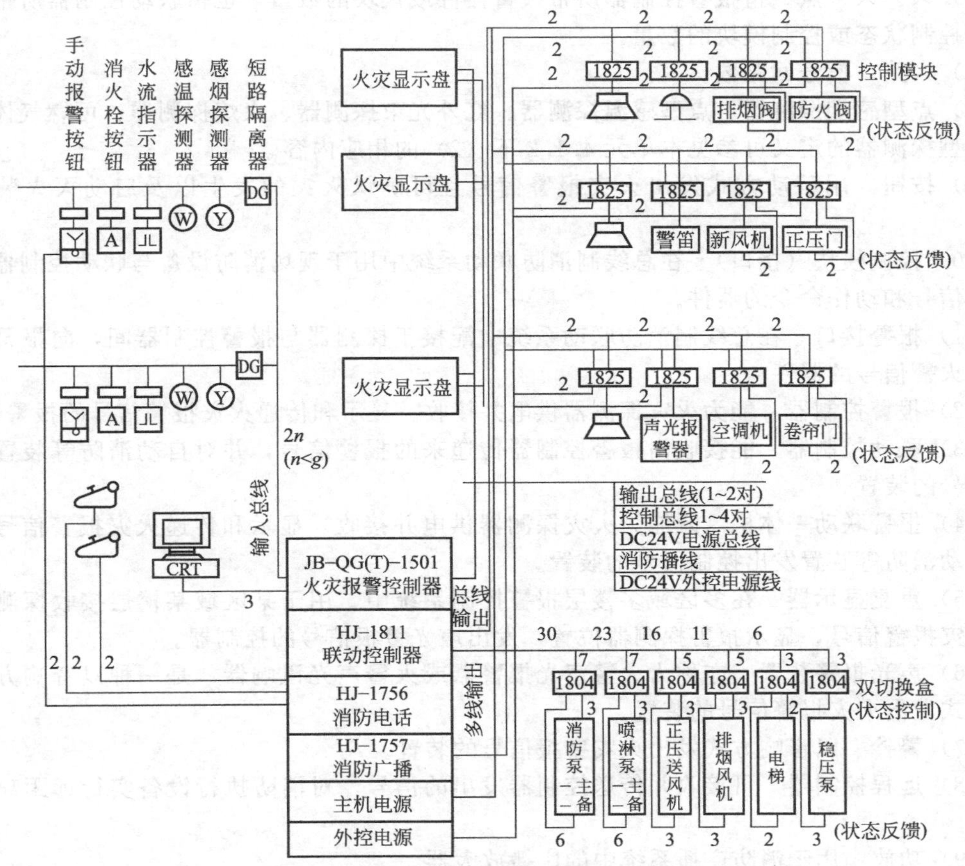

图 4-20　1501-1811 火灾报警及联动控制器系统设计

控制系统的配套产品。HJ-1756 型消防电话共有四种规格：20 门、40 门、60 门和二线直线电话。二线直线电话一般设置有手动报警按钮（HJ-1705/B），只需将手提式电话机的插头插入电话插孔即可向总机（消防中心）通话。多门消防电话，分机可向总机报警，总机也可呼叫分机通话。

HJ-1757 型消防广播装置由联动控制器实现着火层及其上、下层三层紧急广播的联动控制。因此消防广播的输出功率不应小于火灾事故广播扬声器容量较大三层扬声器的额定功率总和。当有背景音乐（与火灾事故广播兼用）的场所发出火警时，由联动控制器通过其执行件（控制模块或继电器盒）实现强制切换到火灾事故广播的状态。

消防广播与消防电话线均应分别单独穿管敷设，不能与其他线路共管。

4.4.3　专业名词术语

（1）火灾自动报警系统　是人们为了及时发现和通报火灾，并及时采取有效措施控制和扑灭火灾而设置在建筑物中或其他场所的一种自动消防设施。由触发器件、火灾报警装置、以及具有其他辅助功能的装置组成。

（2）多线制　系统间信号按各自回路进行传输的布线制式。

（3）总线制　系统间信号采用无极性二根线进行传输的布线制式。

（4）单输出　可输出单个信号。

（5）多输出　具有二次以上不同输出信号。

（6）××××点　指报警控制器所带报警器件或模块的数量，也指联动控制器所带联动设备的控制状态或控制模块的数量。

（7）×路　信号回路数。

（8）点型感烟探测器、点型感温探测器、红外光束探测器、火焰探测器、可燃气体探测器、线型探测器的定义可参见本单元 4.1.2 下（2）的相应内容。

（9）按钮　用手动方式发出火灾报警信号且可确认火灾的发生以及启动灭火装置的器件。

（10）控制模块（接口）　在总线制消防联动系统中用于现场消防设备与联动控制器间传递动作信号和动作命令的器件。

（11）报警接口　在总线制消防联动系统中配接于探测器与报警控制器间，向报警控制器传递火警信号的器件。

（12）报警控制器　能为火灾探测器供电并接收、显示和传递火灾报警信号的报警装置。

（13）联动控制器　能接收由报警控制器传递来的报警信号，并对自动消防等装置发出控制信号的装置。

（14）报警联动一体机　既能为火灾探测器供电并接收、显示和传递火灾报警信号，又能对自动消防等装置发出控制信号的装置。

（15）重复显示器　在多区域多楼层报警控制系统中，用于某区域某楼层接收探测器发出的火灾报警信号，显示报警探测器位置，发出声光警报信号的控制器。

（16）声光报警装置　亦称为火警声光报警器或火警声光讯响器，是一种以音响方式和闪光方式发出火灾报警信号的装置。

（17）警铃　以音响方式发出火灾警报信号的装置。

（18）远程控制器　可接收并传送控制器发出的信号，对消防执行设备实行远距离控制的装置。

（19）功放　用于消防广播系统中的广播放大器。

（20）消防广播控制柜　在火灾报警系统中集播放音源、功率放大器、输入混合分配器等于一体，可实现对现场扬声器控制，发出火灾报警语音信号的装置。

（21）广播分配器　消防广播系统中对现场扬声器实现分区域控制的装置。

（22）电话交换机　可利用送、受话器、通信分机进行对讲、呼叫的装置。

（23）通信分机　安置于现场的消防专用电话分机。

（24）通信插孔　安置于现场的消防专用电话分机插孔。

（25）消防报警备用电源　能提供给消防报警设备用直流电源的供电装置。

（26）消防系统调试　指一个单位工程的消防工程全系统安装完毕且连通，为检验其达到相应消防验收规范标准所进行的全系统的检测、调试和试验。其主要内容是：检查系统的各线路设备安装是否符合要求，对系统各单元的设备进行单独通电检验；进行线路接口试验，并对设备进行功能确认；断开消防系统，进行加烟、加温、加光及标准校验气体的模拟试验；按照设计要求进行报警与联动试验，整体试验及自动灭火试验。做好调试记录。

（27）自动报警控制装置　火灾报警系统中用以接收、显示和传递火灾报警信号，由火灾探测器、手动报警按钮、报警控制器、自动报警线路等组成的报警控制系统的器件、设备。

（28）灭火系统控制装置　能对自动消防设备发出控制信号，由联动控制器、报警阀、喷头、消防灭火水和气体管网等组成的灭火系统的联动器件、设备。

（29）消防电梯装置　消防专用电梯。

（30）电动防火门　在一定时间内，连同框架能满足耐火稳定性和耐火完整性要求的门。

（31）防火卷帘门 在一定时间内，连同框架能满足耐火稳定性、完整性和隔热性要求的卷帘门。

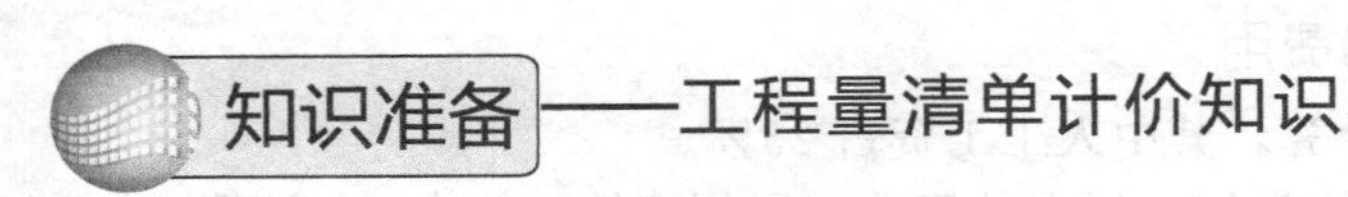

4.5 消防工程工程量清单计价

4.5.1 消防工程计价定额的概述

《江苏省安装工程计价定额》（2014 年版）中的《第九册 消防工程》主要内容见表 4-2。

表 4-2 《消防及安全防范设备》分部分项工程名称表

序号	分部工程	分项工程名称表
1	火灾自动报警系统安装	探测器安装、按钮安装、模块(接口)安装、报警控制器安装、联动控制器、报警联动一体机安装、重复显示器、警报装置、远程控制器安装、火灾事故广播安装、消防通信、报警备用电源安装
2	水灭火系统安装	管道安装(沟槽式管件连接)、系统组件安装、其他组件安装、消火栓安装、隔膜式气压水罐安装(气压罐)、管道支吊架制作及安装、自动喷水灭火系统管网水冲洗
3	气体灭火系统安装	管道安装、系统组件安装、七氟丙烷、二氧化碳等灭火剂称重检漏装置安装、系统组件试验
4	泡沫灭火系统安装	泡沫发生器安装、泡沫比例混合器安装
5	消防系统调试	自动报警系统装置调试、水灭火系统控制装置调试、火灾事故广播、消防通信、消防电梯系统装置调试、电动防火门、防火卷帘门、正压送风阀、排烟阀、防火阀控制系统装置调试、气体灭火系统装置调试、图形显示(CRT)装置调试

4.5.1.1 与有关定额册的关系

本册定额适用于工业与民用建筑中的新建、扩建和整体更新改造工程中消防及安全防范设备的安装。未列入的项目，可使用其他有关计价表项目。

① 电缆敷设、桥架安装、配管配线、接线盒、动力、应急照明控制设备、应急照明器具、电动机检查接线、防雷接地装置等安装，均执行《第四册 电气设备安装工程》相应定额。

② 阀门、法兰安装，各种套管的制作安装，不锈钢管和管件，铜管和管件及泵间管道安装，管道系统强度试验、严密性试验和冲洗等执行《第八册 工业管道工程》相应定额。

③ 消火栓管道、室外给水管道安装，管道支吊架制作、安装及水箱制作安装执行《第十册 给排水、采暖、燃气工程》相应项目。

④ 各种消防泵、稳压泵等机械设备安装及二次灌浆执行《第一册 机械设备安装工程》相应项目。

⑤ 各种仪表的安装及带电信号的阀门、水流指示器、压力开关、驱动装置及泄漏报警开关、消防水炮的接线、校线等执行《第六册 自动化控制仪表安装工程》相应项目。

⑥ 泡沫液储罐、设备支架制作、安装等执行《第三册 静置设备与工艺金属结构制作安装工程》相应项目。

⑦ 设备及管道除锈、刷油及绝热工程执行《第十一册 刷油、防腐蚀、绝热工程》相应项目。

4.5.1.2 计价定额中用系数计算的费用

① 脚手架搭拆费按人工费的5%计算，其中人工工资占25%。

② 高层建筑增加费（指高度在6层或20m以上的工业与民用建筑）按表4-3计算。

表 4-3 高层建筑增加费

层数	9层以下(30m)	12层以下(40m)	15层以下(50m)	18层以下(60m)	21层以下(70m)	24层以下(80m)	27层以下(90m)	30层以下(100m)	33层以下(110m)
按人工费的/%	10	15	19	23	27	31	36	40	44
其中人工工资占/%	10	14	21	21	26	29	31	35	39
机械费占/%	90	86	79	79	74	71	69	65	61
层数	36层以下(120m)	40层以下(130m)	42层以下(140m)	45层以下(150m)	48层以下(160m)	51层以下(170m)	54层以下(180m)	57层以下(190m)	60层以下(200m)
按人工费的/%	48	54	56	60	63	65	67	68	70
其中人工工资占/%	41	43	46	48	51	53	57	60	63
机械费占/%	59	57	54	52	49	47	43	40	37

③ 安装与生产同时进行增加的费用，按人工费的10%计算。

④ 在有害身体健康的环境中施工增加的费用，按人工费的10%计算。

⑤ 超高增加费：指操作物高度距楼地面5m以上的工程，按其超过部分的定额人工费乘以表4-4所列系数。

表 4-4 超高增加费表

标高(m以内)	8	12	16	20
超高系数	1.10	1.15	1.20	1.25

4.5.1.3 火灾自动报警系统安装说明

(1) 本章包括探测器、按钮、模块（接口）、报警控制器、联动控制器、报警联动一体机、重复显示器、警报装置、远程控制器、火灾事故广播、消防通信、报警备用电源、火灾报警控制微机（CRT）安装等项目。

(2) 本章包括以下工作内容。

① 施工技术准备、施工机械准备、标准仪器准备、施工安全防护措施、安装位置的清理。

② 设备和箱、机及元件的搬运、开箱检查、清点，杂物回收，安装就位，接地，密封，箱、机内的校线、接线，挂锡、编码、测试、清洗、记录整理等。

(3) 本章定额中均包括了校线、接线和本体调试。

(4) 本章定额中箱、机是以成套装置编制的；柜式及琴台式安装均执行落地式安装相应项目。

(5) 本章不包括以下工作内容。

① 设备支架、底座、基础的制作与安装；

② 构件加工制作；

③ 电机检查、接线及调试；

④ 事故照明及疏散指示控制装置安装。

4.5.1.4　水灭火系统安装说明

（1）本章定额适用于工业和民用建（构）筑物设置的自动喷水灭火系统的管道、各种组件、消火栓、气压水罐的安装。

（2）界线划分

① 室内外界线：以建筑物外墙皮 1.5m 为界，入口处设阀门者以阀门为界。

② 设在高层建筑内的消防泵间管道与本章界线，以泵间外墙皮为界。

（3）管道安装定额

① 包括工序内一次性水压试验；

② 镀锌钢管法兰连接定额，管件是按成品、弯头两端是按接短管焊法兰考虑的，定额中包括了直管、管件、法兰等全部安装工序内容，但管件、法兰及螺栓的主材数量应按设计规定另行计算；

③ 定额也适用于镀锌无缝钢管的安装。

（4）喷头、报警装置及水流指示器安装定额均按管网系统试压、冲洗合格后安装考虑的，定额中已包括丝堵、临时短管的安装、拆除及其摊销。

（5）其他报警装置适用于雨淋、干湿两用及预作用报警装置。

（6）温感式水幕装置安装定额中已包括给水三通至喷头、阀门间的管道、管件、阀门、喷头等全部安装内容。但管道的主材数量按设计管道中心长度另加损耗计算；喷头数量按设计数量另加损耗计算。

（7）集热板的安装位置：当高架仓库分层板上方有孔洞、缝隙时，应在喷头上方设置集热板。

（8）隔膜式气压水罐安装定额中地脚螺栓是按设备带有考虑的，定额中包括指导二次灌浆用工，但二次灌浆费用另计。

（9）组合式带自救卷盘消防箱安装，执行室内消火栓安装相应定额的人工、材料、机械均乘以系数 1.2。

（10）管网冲洗定额是按水冲洗考虑的，若采用水压气动冲洗法时，可按施工方案另行计算。定额只适用于自动喷水灭火系统。

（11）本章不包括以下工作内容

① 阀门、法兰安装，各种套管的制作安装，泵房间管道安装及管道系统强度试验、严密性试验；

② 消火栓管道、室外给水管道安装及水箱制作安装；

③ 各种消防泵、稳压泵安装及设备二次灌浆等；

④ 各种仪表的安装及带电信号的阀门、水流指示器、压力开关、消防水炮的接线、校线；

⑤ 各种设备支架的制作安装；

⑥ 管道、设备、支架、法兰焊口除锈刷油；

⑦ 系统调试。

（12）其他有关规定。

① 设置于管道间、管廊内的管道，其定额人工乘以系数 1.3；

② 主体结构为现场浇注，采用钢模施工的工程：内外浇注的定额人工乘以系数 1.05，内浇外砌的定额人工乘以系数 1.03。

4.5.1.5　气体灭火系统安装说明

（1）本章定额适用于工业和民用建筑中设置的二氧化碳灭火系统、七氟丙烷灭火系统

(FM200、HFC-227ea)、气溶胶灭火系统(EBM)、烟烙尽(IG541)和 Triodide 灭火系统中的管道、管件、系统组件等的安装。

(2) 本章定额中的无缝钢管、钢制管件、选择阀安装及系统组件试验等均适用于七氟丙烷灭火系统(FM200、HFC-227ea)、气溶胶灭火系统(EBM)、烟烙尽(IG541)和 Triodide 灭火系统,二氧化碳灭火系统按其他气体灭火系统相应定额乘以系数 1.20。

(3) 管道及管件安装定额

① 无缝钢管和钢制管件内外镀锌及场外运输费用另行计算;

② 螺纹连接的不锈钢管、铜管及管件安装时,按无缝钢管和钢制管件安装相应定额乘以系数 1.20;

③ 无缝钢管螺纹连接定额中不包括钢制管件连接内容,应按设计用量执行钢制管件连接定额;

④ 无缝钢管法兰连接定额,管件是按成品、弯头两端是按接短管焊接法兰考虑的,定额中包括了直管、管件、法兰等全部安装工序内容,但管件、法兰及螺栓的主材数量应按设计规定另行计算;

⑤ 气动驱动装置管道安装定额中卡套连接件的数量按设计用量另行计算。

(4) 喷头安装定额中包括管件安装及配合水压试验安装拆除丝堵的工作内容。

(5) 贮存装置安装,定额中包括灭火剂贮存容器和驱动气瓶的安装固定支框架、系统组件(集流管、容器阀、气液单向阀、高压软管)、安全阀等贮存装置和阀驱动装置的安装及氮气增压。二氧化碳贮存装置安装时,不需增压,执行定额时,扣除高纯氮气,其余不变。

(6) 二氧化碳称重检漏装置包括泄漏报警开关、配重及支架。

(7) 系统组件包括选择阀、气液单向阀和高压软管。

(8) 本章定额不包括的工作内容

① 管道支吊架的制作安装;

② 不锈钢管、铜管及管件的焊接或法兰连接,各种套管的制作安装,管道系统强度试验、严密性试验和吹扫;

③ 管道及支吊架的防腐刷油;

④ 系统调试;

⑤ 阀驱动装置与泄漏报警开关的电气接线。

4.5.1.6 泡沫灭火系统安装说明

(1) 本章定额适用于高、中、低倍数固定式或半固定式泡沫灭火系统的发生器及泡沫比例混合器安装。

(2) 泡沫发生器及泡沫比例混合器安装中包括整体安装、焊接法兰、单体调试及配合管道试压时隔离本体所消耗的人工和材料。但不包括支架的制作、安装和二次灌浆的工作内容。地脚螺栓按本体带有考虑。

(3) 本章不包括的内容

① 泡沫灭火系统的管道、管件、法兰、阀门、管道支架等的安装及管道系统水冲洗、强度试验、严密性试验;

② 泡沫喷淋系统的管道、组件、气压水罐安装;

③ 消防泵等机械设备安装及二次灌浆;

④ 泡沫液贮罐、设备支架制作安装;

⑤ 油罐上安装的泡沫发生器及化学泡沫室;

⑥ 除锈、刷油、保温。

4.5.1.7　消防系统调试安装说明

① 本章包括自动报警系统装置调试，水灭火系统控制装置调试，防火控制装置调试（包括火灾事故广播、消防通信、消防电梯系统装置调试，电动防火门、防火卷帘门、正压送风阀、排烟阀、防火阀控制系统装置调试），气体灭火系统装置调试等项目。

② 系统调试是指消防报警和灭火系统安装完毕且连通，并达到国家有关消防施工验收规范、标准所进行的全系统的检测、调整和试验。

③ 自动报警系统装置包括各种探测器、手动报警按钮和报警控制器，灭火系统控制装置包括消火栓、自动喷水、卤代烷、二氧化碳等固定灭火系统的控制装置。

④ 气体灭火系统调试试验时采取的安全措施，应按施工组织设计另行计算。

⑤ 本章消防系统调试定额执行时，安装单位只调试，则定额基价乘以系数 0.7；安装单位只配合检测、验收，则定额基价乘以系数 0.3。

4.5.2　计价定额工程量计算规则

4.5.2.1　火灾自动报警系统

（1）点型探测器包括火焰、烟感、温感、红外光束、可燃气体探测器等，按线制的不同分为多线制与总线制，不分规格、型号、安装方式与位置，以“个”为计量单位。探测器安装包括了探头和底座的安装及本体调试。

（2）红外线探测器以“对”为计量单位。红外线探测器是成对使用的，在计算时一对为两只。定额中包括了探头支架安装和探测器的调试、对中。

（3）火焰探测器、可燃气体探测器按线制的不同分为多线制与总线制两种，计算时不分规格、型号、安装方式与位置，以“个”为计量单位。探测器安装包括了探头和底座的安装及本体调试。

（4）线形探测器的安装方式按环绕、正弦及直线综合考虑，不分线制及保护形式，以“m”为计量单位。定额中未包括探测器连接的一只模块和终端，其工程量应按相应定额另行计算。

（5）按钮包括消火栓按钮、手动报警按钮、气体灭火起/停按钮，以“个”为计量单位，按照在轻质墙体和硬质墙体上安装两种方式综合考虑，执行时不得因安装方式不同而调整。

（6）控制模块（接口）是指仅能起控制作用的模块（接口），也称为中继器，依据其给出控制信号的数量，分为单输出和多输出两种形式。执行时不分安装方式，按照输出数量以“个”为计量单位。

（7）报警模块（接口）不起控制作用，只能起监视、报警作用，执行时不分安装方式，以“个”为计量单位。

（8）报警控制器按线制的不同分为多线制与总线制两种，其中又按其安装方式不同分为壁挂式和落地式。在不同线制、不同安装方式中按照“点”数的不同划分定额项目，以“台”为计量单位。

① 多线制“点”是指报警控制器所带报警器件（探测器、报警按钮等）的数量。

② 总线制“点”是指报警控制器所带的有地址编码的报警器件（探测器、报警按钮、模块等）的数量。如果一个模块带数个探测器，则只能计为一点。

（9）联动控制器按线制的不同分为多线制与总线制两种，其中又按其安装方式不同分为壁挂式和落地式。在不同线制、不同安装方式中按照“点”数的不同划分定额项目，以“台”为计量单位。

① 多线制“点”是指联动控制器所带联动设备的状态控制和状态显示的数量。

② 总线制“点”是指联动控制器所带的有控制模块（接口）的数量。

(10) 报警联动一体机按线制的不同分为多线制与总线制两种，其中又按其安装方式不同分为壁挂式和落地式。在不同线制、不同安装方式中按照“点”数的不同划分定额项目，以“台”为计量单位。

① 多线制“点”是指报警联动一体机所带的有地址编码的报警器件与控制模块（接口）联动设备的状态控制和状态显示的数量。

② 总线制“点”是指报警联动一体机所带的有地址编码的报警器件与控制模块（接口）的数量。

(11) 重复显示器（楼层显示器）不分规格、型号、安装方式，按总线制与多线制划分，以“台”为计量单位。

(12) 警报装置分为声光报警和警铃报警两种形式，均以“台”为计量单位。

(13) 远程控制器按其控制回路数以“台”为计量单位。

(14) 火灾事故广播中的功放机、录音机的安装按柜内及台上两种方式综合考虑，分别以“个”为计量单位。

(15) 消防广播控制柜是指安装成套消防广播设备的成品机柜，不分规格、型号，以“台”为计量单位。

(16) 火灾事故广播中的扬声器不分规格、型号，按照吸顶式与壁挂式以“个”为计量单位。

(17) 广播用分配器是指单独安装的消防广播用分配器（操作盘），以“台”为计量单位。

(18) 消防通信系统中的电话交换机按“门”数不同以“台”为计量单位；通信分机、插孔是指消防专用电话分机与电话插孔，不分安装方式，分别以“部”、“个”为计量单位。

(19) 报警备用电源综合考虑了规格、型号，以“套”为计量单位。

(20) 火灾报警控制微机（CRT）安装（CRT 彩色显示装置安装），以“台”为计量单位。

(21) 设备支架、底座、基础的制作与安装和构件加工制作均执行《第四册　电气设备安装工程》相应定额。

(22) 电机检查、接线及调试和事故照明及疏散指示控制均执行《第四册　电气设备安装工程》相应定额。

4.5.2.2 水灭火系统

(1) 管道安装按设计管道中心长度，不扣除阀门、管件及各种组件所占长度，以延长米计算。

主材数量应按定额用量计算，管件含量见表 4-5。

表 4-5　镀锌钢管（螺纹连接）管件含量表　　单位：10m

项目	名称	公称直径/mm(以内)						
		25	32	40	50	70	80	100
管件含量	四通	0.02	1.20	0.53	0.69	0.73	0.95	0.47
	三通	2.29	3.24	4.02	4.13	3.04	2.95	2.12
	弯头	4.92	0.98	1.69	1.78	1.87	1.47	1.16
	管箍		2.65	5.99	2.73	3.27	2.89	1.44
	小计	7.23	8.07	12.23	9.33	8.91	8.26	5.19

（2）镀锌钢管安装定额也适用于镀锌无缝钢管，其对应关系见表4-6。

表4-6　对应关系

公称直径/mm	15	20	25	32	40	50	70	80	100	150	200
无缝钢管外径/mm	20	25	32	38	45	57	76	89	108	159	219

（3）镀锌钢管法兰连接定额，管件是按成品、弯头两端是按短管焊接法兰考虑的，定额中包括直管、管件、法兰等全部安装工作内容，但管件、法兰及螺栓的主材数量应按设计规定另行计算。

（4）水喷淋（雾）喷头安装按有吊顶、无吊顶分别以“个”为计量单位。

（5）报警装置安装按成套产品以“组”为计量单位。干湿两用报警装置、电动雨淋报警装置、预作用报警装置等报警装置安装执行湿式报警装置安装定额，其人工乘以系数1.2，其余不变。报警装置安装包括装配管（除水力警铃进水管）的安装，水力警铃进水管并入消防管道工程量。

① 湿式报警装置包括内容：湿式阀、蝶阀、装配管、供水压力表、装置压力表、试验阀、泄放试验阀、泄放试验管、试验管流量计、过滤器、延时器、水力警铃、报警截止阀、漏斗、压力开关等。

② 干湿两用报警装置包括内容：两用阀、蝶阀、装配管、加速器、加速器压力表、供水压力表、试验阀、泄放试验阀（湿式、干式）、挠性接头、泄放试验管、试验管流量计、排气阀、截止阀、漏斗、过滤器、延时器、水力警铃、压力开关等。

③ 电动雨淋报警装置包括内容：雨淋阀、蝶阀、装配管、压力表、泄放试验阀、流量表、截止阀、注水阀、止回阀、电磁阀、排水阀、手动应急球阀、报警试验阀、漏斗、压力开关、过滤器、水力警铃等。

④ 预作用报警装置包括内容：报警阀、控制蝶阀、压力表、流量表、截止阀、排放阀、注水阀、止回阀、泄放阀、报警试验阀、液压切断阀、装配管、供水检验管、气压开关、试压电磁阀、空压机、应急手动试压器、漏斗、过滤器、水力警铃等。

（6）温感式水幕装置安装，按不同型号和规格以“组”为计量单位。包括给水三通至喷头、阀门间的管道、管件、阀门、喷头等全部内容的安装，但给水三通至喷头、阀门间管道的主材数量按设计管道中心长度另加损耗计算，喷头数量按设计数量另加损耗计算。

（7）水流指示器、减压孔板安装，按不同规格均以“个”为计量单位。

（8）末端试水装置按不同规格均以“组”为计量单位。

（9）集热板制作安装均以“个”为计量单位。

（10）室内消火栓以“套”为计量单位，包括消火栓箱、消火栓、水枪、水龙头、水龙带接扣、自救卷盘、挂架、消防按钮；落地消火栓箱包括箱内手提灭火器；所带消防按钮的安装另行计算。

（11）组合式带自救卷盘室内消火栓安装，执行室内消火栓安装定额乘以系数1.2。

（12）室外消火栓以“套”为计量单位，安装方式分地上式、地下式；地上式消火栓安装包括地上式消火栓、法兰接管、弯管底座；地下式消火栓安装包括地下式消火栓、法兰接管、弯管底座或消火栓三通。

（13）消防水泵接合器安装，区分不同安装方式和规格以“套”为计量单位，包括法兰接管及弯头安装，接合器井内阀门、弯管底座、标牌等附件安装，如设计要求用短管时，其本身价值可另行计算，其余不变。

（14）减压孔板若在法兰盘内安装，其法兰计入组价中。

（15）消防水炮分普通手动水炮、智能控制水炮，以“台”为计量单位。

(16) 隔膜式气压水罐安装，区分不同规格以“台”为计量单位。出入口法兰和螺栓按设计规定另行计算。地脚螺栓是按设备带有考虑的，定额中包括指导二次灌浆用工，但二次灌浆费用应按相应定额另行计算。

(17) 自动喷水灭火系统管网水冲洗，区分不同规格以“m”为计量单位。

(18) 阀门、法兰安装、各种套管的制作安装，泵房间管道安装及管道系统强度试验、严密性试验执行《第八册 工业管道工程》相应定额。

(19) 消火栓管道、室外给水管道安装、管道支吊架制作安装及水箱制作安装，执行《第十册 给排水、采暖、燃气工程》相应定额。

(20) 各种消防泵、隐压泵等的安装及二次灌浆，执行《第一册 机械设备安装工程》相应定额。

(21) 各种仪表的安装、带电信号的阀门、水流指示器、压力开关、消防水炮的接线、校线，执行《第六册 自动化控制装置及仪表安装工程》相应定额。

(22) 各种设备支架的制作安装等，执行《第三册 静置设备与工艺金属结构制作安装工程》相应定额。

(23) 管道、设备、支架、法兰焊口除锈刷油，执行《第十一册 刷油、防腐蚀、绝热工程》相应定额。

(24) 系统调试执行本册定额第五章相应定额。

4.5.2.3 气体灭火系统

(1) 管道安装包括无缝钢管的螺纹连接、法兰连接、气动驱动装置管道安装及钢制管件的螺纹连接。

(2) 各种管道安装按设计管道中心长度，不扣除阀门、管件及各种组件所占长度，以延长米计算，主材数量应按定额用量计算。

(3) 钢制管件螺纹连接均按不同规格以“个”为计量单位。

(4) 无缝钢管螺纹连接不包括钢制管件连接内容，其工程量应按设计用量执行钢制管件连接定额。

(5) 无缝钢管法兰连接定额，管件是按成品、弯头两端是按接短管焊法兰考虑的，包括了直管、管件、法兰等预装和安装的全部工作内容，但管件、法兰及螺栓的主材数量应按设计规定另行计算。

(6) 螺纹连接的不锈钢管、铜管及管件安装时，按无缝钢管和钢制管件安装相应定额乘以系数 1.20。

(7) 无缝钢管和钢制管件内外镀锌及场外运输费用另行计算。

(8) 气动驱动装置管道安装定额包括卡套连接件的安装，其本身价值按设计用量另行计算。

(9) 喷头安装均按不同规格以“个”为计量单位。

(10) 选择阀安装按不同规格和连接方式，分别以“个”为计量单位。

(11) 贮存装置安装中包括灭火剂贮存容器、驱动气瓶、支框架、集流阀、容器阀、单向阀、高压软管和安全阀等贮存装置和驱动装置、减压装置、压力指示仪等。贮存装置安装按贮存容器和驱动气瓶的规格以“套”为计量单位。

(12) 二氧化碳贮存装置安装时，如不需增压，应扣除高纯氮气，其余不变。

(13) 二氧化碳称重检漏装置包括泄漏报警开关、配重、支架等，以“套”为计量单位。

(14) 系统组件包括选择阀、单向阀（含气、液）及高压软管。试验按水压强度试验和气压严密性试验，分别以“个”为计量单位。

(15) 无缝钢管、钢制管件、选择阀安装及系统组件试验均适用于七氟丙烷灭火系统(FM200、HFC-227ea)、气溶胶灭火系统（EBM)、烟烙尽（IG541）和 Triodide 灭火系统。二氧化碳灭火系统，按卤代烷灭火系统相应安装定额乘以系数 1.2。

(16) 无管网气体灭火系统以“套”为计量单位，由柜式预制灭火装置、火灾探测器、火灾自动报警灭火控制器等组成，具有自动控制和手动控制两种启动方式。无管网气体灭火装置安装，包括气瓶柜装置（内设气瓶、电磁阀、喷头）和自动报警控制装置（包括控制器、烟、温感、声光报警器、手动报警器、手/自动控制按钮）等。

(17) 不锈钢管、铜管及管件的焊接或法兰连接、各种套管的制作安装、管道系统强度试验、严密性试验和吹扫等均执行《第八册　工业管道工程》相应定额。

(18) 管道及支吊架的防腐、刷油等执行《第十一册　刷油、防腐蚀、绝热工程》相应定额。

(19) 系统调试执行本册定额第五章相应定额。

(20) 电磁驱动器与泄漏报警开关的电气接线等执行《第六册　自动化控制装置及仪表安装工程》相应定额。

4.5.2.4　泡沫灭火系统

(1) 泡沫发生器及泡沫比例混合器安装中已包括整体安装、焊接法兰、单体调试及配合管道试压时隔离本体所消耗的人工和材料，不包括支架的制作、安装和二次灌浆的工作内容，其工程量应按相应定额另行计算。地脚螺栓按设备带来考虑。

(2) 泡沫发生器安装均按不同型号以“台”为计量单位，法兰和螺栓按设计规定另行计算。

(3) 泡沫比例混合器安装均按不同型号以“台”为计量单位，法兰和螺栓按设计规定另行计算。

(4) 泡沫灭火系统的管道、管件、法兰、阀门、管道支架等的安装及管道系统水冲洗、强度试验、严密性试验等执行计价定额《第八册　工业管道工程》相应定额。

(5) 消防泵等机械设备安装及二次灌浆执行计价定额《第一册　机械设备安装工程》相应定额。

(6) 除锈、刷油、保温等执行计价定额《第十一册　刷油、防腐蚀、绝热工程》相应定额。

(7) 泡沫液贮罐、设备支架制作安装执行计价定额《第三册　静置设备与工艺金属结构制作安装工程》相应定额。

(8) 泡沫喷淋系统的管道组件、气压水罐等安装应执行本册第二章相应定额及有关规定。

(9) 泡沫液充装是按生产厂在施工现场充装考虑的，若由施工单位充装时，可另行计算。

(10) 油罐上安装的泡沫发生器及化学泡沫室执行计价定额《第三册　静置设备与工艺金属结构制作安装工程》相应定额。

(11) 泡沫灭火系统调试应按批准的施工方案另行计算。

4.5.2.5　消防系统调试

(1) 消防系统调试包括：自动报警系统、水灭火系统、火灾事故广播、消防通信系统、消防电梯系统、电动防火门、防火卷帘门、正压送风阀、排烟阀、防火阀控制装置、气体灭火系统装置。

(2) 自动报警系统包括各种探测器、报警器、报警按钮、报警控制器、消防广播、消防电话等组成的报警系统，按不同点数以“系统”为计量单位，其点数按多线制与总线制报警器的点数计算。

(3) 水灭火系统控制装置，自动喷洒系统按水流指示器数量以“点（支路）”为计量单位，消火栓系统按消火栓启泵按钮数量以“点”为计量单位，消防水炮系统按水炮数量以“点”为计量单位。

(4) 防火控制装置，包括电动防火门、防火卷帘门、正压送风阀、排烟阀、防火控制阀、消防电梯等防火控制装置；电动防火门、防火卷帘门、正压送风阀、排烟阀、防火控制阀等调试以“个”为计量单位，消防电梯以“部”为计量单位。

(5) 气体灭火系统调试，是由七氟丙烷、IG541、二氧化碳等组成的灭火系统。调试包括模拟喷气试验、备用灭火器贮存容器切换操作试验，分别试验容器的规格，按气体灭火系统装置的瓶头阀以“点”为计量单位。试验容器的数量按调试、检验和验收所消耗的试验容器总数计算，试验介质不同时可以换算。气体试喷包含在模拟喷气试验中。

4.5.3 消防工程工程量清单设置

4.5.3.1 概述

(1)《通用安装工程工程量计算规范》(GB 50856—2013) 附录J消防工程内容包括：水灭火系统、气体灭火系统、泡沫灭火系统、火灾自动报警系统、消防系统调试。水灭火系统中包括消火栓灭火和自动喷淋灭火两部分。

(2) 本附录共分5节，共52个项目。其中包括灭火管道安装、部件及阀门法兰安装、报警装置、水流指示器、消火栓、气体驱动装置、泡沫发生器等。

(3) 本附录适用于采用工程量清单计价的工业与民用建筑的消防工程。

(4) 本附录与其他有关工程的界限划分

① 喷淋系统水灭火管道：室内外界限应以建筑外墙皮1.5m为界，入口处设阀门者应以阀门为界，设在高层建筑物内消防泵间管道应以泵间外墙皮为界。

② 消火栓管道：给水管道室内外界限划分应以外墙皮1.5m为界，入口处设阀门者应以阀门为界。

③ 与市政给水管道的界限：以与市政给水管道碰头点（井）为界。

(5) 消防管道如需进行探伤，应按计算规范附录H工业管道工程相关项目编码列项。

(6) 消防管道上的阀门、管道及设备支架、套管制作安装，应按计算规范附录K“给排水、采暖、燃气工程”相关编码列项。

(7) 本章管道及设备除锈、刷油、保温除注明外，均应按计算规范附录M“刷油、防腐蚀、绝热工程”相关项目编码列项。

(8) 消防工程措施项目，应按计算规范附录N“措施项目”相关项目编码列项。

4.5.3.2 “计算规范”附录J.1水灭火系统工程量清单项目设置

(1) 概况

1) 水灭火系统包括消火栓灭火和自动喷淋灭火。包括的项目有管道安装、系统组件安装（喷头、报警装置、水流指示器）、其他组件安装（减压孔板、末端试水装置、集热板）、消火栓（室内外消火栓、水泵结合器）、气压水罐、管道支架等工程，并按安装部位（室内外）、材质、型号规格、连接方式及除锈、油漆、绝热等不同特征设置清单项目。编制工程量清单时，必须明确描述各种特征，以便计价。

2) 项目特征中要求描述的安装部位：管道是指室内、室外；消火栓是指室内、室外、地上、地下；消防水泵接合器是指地上、地下、壁挂等。要求描述的材质：管道是指焊接钢管（镀锌、不镀锌）、无缝钢管（冷拔、热轧）。要求描述的型号规格：管道是指口径（一般为公称直径，无缝钢管应按外径及壁厚表示）；阀门是指阀门的型号，如 Z41T-10-50、J11T-16-25；报警装置是指湿式报警、干湿两用报警、电动雨淋报警、预作用报警等；连接形式是指螺纹连接、焊接。

（2）需要说明的问题

1）工程内容所列项目大多数为计价项目，但也有些项目是包括在《江苏省安装工程计价定额》（2014 版）相应项目的工作内容中。如招标单位是依据《江苏省安装工程计价定额》（2014 版）工、料、机耗用量编制招标工程标底时，应删除《江苏省安装工程计价定额》（2014 版）工作内容中与本附录各项目工程内容相同的项目，以免重复计价。

2）招标人编制工程标底若以《江苏省安装工程计价定额》（2014 版）为依据计价，以下各工程应按下列规定办理。

① 消火栓灭火系统的管道安装，按计价定额《第十册　给排水、采暖、燃气工程》相关项目的规定计价。

② 喷淋灭火系统的管道安装、消火栓安装、消防水泵接合器安装，按计价定额《第九册　消防工程》相关项目的规定计价。

③ 水灭火系统的阀门、法兰安装、套管制作安装，按计价定额《第八册　工业管道工程》相关项目的规定计价。

④ 水灭火系统的室外管道安装，按计价定额《第十册　给排水、采暖、燃气工程》相关项目的规定计价。

⑤ 各种消防泵、隐压泵等的安装及二次灌浆，执行计价定额《第一册　机械设备安装工程》相应定额。

⑥ 各种仪表的安装、带电信号的阀门、水流指示器、压力开关、消防水炮的接线、校线，执行计价定额《第六册　自动化控制装置及仪表安装工程》相应定额。

⑦ 各种设备支架的制作、安装等，执行计价定额《第三册　静置设备与工艺金属结构制作安装工程》相应定额。

⑧ 管道、设备、支架、法兰焊口除锈刷油，执行计价定额《第十一册 刷油、防腐蚀、绝热工程》相应定额。

3）无缝钢管法兰连接项目，管件、法兰安装已计入管道安装价格中，但管件、法兰的主材价按成品价另计。

（3）清单项目设置

水灭火系统工程量清单项目设置、项目特征描述的内容、计量单位及工程量计算规则，应按表 4-7 的规定执行。

表 4-7　水灭火系统（编码：030901）

项目编码	项目名称	项目特征	计量单位	工程量计算规则	工作内容
030901001	水喷淋钢管	1. 安装部位 2. 材质、规格 3. 连接形式 4. 钢管镀锌设计要求 5. 压力试验及冲洗设计要求 6. 管道标识设计要求	m	按设计图示管道中心线以长度计算	1. 管道及管件安装 2. 钢管镀锌 3. 压力试验 4. 冲洗 5. 管道标识
030901002	消火栓钢管				

续表

项目编码	项目名称	项目特征	计量单位	工程量计算规则	工作内容
030901003	水喷淋(雾)喷头	1. 安装部位 2. 材质、型号、规格 3. 连接形式 4. 装饰盘设计要求	个	按设计图示数量计算	1. 安装 2. 装饰盘安装 3. 严密性试验
030901004	报警装置	1. 名称 2. 型号、规格	组		1. 安装 2. 电气接线 3. 调试
030901005	温感式水幕装置	1. 型号、规格 2. 连接形式	组		
030901006	水流指示器	1. 规格、型号 2. 连接形式	个		
030901007	减压孔板	1. 材质、规格 2. 连接形式			
030901008	末端试水装置	1. 规格 2. 组装形式	组		
030901009	集热板制作安装	1. 材质 2. 支架形式	个		1. 制作、安装 2. 支架制作、安装
030901010	室内消火栓	1. 安装方式 2. 型号、规格 3. 附件材质、规格	套		1. 箱体及消火栓安装 2. 配件安装
030901011	室外消火栓				1. 安装 2. 配件安装
030901012	消防水泵接合器	1. 安装部位 2. 型号、规格 3. 附件材质、规格			1. 安装 2. 附件安装
030901013	灭火器	1. 形式 2. 规格、型号	具(组)		设置
030901014	消防水炮	1. 水炮类型 2. 压力等级 3. 保护半径	台		1. 本体安装 2. 调试

注：1. 水喷淋（雾）喷头安装部位应区分有吊顶、无吊顶。

2. 报警装置适用于湿式报警装置、干湿两用报警装置、电动雨淋报警装置、预作用报警装置等报警装置安装。

3. 末端试水装置，包括压力表、控制阀等附件安装。末端试水装置安装中不含连接管及排水管安装，其工程量并入消防管道。

4.5.3.3 附录 J.2 气体灭火系统工程量清单项目设置

(1) 概况

① 气体灭火系统是指七氟丙烷灭火系统（FM200、HFC-227ea）、气溶胶灭火系统（EBM）、烟烙尽（IG541）和 Triodide 灭火系统和二氧化碳灭火系统。包括的项目有管道安装、系统组件安装（喷头、选择阀、贮存装置）、二氧化碳称重检验装置安装，并按材质、规格、连接方式、除锈要求、油漆种类、压力试验和吹扫等不同特征，设置清单项目。编制工程量清单时，必须明确描述各种特征，以便计价。

② 项目特征中要求描述的材质：无缝钢管（冷拔、热轧、钢号要求）、不锈钢管（1Cr18Ni9、lCr18Ni9Ti、Cr18Ni13Mo3Ti）、铜管为纯铜管（T1、T2、T3）、黄铜管（H59～H96），规格为公称直径或外径（外径应按外径乘管厚表示），连接方式是指螺纹连接、焊接，除锈标准是指采用的除锈方式（手工、化学、喷砂），压力试验是指采用试压方法（液压、气压、泄露、真空），吹扫是指水冲洗、空气吹扫、蒸气吹扫，防腐刷油是指采用的油漆种类。

（2）需要说明的问题

① 贮存装置安装应包括灭火剂贮存器及驱动瓶装置两个系统。贮存系统包括灭火气体贮存瓶、贮存瓶固定架、贮存瓶压力指示器、容器阀、单向阀、集流管、集流管与容器间连接的高压软管、集流管上的安全阀；驱动瓶装置包括驱动气瓶、驱动气瓶支架、驱动瓶的容器阀、压力指示器等安装，气瓶之间的驱动管道安装应按气体驱动装置管道清单项目列项。

② 二氧化碳为灭火剂贮存装置安装不需用高纯氮气增压，工程量清单综合单价不计氮气价值。

（3）清单项目设置　气体灭火系统工程量清单项目设置、项目特征描述的内容、计量单位及工程量计算规则，应按表4-8的规定执行。

表4-8　气体灭火系统（编码：030902）

项目编码	项目名称	项目特征	计量单位	工程量计算规则	工程内容
030902001	无缝钢管	1. 介质 2. 材质、压力等级 3. 规格 4. 焊接方法 5. 钢管镀锌设计要求 6. 压力试验及吹扫设计要求 7. 管道标识设计要求	m	按设计图示管道中心线以长度计算	1. 管道安装 2. 管件安装 3. 钢管除锈、镀锌，刷油、防腐 4. 压力试验 5. 冲洗、吹扫 6. 管道标识 7. 套管（包括防水套管）制作、安装
030902002	不锈钢管	1. 材质、压力等级 2. 规格 3. 焊接方法 4. 充氩保护方式、部位 5. 压力试验及吹扫设计要求 6. 管道标识设计要求	m	按设计图示管道中心线以长度计算	1. 管道安装 2. 焊口充氩保护 3. 压力试验 4. 吹扫 5. 管道标识
030902003	不锈钢管管件	1. 材质、压力等级 2. 规格 3. 焊接方法 4. 充氩保护方式、部位	个	按设计图示数量计算	1. 管件安装 2. 管件焊口充氩保护
030902004	气体驱动装置管道	1. 材质、压力等级 2. 规格 3. 焊接方法 4. 压力试验及吹扫设计要求 5. 管道标识设计要求	m	按设计图示管道中心线以长度计算	1. 管道安装 2. 压力试验 3. 吹扫 4. 管道标识

续表

项目编码	项目名称	项目特征	计量单位	工程量计算规则	工程内容
030902005	选择阀	1. 材质 2. 型号、规格 3. 连接形式	个	按设计图示数量计算	1. 安装 2. 压力试验
030902006	气体喷头	1. 材质 2. 型号、规格 3. 连接方式			喷头安装
030902007	贮存装置	1. 介质、类型 2. 型号、规格 3. 气体增压设计要求	套	按设计图示数量计算	1. 贮存装置安装 2. 系统组件安装 3. 气体增压
030902008	称重检漏装置	1. 型号 2. 规格			1. 安装 2. 调试
030902009	无管网气体灭火装置	1. 类型 2. 型号、规格 3. 安装部位 4. 调试要求			

注：1. 气体灭火管道工程量计算，不扣除阀门、管件及各种组件所占长度，以延长米计算。

2. 气体灭火介质，包括七氟丙烷灭火系统、IG541灭火系统、二氧化碳灭火系统等。

3. 气体驱动装置管道安装，包括卡、套连接件。

4. 贮存装置安装，包括灭火剂存储器、驱动气瓶、支框架、集流阀、容器阀、单向阀、高压软管和安全阀等贮存装置和阀驱动装置、减压装置、压力指示仪等。

5. 无管网气体灭火系统由柜式预制灭火装置、火灾探测器、火灾自动报警灭火控制器等组成，具有自动控制和手动控制两种启动方式。无管网气体灭火装置安装，包括气瓶柜装置（内设气瓶、电磁阀、喷头）和自动报警控制装置（包括控制器，烟感、温感、声光报警器，手动报警器，手/自动控制按钮）等。

4.5.3.4 附录J.3泡沫灭火系统工程量清单项目设置

（1）泡沫灭火系统包括的项目有管道安装、阀门安装、法兰安装及泡沫发生器、混合贮存装置安装，并按材质、型号规格、焊接方式、除锈标准、油漆品种等不同特征列项。编制工程量清单时，必须明确描述各种特征，以便计价。

（2）如招标单位是按照建设行政主管部门发布的现行消耗量定额为依据时，泡沫灭火系统的管道安装、管件安装、法兰安装、阀门安装、管道系统水冲洗、强度试验、严密性试验等按照计价定额《第八册　工业管道工程》的有关项目的工料机耗用量计价。

（3）清单项目设置　泡沫灭火系统工程量清单项目设置、项目特征描述的内容、计量单位及工程量计算规则，应按表4-9的规定执行。

表4-9　泡沫灭火系统（编码：030903）

项目编码	项目名称	项目特征	计量单位	工程量计算规则	工程内容
030903001	碳钢管	1. 材质、压力等级 2. 规格 3. 焊接方法 4. 无缝钢管镀锌设计要求 5. 压力试验、吹扫设计要求 6. 管道标识设计要求	m	按设计图示管道中心线以长度计算	1. 管道安装 2. 管件安装 3. 钢管除锈、镀锌，刷油、防腐 4. 压力试验 5. 冲洗、吹扫 6. 管道标识 7. 套管（包括防水套管）制作、安装

续表

项目编码	项目名称	项目特征	计量单位	工程量计算规则	工程内容
030903002	不锈钢管	1. 材质、压力等级 2. 规格 3. 焊接方法 4. 充氩保护方式、部位 5. 压力试验、吹扫设计要求 6. 管道标识设计要求	m	按设计图示管道中心线以长度计算	1. 管道安装 2. 焊口充氩保护 3. 压力试验 4. 吹扫 5. 管道标识
030903003	铜管	1. 材质、压力等级 2. 规格 3. 焊接方法 4. 压力试验、吹扫设计要求 5. 管道标识设计要求			1. 管道安装 2. 压力试验 3. 吹扫 4. 管道标识
030903004	不锈钢管管件	1. 材质、压力等级 2. 规格 3. 焊接方法 4. 充氩保护方式、部位	个	按设计图示数量计算	1. 管件安装 2. 管件焊口充氩保护
030903005	铜管管件	1. 材质、压力等级 2. 规格 3. 焊接方法			管件安装
030903006	泡沫发生器	1. 类型 2. 型号、规格 3. 二次灌浆材料	台		1. 安装 2. 调试 3. 二次灌浆
030903007	泡沫比例混合器				
030903008	泡沫液贮罐	1. 质量/容量 2. 型号、规格 3. 二次灌浆材料			

注：1. 泡沫灭火管道工程量计算，不扣除阀门、管件及各种组件所占长度以延长米计算。

2. 泡沫发生器、泡沫比例混合器安装，包括整体安装、焊接法兰、单体调试及配合管道试压时隔离本体所消耗的工料。

3. 泡沫液贮罐内如需充装泡沫液，应明确描述泡沫灭火剂品种、规格。

4.5.3.5　附录 J.4 火灾自动报警系统工程量清单项目设置

（1）概况　火灾自动报警系统主要包括探测器、按钮、模块（接口）、报警控制器、联动控制器、报警联动一体机、重复显示器、报警装置（指声光报警及警铃报警）、远程控制器等。并按安装方式、控制点数量、控制回路、输出形式、多线制、总线制等不同特征列项。编列清单项目时，应明确描述上述特征。

（2）需要说明的问题

① 火灾自动报警系统分为多线制和总线制两种形式。多线制为系统间信号按各自回路进行传输的布线制式，总线制为系统间信号按无限性两根线进行传输的布线制式。

② 报警控制器、联动控制器和报警联动一体机安装的工程内容的本体安装，应包括消防报警备用电源安装内容。

③ 消防通信项目工程量清单按《通用安装工程工程量计算规范》（GB 50856—2013）附录 J.4 规定编制工程量清单。

④ 火灾事故广播项目工程量清单按《通用安装工程工程量计算规范》（GB 50856—2013）附录 J.4 规定编制工程量清单。

（3）清单项目设置　火灾自动报警系统工程量清单项目设置、项目特征描述的内容、计量单位及工程量计算规则，应按表 4-10 的规定执行。

表 4-10 火灾自动报警系统（编码：030904）

项目编码	项目名称	项目特征	计量单位	工程量计算规则	工作内容
030904001	点型探测器	1. 名称 2. 规格 3. 线制 4. 类型	个	按设计图示数量计算	1. 底座安装 2. 探头安装 3. 校接线 4. 编码 5. 探测器调试
030904002	线型探测器	1. 名称 2. 规格 3. 安装方式	m	按设计图示长度计算	1. 探测器安装 2. 接口模块安装 3. 报警终端安装 4. 校接线 5. 调试
030904003	按钮	1. 名称 2. 规格	个	按设计图示数量计算	1. 安装 2. 校接线 3. 编码 4. 调试
030904004	消防警铃				
030904005	声光报警器				
030904006	消防报警电话插孔(电话)	1. 名称 2. 规格 3. 安装方式	个(部)		
030904007	消防广播(扬声器)	1. 名称 2. 功率 3. 安装方式	个		
030904008	模块(模块箱)	1. 名称 2. 规格 3. 类型 4. 输出形式	个(台)		1. 安装 2. 校接线 3. 编码 4. 调试
030904009	区域报警控制箱	1. 多线制 2. 总线制 3. 安装方式 4. 控制点数量 5. 显示器类型	台		1. 本体安装 2. 校接线、摇测绝缘电阻 3. 排线、绑扎、导线标识 4. 显示器安装 5. 调试
030904010	联动控制箱				
030904011	远程控制箱(柜)	1. 规格 2. 控制回路			
030904012	火灾报警系统控制主机	1. 规格、线制 2. 控制回路 3. 安装方式			1. 安装 2. 校接线 3. 调试
030904013	联动控制主机				
030904014	消防广播及对讲电话主机(柜)				
030904015	火灾报警控制微机(CRT)	1. 规格 2. 安装方式			1. 安装 2. 调试
030904016	备用电源及电池主机(柜)	1. 名称 2. 容量 3. 安装方式	套		
030904017	报警联动一体机	1. 规格、线制 2. 控制回路 3. 安装方式	台		1. 安装 2. 校接线 3. 调试

注：1. 消防报警系统配管、配线、接线盒均应按本规范附录 D 电气设备安装工程相关项目编码列项。
2. 消防广播及对讲电话主机包括功放、录音机、分配器、控制柜等设备。
3. 点型探测器包括火焰、烟感、温感、红外光束、可燃气体探测器等。

4.5.3.6　附录 J.5 消防系统调试工程量清单项目设置

（1）概况　消防系统调试内容包括自动报警系统装置调试、水灭火系统控制装置调试、防火控制系统装置调试、气体灭火控制装置调试，并按点数、类型、名称、试验容器规格等不同特征设置清单项目。编制工程量清单时，必须明确描述各种特征，以便计价。

（2）各消防系统调试工作范围

① 自动报警系统装置调试为各种探测器、报警按钮、报警控制器，以“系统”为单位按不同点数编制工程量清单并计价。

② 水灭火系统控制装置调试为水平喷头、消火栓、消防水泵接合器、水流指示器、末端试水装置等，以系统为单位按不同点数编制工程量清单并计价。

③ 气体灭火控制系统装置调试由驱动瓶起始至气体喷头为止，包括进行模拟喷气试验和贮存容器的切换试验。调试按贮存容器的规格、容器的容量不同，以“个”为单位计价。

④ 防火控制系统装置调试包括电动防火门、防火卷帘门、正压送风门、排压阀、防火阀等装置的调试，并按其特征以“处”为单位编制工程量清单项目。

⑤ 需要说明的问题，气体灭火控制系统装置调试如需采取安全措施时，应按施工组织设计要求，将安全措施费按《建设工程工程量清单计价规范》（GB 50500—2013）中表 3.3.1 安全施工项目编制工程量清单。

（3）清单项目设置　消防系统调试工程量清单项目设置、项目特征描述的内容、计量单位及工程量计算规则，应按表 4-11 的规定执行。

表 4-11　消防系统调试（编码：030905）

项目编码	项目名称	项目特征	计量单位	工程量计算规则	工程内容
030905001	自动报警系统调试	1. 点数 2. 线制	系统	按系统计算	系统调试
030905002	水灭火控制装置调试	系统形式	点	按控制装置的点数计算	调试
030905003	防火控制装置调试	1. 名称 2. 类型	个(部)	按设计图示数量计算	
030905004	气体灭火系统装置调试	1. 试验容器规格 2. 气体试喷	点	按调试、检验和验收所消耗的试验容器总数计算	1. 模拟喷气试验 2. 备用灭火器贮存容器切换操作试验 3. 气体试喷

注：1. 自动报警系统，包括各种探测器、报警器、报警按钮、报警控制器、消防广播、消防电话等组成的报警系统；按不同点数以系统计算。

2. 水灭火控制装置，自动喷洒系统按水流指示器数量以点（支路）计算；消火栓系统按消火栓启泵按钮数量，以点计算；消防水炮系统按水炮数量以点计算。

3. 防火控制装置，包括电动防火门、防火卷帘门、正压送风阀、排烟阀、防火控制阀、消防电梯等防火控制装置；电动防火门、防火卷帘门、正压送风阀、排烟阀、防火控制阀等调试以个计算，消防电梯以部计算。

4. 气体灭火系统调试，是由七氟丙烷、IG541、二氧化碳等组成的灭火系统；按气体灭火系统装置的瓶头阀以点计算。

单元小结

消防给水由室外消防给水系统、室内消防给水系统共同组成。室内消火栓给水系统一般由消火栓箱、消火栓、水带、水枪、消防管道、消防水池、高位水箱、水泵接合器、加压水泵、报警装置等组成。

在编制消防工程工程量清单时，应依据《通用安装工程工程量计算规范》（GB 50856—2013）附录J计算分部分项工程量并列出项目特征。工程量计算时仍按管道中水流动的方向与管道直径大小计算消防管道工程量，需按室内和室外两部分分部计算。

思考题

一、选择题

1. 点型探测器按线制的不同分为多线制与总线制两种，套用定额时，关于点型探测器，哪种说法不正确？（　　）

A. 不分规格、型号　　B. 不分安装方式、位置

C. 以单个为计算单位　　D. 不包括本体调试

2. 下列关于《江苏省安装工程计价定额》（2014版）中说法不正确的是（　　）。

A. 自动报警系统，包括各种探测器、报警器、报警按钮、报警控制器、消防广播、消防电话等组成的报警系统，按不同点数以系统计算

B. 水灭火系统控制装置调试按喷淋头数量以点计算

C. 消防报警系统配管、配线、接线盒均应执行《电气设备安装工程》中相应定额子目

D. 防火控制系统装置调试包括电动防火门、防火卷帘门、正压送风门、排压阀、防火阀等装置的调试

3. 下列关于《江苏省安装工程计价定额》（2014版）中说法正确的为（　　）。

A. 沟槽式阀门安装执行《给排水、采暖、燃气工程》相应的定额子目，其沟槽式法兰为未计价材料

B. 消防灭火系统室内外消火栓安装执行《给排水、采暖、燃气工程》的相应定额子目

C. 消防灭火水喷淋系统，其镀锌钢管（螺纹连接）安装定额执行《给排水、采暖燃气工程》的相应定额子目，其中包含了接头零件和水压试验费用

D. 消防水灭火系统，设置于管道间、管廊内的管道，其安装定额乘以系数1.3

4.《江苏省安装工程计价定额》（2014版）第九册《消防工程》与其他各册执行规定的描述正确的是（　　）。

A. 电缆敷设、桥架安装等安装均执行第四册《电气设备安装工程》

B. 消火栓管道、喷淋管道均执行第九册《消防工程》

C. 各种消防水泵、稳压泵均执行第一册《机械设备安装工程》

D. 设备支架制作、安装执行第九册《消防工程》

二、案例题

请根据下面工程量清单项目的内容，按照《建设工程工程量清单计价规范》（GB 50500—2013）和《江苏省安装工程计价定额》（2014版）的有关规定，计算综合单价和分部分项工程费。

为了便于计算，本工程人工、材料、机械台班、管理费、利润均按《江苏省安装工程计价定额》（2014版）规定不做调整。工程量清单综合单价分析表中工程量保留三位小数，其他数据保留两位小数。

（1）本工程为6层（檐口高度19m）的综合办公楼。

（2）室内消火栓管道为镀锌钢管 $DN100$（螺纹连接，安装在管廊内），清单工程量为80m（表面积0.358m^2/m）。穿楼板钢套管采用焊接钢管，直径比消火栓管道的公称直径大两号，数量为10个，套管长度按每个250mm计算。

(3) 该消火栓管道需要刷酚醛防锈漆两遍，管道岩棉管壳保温层厚度 $\delta=25$mm（保温体积 0.0109m^3/m），外包铝箔保护层（0.5297m^2/m）。

(4) 管道安装完毕后，须按设计规定对管道进行水压试验和消毒冲洗。

(5) 安装镀锌铁皮集热板 10 个，$DN15$ 的下垂型闭式洒水喷头（$K=80$）10 只（无吊顶），室内安装高度为距离楼地面 4.9m。

主要材料表

序号	名称和规格	单位	单价/元	备注
1	镀锌钢管 $DN100$	m	70	
2	焊接钢管 $DN150$	m	80	
3	下垂型闭式洒水喷头 $K=80$,$DN15$	只	20	
4	岩棉管壳保温层 $\delta=25$	m^3	1000	
5	酚醛防锈漆	kg	10	

单元五

通风空调工程工程量清单计价

单元任务

通过本单元的学习，了解通风空调工程的组成、通风管道系统的材料、通风管道系统的设备及部件，掌握通风空调工程施工图的识读，了解通风工程工程量计算、工程量清单的编制和招标控制价的编制。

知识目标

了解民用建筑通风空调工程的组成与分类；
了解通风空调工程图纸的识读方法；
了解通风空调工程工程量清单的计算规则；
了解通风空调工程定额计价的方法

能力目标

能完整识读通风空调工程施工图；
能计算通风空调工程清单工程量；
能根据计价定额进行通风空调工程工程量清单计价

拓展目标

通过案例学习，培养分析问题解决问题的能力

单元知识导航

- 知识准备—基本知识
  - 通风空调工程的组成与分类
  - 通风管道系统的材料、设备及部件
  - 通风空调工程常用图例、识图
- 知识准备—工程量清单计价知识
  - 通风空调工程清单计价
  - 通风工程计价实例

知识准备——基本知识

5.1 通风空调工程概述

通风空调工程就是使室内空气环境符合一定空气温度、相对湿度、空气流动速度和清洁度，并在其允许范围内波动的复杂装置和设备的安装工程。

5.1.1 通风空调工程的组成与分类

通风空调工程按不同的使用场合和生产工艺要求，大致分为通风系统、空气调节系统和空气洁净系统。

5.1.1.1 通风系统的分类

(1) 按其作用范围分类　通风系统按其作用范围分为全面通风、局部通风和混合通风等形式。

① 全面通风：在整个房间内进行全面空气交换，称为全面通风。当有害气体在很大范围内产生并扩散到整个房间时，就需要全面通风，排除有害气体和送入大量的新鲜空气，将有害气体浓度冲淡到容许浓度之内。

② 局部通风：将污浊空气或有害气体直接从产生的地方抽出，防止扩散到全室；或者将新鲜空气送到某个局部范围，改善局部范围的空气状况，称为局部通风。当车间的某些设备产生大量危害人体健康的有害气体时，采用全面通风不能冲淡到容许浓度，或者采用全面通风很不经济时，常采用局部通风。

③ 混合通风：采用全面排风和局部送风混合起来的通风形式。

(2) 按动力分类　通风系统按动力可分为自然通风和机械通风。

① 自然通风：是指利用室外冷空气与室内热空气密度的不同，以及建筑物通风面和背风面风压的不同而进行换气的通风方式。

② 机械通风：是指利用通风机产生的抽力和压力，借助通风管网进行室内外空气交换的通风方式。机械通风可以向房间或生产车间的任何地方供给适当数量新鲜的、用适当方式处理过的空气，也可以从房间或生产车间的任何地方按照要求的速度抽出一定数量的污浊空气（图 5-1）。

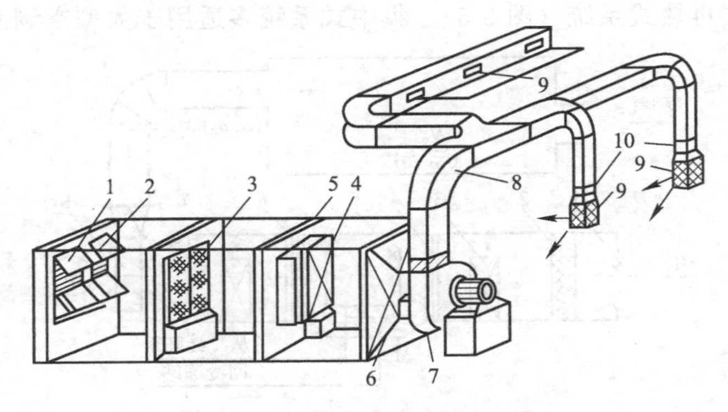

图 5-1　机械通风系统示意

1—百叶窗；2—保温阀；3—过滤器；4—空气加热器；5—旁通阀；6—启动阀；7—通风机；8—通风管道；9—出风口；10—调节阀

(3) 按其工艺要求分类　通风系统按其工艺要求分为送风系统、排风系统和除尘系统。

① 送风系统：用来向室内输送新鲜的或经过处理的空气。

② 排风系统：是将室内产生的污浊、高温干燥空气排到室外大气中。其主要工作流程为污浊空气由室内的排气罩吸入风管后，经通风机排到室外的风帽而进入大气。

如果预排放的污浊空气中有害物质的排放标准超过国家制定的排放标准，则必须经中和及吸收处理，使排放浓度低于排放标准后再排入大气。

③ 除尘系统：通常用于生产车间，其主要作用是将车间内含大量工业粉尘和微粒的空气进行收集处理，有效降低工业粉尘和微粒的含量，以达到排放标准。其工作流程主要是通过车间内的吸尘罩将含尘空气吸入，经风管进入除尘器除尘，随后通过风机送至室外风帽而排入大气。

5.1.1.2 空气调节系统的分类

空气调节系统是为保证室内空气的温度、湿度、风速及洁净度保持在一定范围内，并且不因室外气候条件和室内各种条件的变化而受影响的系统。一套较完善的空调系统主要由冷源、热源，空气处理设备，空气输送与分配及自动控制四大部分组成。

冷源是指制冷装置，它可以是直接蒸发式制冷机组或冰水机组。

热源提供热量用来加热空气（有时还包括加湿），常用的有蒸汽或热水等热媒或电热器等。

空气处理设备主要功能是对空气进行净化、冷却、减湿，或者加热加湿处理。

空气输送与分配设备主要有通风机、送回风管道、风阀、风口及空气分布器等。它们的作用是将送风合理地分配到各个空调房间，并将污浊空气排到室外。

自动控制的功能是使空调系统能适应室内外热湿负荷的变化，保证空调房间有一定的空调精度，其设备主要有温湿度调节器、电磁阀、各种流量调节阀等。近年来微型电子计算机也开始运用于大型空调系统的自动控制。

按空气处理设备的设置情况可分集中式空调系统、分散式空调系统和半集中式空调系统三种。

(1) 集中式空调系统　是将处理空气的空调器集中安装在专用的机房内，空气加热、冷却、加湿和除湿用的冷源和热源，由专用的冷冻站和锅炉房供给，即所有的空气处理设备全部集中在空调机房内。根据送风的特点，它又分为单风道系统、双风道系统及变风量系统三种。单风道系统常用的有直流式系统（图 5-2）、一次回风式系统（图 5-3）、二次回风式系统（图 5-4）及末端再热式系统（图 5-5）。集中式系统多适用于大型空调系统。

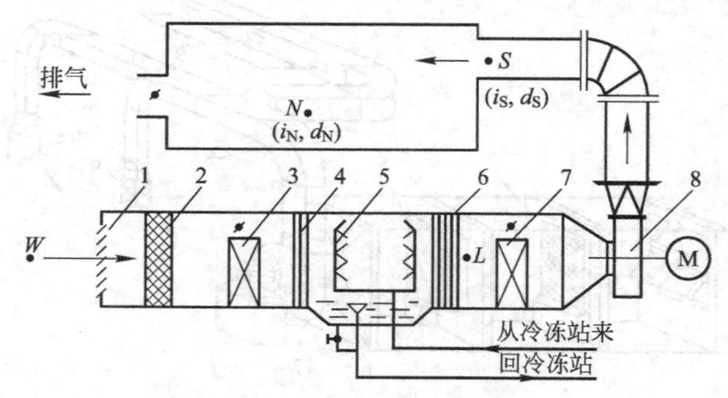

图 5-2　直流式空调系统流程

1—百叶栅；2—粗过滤器；3—一次加热器；4—前挡水板；5—喷水排管及喷嘴；6—后挡水板；7—二次风加热器；8—风机

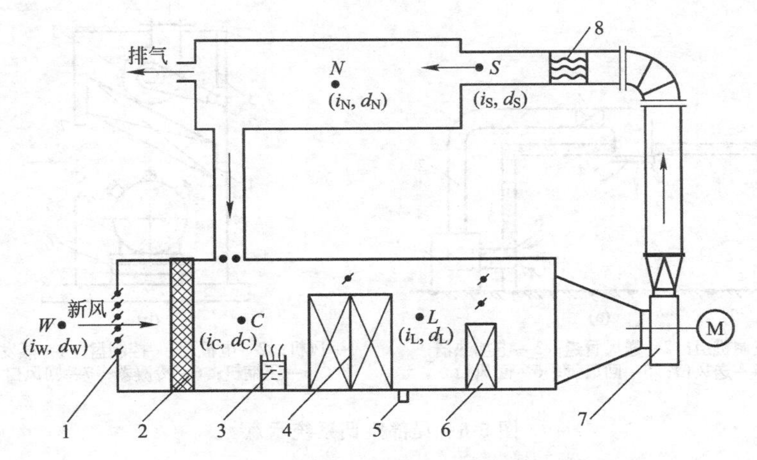

图 5-3　一次回风式空调系统流程

1—新风口；2—过滤器；3—电极加湿器；4—表面式蒸发器；
5—排水口；6—二次加热器；7—风机；8—精加热器

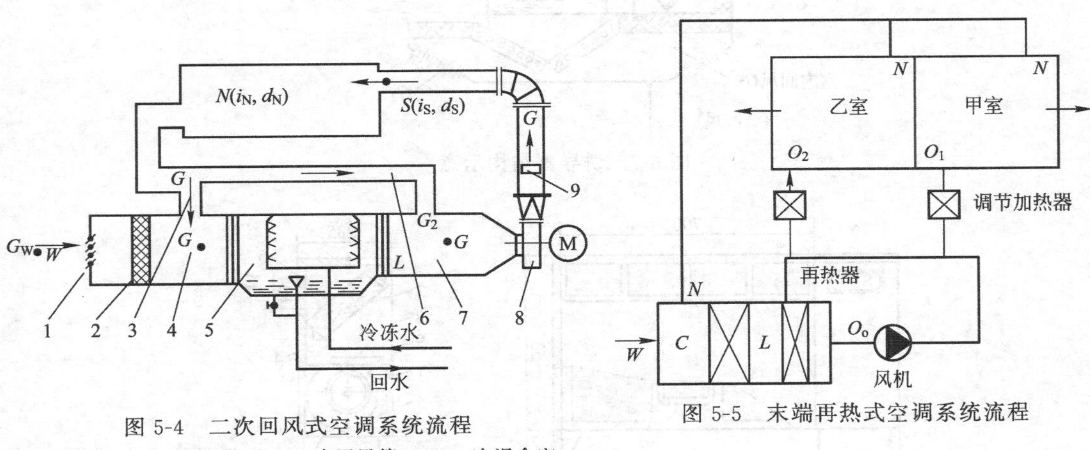

图 5-4　二次回风式空调系统流程

1—新风口；2—过滤器；3——一次回风管；4——一次混合室；
5—喷雾室；6—二次回风管；7—二次混合室；
8—风机；9—电加热器

图 5-5　末端再热式空调系统流程

(2) 分散式空调系统　也称局部式空调系统。它是将整体组装的空调器（热泵机组、带冷冻机的空调机组、不设集中新风系统的风机盘管机组等）直接放在空调房间内或者放在空调房间附近，每台机组只供 1 个或几个小房间，或者 1 个房间放几台机组，图 5-6 所示。分散式系统多用于空调房间布局分散和小面积的空调工程。

(3) 半集中式空调系统　也称混合式系统。它是集中处理部分或全部风量，然后送至各房间（或各区）再进行处理。包括集中处理新风，经诱导器（全空气或另加冷热盘管）送入室内或各室有风机盘管的系统（即风机盘管与下风道并用的系统），也包括分区机组系统等（图 5-7、图 5-8）。诱导式空调系统多用于建筑空间不大且装饰要求较高的旧建筑物、地下建筑、舰船、客机等场所。风机盘管空调系统多用于新建的高层建筑和需要增设空调的小面积多房间的旧建筑等。

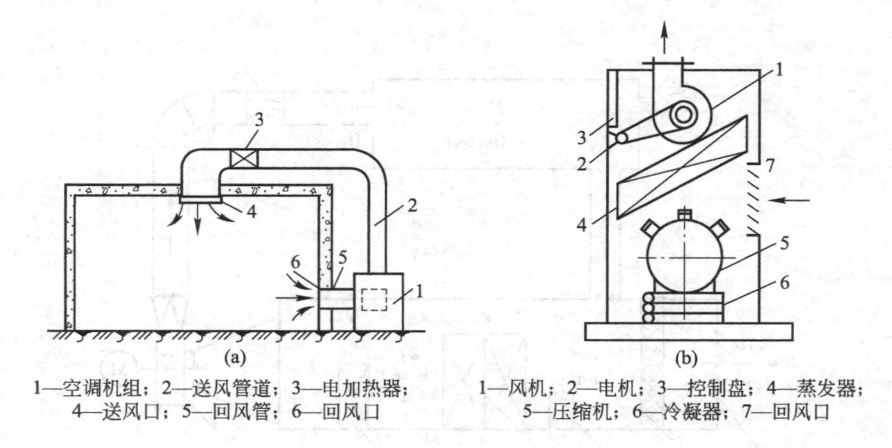

1—空调机组；2—送风管道；3—电加热器；4—送风口；5—回风管；6—回风口

1—风机；2—电机；3—控制盘；4—蒸发器；5—压缩机；6—冷凝器；7—回风口

图 5-6 局部空调系统示意

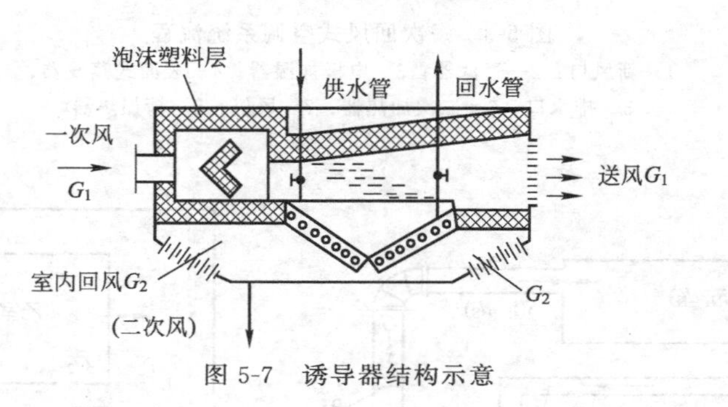

图 5-7 诱导器结构示意

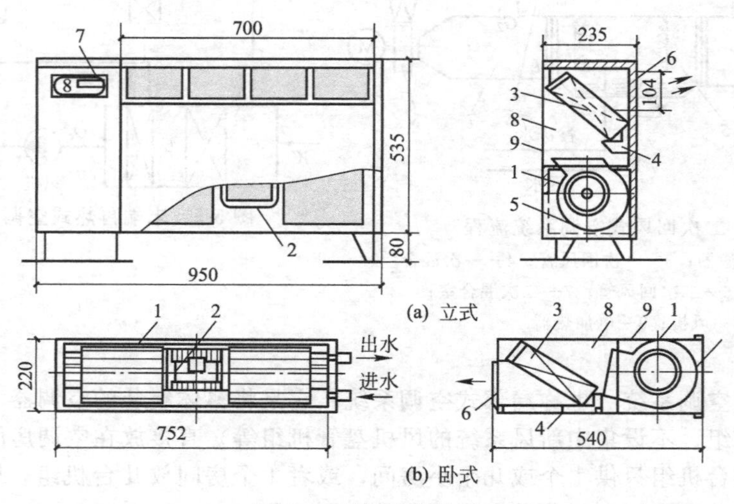

图 5-8 风机盘管构造

1—风机；2—电动机；3—盘管；4—凝水盘；5—循环风进口及过滤器；6—出风格栅；7—控制器；8—吸声材料；9—箱体

5.1.1.3 输送介质分类

按处理空调负荷的输送介质，分为全空气系统、空气-水系统、全水系统和直接蒸发机组系统。

（1）全空气系统 房间的全部冷热负荷均由集中处理后的空气负担。属于全空气系统的有定风量或变风量的单风道或双风道集中式系统、全空气诱导系统等。

(2) 空气-水系统 空调房间的负荷由集中处理的空气负担一部分，其他负荷由水作为介质被送入空调房间时，对空气进行再处理（加热、冷却等）。属于空气-水系统的有再热系统（另设有室温调节加热器的系统）、带盘管的诱导系统、风机盘管机组和风道并用的系统等。

(3) 全水系统 房间负荷全部由集中供应的冷、热水负担。如风机盘管系统、辐射板系统等。

(4) 直接蒸发机组系统 室内冷、热负荷由制冷和空调机组组合在一起的小型设备负担。直接蒸发机组按冷凝器冷却方式不同可分为风冷式、水冷式等，按安装组合情况可分为窗式（安装在窗或者墙洞内）、立柜式（制冷和空调设备组装在同一立柜式箱体内）和组合式（制冷和空调设备分别组装、联合使用）等。

5.1.1.4 管道风速分类

按送风管道风速，分为低速系统和高速系统两种。

(1) 低速系统 一般指主风道风速低于 15m/s 的系统。对于民用和公共建筑，主风道风速不超过 10m/s。

(2) 高速系统 一般指主风道风速高于 15m/s 的系统。对民用和公共建筑，主风道风速大于 12m/s 的也称为高速系统。

5.1.1.5 空气洁净系统的分类

空气洁净技术是发展现代工业不可缺少的辅助性综合技术。空气洁净系统根据洁净房间含尘浓度和生产工艺要求，按洁净室的气流流型可分为非单向流洁净室、单向流洁净室两类；又可按洁净室的构造分为整体式洁净室、配装式洁净室、局部净化式洁净室三类。

非单向流洁净室的气流流型不规则，工作区气流不均匀，并有涡流。适用于 1000 级（每升空气中粒径大于等于 0.5μm 的尘粒数平均值不超过 35 粒）以下的空气洁净系统。

单向流洁净室根据气流流动方向又可分为垂直向下和水平平行两种。适用于 100 级（每升空气中粒径大于等于 0.5μm 的尘粒数平均值不超过 3.5 粒）以下的空气洁净系统。

5.1.2 通风管道系统的材料

通风管道是通风和空调系统的重要组成部分。通风管道系统设计的目的，是要合理地组织空气流动，在保证使用效果（即按要求分配风量）的前提下，合理确定风管结构、尺寸和布置方式，使系统的初投资和运行费用综合最优。因此，通风管道系统的设计，将直接影响到通风系统的正常运行效果和技术经济性能。

5.1.2.1 通风管道的材料与形式

(1) 常用材料 用作通风管道的材料很多，常用的主要有金属薄板和非金属材料两大类。

二维码12

非金属通风管材

① 金属薄板：是制作风管及其部件的主要材料，通常使用的有普通薄钢板、镀锌薄钢板、不锈钢钢板、铝板和塑料复合钢板。优点是易于工业化加工制作、安装方便、能承受较高温度。

② 非金属材料：有硬聚氯乙烯塑料板、玻璃钢、酚醛铝箔复合风管、聚氨酯铝箔复合风管、聚酯纤维织物风管、玻镁风管等。

(2) 风管形状和规格

① 风管断面形状的选择：通风管道的断面形状有圆形和矩形两种。在同样的断面积下，圆形风管周长最短，最为经济。由于矩形风管四角存在局部涡流，所以在同样风量下，矩形风管的压力损失要比圆形风管大。因此，在一般情况下（特别是除尘风管）都采用圆形风管，只是有时为了便于和建筑配合才采用矩形断面。

对于断面积相同的矩形风管，风管表面积随 a/b 的增大而增大，在相同流量条件下，压力损失也随 a/b 的增大而增大。因此，设计时应尽量使 a/b 等于 1 或接近于 1。

② 通风管道统一规格：通风、空调管道应先用通风管道统一规格，优先采用圆形风管或选用长短边之比不大于 4 的矩形截面，最大长短边之比不应超过 10。风管的截面尺寸按《通风与空调工程施工质量验收规范》(GB 50243—2016) 的规定执行。

金属风管管径以外径或外边长为准，非金属风道管径以内径或内边长为准。

5.1.2.2 常用保温材料

二维码13

通风管道常用的保温材料

在通风工程中，为了保持空气的一定温度，减少热量或冷量的损失，当通风管道通过非被空调房间的部分，需要对风管或风机进行保温。在有些排送高温空气的通风系统中，为了防止操作人员不小心被烫伤和降低工作地点的温度，以改善劳动条件，对风管也要采取保温措施。

通风管道及设备所用的保温材料应具有较低的导热系数、质轻、难燃、耐热性能稳定、吸湿性小、并易于成型等特点。常用的保温材料有玻璃棉、泡沫塑料、岩棉、蔗渣碎粒板、木丝板、橡塑发泡管材及板材等。

5.1.3 通风管道系统的设备及部件

5.1.3.1 空气净化设备

通风空调系统中对空气的净化，是通过空气过滤器来实现的。根据对空气净化要求不同，可以分为一般清洁度、净化、超净化三类。常用的过滤设备如下。

(1) 粗效过滤器　常用的有 M-Ⅲ型泡沫塑料过滤器和自动清洗油过滤器。

(2) 中效过滤器　有 M 型、YB 型泡沫塑料过滤器和 YB 型玻璃纤维过滤器。常用的过滤效率较高的有 YB-02 型玻璃纤维过滤器。

(3) 高效过滤器　有 GB 型、GS 型、CX 型和 JX 型等，其过滤材料都是用纤维纸做成。此外还有 JKG-2A 型静电空气过滤器。

5.1.3.2 空气加热器

在通风空调系统中，常用的空气加热器一般是采用蒸汽和热水作媒介。这类加热器有以下五类：套片（穿片）式加热器、褶皱式绕片加热器、光滑绕片式加热器、轧片式加热器、镶片式加热器。此外，在专门用作补偿空调房间内热量波动（干扰量）的第三次加热采用电加热器。电加热器在空调工程上应用有裸露电阻丝（裸露式电加热器）和电热元件（管式电加热器）两类。无论裸露式或管式电加热器，一般都做成抽屉形。

5.1.3.3 空气冷却器

空气的冷却干燥处理，除了用喷水室进行喷水处理外，还常用空气表面冷却器来实现。空气表面冷却器有用低温水或盐水作冷媒的，叫水冷式表面冷却器；有用制冷剂（氟利昂）作冷媒的，叫直接蒸发式表面冷却器。表面冷却器的结构原理、制作材料等与空气加热器基本相同。也可用普通加热器作表面冷却器使用。表面冷却器还可用来干燥湿空气，冷却时析出冷凝水，起到一定的降温效果。

还可以利用低温水在淋水室喷成水雾，当热空气通过时和低温水接触，进行热湿交换，由接触冷却和蒸发冷却使空气温度降低。

5.1.3.4 空气加湿与除湿设备

最常用的空气加湿和除湿设备是淋水室。

淋水室是一种多功能的空气调节设备。当空气进入淋水室与排列成行的喷嘴喷出的水相接触，空气和水发生了湿热交换。可根据需要送入不同温度的水，对空气进行加热、冷却、加湿、除湿等多种处理。

在处理过程中，不但进行了湿热交换，并且空气中的尘粉经水的喷淋而被清除。淋水室因制作方便，功能较广，故一般大型空调系统中应用较广。

5.1.3.5　噪音消除设备

通风系统的噪音主要由通风机运转而产生。要消除噪音可选择低噪声的通风机或采用消音器。

消音器的种类很多，常用的有管式、片式、弧形声流式等。

5.1.3.6　排风除尘设备

排风除尘的目的在于：净化含有大量灰尘的空气，改善环境卫生条件；回收有用的废料。常用的除尘设备有旋风除尘器、袋式除尘器、旋筒式水膜除尘器等。此外还有惰性除尘器、泡沫除尘器、龙卷风除尘器、扩散式旋风除尘器等多种形式。

5.1.3.7　通风机

在机械通风系统中，迫使空气流动的机械叫通风机。通风机根据制造原理可分为离心式通风机和轴流式通风机。

(1) 离心式通风机　由旋转的叶轮、机壳导流器和排风口组成，叶轮上装有一定数量的叶片。用于一般的送排风系统，或安装在除尘器后的除尘系统。适宜输送温度低于80℃、含尘浓度小于150mg/m^{3}的无腐蚀性、无黏性的气体。

(2) 轴流式通风机　由圆筒形机壳、叶轮、吸风口、扩压器等组成。叶轮由轮毂和铆在其上的叶片组成，叶片从根部到顶部呈扭曲状态或与轮毂呈轴向倾斜状态，安装角度一般不能调节，但大型轴流式通风机叶片安装角度可调节，从而改变风机的流量和风压。适用于一般厂房的低压通风系统。

5.1.3.8　室内送、排风口

室内送、排风口是通风系统的重要组成部件。它们的作用是按照一定的流速，将一定数量的空气送到用气地点，或从排气点排出。通风空调工程中使用最广泛的是铝合金风口，表面经氧化处理，具有良好的防腐、防水性能。

目前常用的风口有格栅风口、地板回风口、条缝形风口、百叶风口（包括固定百叶风口和活动百叶风口）和散流器。

按具体功能，可将风口分为新风口、排风口、送风口、回风口等。新风口将室外清洁空气吸入管网内；排风口将室内或管网内空气排到室外；回风口将室内空气吸入管网内；送风口将管网内空气送入室内。控制污染气流的局部排风罩也可视为一类风口，它将污染气流和室内空气吸入排风系统管道，通过排风口排到室外。新风口、回风口比较简单，常用格栅、百叶等形式。送风口形式比较多，工程中根据室内气流组织的要求选用不同的形式，常用的有格栅、百叶、条缝、孔板、散流器、喷口等。排风口为了防止室外风对排风效果的影响，往往要加装避风风帽。

避风风帽安装在排风系统出口，它是利用风力造成的负压，加强排风能力的一种装置。它的特点是在普通风帽的外围增设一圈挡风圈。挡风圈的作用与避风天窗的挡风板是类似的，室外气流吹过风帽时，可以保证排出口基本上处于负压区内。在自然排风的出口装设避风风帽可以增大系统的抽力，有些阻力比较小的自然排风系统则完全依靠风帽的负压克服系统的阻力。有时风帽也可以装在屋顶上，进行全面排风。筒形风帽是用于自然通风的一种避风风帽。筒形风帽既可装在具有热压作用的室内（如浴室）或装在有热烟气产生的炉口或炉子上（如加热炉等），也可装在没有热压作用的房间（如库房），这时仅借风压作用产生少量换气而进行全面排风。

5.1.3.9 通风管道

通风管道是通风系统中的主要部件之一，其作用是用来输送空气。常用的通风管道的断面有圆形和矩形两种。同样截面积的管道，以圆形截面最节约材料，而且流动阻力小，因此采用圆形风道的较多。当考虑到美观和穿越结构物或管道交叉敷设时为便于施工，才用矩形风道或其他截面的风道。民用建筑中墙内的砖砌风道都采用矩形。

5.1.3.10 风阀

风阀是空气输配管网的控制、调节机构，基本功能是截断或开通空气流通的管路，调节或分配管路流量。

(1) 同时具有控制、调节两种功能的风阀有蝶式调节阀、菱形单叶调节阀、插板阀、平行式多叶调节阀、对开式多叶调节阀、菱形多叶调节阀、复式多叶调节阀、三通调节阀等。

蝶式调节阀、菱形单叶调节阀和插板阀主要用于小断面风管；平行式多叶调节阀、对开式多叶调节阀、菱形多叶调节阀主要用于大断面风管；复式多叶调节阀、三通调节阀用于管网分流、合流或旁通处的各支路风量调节。

蝶式调节阀、平行式多叶调节阀、对开式多叶调节阀靠改变叶片角度调节风量，平行式多叶调节阀的叶片转动方向相同，对开式多叶调节阀的相邻两叶片转动方向相反。插板阀靠插板插入管道的深度调节风量。菱形调节阀靠改变叶片张角调节风量。

(2) 只具有控制功能的风阀有止回阀、防火阀、排烟阀等。止回阀控制气流的流动方向，阻止气流逆向流动；防火阀平常全开，火灾时关闭并切断气流，防止火灾通过风管蔓延，在70℃关闭；排烟阀平常关闭，排烟时全开，排出室内烟气，在80℃开启。

5.1.3.11 进、排气装置

进气装置的作用在于从室外采集洁净空气，供给室内送风系统使用；而排气装置的作用则是将排气系统集中的污浊空气排放至室外。

5.1.4 通风空调工程常用图例、识图

5.1.4.1 水、汽管道的图例

水、汽管道代号表示方法见表5-1。

表5-1 水、汽管道代号

序号	代号	管道名称	备注
1	RG	采暖热水供水管	可附加1、2、3等表示一个符号、不同参数的多种管道
2	RH	采暖热水回水管	可通过实线、虚线表示供、回关系，省略字母G、H
3	LG	空调冷水供水管	—
4	LH	空调冷水回水管	—
5	KRG	空调热水供水管	—
6	KRH	空调热水回水管	—
7	LRG	空调冷、热水供水管	—
8	LRH	空调冷、热水回水管	—
9	LQG	冷却水供水管	—

续表

序号	代号	管道名称	备　注
10	LQH	冷却水回水管	—
11	n	空调冷凝水管	—
12	PZ	膨胀水管	—
13	BS	补水管	—
14	X	循环管	—
15	LM	冷媒管	—
16	YG	乙二醇供水管	—
17	YH	乙二醇回水管	—
18	BG	冰水供水管	—
19	BH	冰水回水管	—
20	ZG	过热蒸汽管	—
21	ZB	饱和蒸汽管	可附加1、2、3等表示一个代号、不同参数的多种管道
22	Z2	二次蒸汽管	—
23	N	凝结水管	—
24	J	给水管	—
25	SR	软化水管	—
26	CY	除氧水管	—
27	GG	锅炉进水管	—
28	JY	加药管	—
29	YS	盐溶液管	—
30	XI	连续排污管	—
31	XD	定期排污管	—
32	XS	泄水管	—
33	YS	溢水(油)管	—
34	R_1G	一次热水供水管	—
35	R_1H	一次热水回水管	—
36	F	放空管	—
37	FAQ	安全阀放空管	—
38	O1	柴油供油管	—
39	O2	柴油回油管	—
40	OZ1	重油供油管	—
41	OZ2	柴油回油管	—
42	OP	排油管	—

5.1.4.2　通风空调工程施工图的组成和识读

(1) 图纸的组成　通风空调工程图一般由基本图和详图两部分组成。基本图包括平面图、剖面图和系统图。详图主要有通风设备安装图、部件制作大样图。另外，还有通风空调设备和材料明细表及施工说明。

① 平面图：表明设备、管道的平面布置。包括风机、风管、风口、阀门等设备与部件的位置和建筑物墙面、柱子的距离及各部分尺寸，同时还应用符号注明进出口的空气流动方向。

② 剖面图：表明管路、设备在垂直方向的布置及主要尺寸，应与平面图对照查看。

③ 系统图：表明风管在空间的交叉迂回情况及其通风管件的相对位置和方向，各段风管的管径、风机风口、阀门的型号等。

(2) 图纸的识读　首先应熟悉图例符号和施工说明，看图时要将平面图与剖面图对应起来看，找出各部尺寸的对应关系，形成通风空调系统的整体概念，对于复杂的系统，还要通过系统图对其风管在空间的曲折、交叉情况分辨清楚。阅读图纸时可以顺着通风空调系统气流的方向逐段看图，对于送风系统可以从室外进风口看起，沿着管路直到送风口；对于排风系统，可以从吸风口看起，沿着管路直到室外排风帽。如图 5-9 所示，为某车间排风系统，设备靠墙并列着，与设备相连的竖管是直径为 220mm 的圆管，其中设有蝶阀。水平干管分别由 ϕ220mm、ϕ280mm、ϕ320mm 三段圆管组成，中间设变径三通，风管中心线距墙面 500mm，干管管顶标高为 3.5m。干管穿过墙洞伸出室外后，由直径为 320mm 的弯头向下转至风机进风口高度时再水平向右接风机进风口，风机出风口接竖直向上的直径为 320mm 的圆形管道，顶端安装伞形风帽，标高为 8.5m。

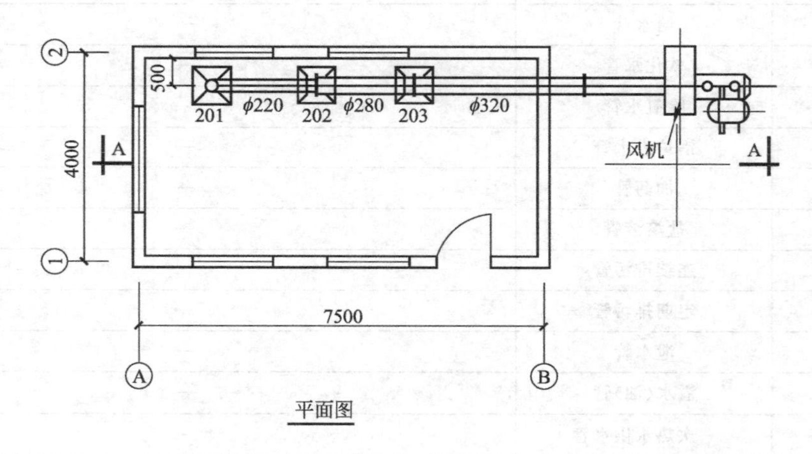

平面图

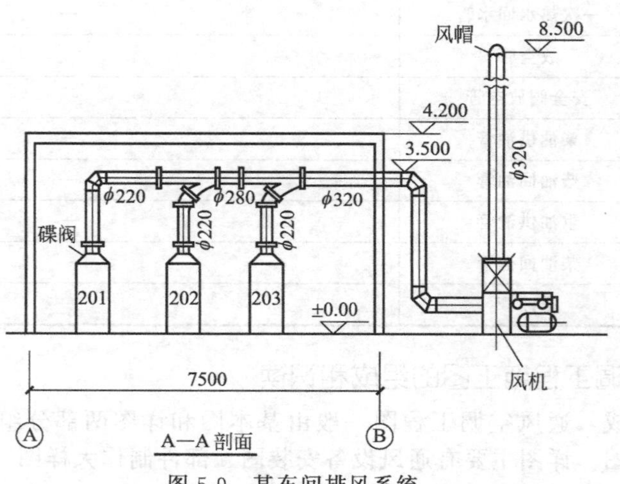

A—A 剖面

图 5-9　某车间排风系统

知识准备——工程量清单计价知识

5.2　通风空调工程清单计价

5.2.1　通风空调工程计价定额的概述

计价定额《第七册　通风空调工程》适用于工业与民用新建、扩建通风空调工程，按国家标准图集（或其他部颁标准图集）为依据，共划分为三章。包括：通风及空调设备及部件制作安装、通风管道制作安装、通风管道部件制作安装。

各章又以管道、部件、设备种类、型号、形状、功能及加工方式不同，分为3部分；以各项的直径或周长、规格、重量、型号或形式等不同，划分为584个定额子项。套用计价定额时，应注意以下规定。

5.2.1.1　与其他有关计价定额的关系

（1）刷油、绝热、防腐部分使用计价定额《第十一册　刷油、防腐蚀、绝热工程》各有关章节。

（2）计价定额中的风机等设备是指一般通风空调使用的设备，计价定额中未包括的项目如除尘风机等，可执行计价定额《第一册　机械设备安装工程》有关项目。

（3）两册计价定额同时列有相同风机安装项目时，属通风空调工程的均执行本计价定额。

（4）计价定额中设备安装项目是按通风空调工程施工工艺考虑的，通风空调工程在计价表中已列有的项目，都不得因计价定额水平不同而套用其他计价定额相同项目。

（5）玻璃钢冷却塔可执行计价定额《第一册　机械设备安装工程》相应子目。

（6）如设计要求无损探伤，可执行计价定额《第三册　静置设备与工艺金属结构安装工程》相应子目。

5.2.1.2　使用第十一册有关章节时应注意的事项

（1）通风空调管及部件刷油保温工程，均执行计价定额《第十一册　刷油、绝热、防腐蚀工程》相应项目及工程量计算规则。

（2）薄钢板风管刷油，与风管制作工程量相同，按其工程量套用管道刷油有关子目。仅外（或内）面刷油者，人工、材料、机械乘以系数1.2；内外刷油者，人工、材料、机械乘以系数1.1；但法兰、加固框、吊托支架等风管所依附的零件不再另计刷油工程量。

（3）薄钢板部件刷油，工程量按部件重量计算。套用金属结构刷油子目，人工、材料、机械乘以系数1.15，如风帽等。

（4）不包括在风管工程量内，单独列项的各种支架（不锈钢吊托架除外），以重量为计量单位，套用金属结构刷油有关子目。

（5）薄钢板风管、部件及单独列项的支架，其除锈工程量均按第一遍刷油工程量计算，套用有关子目。

（6）绝热保温材料不需要黏结的，套用有关子目时，须减去其中黏结材料，人工乘以系数0.5。

5.2.1.3　计价定额计取有关费用的规定

（1）脚手架搭拆费按人工费的3%计取，其中人工费占25%，不论实际搭设与否，都可以计取。

(2) 超高增加费（指操作物高度距离地面6m以上的工程）按人工费的15%计取；使用第十一册的部分，人工费增加30%，机械费增加30%。

(3) 系统调整费按人工费的13%计算，其中工资占25%。

(4) 安装与生产同时进行增加费用按人工费的10%计取。

(5) 在有害身体健康的环境中施工降效增加费用，按人工费的10%计取。

(6) 高层建筑增加费（指高度在6层或20m以上的工业与民用建筑）按表5-2计算（其中全部为人工工资）。

表5-2 高层建筑增加费系数

层数		9层以下(30m)	12层以下(40m)	15层以下(50m)	18层以下(60m)	21层以下(70m)	24层以下(80m)	27层以下(90m)	30层以下(100m)	33层以下(110m)
按人工费的/%		3	5	7	10	12	15	19	22	25
其中	人工工资/%	33	40	43	40	42	40	42	45	52
	机械费占/%	67	60	57	60	58	60	58	55	48
层数		36层以下(120m)	40层以下(130m)	42层以下(140m)	45层以下(150m)	48层以下(160m)	51层以下(170m)	54层以下(180m)	57层以下(190m)	60层以下(200m)
按人工费的/%		28	32	36	39	41	44	47	51	54
其中	人工工资/%	57	59	62	65	68	70	72	73	74
	机械费占/%	43	41	38	35	32	30	28	27	26

5.2.1.4 计价定额中有关子目套用、调整、换算规定

(1) 通风空调设备及部件制作安装

① 风机安装按设计不同型号以“台”为计量单位。

② 通风机安装子目内包括电动机安装，其安装形式包括A型、B型、C型或D型，也适用于不锈钢和塑料风机安装。

③ 风机减震台座制作安装执行设备支架计价定额，计价定额内不包括减震器，应按设计规定另行计算。

④ 整体式空调机组安装，空调器按不同重量和安装方式，以“台”为计量单位；分段组装式空调器按重量以“kg”为计量单位。

⑤ 风机盘管安装按安装方式不同，以“台”为计量单位，诱导器安装套用风机盘管安装子目。

⑥ 空气加热器、除尘设备安装按重量不同，以“台”为计量单位。

⑦ 高、中、低效过滤器、净化工作台安装以“台”为计量单位，风淋室安装按不同重量以“台”为计量单位。

⑧ 挡水板制作安装按空调器断面面积计算。

⑨ 钢板密闭门制作安装以“个”为计量单位。

⑩ 洁净室安装按重量计算，执行本册计价定额1.3“分段组装式空调安装”计价定额。

⑪ 罩类制作安装子目中不包括各种排气罩，可套用罩类中近似的子目。

⑫ 清洗槽、浸油槽、晾干架、LWP滤尘器支架制作安装套用设备支架子目。

⑬ 设备支架制作安装按图示尺寸以“kg”为计量单位，执行计价定额《第三册 静置

设备与工艺金属结构制作安装工程》相应项目和工程量计算规则。

（2）通风管道制作安装

1）风管制作安装以施工图规格不同按展开面积计算，不扣除检查孔、测定孔、吸风口等所占面积。

圆管

$$F=\pi DL \tag{5-1}$$

式中　F——圆形风管展开面积，m^2；

D——圆形风管直径，m；

L——管道中心线长度，m。

矩形管：按图示周长乘以管道中心线长度计算。

2）风管长度一律以施工图示中心线长度为准（主管与支管以其中心线交点划分），包括弯头、三通、变径管、天圆地方等管件的长度，但不得包括部件所占长度。直径和周长按图示尺寸为准展开。咬口重叠部分已包括在计价表内，不得另行增加（图 5-10）。

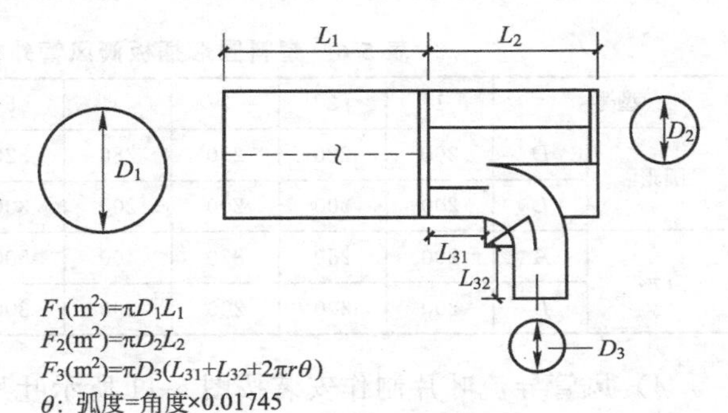

图 5-10　风管直径和周长展开

3）在计算风管长度时应该减除的部分通风部件长度 L 为：

① 蝶阀：$L=150$mm；

② 止回阀：$L=300$mm；

③ 密闭式对开多叶调节阀：$L=210$mm；

④ 圆形风管防火阀：$L=D+240$mm；

⑤ 矩形风管防火阀：$L=B+240$mm；

⑥ 密闭式斜插板阀：风管外径 D 见表 5-3；

表 5-3　密闭式斜插板阀的风管外径 D　　单位：mm

型号	1	2	3	4	5	6	7	8	9	10	11	12	13	14	15	16
D	80	85	90	95	100	105	110	115	120	125	130	135	140	145	150	155
L	280	285	290	300	305	310	315	320	325	330	335	340	345	350	355	360
型号	17	18	19	20	21	22	23	24	25	26	27	28	29	30	31	32
D	160	165	170	175	180	185	190	195	200	205	210	215	220	225	230	235
L	365	370	375	380	385	390	395	400	405	410	415	420	425	430	435	440
型号	33	34	35	36	37	38	39	40	41	42	43	44	45	46	47	48
D	240	245	250	255	260	265	270	275	280	285	290	300	310	320	330	340
L	440	445	450	455	460	465	470	475	480	485	490	500	510	520	530	540

⑦ 塑料手柄式蝶阀：风管外径 D 和方形风管外边长 A 见表 5-4；

表 5-4　塑料手柄式蝶阀风管外径 D 和方形风管外边长 A　　单位：mm

型号		1	2	3	4	5	6	7	8	9	10	11	12	13	14
圆形	D	100	120	140	160	180	200	220	250	280	320	360	400	450	500
	L	160	160	160	180	200	220	240	270	380	340	380	420	470	520
方形	A	120	160	200	250	320	400	500							
	L	160	180	220	270	340	420	520							

⑧ 塑料拉链式蝶阀：风管外径 D 和方形风管外边长 A 见表 5-5；

表 5-5 塑料拉链式蝶阀风管外径 D 和方形风管外边长 A 单位：mm

型号		1	2	3	4	5	6	7	8	9	10	11
圆形	D	200	220	250	280	320	360	400	450	500	560	630
	L	240	240	270	300	340	380	420	470	520	580	650
方形	A	200	250	320	400	500	630					
	L	240	270	340	420	520	650					

⑨ 塑料圆形插板阀：风管外径 D 和方形风管外边长 A 见表 5-6。

表 5-6 塑料圆形插板阀风管外径 D 和方形风管外边长 A 单位：mm

型号		1	2	3	4	5	6	7	8	9	10	11
圆形	D	200	220	250	280	320	360	400	450	500	560	630
	L	200	200	200	200	300	300	300	300	300	300	300
方形	A	200	250	320	400	500	630					
	L	200	200	200	200	300	300					

4）风管导流叶片制作安装按图 5-11 所示叶片的面积计算。风管导叶不分单叶片和香蕉形双叶片，均使用同一计价定额子目。

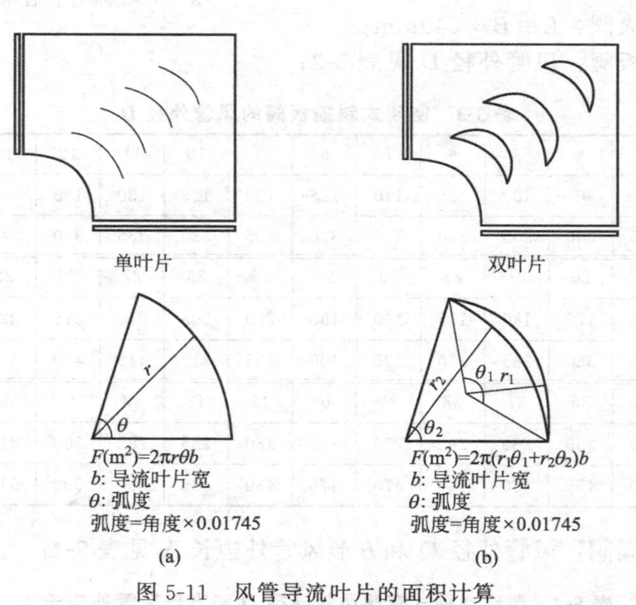

图 5-11 风管导流叶片的面积计算

5）净化通风管及部件制作安装中，圆形风管套用本章矩形风管有关子目。

6）整个通风系统设计采用渐缩管均匀送风的，圆形风管按平均直径、矩形风管按平均周长计算，套用相应规格子目，其人工乘以系数 2.5（图 5-12）。

7）薄钢板通风管道、净化通风管道、玻璃钢通风管道、复合型材料通风管道的制作安装中已包括法兰、加固框和吊托支架，不得另行计算。但不包括跨风管落地支架的安装，落地支架套用设备支架安装子目。

8）塑料通风管道制作安装子目中，包括管件、法兰、加固框的安装，但不包括吊托支架的安装，吊托支架的安装另套有关子目。

9）不锈钢板通风管道、铝板通风管道制作安装包括管件的安装，但不包括法兰和吊托支架的安装，法兰和吊托支架的安装单独列项计算，套用相应子目。

10）风管吊托支架子目是按膨胀螺栓连接考虑的，安装方法不同不得换算。

11）软管接头使用人造革或其他材料而不使用帆布者，可以换算。

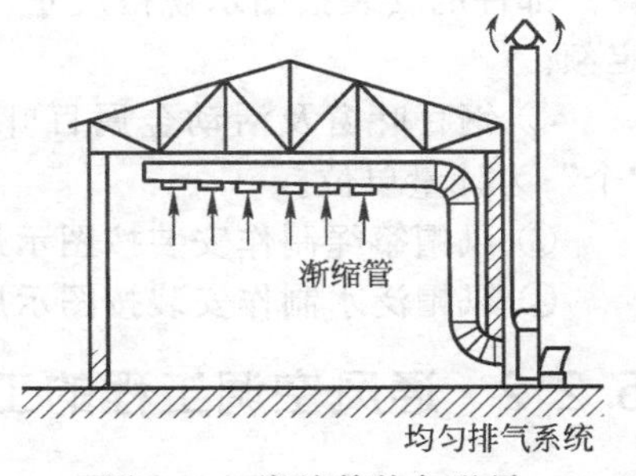

图 5-12　渐缩管均匀送风

12）柔性软风管安装，按图示管道中心线长度以“m”为计量单位，柔性软风管阀门安装以“个”为计量单位。

13）软管（帆布接口）制作安装，按图示尺寸以“m”为计量单位。

14）不锈钢风管及部件，以电焊考虑的子目，如需使用手工氩弧焊者，其人工乘以系数 1.238，材料乘以系数 1.163，机械乘以系数 1.673。

15）铝板风管及部件，以气焊考虑的子目，如使用手工氩弧焊者，其人工乘以系数 1.154，材料乘以系数 0.852，机械乘以系数 9.242。

16）塑料风管、复合型材料风管制作安装计价定额所列规格直径为内径，周长为内周长。

17）风管及部件子目中，型钢未包括镀锌费，若设计要求镀锌，另加镀锌费。

18）各类通风管道子目中的板材，若设计要求厚度不同，可以换算，但人工、机械不变。薄钢板通风管道制作和安装中的板材，计价定额是按镀锌薄钢板编制的，若设计要求不是镀锌薄钢板者，板材可以换算，其他不变。

19）各类通风管道、部件、管件、风帽、罩类子目中的法兰垫，如设计要求使用材料品种不同者，可以换算，但人工不变。使用泡沫塑料者每 1kg 橡胶板可以换算为泡沫塑料 0.125kg，使用密闭乳胶海绵者每 1kg 橡胶板换算为闭孔乳胶海绵 0.5kg。

20）普通咬口风管通风系统有凝结水产生，若设计要求对其咬口缝增加锡焊或涂密封胶时，可按相应的净化风管子目中的密封材料增加 50%，清洗材料增加 20%。人工每 $10m^2$ 增加 1 个工日计算。

21）净化通风管道涂密封胶是按全部口缝外表面涂抹考虑的，若设计要求口缝不涂抹而只在法兰处涂抹者，每 $10m^2$ 风管应减去密封胶 1.5kg，人工减 0.37 工日。

22）若设计要求净化风管咬口处用焊锡，可按每 $10m^2$ 风管使用 1.1kg 焊锡，0.11kg 盐酸，减除计价定额中密封胶使用量，其他不变。

23）若制作空气幕送风管，按矩形风管平均周长套用相应风管规格子目，其人工乘以系数 3，其余不变。

24）玻璃挡水板套用钢板挡水板相应子目，其材料、机械均乘以系数 0.45，人工不变。保温钢板密闭门套用钢板密闭门子目，其材料乘以系数 0.5，机械乘以系数 0.45，人工不变。

25）风管检查孔重量，按本册计价定额附录二“国标通风部件标准重量表”计算。

26）风管测定孔制作安装，按其型号以“个”为计量单位。

（3）通风管道部件制作安装

① 标准部件的制作，按其成品重量以“kg”为计量单位，根据设计型号、规格，按本册计价定额附录二“国标通风部件标准重量表”计算重量，非标准部件按图示成品重量计

算。部件的安装按图示规格尺寸（周长或直径），以“个”为计量单位，分别执行相应计价定额。

② 钢百叶窗及活动金属百叶风口的制作，以“m^2”为计量单位，安装按规格尺寸以“个”为计量单位。

③ 风帽筝绳制作安装按图示规格、长度，以“kg”为计量单位。

④ 风帽泛水制作安装按图示展开面积以“m^2”为计量单位。

5.2.2 通风空调工程的工程量清单设置

5.2.2.1 “计算规范”附录G“通风空调工程”概况

① 通风工程包括通风及空调设备安装、各种材质的通风管道的制作安装、管道部件（阀类、风口、风帽及消声器等）制作安装项目。

② 本附录适用于采用工程量清单报价的新建、扩建工程中的通风空调工程。本附录分4节，共52个清单项目，包括通风空调设备及部件制作安装、通风管道制作安装、通风管道部件制作安装和通风工程检测、调试。

③ 本附录的通风设备、除尘设备、专供为通风工程配套的各种风机及除尘设备、其他工业用风机（如热力设备用风机）及除尘设备应按“计算规范”附录A及附录B的相关项目编制工程量清单。

5.2.2.2 附录需要说明的问题

(1) 关于项目特征　项目特征是工程量清单计价的关键依据之一，由于项目的特征不同，其计价的结果也相应发生差异，因此发包人在招标工程量清单中对项目特征的描述，应被认为是准确的和全面的，并且与实际施工要求相符合。承包人应按照发包人提供的招标工程量清单，根据项目特征描述的内容及有关要求实施合同工程，直到项目特征被改变为止。若在合同履行期间出现设计图纸（含设计变更）与招标工程量清单任一项目的特征描述不符，且该变化引起该项目工程造价增减变化的，应按照实际施工的项目特征，按规范相关条款的规定重新确定相应工程量清单项目的综合单价，并调整合同价款。

(2) 关于工程量计算　工程量必须按照计算规范规定的工程量计算规则计算。结算时，工程量必须以承包人完成合同工程应予计量的工程量确定。

(3) 风险范围及内容　建设工程发承包必须在招标文件、合同中明确计价中的风险内容及其范围，不得采用无限风险、所有风险或类似语句规定计价中的风险内容及范围。

由于出现下列因素影响合同价款调整的，应由发包人承担。

① 国家法律、法规、规章和政策发生变化；

② 省级或行业建设主管部门发布的人工费调整，但承包人对人工费或人工单价的报价高于发布的除外；

③ 由政府定价或政府指导价管理的原材料等价格进行了调整。

(4) 相关问题及说明

① 附录G“通风空调工程”适用于通风空调设备及部件、通风管道及部件的制作安装工程；

② 冷冻机组站内的设备安装、通风机安装及人防两用通风机安装，应按计算规范附录A“机械设备安装工程”相关项目编码列项；

③ 冷冻机组站内的管道安装，应按计算规范附录H“工业管道工程”相关项目编码列项；

④ 冷冻站外墙皮以外通往通风空调设备的供热、供冷、供水等管道，应按计算规范附

录K“给排水、采暖、燃气工程”相关项目编码列项；

⑤ 设备和支架的除锈、刷漆、保温及保护层安装，应按计算规范附录M“刷油、防腐蚀、绝热工程”相关项目编码列项。

5.2.2.3　工程量清单项目设置

（1）通风空调设备及部件制作安装　通风空调设备安装工程包括空气加热器、通风机、除尘设备、空调器（各式空调机、风机盘管等）、过滤器、净化工作台、风淋室、洁净室及空调机的配件制作安装项目。

通风空调设备应按项目特征不同编制工程量清单，如风机的型号应描述离心式风机、轴流式风机、屋顶式风机、卫生间通风器；风机的规格应描述风机叶轮的直径4#、5#等；除尘器应标出每台的重量；空调器的安装位置应描述吊顶式、落地式、墙上式、窗式、分段组装式，并标出每台空调器的重量；风机盘管的安装应标出吊顶式、落地式；过滤器的安装应描述初效过滤器、中效过滤器、高效过滤器。

需要说明的问题如下。

① 冷冻机组站内的设备安装及管道安装，按计算规范附录A及附录H的相应项目编制清单项目；冷冻站外墙皮以外通往通风空调设备的供热、供水等管道，按计算规范附录K的相应项目编制清单项目。

② 通风空调设备安装的地脚螺栓按设备自带考虑。

（2）通风管道制作安装　通风管道制作安装工程包括碳钢通风管道制作安装、净化通风管道制作安装、不锈钢板风管制作安装、铝板风管制作安装、塑料风管制作安装、复合型风管制作安装、柔型风管安装。

通风管道制作安装工程量清单应描述风管的材质、形状（圆形、矩形、渐缩形）、管径（矩形风管按周长）、风管厚度、连接形式（咬口、焊接）、风管和支架油漆种类及要求、风管绝热材料、风管保护层材料、风管检查孔及测温孔的规格、重量等特征，投标人按工程量清单特征或图纸要求报价。

需要说明的问题如下。

① 通风管道的法兰垫料或封口材料，可按图纸要求的材质计价。

② 净化风管的空气清净度按100000度标准编制。

③ 净化风管使用的型钢材料如图纸要求镀锌时，镀锌费另列。

④ 不锈钢风管制作安装，不论圆形、矩形均按圆形风管计价。

⑤ 不锈钢、铝风管的风管厚度，可按图纸要求的厚度列项。厚度不同时只调整板材价，其他不做调整。

⑥ 碳钢风管、净化风管、塑料风管、玻璃钢风管的工程内容中均列有法兰、加固框、支吊架制作安装工程内容，若招标人或受招标人委托的工程造价咨询单位编制工程标底，上述的工程内容已包括在该子目的制作安装定额内，不再重复列项。

（3）通风管道部件制作安装　通风管道部件制作安装，包括各种材质、规格和类型的阀类制作安装、散流器制作安装、风口制作安装、风帽制作安装、罩类制作安装、消声器制作安装等项目。

在编制工程量清单时应明确描述下列各项特征，以便计价。

① 有的部件图纸要求制作安装、有的要求用成品部件、只安装不制作，这类特征在工程量清单中应明确描述；

② 碳钢调节阀制作安装项目，包括空气加热器上通风旁通阀、圆形瓣式启动阀、保温及不保温风管蝶阀、风管止回阀、密闭式斜插板阀、矩形风管三通调节阀、对开多叶调节阀、风管防火阀、各类风罩调节阀等。编制工程量清单时，除明确描述上述调节阀的类型

外，还应描述其规格、重量、形状（方形、圆形）等特征；

③ 散流器制作安装项目，包括矩形空气分布器、圆形散流器、方形散流器、流线型散流器、百叶风口、矩形风口、旋转吹风口、送吸风口、活动箅式风口、网式风口、钢百叶窗等。编制工程量清单时，除明确描述上述散流器及风口的类型外，还应描述其规格、重量、形状（方形、圆形）等特征；

④ 风帽制作安装项目，包括碳钢风帽、不锈钢板风帽、铝风帽、塑料风帽等。编制工程量清单时，除明确描述上述风帽的材质外，还应描述其规格、重量、形状（伞形、锥形、筒形）等特征；

⑤ 罩类制作安装项目，包括皮带防护罩、电动机防雨罩、侧吸罩、焊接台排气罩、整体分组式槽边侧吸罩、吹吸式槽边通风罩、条缝槽边抽风罩、泥心烘炉排气罩、升降式回转排气罩、上下吸式圆形回转罩、升降式排气罩、手锻炉排气罩等，在编制上述罩类工程量清单时，应明确描述出罩类的种类、重量等特征；

⑥ 消声器制作安装项目，包括片式消声器、矿棉管式消声器、聚酯泡沫管式消声器、卡普隆纤维式消声器、弧型声流式消声器、阻抗复合式消声器、清声弯头等。编制消声器制作安装工程量清单时，应明确描述出消声器的种类、重量等特征。

（4）通风工程检测、调试　通风工程检测、调试项目，安装单位应在工程安装后做系统检测及调试。检测的内容应包括管道漏光、漏风试验，风量及风压测定，空调工程温度、湿度测定，各项调节阀、风口、排气罩的风量、风压调整等全部调试过程。

5.3 通风工程计价实例

请根据给定的通风工程施工图（图 5-13），按照《建设工程工程量清单计价规范》（GB 50500—2013）及《通用安装工程工程量计算规范》（GB 50856—2013）的规定，计算工程量、编制分部分项工程量清单及计算工程造价。

5.3.1 设计说明

（1）所有风管管道底部标高和设备、部件底部标高均为 4.0m，风管采用镀锌钢板，咬口。

（2）风机 PF-1 采用轴流式风机，型号为 SWF-I-No16，22kW，吊顶安装。吊装支架采用 10＃槽钢和圆顶吊筋组合，吊架总重量为 60kg。风机进出风口断面均为 ϕ700mm，与风管之间采用帆布接口。

（3）对开多叶调节阀要求采用单独支架，每个风阀吊装支架为 10kg。

（4）静压箱的尺寸为 1000×320×1200（L）mm，现场制作，镀锌钢板厚度为 1.2mm，吊装支架为 40kg。

（5）型钢支架要求除锈后，刷红丹防锈漆两遍，调和漆两遍。

（6）单层百叶风口 500×300 的安装高度为 2.6m，风口与水平风管之间的连接管为镀锌铁皮风管 500mm×300mm。

（7）图中标注尺寸未注明单位者均为“mm”，图纸比例 1∶100。

（8）镀锌钢板风管板材厚度见表 5-7。

表 5-7　镀锌钢板风管板材厚度

风管最长边尺寸 b 或直径 D/mm	$b(D)\leqslant 320$	$320<b(D)\leqslant 630$	$630<b(D)\leqslant 1000$	$1000<b(D)\leqslant 2000$
风管板材厚度/mm	0.5	0.6	0.75	1.0

5.3.2 编制依据

（1）通风施工图（图 5-13）。

（2）《建设工程工程量清单计价规范》（GB 50500—2013）。

（3）《通用安装工程工程量计算规范》（GB 50856—2013）。

（4）《江苏省安装工程计价定额》（2014 版）。

（5）《江苏省建设工程费用定额》（2014 版）。

（6）为了便于大家理解并对照计价定额数据，本工程人工单价、机械台班单价、管理费、利润按计价定额数据执行。

（7）措施项目费率、规费根据《江苏省建设工程费用定额》（2014 版）及相关规定，费率为区间的按上限取定。

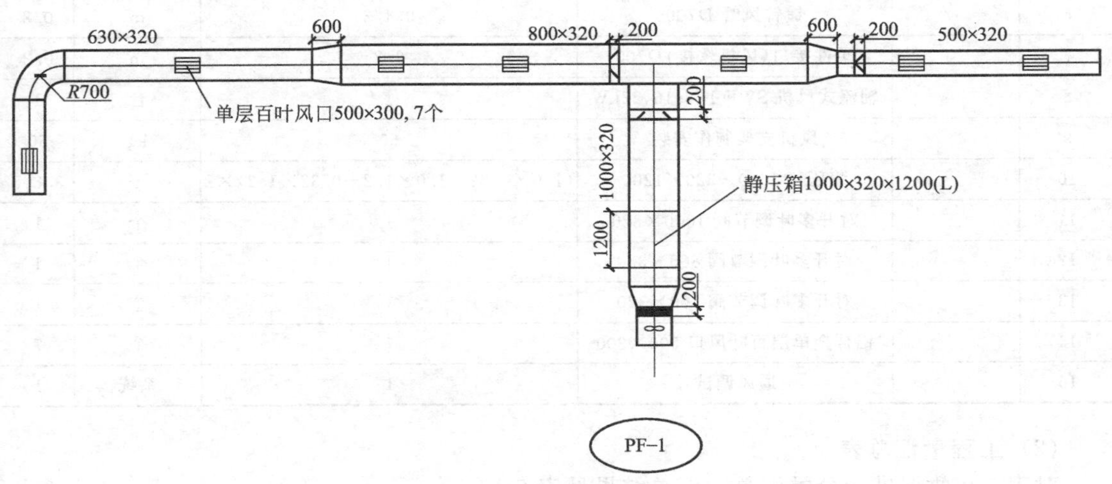

图 5-13　通风平面图

（8）主材单价按材料价格表取定，见表 5-8。

表 5-8　主材价格表

序号	材料设备名称	规格型号	单位	单价/元	备注
1	对开多叶调节阀	1000×320	个	500.00	
2	对开多叶调节阀	800×320	个	450.00	
3	对开多叶调节阀	500×320	个	300.00	
4	铝合金单层百叶风口	500×300	个	200.00	
5	型钢		kg	3.94	
6	热镀锌钢管	δ0.75	m^2	33.00	
7	热镀锌钢管	δ0.6	m^2	26.40	
8	热镀锌钢管	δ1.2	m^2	52.80	
9	醇酸防锈漆	C53-1	kg	15.00	
10	调和漆		kg	15.00	
11	减震吊钩		个	80.00	

5.3.3 编制内容

（1）工程量计算书（表 5-9）

表 5-9 工程量计算书

序号	计算部位	项目名称	计算式	计量单位	工程量
1		镀锌风管 1000×320	4.65+0.4/2−0.2−1.2	m	3.45
2		镀锌风管 800×320	9.4−0.2+0.6/2×2	m	9.8
3		镀锌风管 630×320	5.0+1.95+3.14×0.7×2/4+0.6/2	m	8.35
4		镀锌风管 500×320	5.3−0.2+0.6/2	m	5.4
5		镀锌风管 500×300	(4+0.32/2−2.6)×7	m	10.92
6		镀锌风管 *D*700	0.4/2	m	0.2
7		柔性接口(风机软接)*D*700	0.2	m	0.2
8		轴流式风机 SWF-1-No16,22kW	1	台	1
9		风机支架制作安装	60	kg	60
10		静压箱 1000×320×1200	(1.0×0.32+1.0×1.2+0.32×1.2)×2	m²	3.808
11		对开多叶调节阀 1000×320	1	个	1
12		对开多叶调节阀 800×320	1	个	1
13		对开多叶调节阀 500×320	1	个	1
14		铝合金单层百叶风口 500×300	7	个	7
15		通风调试	1	系统	1

（2）工程量汇总表

对表 5-9 数据进行分类汇总，汇总结果见表 5-10。

表 5-10 工程量汇总表

序号	项目名称	计算式	计量单位	工程量
1	轴流式风机 SWF-1-No16,22kW	1	台	1
2	风机支架制作安装	60	kg	60
3	镀锌风管 1000×320	(1.0+0.32)×2×3.45	m²	9.11
4	镀锌风管 800×320	(0.8+0.32)×2×9.8	m²	21.95
5	镀锌风管 630×320	(0.63+0.32)×2×8.35	m²	15.87
6	镀锌风管 500×320	(0.5+0.32)×2×5.4	m²	8.86
7	镀锌风管 500×300	(0.5+0.3)×2×10.92	m²	17.47
8	镀锌风管 *D*700	3.14×0.7×0.2	m²	0.44
9	对开多叶调节阀 1000×320	1	个	1
10	对开多叶调节阀 800×320	1	个	1
11	对开多叶调节阀 500×320	1	个	1
12	铝合金单层百叶风口 500×300	7	个	7
13	柔性接口(风机软接)*D*700	3.14×0.7×0.2	m²	0.44
14	静压箱 1000×320×1200	(1.0×0.32+1.0×1.2+0.32×1.2)×2	m²	3.81

续表

序号	项目名称	计算式	计量单位	工程量
15	通风调试	1	系统	1
16	支架除锈刷油（刷红丹防锈漆两遍，调和漆两遍）	60.0×1[风机支架]＋10.0×3[风阀支架]＋40.0×1[静压箱支架]＋[(9.11＋21.95)/10×37.81＋(15.87＋8.86＋17.47)/10×38.92＋0.44/10×39.155][风管法兰及吊支架]＋3.808/10×21.0[静压箱制安]	kg	421.40

（3）工程量清单编制（表 5-11～表 5-15）

表 5-11　封面

××通风　工程

招标工程量清单

招　标　人：________
（单位盖章）

造价咨询人：________
（单位盖章）

年　　月　　日

表 5-12　总说明

工程名称：××通风工程　　　　第　页　共　页

1. 工程概况：建设规模(m^2)、建筑层数(层)、计划工期、施工现场实际情况、交通运输情况、自然地理条件、环境保护要求等。
2. 工程招标范围。
3. 工程量清单编制依据。
4. 其他需说明的问题。

表 5-13 分部分项工程和单价措施项目清单与计价表

工程名称：××通风工程 标段： 第 页 共 页

序号	项目编码	项目名称	项目特征	计量单位	工程量	金额/元		
						综合单价	合价	其中
								暂估价
1	030108003001	轴流通风机	1. 名称:轴流通风机 2. 型号:SWF-I-No16,22kW	台	1			
2	030307005001	设备支架制作安装	1. 名称:风机支架 2. 材质:型钢 3. 支架每组质量:60kg	t	0.06			
3	030702001001	碳钢通风管道	1. 材质:镀锌钢板 2. 形状:矩形 3. 规格:1000×320 4. 板材厚度:0.75mm 5. 接口形式:咬口	m^2	9.11			
4	030702001002	碳钢通风管道	1. 材质:镀锌钢板 2. 形状:矩形 3. 规格:800×320 4. 板材厚度:0.75mm 5. 接口形式:咬口	m^2	21.95			
5	030702001003	碳钢通风管道	1. 材质:镀锌钢板 2. 形状:矩形 3. 规格:630×320 4. 板材厚度:0.6mm 5. 接口形式:咬口	m^2	15.87			
6	030702001004	碳钢通风管道	1. 材质:镀锌钢板 2. 形状:矩形 3. 规格:500×320 4. 板材厚度:0.6mm 5. 接口形式:咬口	m^2	8.86			
7	030702001005	碳钢通风管道	1. 材质:镀锌钢板 2. 形状:矩形 3. 规格:500×300 4. 板材厚度:0.6mm 5. 接口形式:咬口	m^2	17.47			
8	030702001006	碳钢通风管道	1. 材质:镀锌钢板 2. 形状:圆形 3. 规格:*D*700 4. 板材厚度:0.75mm 5. 接口形式:咬口	m^2	0.44			
9	030703001001	碳钢阀门	1. 名称:对开调节阀 2. 规格:1000×320 3. 支架形式、材质:型钢吊架10kg/个	个	1			

续表

序号	项目编码	项目名称	项目特征	计量单位	工程量	金额/元		
						综合单价	合价	其中 暂估价
10	030703001002	碳钢阀门	1. 名称：对开调节阀 2. 规格：800×320 3. 支架形式、材质：型钢吊架10kg/个	个	1			
11	030703001003	碳钢阀门	1. 名称：对开调节阀 2. 规格：500×320 3. 支架形式、材质：型钢吊架10kg/个	个	1			
12	030703011001	铝及铝合金风口、散流器	1. 名称：单层百叶风口 2. 型号：铝合金 3. 规格：500×300	个	7			
13	030703019001	柔性接口	1. 名称 2. 规格 3. 材质：帆布 4. 类型 5. 形式	m^2	0.44			
14	030703021001	静压箱	1. 名称：静压箱 2. 规格：1000×320×1200 3. 形式：方形 4. 材质：镀锌钢板 5. 支架形式、材质：型钢支架40kg	m^2	3.81			
15	030704001001	通风工程检测、调试	风管工程量	系统	1			
16	031201003001	金属结构刷油	1. 除锈级别：轻锈 2. 油漆品种：红丹防锈漆2遍，调和漆2遍 3. 结构类型：一般钢结构	kg	421.40			
			分部分项合计					
17	031301017001	脚手架搭拆		项	1			
			单价措施合计					
			合计					

表 5-14　规费、税金项目计价表

工程名称：××通风工程　　标段：　　第　页　共　页

序号	项目名称	计算基础	计算基数/元	计算费率/%	金额/元
1	规　费	分部分项工程费＋措施项目费＋其他项目费－工程设备费			
1.1	工程排污费			0.1	
1.2	社会保险费			2.2	
1.3	住房公积金			0.38	

续表

序号	项目名称	计算基础	计算基数/元	计算费率/%	金额/元
2	税金	分部分项工程费＋措施项目费＋其他项目费＋规费－按规定不计税的工程设备金额		3.48	
合计					

表 5-15　发包人提供材料和工程设备一览表

工程名称：××通风工程　　　　标段：　　　　第　页　共　页

序号	材料编码	材料(工程设备)名称、规格、型号	单位	数量	单价/元	合价/元	交货方式	送达地点	备注
1	50290105	轴流式通风机 SWF-I-No16,22kW	台		5000				

（4）招标控制价编制（表 5-16～表 5-26）

表 5-16　封面

××通风　　工程

招标控制价

招标控制价(小写)：24588.44 元

(大写)：贰万肆仟伍佰捌拾捌元肆角肆分

招　标　人：＿＿＿＿＿＿（单位盖章）　　造价咨询人：＿＿＿＿＿＿（单位资质专用章）

法定代表人或其授权人：＿＿＿＿＿＿（签字或盖章）　　法定代表人或其授权人：＿＿＿＿＿＿（签字或盖章）

编　制　人：＿＿＿＿＿＿（造价人员签字盖专用章）　　复　核　人：＿＿＿＿＿＿（造价工程师签字盖专用章）

编制时间：　年　月　日　　复核时间：　年　月　日

表 5-17　总说明

工程名称：××通风工程　　　　第　页　共　页

1. 工程概况：建设规模(m^2)、建筑层数(层)、计划工期、施工现场实际情况、交通运输情况、自然地理条件、环境保护要求等。

2. 工程招标范围。

3. 工程量清单编制依据。

4. 其他需说明的问题。

表 5-18　建设项目招标控制价汇总表

工程名称：××通风工程　　　　第　页　共　页

序号	单项工程名称	金额/元	其中		
			暂估价/元	安全文明施工费/元	规费/元
1	××通风工程	24588.44		379.18	620.19
	合计	24588.44		379.18	620.19

表 5-19　单项工程招标控制价汇总表

工程名称：××通风工程　　　　第　页　共　页

序号	单项工程名称	金额/元	其中		
			暂估价/元	安全文明施工费/元	规费/元
1	××通风工程	24588.44		379.18	620.19
	合计	24588.44		379.18	620.19

表 5-20　单位工程招标控制价汇总表

工程名称：××通风工程　　　　标段：　　　　第　页　共　页

序号	汇总内容	金额/元	其中：暂估价/元
1	分部分项工程	22123.07	
1.1	人工费	4971.55	
1.2	材料费	13831.63	
1.3	施工机具使用费	683.21	
1.4	企业管理费	1938.80	
1.5	利润	695.99	
2	措施项目	1018.28	—
2.1	单价措施项目费	181.85	—
2.2	总价措施项目费	836.43	
2.2.1	其中：安全文明施工措施费	379.18	
3	其他项目		—
3.1	其中：暂列金额		—
3.2	其中：专业工程暂估价		—
3.3	其中：计日工		—
3.4	其中：总承包服务费		—
4	规费	620.19	—

续表

序号	汇总内容	金额/元	其中:暂估价/元
4.1	工程排污费	23.14	—
4.2	社会保险费	509.11	—
4.3	住房公积金	87.94	—
5	税金	826.90	—
招标控制价合计=1+2+3+4+5		24588.44	

表 5-21　分部分项工程和单价措施项目清单与计价表

工程名称：××通风工程　　　　标段：　　　　第　页　共　页

序号	项目编码	项目名称	项目特征	计量单位	工程量	金额/元		
						综合单价	合价	其中 暂估价
1	030108003001	轴流通风机	1. 名称:轴流通风机 2. 型号:SWF-I-No16,22kW	台	1	6872.18	6872.18	
2	030307005001	设备支架制作安装	1. 名称:风机支架 2. 材质:型钢 3. 支架每组质量:60kg	t	0.06	8891.17	533.47	
3	030702001001	碳钢通风管道	1. 材质:镀锌钢板 2. 形状:矩形 3. 规格:1000×320 4. 板材厚度:0.75mm 5. 接口形式:咬口	m^2	9.11	105.34	959.65	
4	030702001002	碳钢通风管道	1. 材质:镀锌钢板 2. 形状:矩形 3. 规格:800×320 4. 板材厚度:0.75mm 5. 接口形式:咬口	m^2	21.95	105.34	2312.21	
5	030702001003	碳钢通风管道	1. 材质:镀锌钢板 2. 形状:矩形 3. 规格:630×320 4. 板材厚度:0.6mm 5. 接口形式:咬口	m^2	15.87	119.62	1898.37	
6	030702001004	碳钢通风管道	1. 材质:镀锌钢板 2. 形状:矩形 3. 规格:500×320 4. 板材厚度:0.6mm 5. 接口形式:咬口	m^2	8.86	119.62	1059.83	
7	030702001005	碳钢通风管道	1. 材质:镀锌钢板 2. 形状:矩形 3. 规格:500×300 4. 板材厚度:0.6mm 5. 接口形式:咬口	m^2	17.47	119.62	2089.76	

续表

序号	项目编码	项目名称	项目特征	计量单位	工程量	金额/元		
						综合单价	合价	其中 暂估价
8	030702001006	碳钢通风管道	1. 材质:镀锌钢板 2. 形状:圆形 3. 规格:D700 4. 板材厚度:0.75mm 5. 接口形式:咬口	m²	0.44	121.93	53.65	
9	030703001001	碳钢阀门	1. 名称:对开调节阀 2. 规格:1000×320 3. 支架形式、材质:型钢吊架10kg/个	个	1	675.99	675.99	
10	030703001002	碳钢阀门	1. 名称:对开调节阀 2. 规格:800×320 3. 支架形式、材质:型钢吊架10kg/个	个	1	625.99	625.99	
11	030703001003	碳钢阀门	1. 名称:对开调节阀 2. 规格:500×320 3. 支架形式、材质:型钢吊架10kg/个	个	1	475.99	475.99	
12	030703011001	铝及铝合金风口、散流器	1. 名称:单层百叶风口 2. 型号:铝合金 3. 规格:500×300	个	7	249.04	1743.28	
13	030703019001	柔性接口	1. 名称 2. 规格 3. 材质:帆布 4. 类型 5. 形式	m²	0.44	68.65	30.18	
14	030703021001	静压箱	1. 名称:静压箱 2. 规格:1000×320×1200 3. 形式:方形 4. 材质:镀锌钢板 5. 支架形式、材质:型钢支架40kg	m²	3.81	314.55	1197.81	
15	030704001001	通风工程检测、调试	风管工程量	系统	1	646.56	646.56	
16	031201003001	金属结构刷油	1. 除锈级别:轻锈 2. 油漆品种:红丹防锈漆2遍,调和漆2遍 3. 结构类型:一般钢结构	kg	421.40	2.25	948.15	
分部分项合计							22123.07	
17	031301017001	脚手架搭拆		项	1	181.85	181.85	
单价措施合计							181.85	
合计							22304.92	

表 5-22　综合单价分析表

工程名称：××通风工程　　　　标段：　　　　第　页　共　页

项目编码	030108003001	项目名称	轴流通风机						计量单位	台		工程量	1
清单综合单价组成明细													
定额编号	定额项目名称	定额单位	数量	单价/元					合价/元				
				人工费	材料费	机械费	管理费	利润	人工费	材料费	机械费	管理费	利润
7-28	轴流通风机安装 SWF-I-No16,22kW	台	1	876.16	15.38		341.70	122.66	876.16	15.38		341.70	122.66
10-414	减震吊钩	个	4	26.64	7.75	0.56	10.39	3.73	106.56	31	2.24	41.56	14.92
综合人工工日		小计							982.72	46.38	2.24	383.26	137.58
13.28 工日		未计价材料费							5320				
清单项目综合单价/(元/台)									6872.18				

材料费明细	主要材料名称、型号、规格	单位	数量	单价/元	合价/元	暂估单价/元	暂估合价/元
	轴流通风机 SWF-I-No16,22kW	台	1	5000	5000		
	减震吊钩	台	4	80	320		
	汽油	kg	0.04	10.64	0.43		
	其他材料费	元	1.36	1	1.36		
	水泥 32.5 级	kg	18.34	0.31	5.69		
	中砂	t	0.0604	69.37	4.19		
	水	m^3	0.0126	4.70	0.06		
	其他材料费			—	34.66	—	
	材料费小计			—	5366.38	—	

表 5-23 分部分项工程量清单综合单价分析表

工程名称：××通风工程　　　　标段：新标段

序号	项目编码	项目名称	计量单位	工程数量	综合单价/元							项目合价/元
					人工费	材料费	机械费	主材费	管理费	利润	小计	
1	030108003001	轴流通风机(轴流通风机；SWF-I-No16；22kW)	台	1	982.72	46.38	2.24	5320	383.26	137.58	6872.18	6872.18
	C7-28	16＃轴流式通风机安装	台	1	876.16	15.38		5000	341.7	122.66	6355.9	6355.9
	C10-414	弹簧减震器安装 边长 100mm	个	4	26.64	7.75	0.56	80	10.39	3.73	129.07	516.28
2	030307005001	设备支架制作安装(风机支架；型钢；60kg)	t	0.06	2664	381.8	335.9	4097.6	1038.96	372.96	8891.22	533.47
	C7-68	50kg 以上设备支架 CG327 制作	100kg	10	228.66	37.39	31.89	409.76	89.18	32.01	828.89	8288.9
	C7-69	50kg 以上设备支架 CG327 安装	100kg	10	37.74	0.79	1.7		14.72	5.28	60.23	602.32
3	030702001001	碳钢通风管道(镀锌钢板；矩形；1000×320；0.75mm；咬口)	m^2	9.11	28.42	20.03	4.28	37.55	11.08	3.98	105.34	959.65
	C7-84	(δ=1.2mm)镀锌薄钢板矩形风管制作周长 4000mm	$10m^2$	0.1	170.2	190.26	40.7	375.54	66.38	23.83	866.91	86.69
	C7-85	(δ=1.2mm)镀锌薄钢板矩形风管安装周长 4000mm	$10m^2$	0.1	113.96	10.02	2.13		44.44	15.95	186.51	18.65
4	030702001002	碳钢通风管道(镀锌钢板；矩形；800×320；0.75mm；咬口)	m^2	21.95	28.42	20.03	4.28	37.55	11.08	3.98	105.34	2312.21
	C7-84	(δ=1.2mm)镀锌薄钢板矩形风管制作周长 4000mm	$10m^2$	0.1	170.2	190.26	40.7	375.54	66.38	23.83	866.91	86.69
	C7-85	(δ=1.2mm)镀锌薄钢板矩形风管安装周长 4000mm	$10m^2$	0.1	113.96	10.02	2.13		44.44	15.95	186.51	18.65
5	030702001003	碳钢通风管道(镀锌钢板；矩形；630×320；0.6mm；咬口)	m^2	15.87	37.82	24.64	7.08	30.04	14.75	5.29	119.62	1898.37

续表

序号	项目编码	项目名称	计量单位	工程数量	综合单价/元							项目合价/元
					人工费	材料费	机械费	主材费	管理费	利润	小计	
	C7-82	(δ=1.2mm)镀锌薄钢板矩形风管制作周长2000mm	$10m^2$	0.1	227.18	234.1	67.07	300.43	88.6	31.81	949.19	94.92
	C7-83	(δ=1.2mm)镀锌薄钢板矩形风管安装周长2000mm	$10m^2$	0.1	150.96	12.32	3.71		58.87	21.13	246.99	24.7
6	030702001004	碳钢通风管道(镀锌钢板;矩形;500×320;0.6mm;咬口)	m^2	8.86	37.82	24.64	7.08	30.04	14.75	5.29	119.62	1059.83
	C7-82	(δ=1.2mm)镀锌薄钢板矩形风管制作周长2000mm	$10m^2$	0.1	227.18	234.1	67.07	300.43	88.6	31.81	949.19	94.92
	C7-83	(δ=1.2mm)镀锌薄钢板矩形风管安装周长2000mm	$10m^2$	0.1	150.96	12.32	3.71		58.87	21.13	246.99	24.7
7	030702001005	碳钢通风管道(镀锌钢板;矩形;500×300;0.6mm;咬口)	m^2	17.47	37.82	24.64	7.08	30.04	14.75	5.29	119.62	2089.76
	C7-82	(δ=1.2mm)镀锌薄钢板矩形风管制作周长2000mm	$10m^2$	0.1	227.18	234.1	67.07	300.43	88.6	31.81	949.19	94.92
	C7-83	(δ=1.2mm)镀锌薄钢板矩形风管安装周长2000mm	$10m^2$	0.1	150.96	12.32	3.71		58.87	21.13	246.99	24.7
8	030702001006	碳钢通风管道(镀锌钢板;圆形;700;0.75mm;咬口)	m^2	0.44	38.33	21.12	4.6	37.55	14.95	5.37	121.92	53.65
	C7-76	(δ=1.2mm)镀锌薄钢板圆形风管制作ϕ1120mm	$10m^2$	0.1	230.14	200.62	43.94	375.54	89.75	32.22	972.21	97.22
	C7-77	(δ=1.2mm)镀锌薄钢板圆形风管安装ϕ1120mm	$10m^2$	0.1	153.18	10.58	2.13		59.74	21.45	247.08	24.71

续表

序号	项目编码	项目名称	计量单位	工程数量	综合单价/元							项目合价/元
					人工费	材料费	机械费	主材费	管理费	利润	小计	
9	030703001001	碳钢阀门(对开调节阀;1000×320;型钢吊架10kg/个)	个	1	72.08	20.65	4.09	540.98	28.11	10.09	675.99	675.99
	C7-316	安装对开多叶调节阀周长2800mm以内	个	1	25.9	15.63		500	10.1	3.63	555.26	555.26
	C7-66	50kg以下设备支架CG327制作	100kg	0.1	397.38	49.19	38.77	409.76	154.98	55.63	1105.71	110.57
	C7-67	50kg以下设备支架CG327安装	100kg	0.1	64.38	1	2.09		25.11	9.01	101.59	10.16
10	030703001002	碳钢阀门(对开调节阀;800×320;型钢吊架10kg/个)	个	1	72.08	20.65	4.09	490.98	28.11	10.09	625.99	625.99
	C7-316	安装对开多叶调节阀周长2800mm以内	个	1	25.9	15.63		450	10.1	3.63	505.26	505.26
	C7-66	50kg以下设备支架CG327制作	100kg	0.1	397.38	49.19	38.77	409.76	154.98	55.63	1105.71	110.57
	C7-67	50kg以下设备支架CG327安装	100kg	0.1	64.38	1	2.09		25.11	9.01	101.59	10.16
11	030703001003	碳钢阀门(对开调节阀;500×320;型钢吊架10kg/个)	个	1	72.08	20.65	4.09	340.98	28.11	10.09	475.99	475.99
	C7-316	安装对开多叶调节阀周长2800mm以内	个	1	25.9	15.63		300	10.1	3.63	355.26	355.26
	C7-66	50kg以下设备支架CG327制作	100kg	0.1	397.38	49.19	38.77	409.76	154.98	55.63	1105.71	110.57
	C7-67	50kg以下设备支架CG327安装	100kg	0.1	64.38	1	2.09		25.11	9.01	101.59	10.16
12	030703011001	铝及铝合金风口、散流器(单层百叶风口;铝合金;500×300)	个	7	25.9	6.88	2.53	200	10.1	3.63	249.04	1743.28
	C7-380	碳钢风口安装安装百叶风口周长1800mm以内	个	1	25.9	6.88	2.53	200	10.1	3.63	249.04	249.04
13	030703019001	柔性接口(帆布)	m^2	0.44	31.08	19.1	2		12.12	4.35	68.65	30.18
	C7-271	帆布软接口	m^2	1	31.08	19.1	2		12.12	4.35	68.65	68.65

续表

序号	项目编码	项目名称	计量单位	工程数量	综合单价/元							项目合价/元
					人工费	材料费	机械费	主材费	管理费	利润	小计	
14	030703021001	静压箱(静压箱;1000×320×1200;方形;镀锌钢板;型钢支架 40kg)	m^2	3.808	117.98	23.34	6.98	103.71	46.02	16.52	314.55	1197.81
	C7-556	静压箱制作	$10m^2$	0.1	416.62	153.46	25.54	606.67	162.48	58.33	1423.1	142.31
	C7-557	静压箱安装	$10m^2$	0.1	278.24	27.08	1.4		108.51	38.95	454.18	45.42
	C7-66	50kg 以下设备支架 CG327 制作	100kg	0.105	397.38	49.19	38.77	409.76	154.98	55.63	1105.71	116.15
	C7-67	50kg 以下设备支架 CG327 安装	100kg	0.105	64.38	1	2.09		25.11	9.01	101.59	10.67
15	030704001001	通风工程检测、调试	系统	1	142.74	428.22			55.67	19.98	646.56	646.56
	* *	第 7 册通风空调系统调试费	项	1	142.74	428.22			55.67	19.98	646.56	646.56
16	031201003001	金属结构刷油(轻锈;红丹防锈漆 2 遍,调和漆 2 遍;一般钢结构)	kg	421.4	0.78	0.1	0.4	0.54	0.29	0.11	2.22	948.15
	C11-7	一般钢结构手工除锈 轻锈	100kg	0.01	21.46	2.41	8.05		8.37	3	43.29	0.43
	C11-117	一般钢结构刷红丹防锈漆 第一遍	100kg	0.01	14.8	3.19	8.05	17.4	5.77	2.07	51.28	0.51
	C11-118	一般钢结构刷红丹防锈漆 第二遍	100kg	0.01	14.06	2.77	8.05	14.25	5.48	1.97	46.58	0.47
	C11-126	一般钢结构刷调和漆 第一遍	100kg	0.01	14.06	0.96	8.05	12	5.48	1.97	42.52	0.43
	C11-127	一般钢结构刷调和漆 第二遍	100kg	0.01	14.06	0.85	8.05	10.5	5.48	1.97	40.91	0.41
		合　计										22123.07

表 5-24　总价措施项目清单与计价表

工程名称：××通风工程　　　　标段：　　　　第　页共页

序号	项目编码	项目名称	计算基础	费率/%	金额/元	调整费率/%	调整后金额/元	备注
1	031302001001	安全文明施工基本费	分部分项工程费+单价措施项目费－工程设备费	1.4	312.27			
2	031302001002	安全文明施工省级标化增加费	分部分项工程费+单价措施项目费－工程设备费	0.3	66.91			
3	031302002001	夜间施工	分部分项工程费+单价措施项目费－工程设备费	0.1	22.30			
4	031302003001	非夜间施工照明	分部分项工程费+单价措施项目费－工程设备费	0.3	66.91			
5	031302005001	冬雨季施工照明	分部分项工程费+单价措施项目费－工程设备费	0.1	22.30			
6	031302006001	已完工程及设备保护	分部分项工程费+单价措施项目费－工程设备费	0.05	11.15			
7	031302008001	临时设施	分部分项工程费+单价措施项目费－工程设备费	1.5	334.58			
8	031302009001	赶工措施						
9	031302010001	工程按质论价						
10	031302011001	住宅分户验收						
		合　计			836.43			

表 5-25　规费、税金项目计价表

工程名称：××通风工程　　　　标段：　　　　第　页　共　页

序号	项目名称	计算基础	计算基数/元	计算费率/%	金额/元
1	规费	分部分项工程费+措施项目费+其他项目费－设备费			620.19
1.1	工程排污费		23141.35	0.1	23.14
1.2	社会保险费		23,141.35	2.2	509.11
1.3	住房公积金		23.141.35	0.38	87.94
2	税金	分部分项工程费+措施项目费+其他项目费+规费－按规定不计税的工程设备金额	23761.54	3.48	826.90
	合计				1447.09

表 5-26 发包人提供材料和工程设备一览表

工程名称：××通风工程　　　　标段：　　　　第 页 共 页

序号	材料编码	材料(工程设备)名称、规格、型号	单位	数量	单价/元	合价/元	交货方式	送达地点	备注
1	50290105	轴流通风机 SWF-I-No16,22kW	台	1	5000.00				

表 5-27 承包人提供主要材料和工程设备一览表（略）。

单元小结

通风空调工程按不同的使用场合和生产工艺要求，大致分为通风系统、空气调节系统和空气洁净系统。通风管道是通风和空调系统的重要组成部分，常用的有金属薄板和非金属材料两种。当通风管道通过非被空调房间的部分，需要对风管或风机进行保温。

在编制消防工程工程量清单时，应依据《通用安装工程工程量计算规范》（GB 50856—2013）附录 G 计算分部分项工程量并列出项目特征。通风空调工程适用于通风空调设备及部件、通风管道及部件的制作安装工程。其他部分参照计算规范相应附录。

思考题

一、案例题

根据给定的的某通风工程局部工程量及其他条件，按照《建设工程工程量清单计价规范》(GB 50500—2013)、《通用安装工程工程量计算规范》（GB 50856—2013）和《江苏省安装工程计价定额》(2014 版)、《江苏省建设工程费用定额》（2014 版）的有关规定，计算综合单价和工程造价。

(1) 矩形风管规格 1000×320，镀锌钢板厚 $\delta=0.75$mm，风管中心线长度为 28m。

(2) 静压箱规格 1000×600×1100，镀锌钢板厚 $\delta=1.2$mm，数量 1 台，静压箱吊装支架总重为 60kg。

(3) 静压箱及风管均在施工现场制作，风管法兰、吊托支架及静压箱的吊装支架均要求除轻锈后刷红丹防锈漆两遍、调和漆两遍。

(4) 制作及除锈刷油施工均在地面进行，安装符合超高条件。

(5) 整个施工过程符合安装与产生同时进行条件。

(6) 通风工程检测、调试，风管漏光试验、漏风试验不计。

(7) 主材单价按表 5-28 取定。

表 5-28 主材单价表

序号	材料名称	规格	单位	单价/元	备注
1	热镀锌钢板	$\delta=1.2$	m^2	56	
2	热镀锌钢板	$\delta=0.75$	m^2	35	
3	型钢	各类规格	kg	4.2	
4	醇酸防锈漆	C53-1	kg	16	
5	调和漆		kg	16	

（8）总价措施费费率按表5-29取定，其余不考虑。

表5-29　总价措施费费率

序号	项目名称	费率/%	计算基础
1	安全文明施工基本费	1.4	
2	夜间施工费	0.1	
3	临时设施费	1.5	

（9）规费、税金费率按表5-30取定。

表5-30　规费、税金费率

序号	项目名称	计算基础	计算费率/%
1	规费	按费用定额有关规定	
1.1	工程排污费	按费用定额有关规定	0.1
1.2	社会保险费	按费用定额有关规定	2.2
1.3	住房公积金	按费用定额有关规定	0.38
2	税金	按费用定额有关规定	3.48

参 考 文 献

［1］ GB 50500—2013. 建设工程工程量清单计价规范.
［2］ GB 50856—2013. 通用安装工程工程量计算规范
［3］ 江苏省住房和城乡建设厅. 江苏省建设工程费用定额（2014 版）. 南京：江苏凤凰科学技术出版社，2014.
［4］ 江苏省住房和城乡建设厅. 江苏省安装工程计价定额（2014 版）. 南京：江苏凤凰科学技术出版社，2014.
［5］ 江苏省建设工程造价管理总站. 安装工程技术与计价. 南京：江苏凤凰科学技术出版社，2014.

附录1

××商铺安装工程施工图纸

图纸目录

序号	图纸名称	图号	张数	备注
	给排水施工图			
1	设计施工说明及图例　主要设备材料表	水施-01/05	1	
2	一层给排水平面图	水施-02/05	1	
3	二层给排水平面图	水施-03/05	1	
4	屋顶层给排水平面图	水施-04/05	1	
5	排水管道系统图　给水管道系统图　雨水管道系统图　冷凝水管道系统图　消防管道系统图	水施-05/05	1	
	电气施工图			
1	设计说明　主要设备材料表	电施-01/10	1	
2	电气系统图	电施-02/10	1	
3	一层照明平面图	电施-03/10	1	
4	二层照明平面图	电施-04/10	1	
5	一层插座平面图	电施-05/10	1	
6	二层插座平面图	电施-06/10	1	
7	一层弱电平面图	电施-07/10	1	
8	二层弱电平面图	电施-08/10	1	
9	接地平面图	电施-09/10	1	
10	屋顶层防雷平面图	电施-10/10	1	

设计与施工说明

设计说明

一、项目概况

本工程为XX商铺工程。本工程建筑面积：576m²。本工程建筑物耐火等级为一级。

二、设计范围

室内给排水管道设计；室内消火栓管道设计；雨水系统设计；灭火器配置。

三、设计依据

1. 甲方提供设计要求；

2. 建筑和有关工种提供的作业图和有关资料；

3. 国家有关设计规范及标准

《建筑设计防火规范》GB 50016—2014，《消防给水及消火栓系统技术规范》GB 50974—2014

《自动喷水灭火系统设计规范》GB 50084—2001，《建筑灭火器配置设计规范》GB 50140—2005

《建筑给水排水设计规范》GB 50015—2003(2009年版)，《建筑给水排水及采暖工程施工质量验收规范》GB 50242—2002

《住宅设计规范》GB 50096—2011，《江苏省住宅设计标准》DGJ 32/J26—2006

四、系统简述：给水系统、排水系统、消火栓系统、雨水系统

（一）给水

1. 生活给水系统

给水立管及给水横支管采用PP-R给水塑料管及其配件，热熔连接，公称压力等级为1.25MPa，安装见02 SS405-2及DB 32/T474—2001技术规程。

2. 生活给水管阀门：给水管管径*DN*<50时采用J41H-16T截止阀；给水管管径*DN*≥50时用RRHX-16闸阀。

（二）消防

1. 用水量：室内消火栓10L/s；室外消火栓15L/s；火灾延续时间2h。自动喷水灭火系统25L/S，火灾延续时间1h。

2. 消火栓给水管道采用内外壁热镀锌钢管，管道*DN*≤100丝扣连接，

3. 本工程采用700×180×1800组合式消火栓箱。箱内设*DN*65消火栓一只，25m长φ65衬胶水龙带一条，QZ19直流水枪一支，25m长消防卷盘一套。所有消防箱内均设置一只消防报警按钮。

本工程消火栓均采用减压稳压型消火栓，栓口安装高度为1.1m。室内消火栓应设置永久性固定标识。

4. 消防给水管阀门：管径*DN*≤100采用对夹式蝶阀或闸阀、*DN*>100采用蜗杆式蝶阀或闸阀。闸阀采用RRHX-16型，蝶阀采用FBGX-16型手动法兰式蝶阀；阀门为常开状态，应有明显的启闭标志。

（三）排水

1. 室外污废水合流排至市政污水管。

2. 生活排水管采用PVC-U塑料管，承插粘接。

（四）雨水

1. 雨水系统：本工程雨水系统均采用重力流排水系统。

2. 室外雨水管直接排至市政雨水管。

3. 重力流雨水管采用承压型UPVC管，粘接连接。

五、*DN*与*De*管径对照表

DN	15	20	25	32	40	50	70	80	100	150
De	20	25	32	40	50	63	75	90	110	160

六、卫生洁具

1. 卫生洁具采用节水型卫生洁具及配件，坐便器冲洗水箱容积小于等于6L；卫生间地漏采用密闭式地漏。

2. 本工程洁具由业主自选，故各卫生洁具的预留洞应与定货产品核对，必须在土水施工前及时调整，以免返工。

3. 构造内无存水弯的卫生器具及地漏排水口处均设置水封深度不小于50mm的存水弯。卫生洁具如自带存水弯，则排水系统图中相应存水弯取消。

4. 卫生洁具的安装详见国标09 S304。禁止使用螺旋升降式铸铁水嘴，应采用陶瓷片密封水嘴。

七、管道敷设

1. 给水管采用明装方式，排水管尽可能贴顶靠墙。所有管道安装时除图中注明管位和标高外，均应靠墙贴梁安装，以免影响其他工种管道的敷设及室内装修处理。所有管道穿楼板处应避开结构梁、柱，确保安全。

2. 各种管道在同一标高相碰时，一般按如下原则处理：a、压力管让重力管；b、同一类管时，小管让大管。

3. 给水、消防立管穿楼板时应设套管。安装在楼板内的套管，其顶部应高出装饰地面20mm；安装在卫生间及厨房内的套管，其顶部高出装饰地面50mm，底部应与楼板底面相平；套管与管道之间缝隙应用阻燃密实材料和防水油膏填实，端面光滑。

4. 排水管穿楼板应预留孔洞，管道安装完后将孔洞严密捣实，立管周围应设高出楼板面设计标高10~20mm的阻水圈。管径大于或等于*DN*100塑料管穿楼面处应设置阻火圈。

5. 室内排水管的坡度除图中注明者外，均采用坡度$i=0.026$。

6. 管道安装应与土水施工密切配合，做好预留和预埋。管道穿水池、屋面、普通地下室外壁须预埋防水套管，管道穿楼板、梁、剪力墙须预埋钢套管。管道穿人防地下室顶板、壁板应预刚性防水套管。安装施工单位务必在土建浇灌混凝土前，与土水施工单位密切合作，复核预留洞的定位及大小尺寸。施工参见02S404。套管选用原则见下表

给排水管	<*DN*50	*DN*50	*DN*65	*DN*80	*DN*100	*DN*125	*DN*150	*DN*200
套管	*D*114	*D*114	*D*121	*D*140	*D*159	*DN*180	*D*219	*D*273

7. 管道支架

（1）管道支架或管卡应固定在楼板上或承重结构上。

（2）按施工验收规范执行，管道支、吊架（喷淋管除外）做法参见03 S402，由安装根据管道布置、受力情况等选用，并应与其他专业统一考虑支架。管道穿伸缩缝两端设金属软接头。热水、回水横干管在每两个固定支架间做不锈钢波纹管补偿器。

8. 管道穿越建筑物内的伸缩缝或沉降缝时应采用柔性接头。

9. 排水立管检查口距地面或楼板面1.00m。

10. 排水管道连接

（1）排水管道的横管与横管、横管与立管的连接，应采用45°三通、45°四通、90°斜三通、90°斜四通连接，不得采用正三通和正四通。

（2）污水立管偏置时，应采用乙字管或2个45°弯头。

（3）污水立管与横管及排出管连接时采用2个45°弯头，且立管底部弯管处应设支墩或其他固定设施。

防腐及油漆

1. 金属管道在涂刷底漆前应清除表面的灰尘、污垢、锈斑、焊渣等杂、污物。涂刷油漆厚度应均匀，不得有脱皮、起泡、流淌和漏涂现象。

2. 消防管刷樟丹二道，红色调和漆二道。

3. 管道支架除锈后刷樟丹二道，灰色调和漆二道。

4. 埋地金属管采用三油两布加强防腐层做法。

试压要求

1. 管道试压按《建筑给排水及采暖工程施工质量验收规范》(GB 50242—2002)执行。

2. 室内给水管试验压力应为给水管工作压力的1.5倍，且不得小于1.0MPa；室内消防管工作压力≤1.0MPa时，消防管试验压力应为系统工作压力的1.5倍，并不低于1.4MPa；当消防管工作压力>1.0MPa时，消防管试验压力为工作压力加0.4MPa。本工程室内消火栓系统及喷淋系统采用1.4MPa压力试压。

3. 隐蔽或埋地排水管道在隐蔽前必须做灌水试验，其灌水高度应不低于底层卫生器具的上边缘或底层地面高度。满水15min水面下降后，再满水5min液面不降，管道及接口无渗漏为合格。

4. 排水立管及水平干管管道均应做通球试验，通球球径不小于排水管道管径的2/3，通球率必须达到100%。

保温

1. 室外明露及吊顶内冷、热给水管道、雨水悬吊管及屋顶生活水箱须保温，保温参照03S401的做法。

2. 保温材料：采用橡塑泡棉，保温厚度采用下表

管径	DN15~DN20	DN25~DN40	DN50~DN125	>DN125	冷、热水箱
厚度	25mm	28mm	32mm	36mm	80mm

3. 镀锌钢管和设备在保温之前，应先进行防腐处理。室外管道在做保温后外包玻璃钢防雨。做法详见03S401。

一、其他

1. 图中所注尺寸除管长、标高以m计外，其余以mm计。本工程室内外高差0.150m。

2. 本图所注管道标高：给水、消防、等压力管指管中心；污水、雨水管等重力流管道和无水流的通气管指管内底。

3. 本工程给排水设备，材料均应符合国家相关给排水设备、材料制造标准。

4. 说明中未述及部分按国家有关规程规范执行。

图 例

名称	图例
给水管道	—J—
消防管道	—X—
排水管道	—W—
雨水管道	—Y—
冷凝水管道	—N—
灭火器	
给水龙头	
截止阀	
消火栓	（单栓）
闸阀	
蝶阀	
检查孔	
阀门井	
地漏	
雨水口	
水表	

设计选用标准图集

序号	选用图集名称	图集代号
1	阀门井安装图集	苏S01-2014
2	地漏安装图集	92S220-9/22
3	室内消火栓安装图	04S202
4	自动喷水与水喷雾灭火设施安装	04S206
5	末端试水装置安装图(一)	04S206 第76页
6	UPVC排水横管伸缩节及管卡装设位置图	96S406 第18页
7	管道和设备保温标准图集	03S401
8	刚性防水套管安装图	02S404 第18页
9	常用小型仪表及特种阀门选用图集	01SS105
10	卫生设备安装图	09S304
11	雨水斗安装图	01S302

主要设备材料表

编号	名称	型号	单位	数量
1	灭火器	MF/ABC3	具	16
2	室内消火箱（单栓）	1000×700×180	套	8

地块位置图

说明：本图中所有尺寸以标注为准，不得在图纸上直接量取。图中更改任何部分，均须经设计师书面同意。本图未加盖出图专用章无效。本图未经当地施工图审图部门审核不得用于施工。

注册师用章 Certified Engineer

出图专用章 Issue

建设单位

工程名称 XX商铺

图名 设计施工说明及图例 主要设备材料表

工程编号 LH2014-140-04

图号 水施-01/05

合作设计单位

设计师

批准人

施工图设计单位

项目负责人

专业负责人

设计人

绘图人

校对人

审核人

审定人

阶段：施工图

专业：给排水

比例：见图

日期：2015-05-05

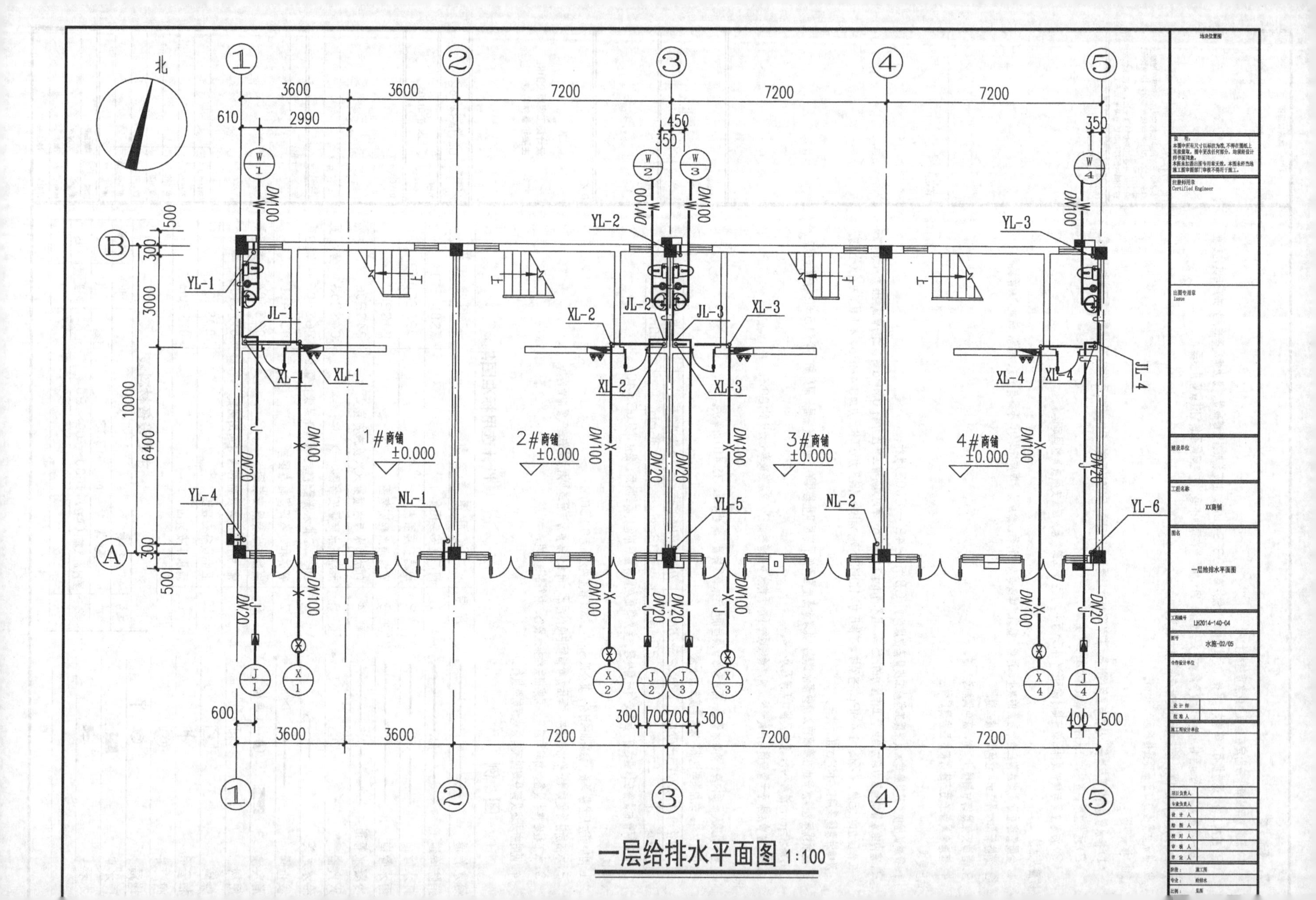

一层给排水平面图 1:100

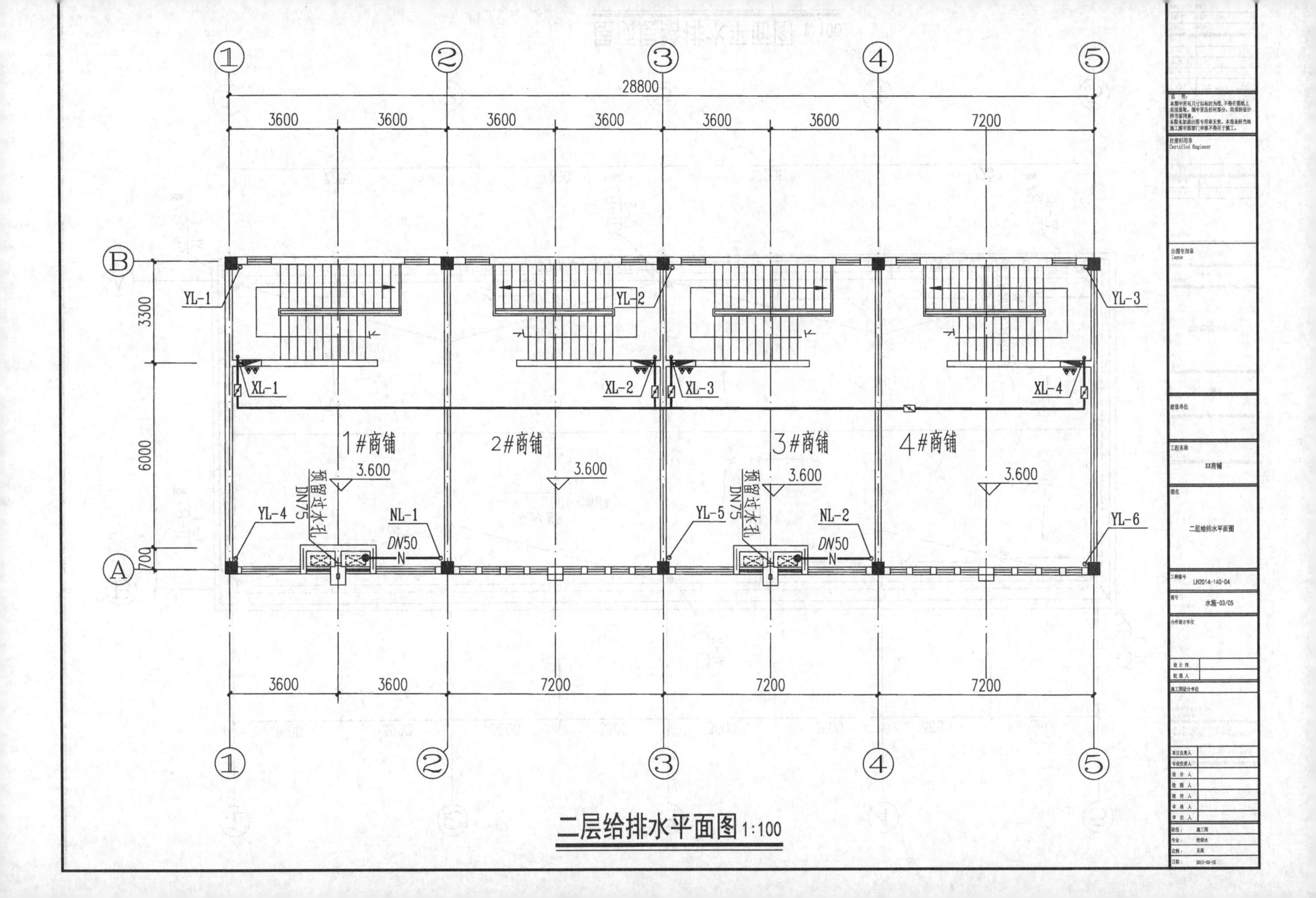

28800
3600
3600
3600
3600
3600
3600
7200
3300
6000
700
YL-1
YL-2
YL-3
YL-4
YL-5
YL-6
XL-1
XL-2
XL-3
XL-4
NL-1
NL-2
DN50
N
预留过水孔
DN75
1#商铺
2#商铺
3#商铺
4#商铺
3.600
7200
XX商铺
二层给排水平面图
LH2014-140-04
水施-03/05
二层给排水平面图 1:100

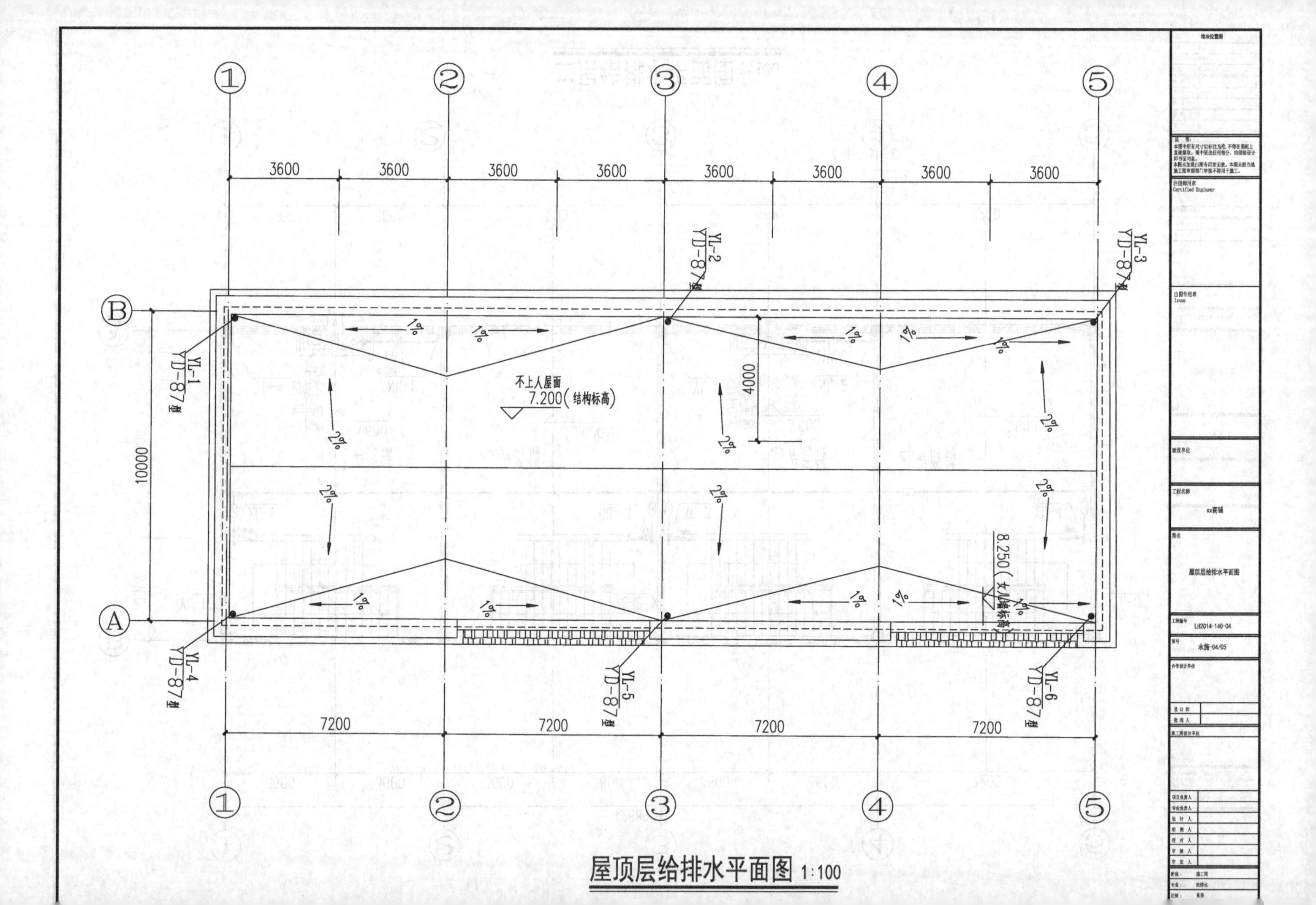

屋顶层给排水平面图 1:100

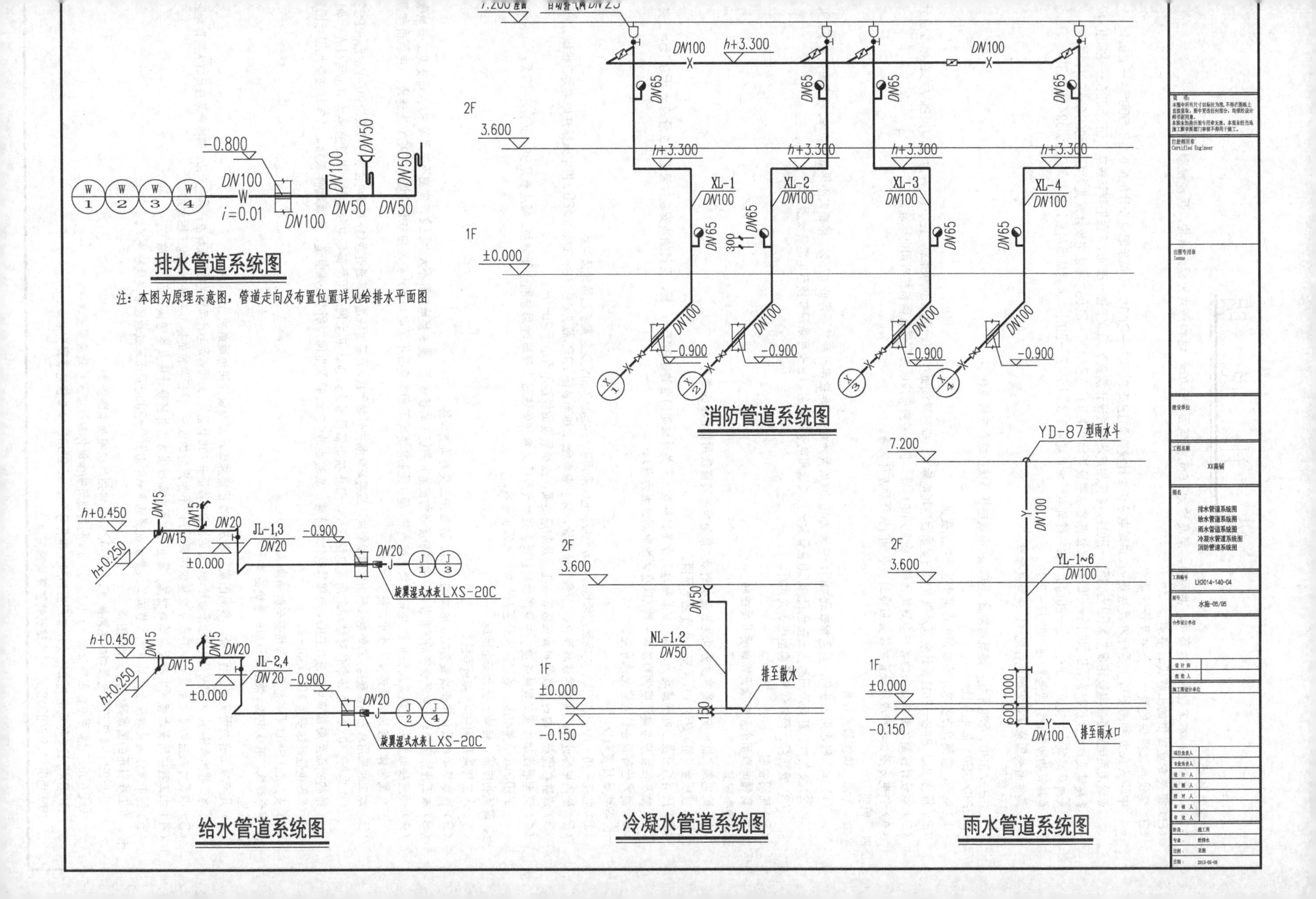

排水管道系统图
注：本图为原理示意图，管道走向及布置位置详见给排水平面图
消防管道系统图
给水管道系统图
冷凝水管道系统图
雨水管道系统图
YD-87型雨水斗
YL-1~6
DN100
排至雨水口
排至散水
NL-1,2
DN50
旋翼湿式水表LXS-20C
JL-1,3
JL-2,4
XL-1
XL-2
XL-3
XL-4
h+3.300
−0.900
−0.800
i=0.01
7.200
3.600
±0.000
−0.150
h+0.450
h+0.250
工程名称
XX商铺
排水管道系统图
给水管道系统图
雨水管道系统图
冷凝水管道系统图
消防管道系统图
LH2014-140-04
水施-05/05

设 计 说 明

一、设计依据

（1）工程概况：本工程为××商铺，共两层，层高均为3.6m。建筑面积576m²。结构形式为框架结构，现浇混凝土楼板。

（2）相关专业提供的工程设计资料。

（3）建设单位提供的设计任务书及设计要求。

（4）中华人民共和国现行主要标准及法规：《供配电系统设计规范》GB 50052—2009，《低压配电设计规范》GB 50054—2011
《通用用电设备配电设计规范》GB 50055—2011，《民用建筑电气设计规范》JGJ/T 16—2008，《住宅建筑规范》GB 50368—2005
《建筑设计防火规范》GB 50016—2014，《江苏省住宅设计标准》DJG 32/J26—2006，《住宅设计规范》GB 50096—2011
《商店建筑设计规范》JGJ 48—2014，《住宅建筑电气设计规范》JGJ 242—2011，《建筑照明设计标准》GB 50034—2013
《建筑物防雷设计规范》GB 50057—2010，
其他有关国家及地方的现行规程、规范及标准。

二、设计范围

220/380V配电系统；建筑物防雷、接地；有线电视系统；综合布线系统。

三、220/380V配电系统

（1）电源：按建设方要求，商铺用电由某小区变电所提供。

（2）根据JGJ 242—2011设计规范及供电部门要求住宅用电标准：每户建筑面积120m²及以下为8kW，120~150m²为12kW；12kW左右标准设计

（3）本设计按建筑专业提供的各户型建筑面积，确定用电标准。供电实施前应以实际销售面积核对用电标准。

（4）供电方案、各电表箱设置的位置应得到供电部门认可后方可实施。

四、照明

（1）光源、镇流器及灯具

① 本工程选用三基色，显色指数Ra=85，色温为4000K的荧光灯；灯具效率开敞式不得低于75%，格栅式不得低于60%。功率因数大于0.9。

② 支架灯、灯盘采用稀土三基色T5或T8直管荧光灯（选用电子镇流器，T8也可采用节能型电感镇流器）。

③ 吸顶灯、筒灯采用紧凑型电子荧光灯。

（2）照明控制

商铺的照明采用就地设置照明开关控制。

五、设备安装

（1）配电箱（柜）安装高度及方式见设备材料表（落地柜安装需采用10#槽钢搁高）。

（2）接线盒（箱）安装方式及安装高度见平面图。

（3）所有灯开关，电插座均为暗装，安装高度见设备材料表。开关边缘距门框边缘0.15m；厨、卫间插座安装位置距水立管应大于0.15m。空调
插座位置应与建筑空调预留洞一致（以空调预留洞位置为准）。

（4）消火栓等设备位置详见水专业。

六、导线选择及敷设

（1）电缆采用YJV-0.6/1kV交联聚乙烯绝缘电力电缆，电线采用BV-450/750V铜芯聚氯乙烯绝缘电线。

（2）除图中标注外，所有导线均穿PVC管保护暗敷设，保护管管径：2根为ϕ16；3~5根为ϕ20；6~8根为ϕ25，图中未标注的均为3根线。

（3）暗敷在混凝土内的导线保护管应敷设在上下层钢筋之间，成排敷设的管距不得小于20mm。

（4）预埋管线超过施工规范长度，中间需加装拉线盒或加大管径。各种管线过沉降缝时用普利卡管保护，做法参见98D301-2-18页；
03D301-3第40页。通过防火分区应采取防火保护措施。

七、建筑物防雷、接地系统及安全措施

（1）本工程采用TN-C-S接地系统。

（2）该建筑物年预计雷击次数为0.1696次<0.25次。防雷按三类建筑物设防。

（3）本工程防雷接地、电气设备的保护接地、电梯机房等的接地共用统一的接地极，要求接地电阻不大于1Ω，实测不满足要求时，增设人工接地极

（4）插座接地桩头，电线金属保护管，电缆桥架及配电箱（柜）及正常情况下用电设备不带电金属外壳均应与专用接地（PE）线连通。（电缆桥架等
金属物体与接地装置连接不少于二处）。

（5）本工程采用总等电位联结，总等电位板由紫铜板制成，应将建筑物内保护干线、设备进线总管等进行联结，总等电位联结线采用BV-1X25mm²PC3
（或扁钢-40X4），总等电位联结均采用等电位卡子，禁止在金属管道上焊接。卫生间采用局部等电位联结，从适当地方引出两根大于ϕ1
结构钢筋至局部等电位箱(LEB)，局部等电位箱暗装，底边距地0.3m。将卫生间内所有金属管道、金属构件联结。具体做法参见国标图集
《等电位联结安装》02D501-2。

（6）安装在1.8m以下的插座均采用安全型插座。

八、综合布线、有线电视，做法见相应的系统图及平面图。

九、其他

（1）凡与施工有关而又未说明之处，参见国家、地方标准图集施工，或与设计院协商解决。

（2）本工程所选设备、材料必须具有国家级检测中心的检测合格证书（3C认证）；必须满足与产品相关的国家标准；供电产品、消防产品应具有入网许可证。

（3）本设计列出的《主要设备材料表》数量仅作预算用，不作定货的依据，投标单位的标书应以全套施工图为准。

（4）本工程中所及之强弱电界面与隔离措施，需由弱电承包商提供方案并经设计院及监理认可后方能施工。

（5）图中未注明处请按《建筑电气工程施工质量验收规范》GB50303-2002及国家或地区有关规程施工。

十、本工程引用的国家建筑标准设计图集

10D302-1《低压双电源切换电路图》；10D303-2《常用风机控制电路图》；
02D501-2《等电位联结安装》；03D501-3《利用建筑物金属体做防雷及接地装置安装》；
00DX001《建筑电气工程设计常用图形和文字符号》。03D501-4《接地装置安装》；
99D501-1、99(03)D501-1《建筑物防雷设施安装》。

主要设备材料表

号	图例	名称	型号 规格	安装	数量	单位	备注
1		总电箱	非 标	1.8 R		台	AL1
2		(商业)照明配电箱	PZ30终端组合电器箱	1.6 R		只	nALn
3	DT	总弱电箱		0.3 WR		只	
4	DMT	弱电综合箱		0.3 WR		只	
5		双管荧光灯	光源2mT5 28W 2600lm	吸顶			
6		防水灯	节能型荧光灯 220V,18W	C		套	卫生间照明用
7		吸顶灯	节能型荧光灯 220V,18W	C		套	平面图有标注的除外
8		双联单控开关	86K21-10 250V,10A	1.3 WR		只	
9		单联单控开关	86K31-10 250V,10A	1.3 WR		只	
0		单联双控开关	A86系列	1.3 WR		只	
1		单相插座(防护型)	86Z223A10 250V,10A	0.3 WR		只	
2		单相插座(壁式空调,带开关)	86Z13KA16 250V,16A	2.0 WR		只	
3		单相插座(带开关)	86Z13FAK11-10 250V,10A	1.8 WR		只	卫生间用,表面加装防溅盒
4		单相插座	86Z223FAK11-10 250V,10A	1.4 WR		只	卫生间用,表面加装防溅盒
5		排风扇	86Z13F10 250V,10A	吸顶			
6	TP	电话插座出线盒	86ZP	0.3 WR		只	距电源插座水平间距不小于0.15m
7	TV	电视插座出线盒	86ZD	0.3 WR		只	距电源插座水平间距不小于0.15m
8	MEB	总等电位联结端子板 MEB	TD22-R-I 340×240×120	0.3 WR		只	
9	LEB	局部等电位联结端子板 LEB	TD22-R-II 185×100×50	0.3 WR		只	卫生间用
20		接闪带	热镀锌扁钢 25×4				见防雷说明
21		共用接地装置	热镀锌扁钢 40×4				室外整平地面下1.0m

导线穿管管径选择表

导线型号	BV-450/750V型																				
管子类别	焊接钢管(SC)							套接紧定式电线管(JDG)							硬塑料管(PC)						
导线根数 / 线截面	2	3	4	5	6	7	8	2	3	4	5	6	7	8	2	3	4	5	6	7	8
$2.5mm^2$	15	15	20	20	20	25	25	16	20	20	20	25	25	25	16	20	20	20	25	25	25
$4.0mm^2$	20	20	20	20	25	25	25	20	20	25	25	25	25	32	20	20	25	25	25	25	32
$6.0mm^2$	20	20	25	25	25	25	25	20	20	25	25	25	32	32	20	20	25	25	25	32	32
$10.0mm^2$	20	25	25	32	32	32	32	25	32	32	32	40	40	40	25	32	32	32	40	40	40

常用安装方法、电气设备的标注

字母代号	线路敷设方式的标注	字母代号	导线敷设部位的标注	字母代号	灯具安装方式的标注	字母代号	电气设备的标注	字母代号	灯具光源代码
SC	穿焊接钢管敷设	WC	暗敷设在墙内	SW	线吊式、自在器线吊式	AL	照明配电箱代码	IN	白炽灯
JDG	穿套接紧定式电线管敷设	CC	暗敷设在屋面或顶板内	CS	链吊式	ALE	应急照明配电箱代码	FL	荧光灯
PC	穿硬塑料管敷设	FC	地板或地面下敷设	DS	管吊式	AP	动力配电箱代码	MH	金属卤化物灯
CT	电缆桥架敷设	AC	沿或跨柱敷设	W	壁装式	APE	应急电力配电箱代码	EL	电发光
MR	金属线槽敷设	WS	沿墙面敷设	C	吸顶式	AT	双电源切换箱代码	LED	发光二极管
PR	塑料线槽敷设	SCE	吊顶内敷设	R	嵌入式	AW	电度表箱代码	HI	石英灯
CP	穿金属软管敷设	CE	沿天棚或顶板面敷设	CL	柱上安装	AC	控制箱代码	UV	紫外线

地块位置图

说 明:
本图中所有尺寸以标注为准,不得在图纸上直接量取。图中更改任何部分,均须经设计师书面同意。
本图未加盖出图专用章无效。本图未经当地施工图审图部门审核不得用于施工。

注册师用章
Certified Engineer

出图专用章
Issue

建设单位

工程名称
XX商铺

图名
设计说明
主要设备材料表

工程编号 LH2014-140-04

图号 电施-01/10

施工图设计单位

项目负责人
专业负责人
设 计 人
绘 图 人
校 对 人
审 核 人
审 定 人

阶段: 施工图
专业: 电气
比例: 见图
日期: 2015-05

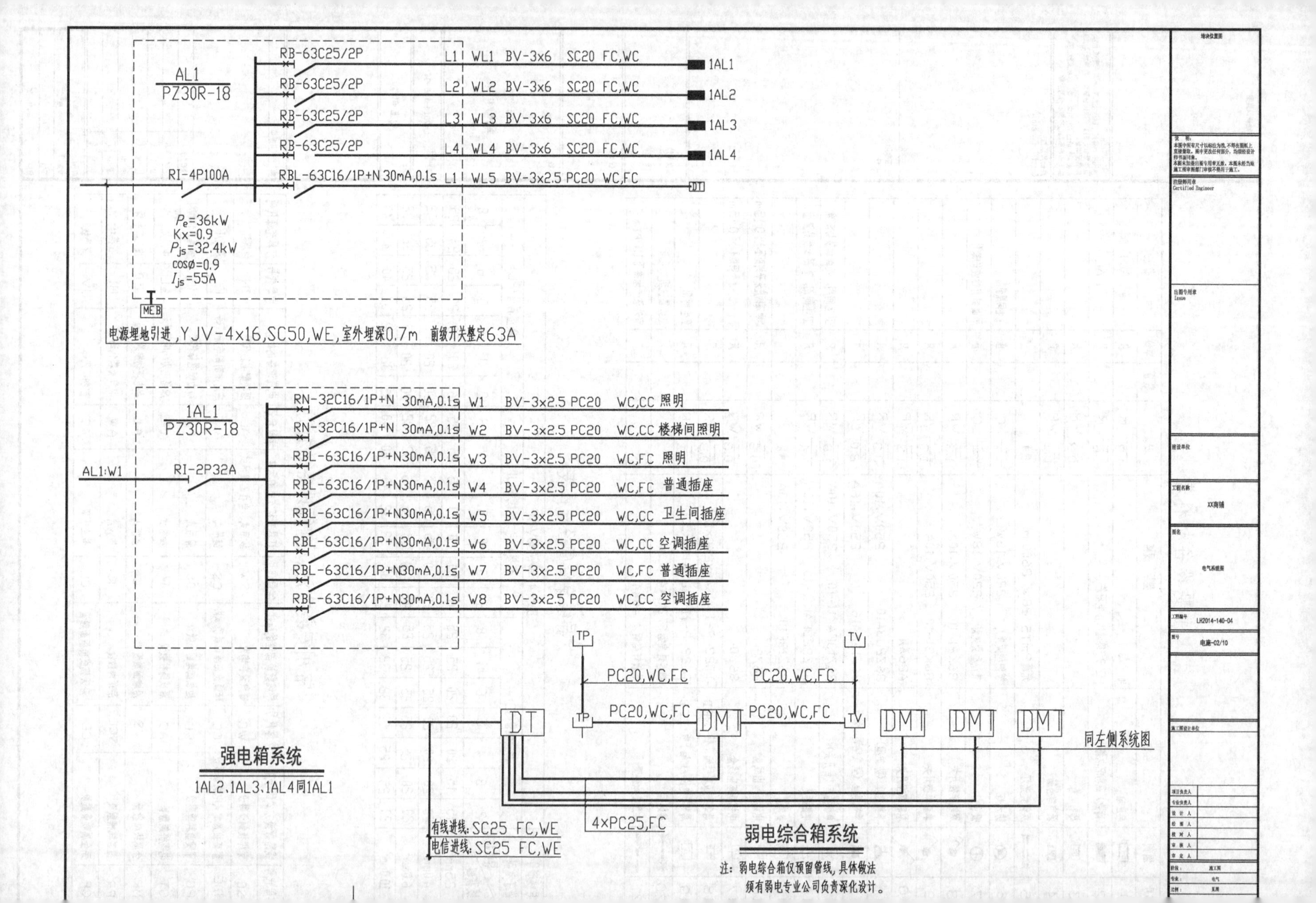

AL1
PZ30R-18
RI-4P100A
RB-63C25/2P L1 WL1 BV-3x6 SC20 FC,WC 1AL1
RB-63C25/2P L2 WL2 BV-3x6 SC20 FC,WC 1AL2
RB-63C25/2P L3 WL3 BV-3x6 SC20 FC,WC 1AL3
RB-63C25/2P L4 WL4 BV-3x6 SC20 FC,WC 1AL4
RBL-63C16/1P+N 30mA,0.1s L1 WL5 BV-3x2.5 PC20 WC,FC DT
P_e=36kW
Kx=0.9
P_{js}=32.4kW
cosø=0.9
I_{js}=55A
MEB
电源埋地引进，YJV-4x16,SC50,WE,室外埋深0.7m 前级开关整定63A
1AL1
PZ30R-18
AL1:W1
RI-2P32A
RN-32C16/1P+N 30mA,0.1s W1 BV-3x2.5 PC20 WC,CC 照明
RN-32C16/1P+N 30mA,0.1s W2 BV-3x2.5 PC20 WC,CC 楼梯间照明
RBL-63C16/1P+N30mA,0.1s W3 BV-3x2.5 PC20 WC,FC 照明
RBL-63C16/1P+N30mA,0.1s W4 BV-3x2.5 PC20 WC,FC 普通插座
RBL-63C16/1P+N30mA,0.1s W5 BV-3x2.5 PC20 WC,CC 卫生间插座
RBL-63C16/1P+N30mA,0.1s W6 BV-3x2.5 PC20 WC,CC 空调插座
RBL-63C16/1P+N30mA,0.1s W7 BV-3x2.5 PC20 WC,FC 普通插座
RBL-63C16/1P+N30mA,0.1s W8 BV-3x2.5 PC20 WC,CC 空调插座
强电箱系统
1AL2、1AL3、1AL4同1AL1
TP
TV
PC20,WC,FC
PC20,WC,FC
DT
PC20,WC,FC
PC20,WC,FC
DMI
DMI
DMI
DMI
同左侧系统图
有线进线：SC25 FC,WE
电信进线：SC25 FC,WE
4×PC25,FC
弱电综合箱系统
注：弱电综合箱仅预留管线，具体做法须有弱电专业公司负责深化设计。
Certified Engineer
Issue
XX商铺
电气系统图
LH2014-140-04
电施-02/10

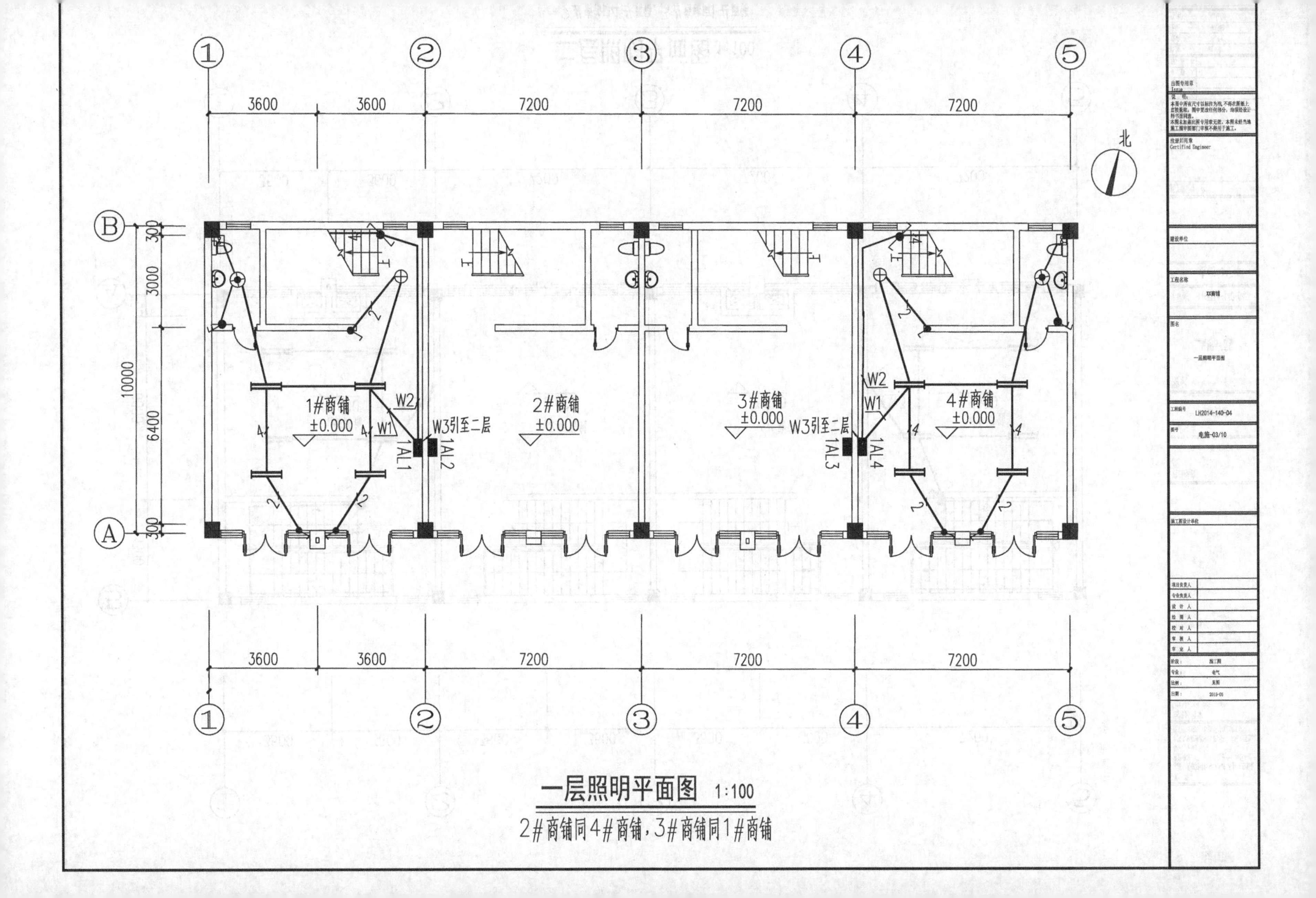

一层照明平面图 1:100

2#商铺同4#商铺，3#商铺同1#商铺

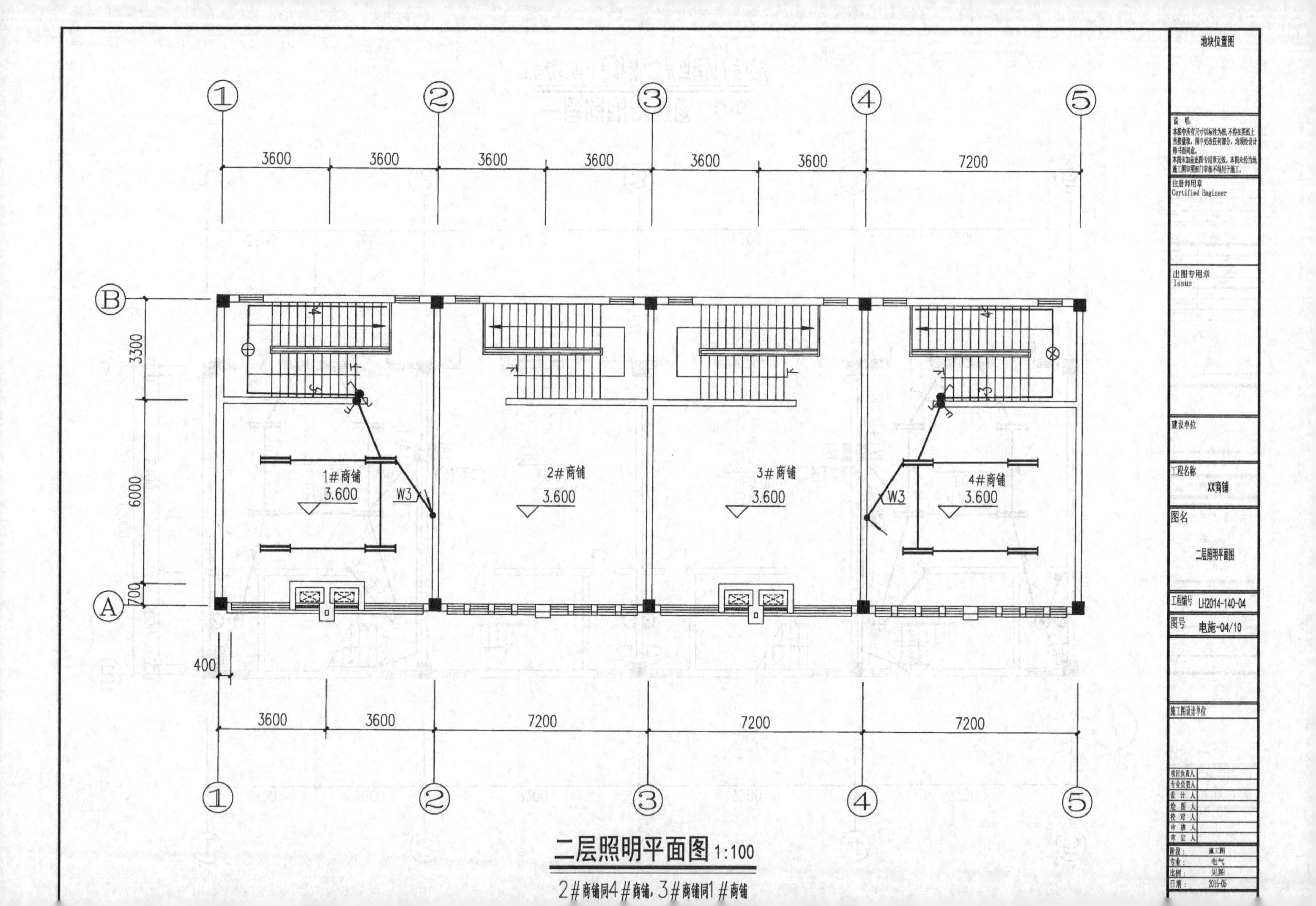

二层照明平面图 1:100

2#商铺同4#商铺，3#商铺同1#商铺

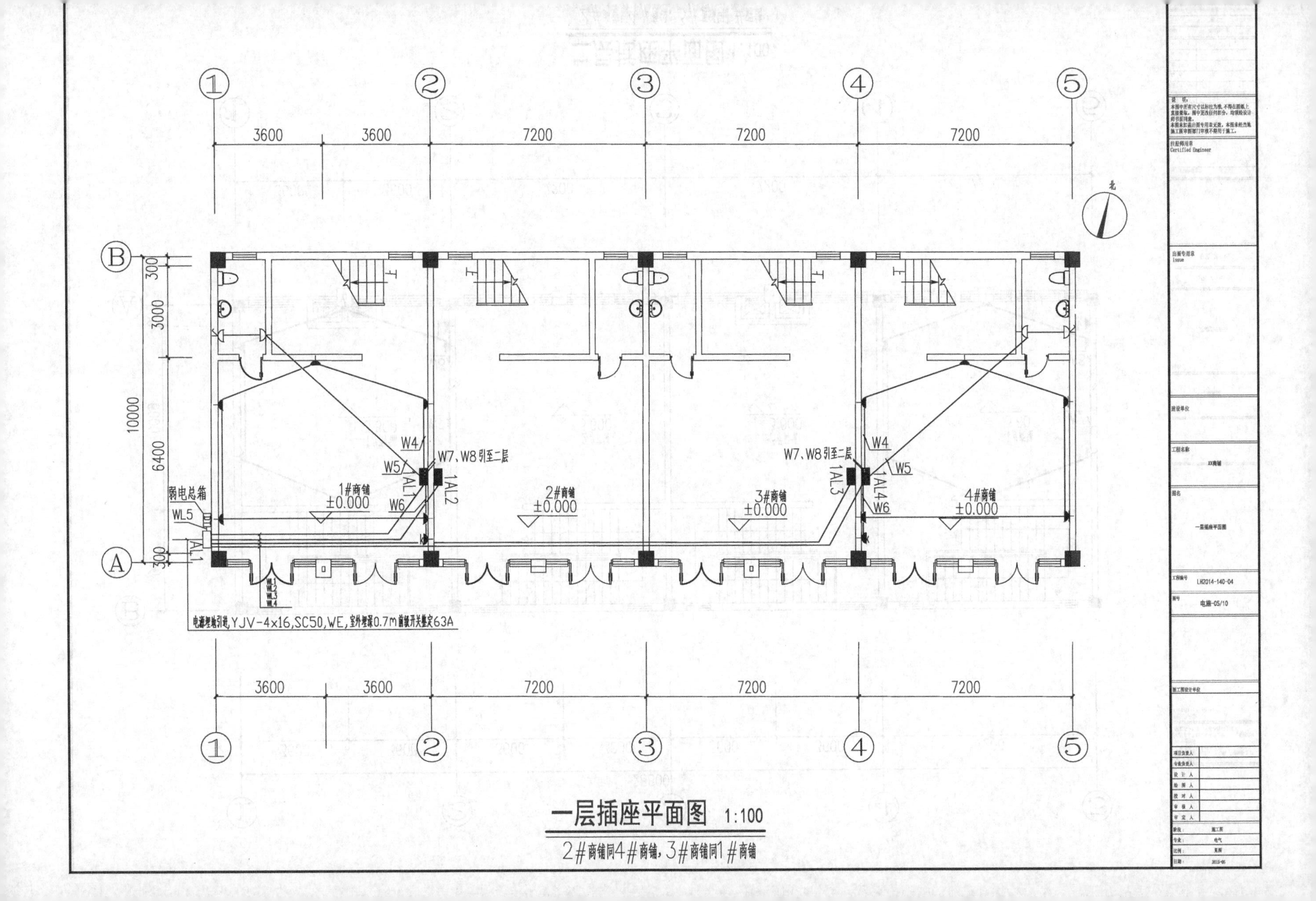

一层插座平面图 1:100

2#商铺同4#商铺,3#商铺同1#商铺

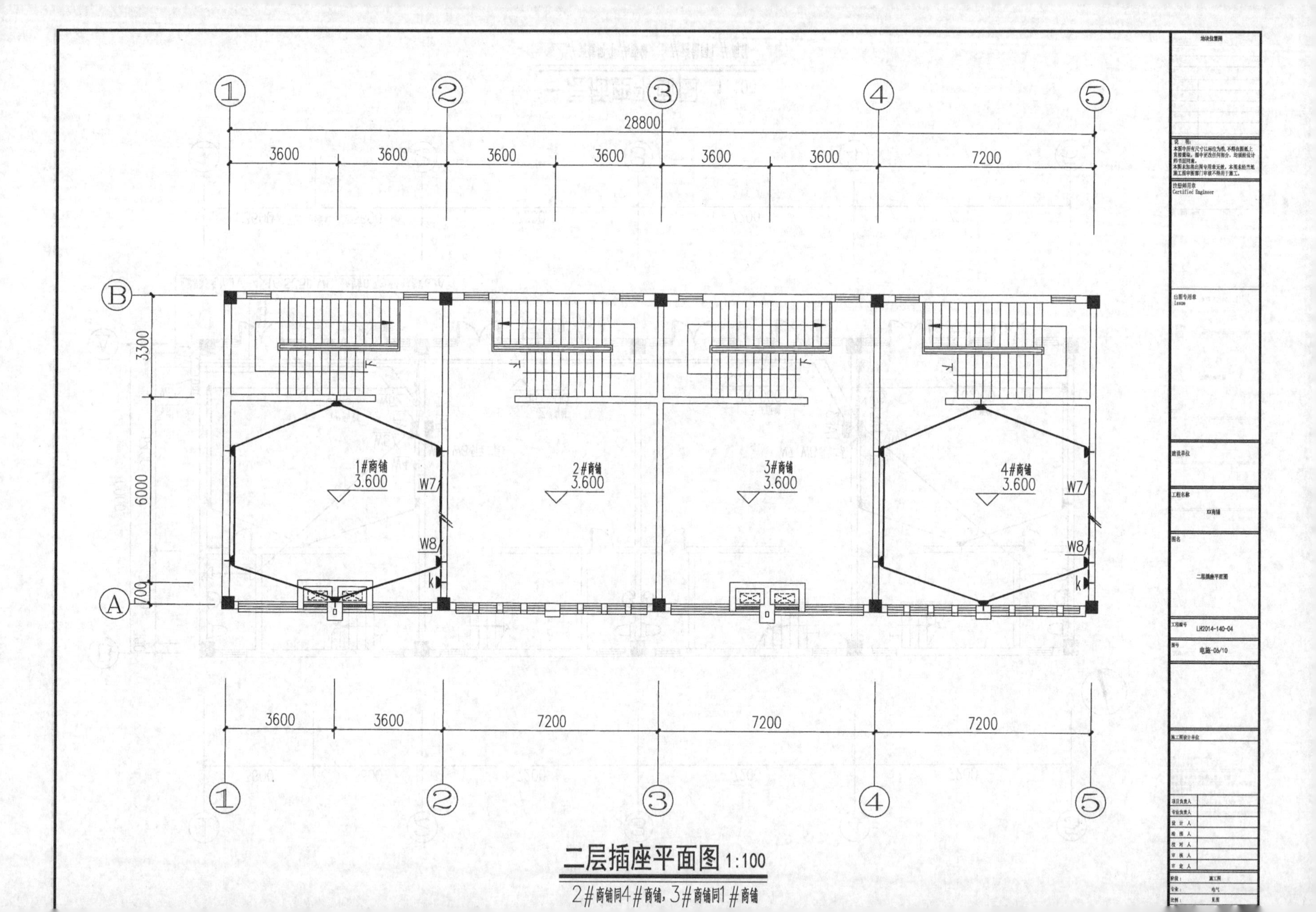

二层插座平面图 1:100

2#商铺同4#商铺，3#商铺同1#商铺

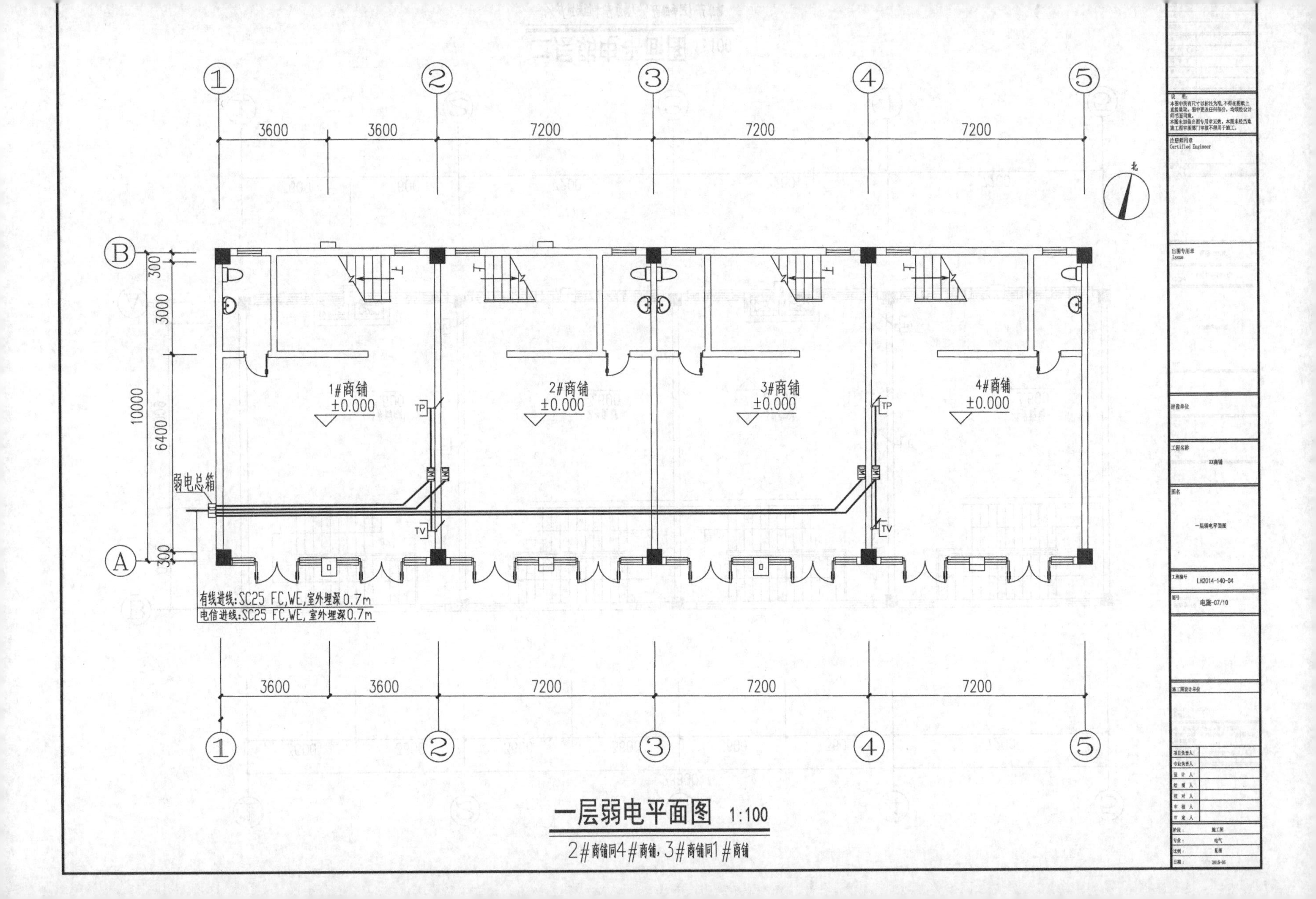

一层弱电平面图 1:100

2#商铺同4#商铺，3#商铺同1#商铺

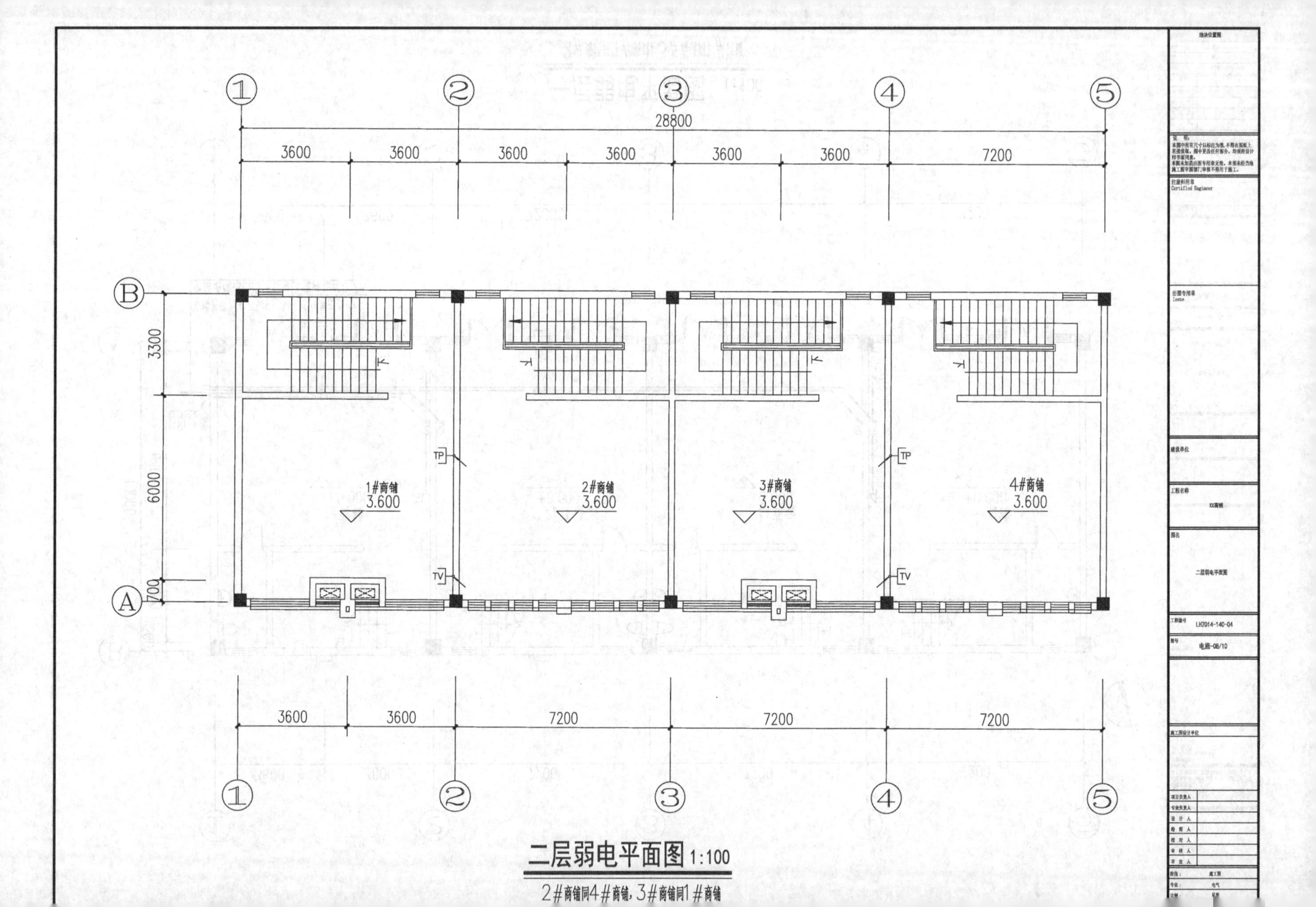

二层弱电平面图 1:100

2#商铺同4#商铺，3#商铺同1#商铺

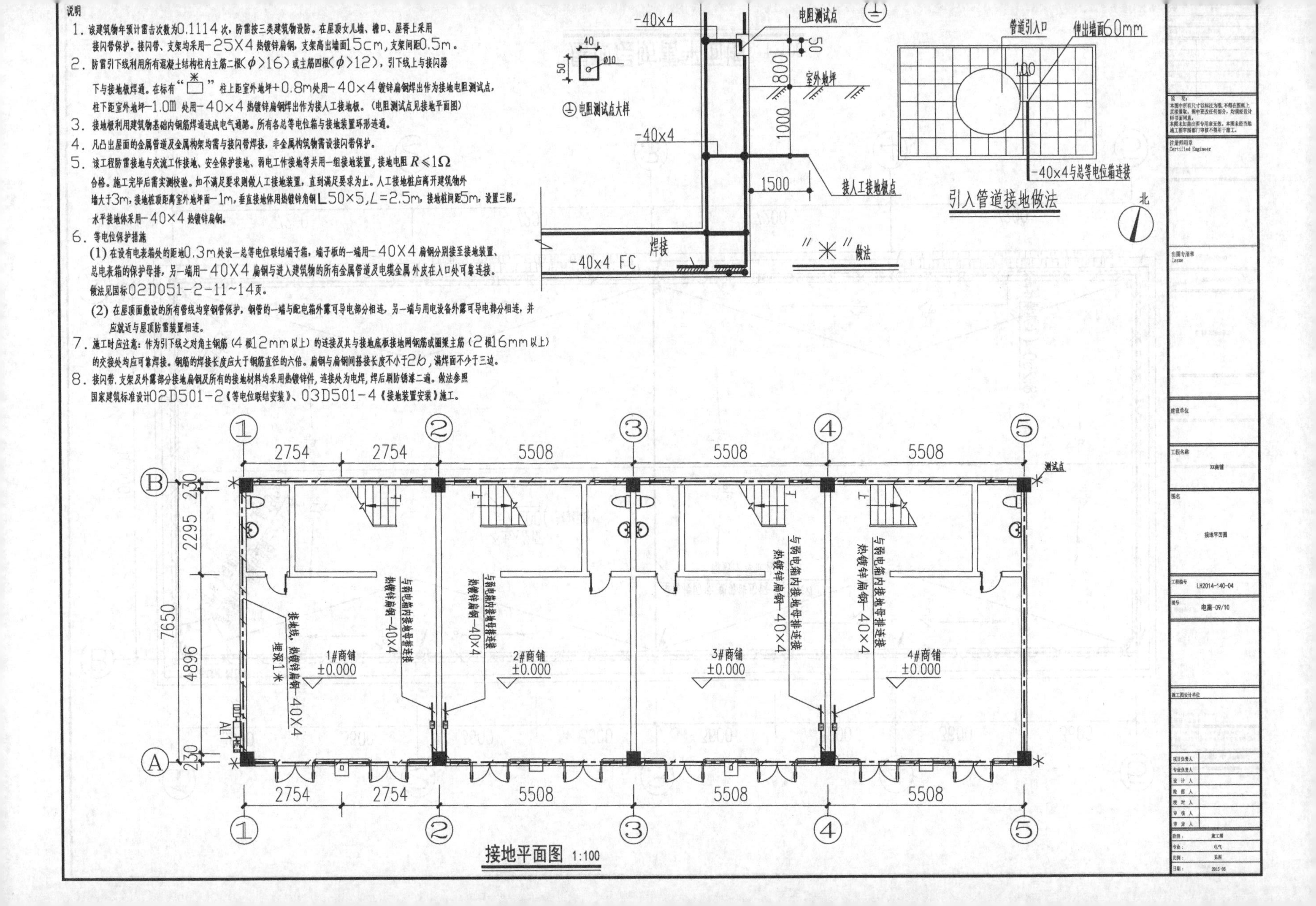
说明
1. 该建筑物年预计雷击次数为0.1114次，防雷按三类建筑物设防。在屋顶女儿墙、檐口、屋脊上采用接闪带保护。接闪带、支架均采用-25X4热镀锌扁钢，支架高出墙面15cm，支架间距0.5m。
2. 防雷引下线利用所有混凝土结构柱内主筋二根（φ>16）或主筋四根（φ>12），引下线上与接闪器下与接地极焊接。在标有"※"柱上距室外地坪+0.8m处用-40×4镀锌扁钢焊出作为接地电阻测试点，柱下距室外地坪-1.0m处用-40×4热镀锌扁钢焊出作为接人工接地极。（电阻测试点见接地平面图）
3. 接地极利用建筑物基础内钢筋焊通连成电气通路。所有各总等电位箱与接地装置环形连通。
4. 凡凸出屋面的金属管道及金属构架均需与接闪带焊接，非金属构筑物需设接闪带保护。
5. 该工程防雷接地与交流工作接地、安全保护接地、弱电工作接地等共用一组接地装置，接地电阻 R≤1Ω 合格。施工完毕后需实测校验。如不满足要求则做人工接地装置，直到满足要求为止。人工接地桩应离开建筑物外墙大于3m，接地桩顶距离室外地坪面-1m，垂直接地体用热镀锌角钢L50×5，L=2.5m，接地桩间距5m，设置三根，水平接地体采用-40×4热镀锌扁钢。
6. 等电位保护措施
(1) 在设有电表箱处的距地0.3m处设一总等电位联结端子箱，端子板的一端用-40X4扁钢分别接至接地装置、总电表箱的保护母排，另一端用-40X4扁钢与进入建筑物的所有金属管道及电缆金属外皮在入口处可靠连接。做法见国标02D051-2-11~14页。
(2) 在屋顶面敷设的所有管线均穿钢管保护，钢管的一端与配电箱外露可导电部分相连，另一端与用电设备外露可导电部分相连，并应就近与屋顶防雷装置相连。
7. 施工时应注意：作为引下线之对角主钢筋（4根12mm以上）的连接及其与接地底板接地网钢筋或圈梁主筋（2根16mm以上）的交接处均应可靠焊接。钢筋的焊接长度应大于钢筋直径的六倍。扁钢与扁钢间搭接长度不小于2b，满焊面不少于三边。
8. 接闪带、支架及外露部分接地扁钢及所有的接地材料均采用热镀锌件，连接处为电焊，焊后刷防锈漆二遍。做法参照国家建筑标准设计02D501-2《等电位联结安装》、03D501-4《接地装置安装》施工。
-40x4
-40x4
-40x4 FC
焊接
40
50
ø10
电阻测试点大样
电阻测试点
50
800
室外地坪
1000
1500
接人工接地极点
"※"做法
管道引入口
伸出墙面60mm
100
-40×4与总等电位箱连接
引入管道接地做法
北
接地平面图 1:100
2754
2754
5508
5508
5508
7650
2295
4896
230
测试点
与弱电箱内接地母排连接
热镀锌扁钢-40×4
接地线，热镀锌扁钢-40X4
埋深1米
1#商铺
±0.000
2#商铺
±0.000
3#商铺
±0.000
4#商铺
±0.000
AL1
XX商铺
接地平面图
LH2014-140-04
电施-09/10
施工图
电气
2015-06

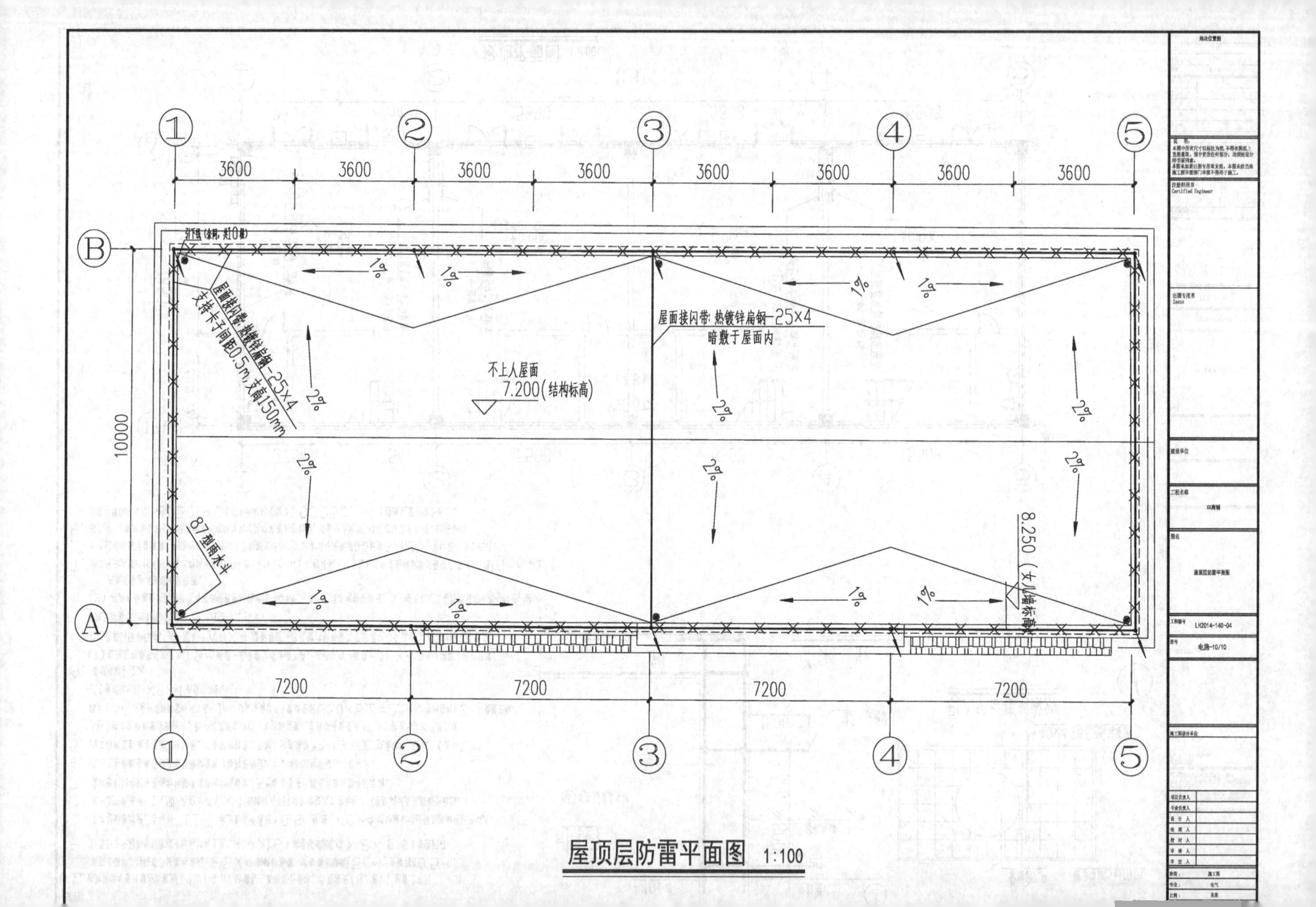

屋顶层防雷平面图 1:100

附录2

××商铺安装工程BIM模型

××商铺安装工程 BIM 模型图见附图 1～附图 15。

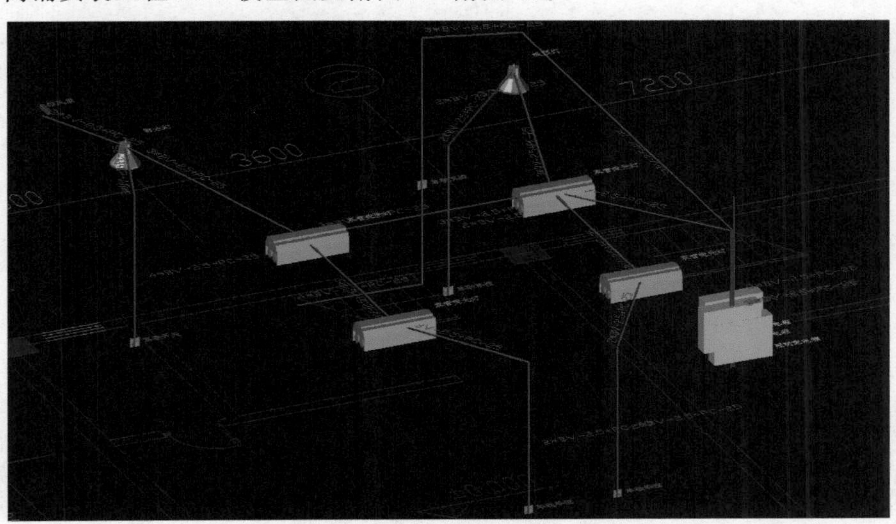

附图 1　一层照明 1

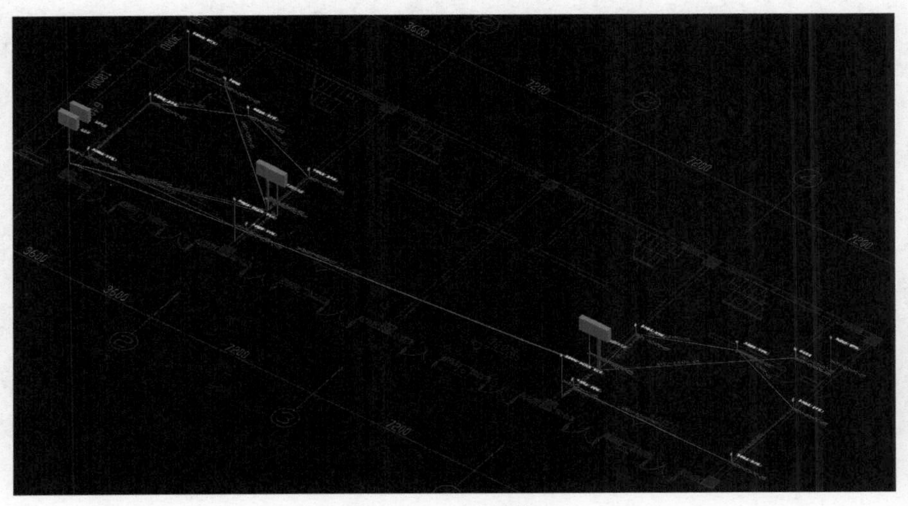

附图 2　一层照明 2

二维码14

强电系统

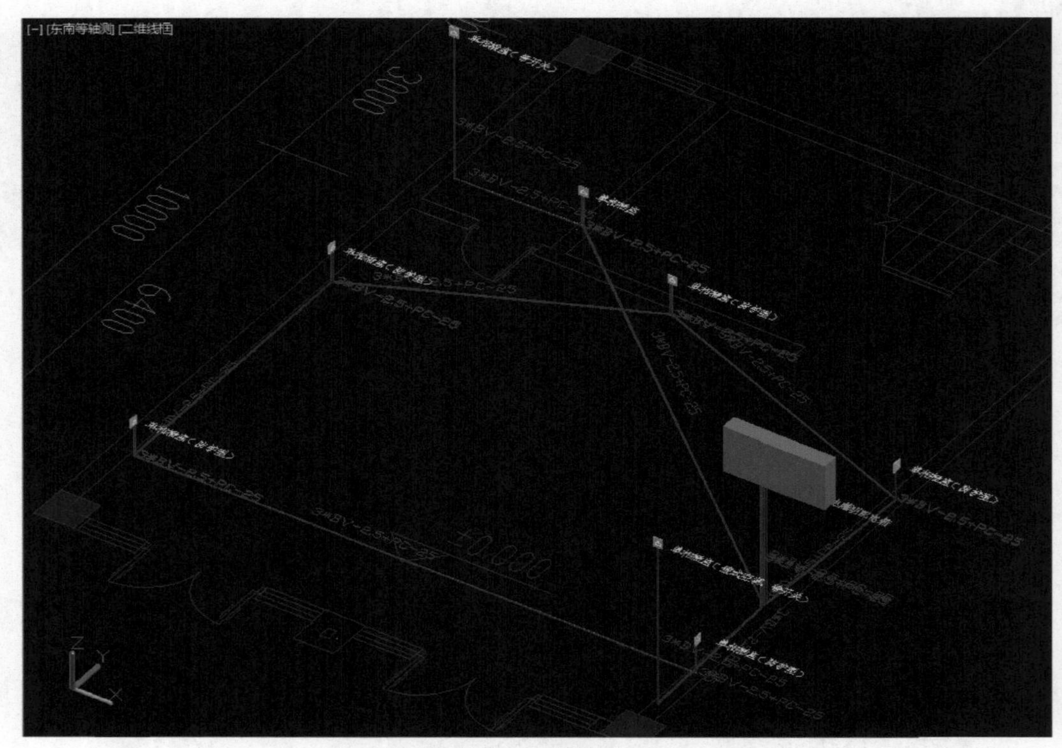

附图 3　一层插座

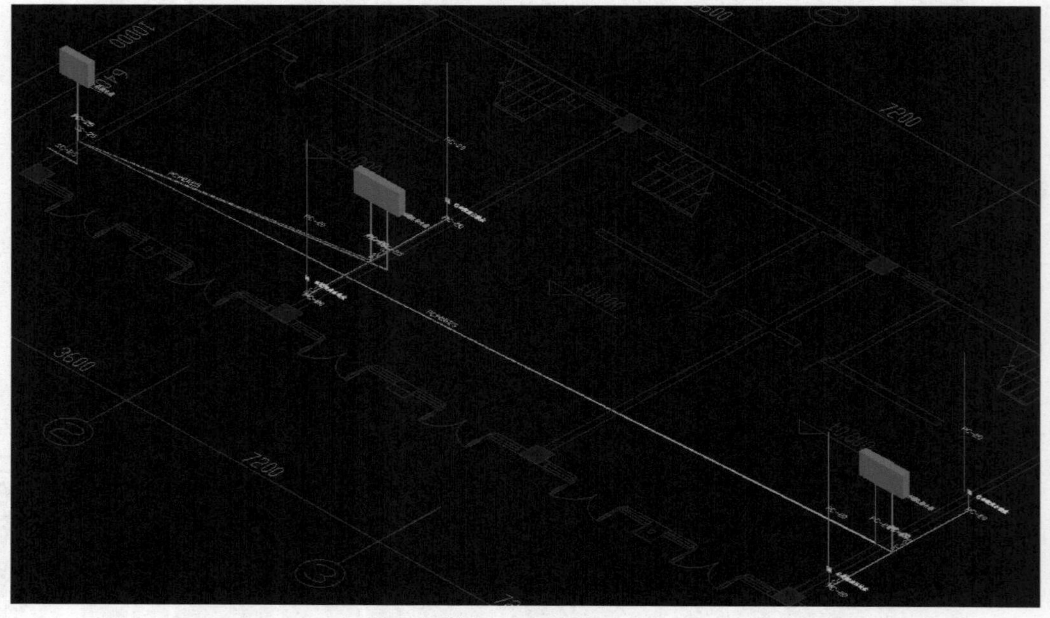

附图 4　一层弱电

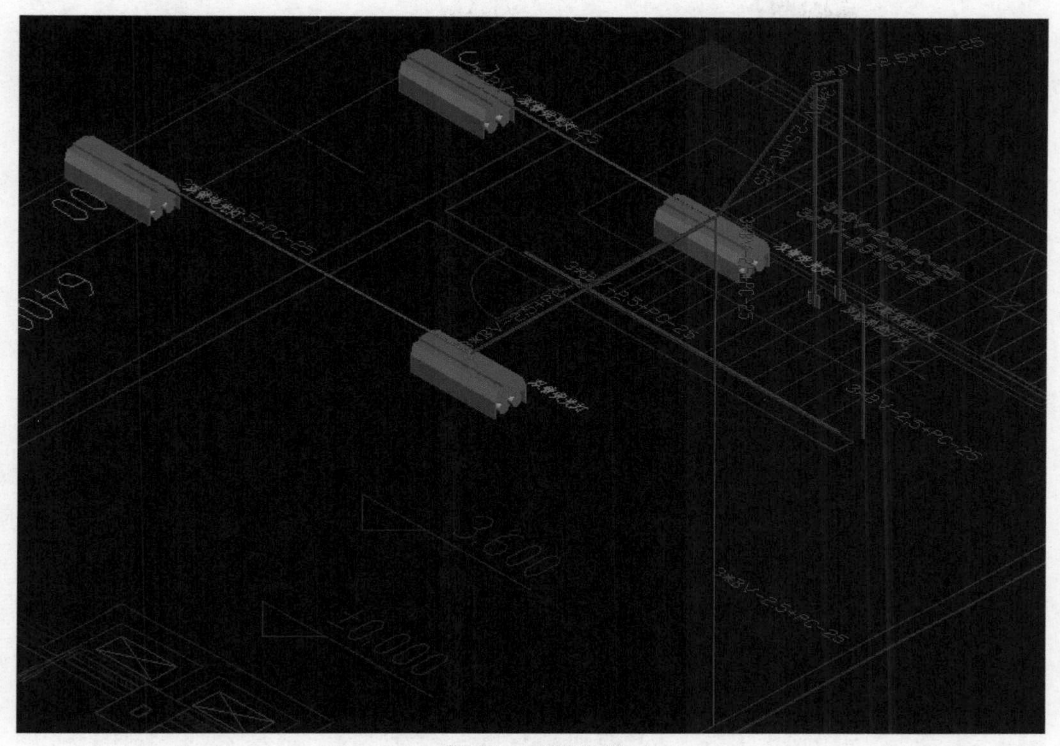

附图 5 二层照明

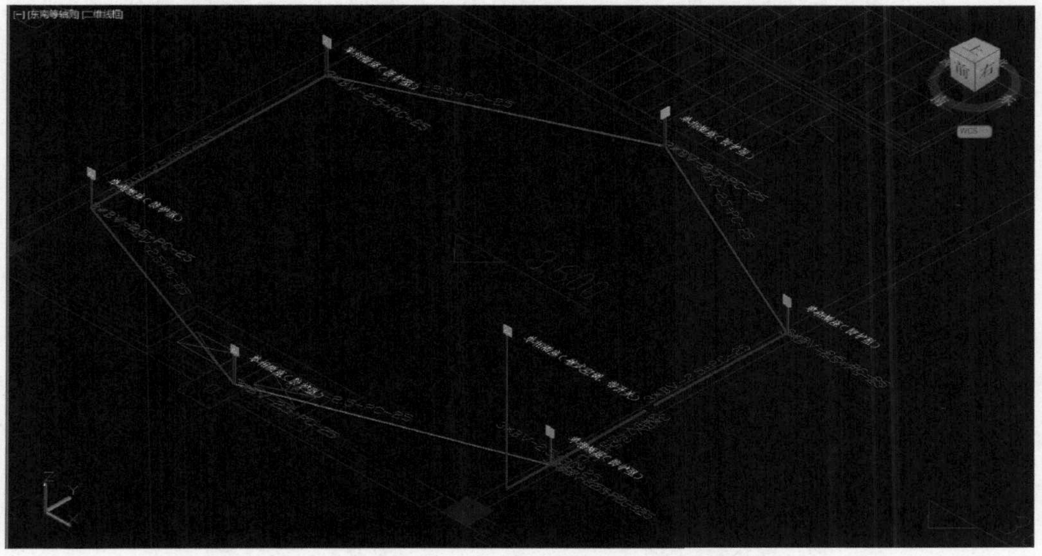

附图 6 二层插座

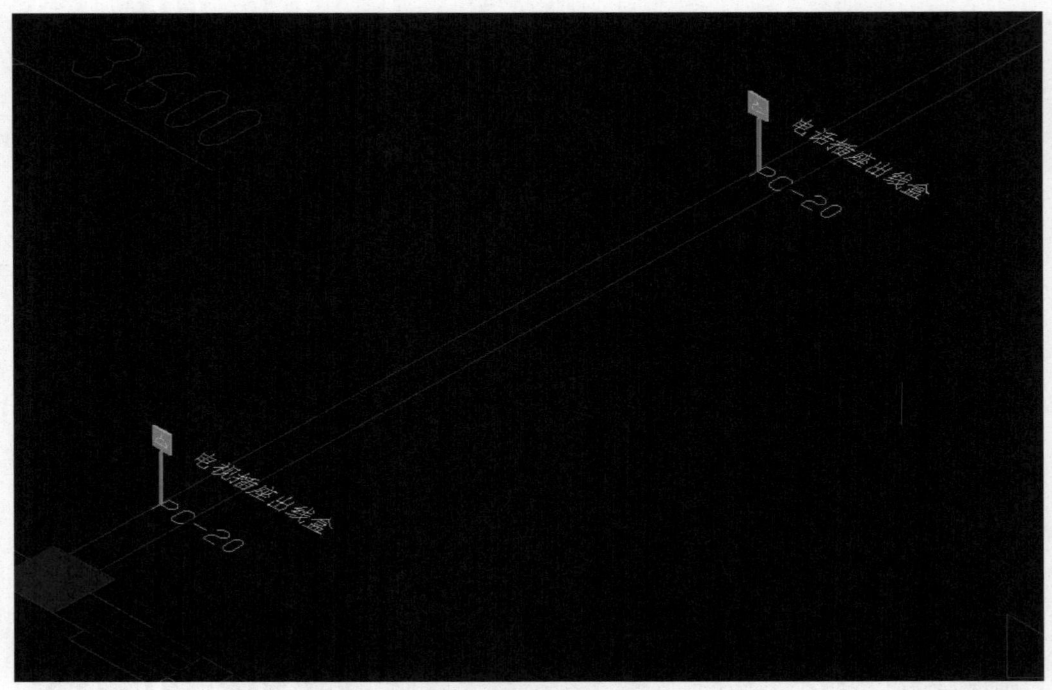

附图 7 二层弱电 1

附图 8 二层弱电 2

二维码15

弱电系统

二维码16

防雷接地系统

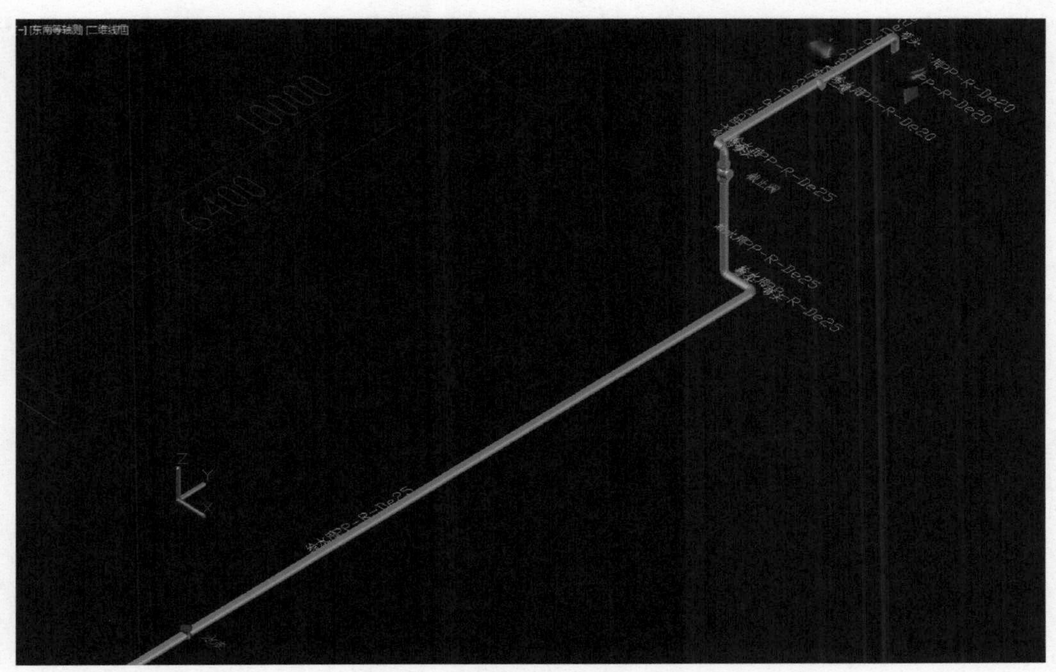

附图 9 J1J3

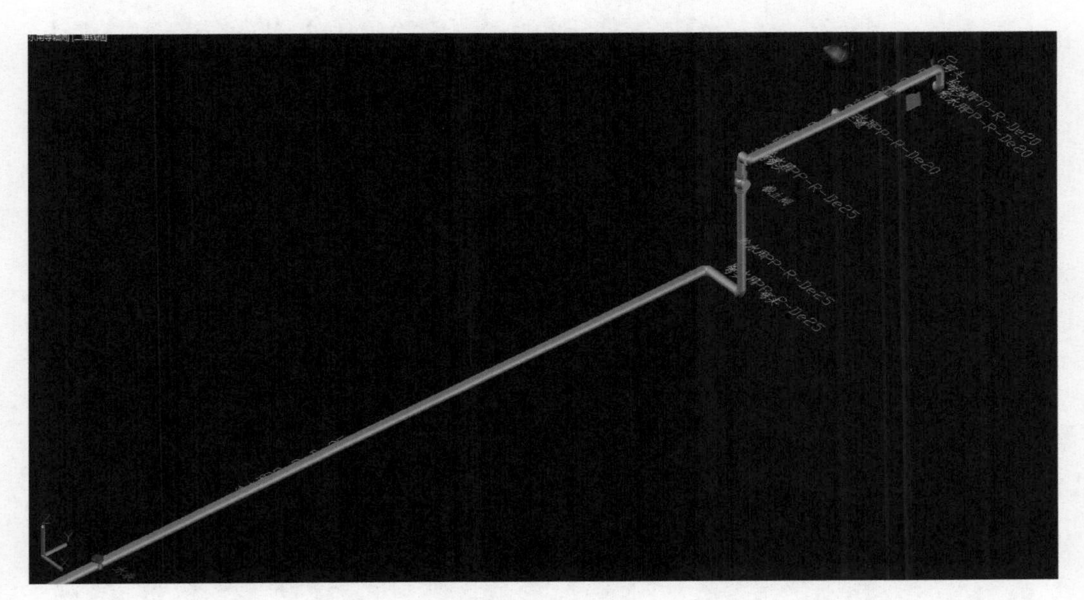

附图 10 J2J4

二维码17

给排水系统 1

附图 11　W1234

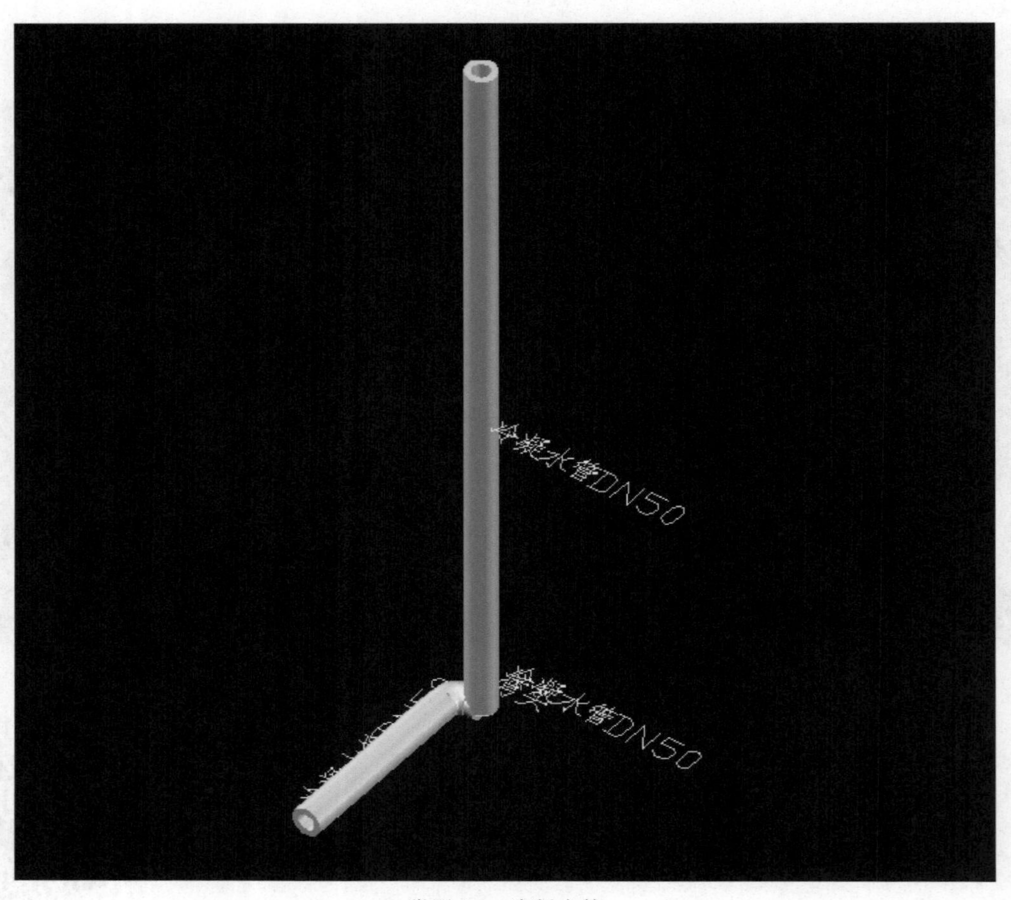

附图 12　冷凝水管

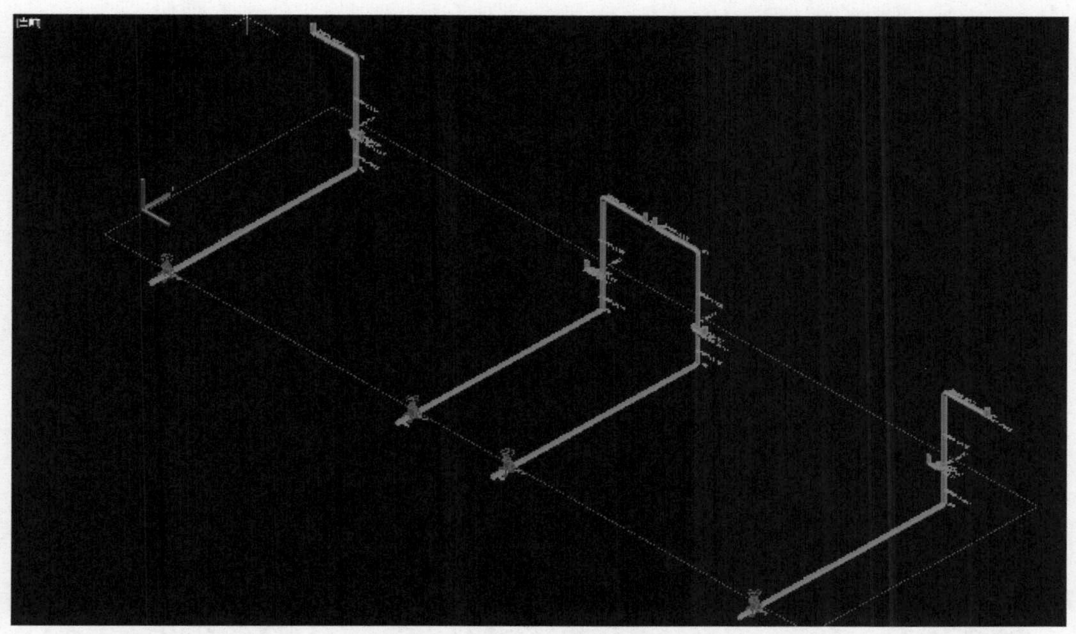

附图 13　一层消防

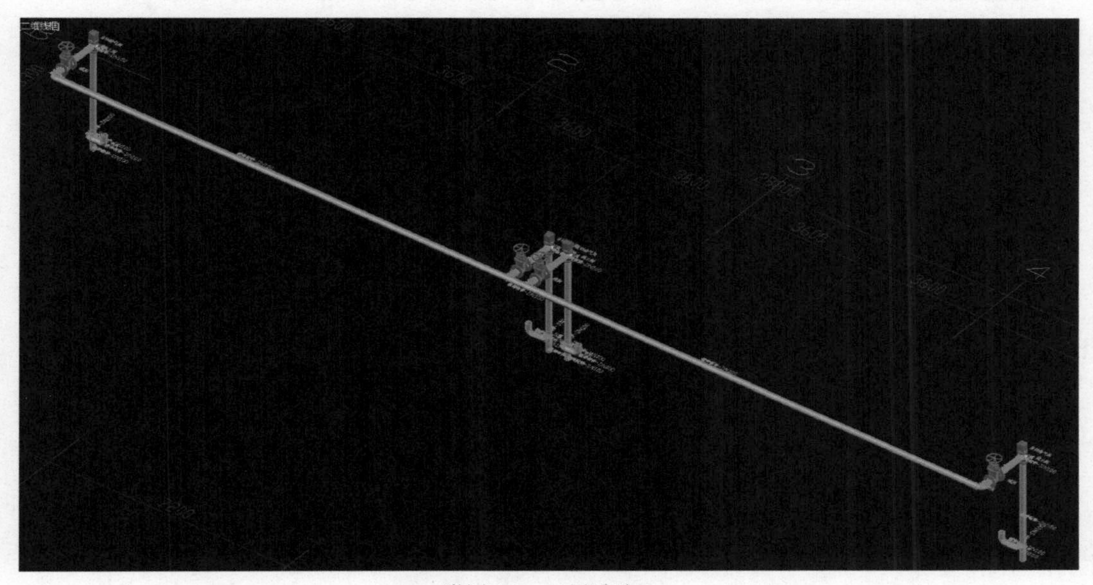

附图 14　二层消防 1

给排水系统 2

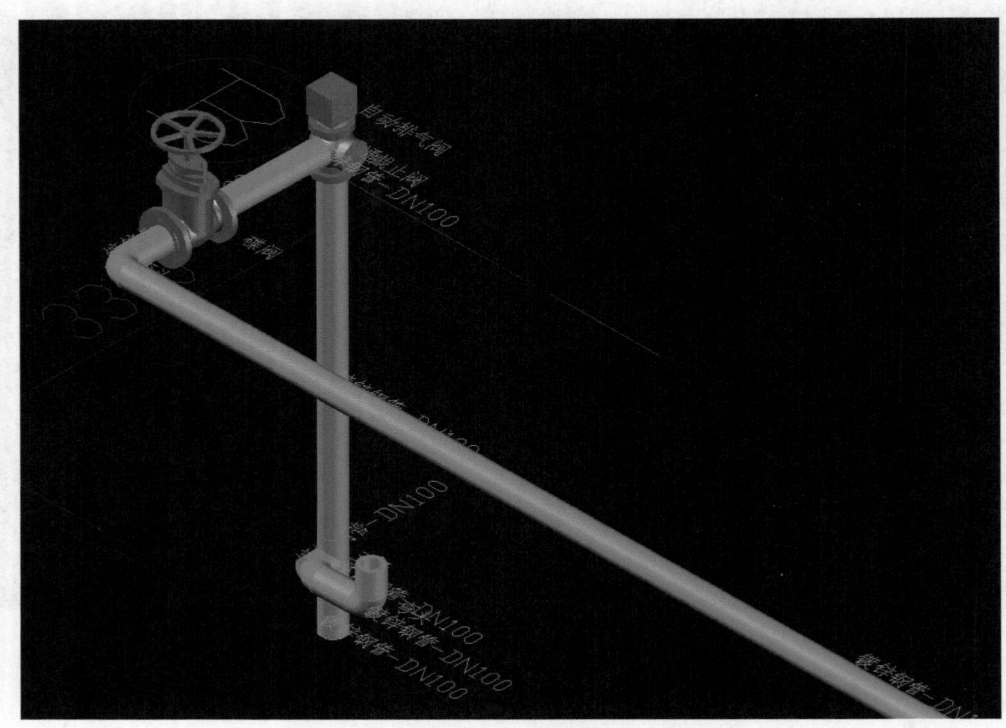

附图 15　二层消防 2